新一代信息技术网络空间安全高等教育系列教材（丛书主编：王小云 沈昌祥）

科学出版社"十四五"普通高等教育本科规划教材

密码分析学

主　编　王美琴

编　者　王　薇　孙　玲　王高丽　郭　淳

　　　　王伟嘉　付希明　崔婷婷

科　学　出　版　社

北　京

内 容 简 介

本书系统介绍了对称密码算法和杂凑函数的主流分析理论与方法,如差分分析、线性分析、积分分析、中间相遇攻击、立方攻击、比特追踪法、侧信道攻击等. 注重数学模型构建与编程测试技术相结合,以缩减轮数的算法或小版本的算法为例进行讲解和实验测试,部分内容来自参编人员的原创性研究成果,从研究角度还原模型提出和建立全过程,便于读者学习掌握发现问题、分析问题与解决问题的思路和方法. 本书配备了丰富的拓展学习资源,读者扫描二维码即可学习.

本书可作为网络空间安全、信息安全、密码科学与技术等相关专业的本科生和研究生的教科书或参考书,也可供从事网络空间安全相关工作的同仁参考,或感兴趣的自学者自修.

图书在版编目(CIP)数据

密码分析学/王美琴主编. —北京:科学出版社,2023.12
ISBN 978-7-03-075601-5

I.①密··· Ⅱ.①王··· Ⅲ.①密码学 Ⅳ.①TN918.1

中国国家版本馆 CIP 数据核字(2023)第 091622 号

责任编辑:张中兴 梁 清 李香叶/责任校对:樊雅琼
责任印制:赵 博/封面设计:有道设计

科学出版社 出版
北京东黄城根北街 16 号
邮政编码:100717
http://www.sciencep.com

北京华宇信诺印刷有限公司印刷
科学出版社发行 各地新华书店经销
＊

2023 年 12 月第 一 版 开本:720×1000 1/16
2024 年 11 月第四次印刷 印张:21
字数:418 000
定价:79.00 元
(如有印装质量问题,我社负责调换)

丛书编写委员会

《密码分析学》编委会名单

丛书序

随着人工智能、量子信息、5G 通信、物联网、区块链的加速发展，网络空间安全面临的问题日益突出，给国家安全、社会稳定和人民群众切身利益带来了严重的影响。习近平总书记多次强调"没有网络安全就没有国家安全"，"没有信息化就没有现代化"，高度重视网络安全工作。

网络空间安全包括传统信息安全所研究的信息机密性、完整性、可认证性、不可否认性、可用性等，以及构成网络空间基础设施、网络信息系统的安全和可信等。维护网络空间安全，不仅需要科学研究创新，更需要高层次人才的支撑。2015年，国家增设网络空间安全一级学科。经过八年多的发展，网络空间安全学科建设日臻完善，为网络空间安全高层次人才培养发挥了重要作用。

当今时代，信息技术突飞猛进，科技成果日新月异，网络空间安全学科越来越呈现出多学科深度交叉融合、知识内容更迭快、课程实践要求高的特点，对教材的需求也不断变化，有必要制定精品化策略，打造符合时代要求的高品质教材。

为助力学科发展和人才培养，山东大学组织邀请了清华大学等国内一流高校及阿里巴巴集团等行业知名企业的教师和杰出学者编写本丛书。编写团队长期工作在教学和科研一线，在网络空间安全领域内有着丰富的研究基础和高水平的积淀。他们根据自己的教学科研经验，结合国内外学术前沿和产业需求，融入原创科研成果、自主可控技术、典型解决方案等，精心组织材料，认真编写教材，使学生在掌握扎实理论基础的同时，培养科学的研究思维，提高实际应用的能力。

希望本丛书能成为精品教材，为网络空间安全相关专业的师生和技术人员提供有益的帮助和指导。

沈昌祥

2023 年 12 月 1 日

序一

密码作为网络安全的核心技术,其重要性越来越被理解.密码可分为对称密钥密码和非对称密钥密码,简称为对称密码和非对称密码.杂凑函数是密码系统中一类重要函数,其研究技术与对称密码研究技术有比较强的关联性.对称密码的研究分为设计与分析两个范畴,对称密码算法的安全性比较多地依赖于其抵抗各种已有攻击方法的能力,因此,设计过程中的绝大多数研究工作仍然聚焦于密码算法的分析.从这一角度看,密码分析构成了对称密码算法研究领域的主旋律.公开学术界对对称密码算法的分析研究起源于 20 世纪 70 年代中期,美国国家标准局公布数据加密标准 DES,历经四十多年的发展,分析方法层出不穷,产生了一大批研究成果,极大地推动了对称密码的研究.

但国内外已出版的专门面向对称密码分析的教材不多,全面覆盖较新研究成果的教材更是缺乏.该书编写团队长期从事杂凑函数和对称密码算法分析相关研究,取得了一系列突破性研究成果,成果发表在国际五大密码会议和重要学术期刊上,提出的新分析方法和新工具被国内外众多密码研究人员引用和使用.该书的编写历时三年,内容涵盖了国内外学术界对称密码分析的主要研究成果,特别突出了他们一线教学过程中总结的密码分析教学经验和科研成果.该书内容新颖、完整,表述清晰、规范,既包含易于本科生理解的初等密码分析原理,也涵盖了便于研究生和密码科研人员进行深入研究的进阶内容.教材介绍的大部分分析方法都借助小版本的算法进行了实例演示,对于学生理解密码分析思想和教师课堂讲授都十分友好.

"没有网络安全就没有国家安全".当前,我国网络安全人才,特别是密码人才缺口很大,我相信,该书的出版将为密码人才的培养提供强力支撑.

郭建华

2023 年 12 月 9 日

序二

密码学主要分为密码设计学与密码分析学两大分支,密码分析是密码设计发展的主要推动力,密码分析理论体系既体现了密码设计所基于的数学难题的破解难度与设计缺陷,又从多维度折射出密码设计需要解决的关键设计难题.

山东大学密码学的发展得益于数学及相关学科的深厚积淀. 20 世纪 80 年代中期,我的导师潘承洞先生在国内较早地成立密码研究小组,开展现代密码学的研究,培养了一批杰出人才.山东大学密码学团队在密码分析理论方面取得重要突破,成功破解了国际计算机系统广泛部署的杂凑函数标准算法 MD5 与 SHA-1 等. 2002 年,山东大学设立信息安全专业,开始面向密码分析方向的研究生开设密码分析学课程,以直接研读或者教授前沿论文为主要方式,但缺少适用于本科教学的体系化教材.

为实施国家安全战略,2015 年,教育部增设网络空间安全一级学科,密码学作为二级学科在国内迅速得到专业化、体系化发展;2020 年,增设密码科学与技术本科专业,为我国密码人才培养开启新篇章.从学科布局与发展来看,亟需组建具有丰富教学经验的高水平研究团队,编写面向本科生兼顾研究生的密码分析学核心教材,支撑和引领人才培养范式变革.

山东大学自网络空间安全学院成立之初,密码分析学就作为网络空间安全、信息安全和密码科学与技术三个专业的核心课程和重要支撑,面向本科生开设,以初学者易于接受的方式讲授对称密码和杂凑函数的典型安全性分析技术.

该书主编王美琴教授长期从事对称密码算法分析与设计研究,取得了系列突破性研究成果,她的部分研究成果与我国杂凑函数标准 SM3 设计工作一同获得国家科学技术进步奖一等奖.王美琴教授基于自己多年来密码算法自动化分析研究成果与国际自动化分析成果,建立了高效自动化分析平台,为对称密码算法的安全性评估提供关键支撑.我非常高兴的是,在科研、教学、学科建设高强度工作下,王美琴决定组建团队,亲自带队编写密码分析学教材.编写团队的骨干教师均长期从事与密码分析相关的教学和科研工作,对各类安全性分析技术理解深刻,做出了多项原创性高水平研究成果.该书是编写团队多年教学经验的积累和总结,是首部全面涵盖对称密码和杂凑函数主流分析理论与方法的专业核心教材.

  该书坚持以习近平新时代中国特色社会主义思想为指导，深入贯彻党的二十大精神，坚持思想性、系统性、科学性、生动性、先进性相统一. 坚持价值引领，将学术研究最新进展，特别是我国研究人员的科研成果和社会影响，融入教材编写，厚植家国情怀，激发使命担当；坚持需求导向，面向世界科技前沿和国家重大需求，在素材选取、案例设计、算法描述等方面形成了知识、技能、思政融为一体的内容体系，将数学模型与编程测试相结合，并以小版本的算法为例进行讲解，便于学生自主发现不随机现象，引导学生从研究的角度还原模型提出和建立全过程，注重创新精神和实战能力培养；坚持守正创新，创新教材呈现方式，提供相关知识点拓展视频讲解、源代码等丰富的教学资源，使读者加深对知识点的理解，提高学习目标达成度.

  该书以学生发展为中心，充分发挥教材的综合育人功能，有助于服务密码强国和网络强国的高质量人才自主培养.

王小云

2023 年 12 月 10 日

前　言

　　算法的设计与安全性分析是密码领域的两大研究方向. 密码算法设计致力于设计安全高效的密码算法, 保障机密性、认证性和完整性; 密码算法分析则力图发现设计缺陷, 打破已知的安全界限. 新的密码分析方法的出现, 催生更完善的密码体制, 而新的密码体制又激发新的分析技术, 在破与立的过程中, 密码分析技术蓬勃发展, 一个密码体制抵抗现有各种分析技术的强度已成为衡量算法安全性的重要指标.

　　本书主要关注 1990 年差分分析提出以来, 国际密码学界在对称密码算法和杂凑函数的安全性分析领域提出的主流分析理论与方法. 为了便于刚刚接触密码分析的读者理解学习, 编写团队结合自身对分析技术的理解和教研经验, 尝试从发现问题、思考问题、解决问题的角度复现分析理论的提出过程, 引导读者从研究的角度看问题, 培养研究型思维; 同时, 注重数学模型和编程技术相结合, 例题和练习题多采用小规模可测试的小版本算法, 便于课堂展示和读者动手复现, 自行发现不随机现象, 根据数学模型, 展开攻击, 注重创新思维和实战能力的培养.

　　本书共 15 章. 第 1 章概述密码分析学的基本概念、各类算法的攻击目标和开展密码分析的一般模型. 第 2~10 章主要讨论分组密码算法的分析技术. 其中, 第 2 章介绍对第二次世界大战时期的恩尼格玛 (Enigma) 密码机的破解; 第 3~6 章分别围绕差分分析、线性分析、积分分析和中间相遇攻击进行阐述; 第 7 章主要讨论代数攻击和滑动攻击; 在前面章节的基础上, 第 8 章介绍各种分析技术的等价关系; 第 9 章分别介绍基于混合整数线性规划 (Mixed Integer Linear Program, MILP) 和布尔可满足性问题 (Boolean Satisfiability Problem, SAT) 或可满足性模理论 (Satisfiability Modulo Theories, SMT) 的自动化求解工具对每种区分器的自动化搜索策略; 第 10 章讨论分组密码工作模式的安全性分析; 第 11 章和第 12 章主要讨论序列密码的经典分析技术和立方攻击; 第 13 章从生日攻击、原像攻击、第二原像攻击和碰撞攻击几个方面介绍杂凑函数的安全性分析技术. 第 14 章简要介绍了消息认证码的伪造攻击和密钥恢复攻击; 第 15 章讨论侧信道分析的常见技术. 附录部分给出了示例算法的说明. 对于初学者或面向本科生授课的教师, 建议从未标注 "*" 的章节中选取内容进行阅读或讲授. 此外, 通过扫描章后的二维码, 读者可获得我们持续更新中的对应章节的教学资源, 加深对相关知识点的理解.

本书在王小云院士的指导下, 由工作在教研一线的教师编写, 并请相关专家审定, 感谢专家们提出的宝贵意见和建议. 感谢李木舟博士、胡凯博士、董晓阳研究员、樊燕红副研究员和陈师尧博士为本书提供的素材. 感谢山东大学网络空间安全学院的研究生崔佳敏、牛超、何家辉、雷浩、刘群、常程程、卢振宇、张卓龙等进行的整理和校对. 本书的部分内容曾多次作为山东大学网络空间安全学院密码分析学课程的讲义使用, 感谢授课过程中同学们提出的意见. 感谢科学出版社对本书的大力支持.

本书入选科学出版社 "十四五" 普通高等教育本科规划教材, 得到国家重点研发计划项目 "密码体制新型分析模型及其应用" (编号: 2018YFA0704700), 国家自然科学基金重点项目 "新一代网络环境下对称密码算法的自动化分析与设计技术研究" (编号: 62032014), 山东省自然科学基金重大基础研究项目 "新一代网络空间安全关键科学问题研究" (编号: ZR202010220025) , 山东大学高质量教材出版基金的资助, 特此感谢.

党的二十大报告指出, "教育、科技、人才是全面建设社会主义现代化国家的基础性、战略性支撑", 要 "加强基础学科、新兴学科、交叉学科建设, 加快建设中国特色、世界一流的大学和优势学科". 希望本书的出版能服务密码强国和网络强国建设, 为网络安全类特别是密码科学与技术等专业的人才培养贡献绵薄之力!

限于我们的水平, 书中肯定会有不足之处, 恳请读者将意见或建议发送至 crypt@email.sdu.edu.cn, 在此表示感谢!

编　者

2023 年 12 月

目　录

第 1 章

密码分析学概述

密码学是一门古老而又年轻的学科. 可以说, 从人类用笔书写开始, 密码就被用于保护通信信息的机密性. 随着计算机通信技术的发展, 特别是大数据和互联网时代的到来, 大量的敏感信息在公开网络上传输, 密码已经和我们每个人的日常生活密不可分. 密码学主要分为密码设计学和密码分析学. 顾名思义, 密码设计学致力于设计安全高效的密码算法, 保护明文或密钥信息; 密码分析学则力图发现密码算法的安全缺陷, 尝试打破设计者宣称的安全界限, 恢复明文或者密钥信息. 新的密码分析方法的出现, 影响了密码系统的设计理念, 催生更完善的密码体制, 而新的密码体制又激发新的分析技术, 设计和分析的博弈永远没有尽头, 这也正是密码学持续发展的动力.

在破与立的过程中, 随着计算能力和密码算法设计水平的不断提高, 现代密码分析学蓬勃发展, 出现了很多新的攻击技术, 例如, 差分分析、线性分析、积分分析和比特追踪法等等. 这些分析技术各有所长, 从不同角度评估算法安全性, 而一个密码体制抵抗现有各种分析技术的强度已成为衡量算法安全性的重要指标. 因此, 本书围绕对称密码算法、杂凑函数和消息认证码 (Message Authentication Code, MAC) 的安全性分析, 介绍现代密码分析学的主流分析技术.

1.1 密码分析学的基本概念

最初, 密码算法主要用于保密通信, 而如今, 现代密码算法的功能更加多样, 应用范围更为广泛, 除了用于保证机密性的加密算法, 如高级加密标准 (AES) 外, 还有用于保证消息完整性的杂凑函数, 如 ISO/IEC 国际标准 SHA-2 算法; 用于实现认证性的消息认证码, 如 ISO/IEC 国际标准 HMAC 算法; 用于同时提供机密性和认证性的认证加密算法, 如美国国家标准与技术研究院 (National Institute of Standards and Technology, NIST) 标准 AES-GCM 等. 现代密码算法的设计以信息论为理论基础, 破解难度大大提高, 但是其安全性分析仍是密码学界持续关注的问题, 特别是实用化的密码算法的安全性更是一直以来的研究热点. 本节主要以对称加密算法的安全性为例, 进行阐述. 讨论开展密码分析的基本假设、攻击者能力和安全性的定义.

现代密码系统的主要设计原则之一是荷兰语言学家奥古斯特·柯克霍夫 (August Kerckhoffs) 在 1883 年提出的六条准则 [1], 其核心思想如下:

> **命题 1.1　Kerckhoffs 准则 (Kerckhoffs's principle)**
> 密码体制的安全性仅依赖于密钥, 其他一切 (包括算法本身) 都是公开的. ♠

密码体制的安全性完全依赖于密钥的保密性, 而非算法本身的保密性. 从密码分析者的角度理解, 该准则说明在评估密码体制安全性时, 攻击者可以得到除密钥以外的有关算法的任何信息, 包括每一个设计细节.

对密码分析者来说, 要评估密码体制的计算安全性, 就要尝试各种攻击方法. 那么, 攻击者除知道算法实现细节外, 在不同的攻击环境下, 攻击者掌握的信息不同, 又可根据攻击者能力将攻击分为如下五种类型.

(1) 唯密文攻击 (Ciphertext-Only Attack): 密码分析者能利用的资源仅为同一密钥加密的一个或多个密文. 例如, 搭线窃听的攻击者, 可利用的资源仅为密文, 因此, 这是对密码分析者最不利的情况.

(2) 已知明文攻击 (Known-Plaintext Attack): 密码分析者能够获得某些明密文的对应关系. 例如, 在某些应用中, 用户终端到计算机的密文数据以一个标准词 "LOGIN" 开头, 或者根据语言习惯等进行预判等等. 因此, 这是密码算法至少需要抵抗的一种攻击.

(3) 选择明文攻击 (Chosen-Plaintext Attack): 密码分析者能够选择明文并获得相应的密文. 计算机文件系统和数据库系统特别容易受到这种攻击, 这是因为用户可以随意选择明文, 并获得相应的密文文件和密文数据库, 这样攻击者可以特意选择那些最有可能恢复出密钥的明文. 对于对称密码算法, 因为其密钥既用于加密又用于解密, 所以常见的攻击多为选择明文攻击. 这也是本书讨论的重点.

(4) 选择密文攻击 (Chosen-Ciphertext Attack): 密码分析者能够选择密文并获得相应的明文.

(5) 选择文本攻击 (Chosen-Text Attack): 密码分析者能够选择明文并获得相应的密文, 也能够选择密文并获得相应的明文. 这是选择明文攻击和选择密文攻击的组合, 往往是密码分析者通过某种手段暂时控制加密机和解密机来实现的.

密码体制的安全性分为无条件安全 (理论安全) 和计算安全.

> **定义 1.1　无条件安全**
>
> 若某种密码体制, 密码分析者无论知道多少信息, 都不足以唯一确定目标密文对应的明文, 则称该体制是无条件安全的. ♣

无条件安全与密码分析者的计算资源无关. 即无论有多少可用的明密文, 花多少时间、占多少存储, 密码分析者都无法将密文解密. 除一次一密外, 实际中应用的加密算法都不是无条件安全的. 根据 Kerckhoffs 准则, 实际中应用的加密算法的安全性依赖于一个固定长度的密钥, 无论算法设计得如何复杂, 都可利用通用攻击——强力攻击 (例如, 穷举攻击和查表攻击等), 恢复密钥. 因此, 要求实际中采用的算法达到 "计算安全". 顾名思义, "计算安全" 即要求从计算资源的角度来评估算法是安全的. 这就需要考虑算法的每种现有攻击的效率. 设存在某种密码攻击, 则该攻击的效率一般从以下两个方面来衡量.

(1) 成功率 P_S: 密码攻击恢复的密钥为正确密钥的概率[①].

(2) 攻击复杂度: 为达到成功率 P_S, 攻击复杂度由以下三个指标决定.

(i) 数据复杂度 D: 实现攻击所需的明文或密文的总数.

(ii) 时间复杂度 T: 对采集到的数据进行分析和处理所消耗的时间, 一般以运行一次算法加密的时间为单位.

(iii) 存储复杂度 M: 实现攻击占用存储空间的大小, 一般以字节为单位.

注　一般情况下, 攻击复杂度不同, 能达到的成功率不同, 复杂度和成功率之间存在约束关系. 因此, 比较两个攻击优劣时, 应把复杂度统一在相同的成功率下, 再进行比较.

以穷举攻击为例. 时间复杂度占主项, 由穷举密钥的次数所决定. 对于一个密钥长度为 n 比特的加密算法, 若穷举密钥的所有 2^n 种可能, 依次进行验证, 则可达到 100% 的成功率, 复杂度为 2^n 次加密运算. 若仅随机选取一半的密钥进行验证, 即尝试约 2^{n-1} 种可能, 则复杂度约为 2^{n-1} 次加密运算, 但此时, 成功率约为 $\frac{1}{2}$. 类似地, 当穷举攻击的复杂度为 2^{n-a} 时, 成功率约为 2^{-a}.

> **定义 1.2　计算安全**
>
> 若某种密码算法体制, 密码分析者尝试各种攻击方法进行分析. 若在不可忽略的成功率下, 各攻击方法的复杂度均超出了分析者的计算资源可达到的合理边界, 则称该密码体制是计算安全的. ♣

[①] 此处指密钥恢复攻击, 正确密钥即加密明文或解密密文时采用的密钥. 对区分攻击, 攻击成功即做出正确的判断.

此外, 有时还会出现 "实际 (practical) 安全", 这是指密码分析者破译某密码体制的代价超过密文信息的价值, 或破译密码的时间超过密文信息的有效期.

1.2   各类算法的攻击目标

不同的密码算法的安全属性不同, 对应的攻击目标也不同. 本节主要从本书关注的三类密码算法——对称加密算法、杂凑算法、消息认证码来看攻击者的攻击目标.

(1) 对称加密算法主要用于保障机密性, 同时, 也是随机数生成器、杂凑函数或消息认证码等算法的基本部件, 因此, 对其进行安全性分析, 主要考虑以下两类攻击.

(i) 区分攻击: 将分组密码算法与随机置换进行区分.

(ii) 密钥恢复攻击: 恢复出分组密码算法进行加解密运算采用的密钥.

密钥恢复攻击往往建立在区分成功的基础上. 由于强力攻击的存在, 设对称加密算法的密钥长度为 n 比特, 则区分攻击和密钥恢复攻击的复杂度上界为 2^n.

(2) 杂凑算法主要用于保障完整性, 同时, 也是数字签名的关键技术. 对杂凑值长度为 n 比特的杂凑算法 h, 针对其安全属性, 主要考虑以下四种攻击.

(i) 原像攻击: 给定 n 比特的 H, 找到消息 M, 满足 $h(M) = H$.

(ii) 第二原像攻击: 给定消息 M_1, 找到另一个数据串 M_2, 满足 $h(M_1) = h(M_2)$ 且 $M_1 \neq M_2$.

(iii) 碰撞攻击: 找到两个消息 (M_1, M_2), 满足 $h(M_1) = h(M_2)$ 且 $M_1 \neq M_2$.

(iv) 长度扩展攻击①: 给定 n 比特的杂凑值 $h(M)$, 其中 M 为未知的非空数据串, 找到任意数据串 N 和 n 比特的 H', 满足 $h(M \parallel N) = H'$.

由于强力攻击的存在, 原像攻击、第二原像攻击和长度扩展攻击的复杂度上界为 2^n, 而对于碰撞攻击, 存在生日攻击, 故复杂度上界为 $2^{n/2}$. 而对不同结构的杂凑算法, 各类攻击的复杂度上界可能进一步降低.

(3) 消息认证码 (MAC) 主要用于保障认证性, 因其也视收发双方共享的密钥为密码体制中唯一保密的信息, 故对称加密算法的攻击目标也适用于 MAC 算法. 此外, 还可以考虑伪造攻击. 具体如下.

• 区分攻击.

(i) R 型区分攻击 (Distinguishing-R Attack): 将 MAC 算法与随机函数进行区分.

---

① 由于该攻击的存在, MD 结构的杂凑函数用于构造某些消息认证码或认证加密算法时, 易于进行伪造, 因此, 美国国家标准与技术研究院在第三代杂凑函数标准 SHA-3 的征集过程中, 要求抵抗该攻击 [2].

(ii) H 型区分攻击 (Distinguishing-H Attack): 将基于具体密码元件 (如杂凑函数 SHA-1) 构造的 MAC 算法与基于随机函数构造的 MAC 算法进行区分.

• 伪造攻击.

设 MAC 算法的输入为 M, 输出为 t, 则不知道密钥的攻击者输出能通过验证的 (M, t), 即 $\mathrm{Verf}(M, t) = 1$. 具体来说, 分为以下三种.

(i) 存在性伪造 (Existential Forgery): 攻击者与 MAC 算法进行交互后, 输出 (M, t), 满足 $\mathrm{Verf}(M, t) = 1$ 且 M 在交互过程中没有被询问 (query) 过. 例如, 攻击者选择若干消息 $M_1, M_2, \cdots, M_s$[①], 访问 MAC 算法并获得对应的正确的 $t_1, t_2, \cdots, t_s$, 然后输出 (M, t), 满足 $M \neq \{M_1, M_2, \cdots, M_s\}$ 且 $\mathrm{Verf}(M, t) = 1$.

(ii) 选择性伪造 (Selective Forgery): 攻击者在与 MAC 算法进行交互之前, 选定一个消息 M. 然后, 根据交互获得的信息, 输出 (M, t), 满足 $\mathrm{Verf}(M, t) = 1$ 且 M 在交互过程中没有被询问 (query) 过.

(iii) 通用性伪造 (Universal Forgery): 对在与 MAC 算法进行交互之前任意给定的消息 M, 攻击者均可根据交互获得的信息, 输出 (M, t), 满足 $\mathrm{Verf}(M, t) = 1$ 且 M 在交互过程中没有被询问过.

• 密钥恢复攻击: 恢复出 MAC 算法采用的密钥.

设 MAC 值 t 的长度为 n 比特, 密钥长度为 k 比特, 则区分攻击和伪造攻击的复杂度上界为 $\min(2^n, 2^k)$, 密钥恢复攻击的复杂度上界为 2^k. 而对不同结构的 MAC 算法, 各类攻击的复杂度上界可能进一步降低. 例如, 文献 [3, 4] 中给出的基于杂凑函数的部分 MAC 算法的区分攻击的复杂度上界为 $2^{l/2}$, 其中, l 为中间链接变量的比特长度.

对于认证加密算法 (AE)、公钥加密和数字签名算法都可类似考虑攻击者的攻击目标.

注　值得注意的是, 密码分析并不仅仅分析完整的算法, 一般会从分析算法的简化版本入手. 例如, 数据加密标准 DES 规定要 16 轮加密后的结果才是密文, 那么在分析时, 可以假设 12 轮就出结果, 即对缩减到只加密 12 轮的 DES 的简化版本进行分析. 如果发现算法的简化版本, 通过分析算法在设计中存在的问题, 随着时间的推移和技术的进步, 可能会完成整个算法的破解.

1.3　密码分析的一般模型

常见的密码分析方法主要分为三类. 第一类是强力攻击, 是指通用的攻击方法, 与算法的设计细节无关, 例如, 穷举攻击、查表攻击和时间-存储权衡攻击等. 强力攻击的复杂度给出算法的安全上界 (即其他攻击的复杂度上界). 第二类是基

---

① 选择方式可以是自适应的, 即根据已获得的信息, 调整下一个选择的消息.

于数学模型和程序搜索的攻击方法, 例如, 差分分析、线性分析等. 主要思想是通过分析算法的内部结构, 将数学推导、统计测试与程序搜索相结合, 发现特殊规律, 建立数学模型, 开展分析工作. 第三类是基于算法具体实现时产生的物理参量的攻击方法, 也称作侧信道攻击 (Side-Channel Attack), 例如, 计时攻击、能量分析、电磁攻击等. 由于算法在芯片中运行泄露的某些物理参量, 如执行时间、电流、电压、电磁辐射、声音等信息与密码算法在芯片中运行的中间状态数据和运算操作存在一定的相关性, 攻击者通过采集这些泄露信息, 推测密钥.

本节重点关注基于数学模型和程序搜索的攻击方法. 该类方法的关键要素是"区分"和"分割".

所谓"区分", 即找到一个可计算或统计的指标, 对特定的密码算法和伪随机函数 (或置换) 分别计算该指标的分布情况, 若在复杂度允许的范围内, 能以不可忽略的概率区分这两种分布, 则该指标就被称为不随机特征 (或不随机现象), 利用该指标将密码算法和伪随机函数 (或置换) 进行区分的算法, 就称为区分器或区分攻击. 区分往往是开展各类攻击的第一步. 以一个极端情况[①]为例进行说明.

例 1.1 分组加密算法 EG_2 如图 1.1 所示, 其中 P 代表 n 比特的明文, C 代表密文, 轮函数 F 为由密钥 K_i $(i = 0, 1)$ 决定的置换, 密钥 K_i $(i = 0, 1)$ 相互独立, 均为 n 比特. 若攻击者通过数学推导, 发现对该分组加密算法, 等式 $P \oplus C = 1$ 以概率 1 存在, 则能否将 EG_2 算法与随机置换 RP 进行区分?

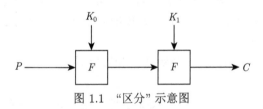

图 1.1 "区分"示意图

解 对于随机置换, $P \oplus C$ 服从均匀分布, 即 $\Pr(P \oplus C = 1) = \dfrac{1}{2^n}$.

从而, 对一个黑盒, 若已知 x 个输入 P_i 及相应的输出 C_i, $i = 0, 1, \cdots, x - 1$, 则可按如下步骤判断该黑盒为 EG_2 算法还是随机置换 RP:

(1) 计算 x 个 $P_i \oplus C_i$;

(2) 若 x 个值都等于 1, 则输出为 EG_2 算法;

(3) 若 x 个值至少有一个不等于 1, 则输出为随机置换 RP.

下面, 分析一下该算法的成功率. 攻击成功是指输出为正确的判断, 即当黑盒真正为 EG_2 算法时, 输出为 EG_2 算法; 当黑盒为随机置换时, 输出为 RP. 假设黑

---

① 此处仅给一个示例, 真正进行分析时, 很难发现概率为 1 的不随机特征.

盒等可能地取到 EG_2 和 RP, 则攻击成功的概率为

$$
\begin{aligned}
\Pr(\text{成功}) &= \Pr(\text{黑盒是 } \mathrm{EG}_2 \text{ 且输出为 } \mathrm{EG}_2) + \Pr(\text{黑盒是 RP 且输出为 RP}) \\
&= \frac{1}{2} \cdot \Pr(\text{输出为 } \mathrm{EG}_2 | \text{ 黑盒是 } \mathrm{EG}_2) + \frac{1}{2} \cdot \Pr(\text{输出为 RP} | \text{ 黑盒是 RP}) \\
&= \frac{1}{2} \cdot 1 + \frac{1}{2} \cdot \left(1 - \left(\frac{1}{2^n} \right)^x \right) \\
&= 1 - \frac{1}{2^{nx+1}}.
\end{aligned}
$$

可见, $x = 1$ 即不可忽略的概率区分成功.

所谓 "分割", 有两层含义. 一是指对密码算法的分割. 这是指在寻找区分器时, 往往采用自下而上[1]的研究思路, 即将算法的各个部件分开考虑, 细化到 S 盒、P 置换, 甚至细化到比特, 来发现不随机现象. 二是指对搜索空间的分割, 即在进行强力攻击时, 我们关注的是与全部密钥比特有关的明文和密文之间的关系, 因此, 要验证该关系是否满足, 必须考虑全部密钥的可能. 那么, 要改进攻击复杂度, 就需要借助区分器, 得到只与部分密钥比特有关的可验证的明文和密文之间的关系, 从而验证该关系是否满足时, 只需考虑部分密钥, 先对这部分密钥进行恢复, 再恢复其余密钥, 这种 "两步走" 的策略, 对应的复杂度是 "相加" 的关系, 从而降低总体的复杂度. 以穷举攻击为例, 分割的目的是将搜索空间进行 "分割", 想方设法利用区分器降低搜索空间的大小或提高求解的效率, 将必须整体搜索的大空间分割为可局部搜索的小空间.

例 1.2 分组加密算法 EG_3 如图 1.2 所示, 其中 P 代表 n 比特的明文, C 代表密文, 轮函数 F 为由密钥 K_i ($i = 0, 1, 2$) 决定的置换, 密钥 K_i ($i = 0, 1, 2$) 相互独立, 均为 n 比特. 若攻击者通过数学推导, 发现对该分组加密算法, 等式 $P \oplus X = 1$ 以概率 1 存在, 其中, X 代表两轮加密后的中间结果, 则能否找到比穷举攻击更有效的密钥恢复攻击?

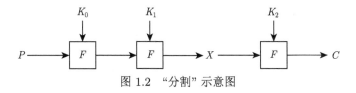

图 1.2　"分割" 示意图

解 基于不随机现象 $P \oplus X = 1$ 以概率 1 成立, 对 EG_3 进行已知明文下的密钥恢复攻击.

---

[1] 近来也出现了自上而下的研究思路.

假设得到一个明文 P 及相应的密文 C, 即

$$C = F_{K_2}(F_{K_1}(F_{K_0}(P))).$$

若不利用不随机现象, 仅根据穷举攻击, 需要遍历 $3n$ 比特密钥 $K_i(i = 0, 1, 2)$ 的所有可能, 即 2^{3n} 种情况验证上式是否满足, 满足的为正确密钥的候选值, 不满足的一定为错误密钥.

若利用等式 $P \oplus X = 1$, 可得 $X = P \oplus 1$, 即恢复了的中间结果的取值. 从而, 得到只与 n 比特密钥 K_2 有关的方程

$$C = F_{K_2}(X).$$

只需猜测 K_2 的 2^n 种可能, 代入上式验证即可. 满足的 K_2 为正确密钥的候选值, 不满足的一定为错误密钥. 若正确密钥的候选值多于 1 个, 则再利用另一个明密文对, 筛选出正确的 K_2. 对 K_i $(i = 0, 1)$, 可利用方程 $X = F_{K_1}(F_{K_0}(P))$, 再利用中间相遇攻击或穷举攻击进行恢复.

综上, 因为实现了对密钥搜索空间的分割, 攻击复杂度小于穷举攻击的复杂度 2^{3n}.

从而, 对 r-轮算法的密钥恢复攻击一般分为两步 (图 1.3): 第一步, 找到一个 d-轮区分器. 注意到, 区分器对应的不随机现象 (例如, 线性关系或差分等等) 与每轮的中间值无关[1], 只与区分器的头尾 (X, Y) 相关. 因此, 区分器可看作是一个与 (X, Y) 有关的函数 $D(X, Y)$, 该函数的取值分布与加密算法为随机置换时对应函数的取值分布可区分. 第二步是利用区分器实现密钥空间的分割, 只需考虑由明文 P 加密到区分器头部 X 涉及的密钥 $K_0, \cdots, K_i$ 中的部分比特, 以及密文 C 求解到区分器尾部 Y 涉及的密钥 $K_{i+d+1}, \cdots, K_r$ 中的部分比特即可. 可见, 攻击的复杂度及成功率与函数 $D(X, Y)$ 及求解 (X, Y) 的方式和涉及的密钥量有关.

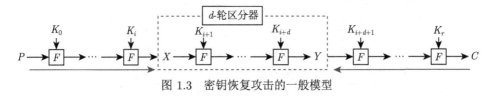

图 1.3　密钥恢复攻击的一般模型

✍ **练习 1.1**　将高级加密标准 AES [5] (算法说明见附录 A.3) 的轮函数去掉列混合 (MC) 运算, 其余运算不变, 用于数据加密, 记为算法 Test. 请尝试对 Test 算法进

---

① 构造区分器时, 一般考虑在随机选取的任意密钥下, 都存在的不随机现象, 因此, 对整个密钥空间都是满足的. 但也可以考虑密钥满足某些特定条件时, 存在的不随机现象. 此时, 只在部分密钥空间中, 满足不随机现象, 例如, 相关密钥或弱密钥下建立的区分器.

行选择明文攻击, 使得敌手可解密任何密文对应的明文 (可以不恢复密钥), 并给出复杂度分析. (提示: 按输入输出字节的对应关系对算法进行分割, 需要 2^{32} 个选择明文、2^{32} 次加密和 2^{39} 比特的存储 (或者其他复杂度低于穷举攻击的方法均可).)

现代密码分析经过几十年的发展, 出现了很多典型的分析技术, 主要围绕区分器构造的不同来进行分类. 例如, 差分分析利用高概率的差分路线构造区分器, 在差分分析的启发下, 飞去来器攻击和矩形攻击则同时利用两条高概率的差分路线构造区分器; 截断差分分析进一步将取特定值的差分扩充为满足特殊条件的差分集合来发现不随机特性; 不可能差分分析反其道而行之, 根据概率为 0 的差分路线建立区分器. 线性类分析技术则利用高偏差的线性逼近式构造区分器, 后来又出现了基于零偏差线性近似式的零相关攻击等, 此外, 还有中间相遇攻击、积分攻击等多种攻击方法. 不同攻击方法的侧重点不同, 对同一个算法的攻击效果不同. 因此, 衡量一个密码算法的安全性, 往往需要考虑各种攻击方法的影响. 特别是新的密码算法发布时, 设计者必须给出利用现有各种攻击对算法进行安全性分析得到的详细数据, 作为衡量算法安全性的重要指标. 本书在接下来的章节中将介绍其中有代表性的几类攻击方法.

第1章课件
参考资料

第1章视频
参考资料

第 2 章

恩尼格玛密码机的破解

在古典密码算法的安全性分析中, 频率分析法、重合指数法等技术的出现, 说明单表代换或密钥流周期较短的密码算法已不能满足安全通信的需求, 需要引入更复杂的设计. 其间, 一个典型的代表就是 1918 年德国发明家亚瑟·谢尔比乌斯 (Arthur Scherbius) 设计的恩尼格玛 (Enigma) 密码机. 由于第一次世界大战期间英国通过破译德国无线电密码而取得了决定性的优势, 德国开始大力加强无线电通信的安全性工作, 对 Enigma 密码机进行了严格的安全性和可靠性试验, 并做出多项核心改进, 逐步发展出不同的型号, 成为德国通过无线电进行秘密通信的主要手段. Enigma 密码机 (算法说明见附录 A.1) 通过线路接线板和扰频器的随机排列可以产生高达 1.59×10^{20} 种密钥. 计算机科学之父、英国数学家艾伦·麦席森·图灵 (Alan Mathison Turing) 在波兰数学家玛丽安·拉耶夫斯基 (Marian Rejewski) 等工作的基础上, 结合德军的语言习惯和 Enigma 密码机的不随机特性, 将密钥空间的搜索范围大大缩小, 实现了 Enigma 密码机的破解, 缩短了第二次世界大战的进程.

本章以 Enigma 密码机的破解为例, 阐述现代密码分析的关键要素——"区分" 和 "分割". 首先, 利用 Enigma 密码机的不随机特性, 识别明密文对应关系; 然后, 结合特殊的明密文对, 实现对组件的分割, 可以依次测试扰频器和线路接线板中候选密钥的正确性; 同时, 结合提前终止技术, 进一步降低攻击复杂度; 最后实现对 Enigma 密码机的破解 [6].

2.1 猜测明密文的对应

Enigma 密码机的破解属于唯密文攻击, 攻击者能够拿到 Enigma 密码机, 即符合 Kerckhoffs 假设, 加密算法公开, 反射器和各转子的置换表已知, 但不知道线路接线板的设置 K_1 和扰频器的设置 K_2. 因此, 第一步需要先确定明密文之间的对应关系, 才能找到判断整个密钥正确与否的依据, 进行强力攻击. 这一步主要利用了 Enigma 密码机的如下性质.

> **命题 2.1 Enigma 密码机的不随机特性**
>
> 记 Enigma 密码机的加密算法为 E, 对任意输入 α, 计算 $\beta = E(\alpha)$, 则 $\beta \neq \alpha$. ♠

证明 反证法. 设存在输入 α, 满足 $\alpha = E(\alpha)$.

根据 Enigma 密码机的加密过程

$$\alpha = S^{-1} \circ R^{-1} \circ T \circ R \circ S(\alpha),$$

对上式移项, 等价于

$$R \circ S(\alpha) = T \circ R \circ S(\alpha).$$

不妨记 $\gamma = R \circ S(\alpha)$, 则上式简化为

$$\gamma = T(\gamma).$$

与反射器的构造相矛盾. 证毕.

基于该特性, 图灵通过研究拉耶夫斯基等的工作、已经解密出的信息和德军的语言习惯, 能够以较高的概率找到明文和密文之间的对应关系. 经验表明, 德军每天早上 6 点过后会发送一条加密后的规范的天气报告. 因此早上 6 点零 5 分截获的加密信息几乎都包含单词 WETTER (德语 "天气" 的意思), 并且出现的位置高度统一, 则可如例 2.1 所示, 猜测对应关系.

例 2.1 若截获到包含单词 WETTER 的一段明文对应的密文为 AETJW-PXER, 则求 WETTER 对应的可能密文.

解 从前向后依次猜测 WETTER 对应的密文的起始点.

首先, 猜测 WETTER 与密文对应前 6 个字母, 如图 2.1(a) 所示, 此时有 E 被加密成 E, 这与 Enigma 密码机的命题矛盾. 因此, 不可能对应密文前 6 个字母. 继续将明文向右移动一个字母位置, 如图 2.1(b) 所示, 发现与命题不冲突, 说明 ETJWPX 是 WETTER 对应密文的一个候选值. 继续右移, 发现 TJWPXE 也是一个候选值.

猜测的明文 W E T T E R   猜测的明文   W E T T E R
已知的密文 A E T J W P X E R   已知的密文   A E T J W P X E R
(a)   (b)

图 2.1 寻找密文所在位置

注 可见, 对应关系并不唯一, 难以保证 100% 的成功率. 在实际破解中往往需结合其他特性继续排除, 如通常的出现位置、消息结尾常用词等, 进一步提高猜对的

可能. 如仍有多种对应关系, 则需依次将对应关系代入下一步密钥恢复攻击中展开尝试.

通过上述方式, 获得的明密文组合称为克利巴 (Crib).

练习 2.1　若截获到包含单词 HELLOWORLD 的一段明文对应的密文为 WELL-DONEEFGHIJ, 则求 HELLOWORLD 对应的可能密文.

下一步需要解决的问题就是如何确定 Enigma 密码机的设置, 即线路接线板的设置 K_1 和扰频器的设置 K_2, 使得这种设定能将明文 WETTER 加密成密文 ETJWPX. 而最直接的方式便是拿一台 Enigma 密码机, 穷举每一种可能的设置 (K_1, K_2), 输入 WETTER 看能否得到正确的密文. 但这种方法需要穷举 1.59×10^{20} 种可能, 超出当时的计算能力.

2.2　恢复扰频器的设置

为降低穷举整个密钥空间的复杂度, 攻击者尝试对密钥空间进行分割, 即先恢复部分密钥. 这就需要找到只与部分密钥有关的区分器, 根据正确密钥与错误密钥的不同表现生成关于部分密钥比特的判定条件, 先恢复部分密钥的信息, 进而再结合穷举或其他方式恢复整个密钥.

2.2.1　利用环路实现分割

对于攻击者来说, 区分器的构造不必只和一个明文字母和密文字母的对应关系有关, 可以综合利用多个明密文字母来构造, 只要能生成只与部分密钥相关的可验证的条件即可. 后面章节讨论的区分器的构造也是如此. 在 Enigma 密码机的分析过程中, 图灵发现的不随机现象, 即区分器的构造也是如此. 此处仅给出同时利用三个明文字母和密文字母的示例. 如图 2.2 所示, 字母 W, E, T 及对应的密文字母连接成一个环, 我们把这种特殊的明密文对应称作环路克利巴. 这种环路导致了组件的分割.

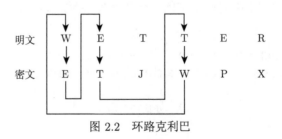

图 2.2　环路克利巴

注　环路克利巴是否真实存在建立在 2.1 节猜对的基础上.

注意到, (K_1, K_2) 在一天内是不变的, 且 WETTER 单词出现较早, 在加密 W、E、T 时, 很可能只有快速扰频器发生转动. 因此, 若已知扰频器组合是从 5 个转子中选择 3 个放入, 不妨设加密 W 时, 扰频器组合的三个转子的起始点分别为 (x, y, z), 则

(1) 若起始点为 (x, y, z), 则 Enigma 密码机将 W 加密成 E;

(2) 若起始点为 $(x - 1, y, z)$[①], 则 Enigma 密码机将 E 加密成 T;

(3) 若起始点为 $(x - 3, y, z)$[②], 则 Enigma 密码机将 T 加密成 W.

注 *确定 (x, y, z) 及每个转子对应的扰频器编号等价于恢复 K_2.*

可见, 环路实际上对应了三台 Enigma 密码机, 每台的 K_1 相同, 扰频器组合选取相同的 3 个转子, 按相同的顺序放入, 且起始点的设置如上所示, 每台机器只负责处理环路中的一次加密. 第一台机器负责将 W 加密成 E, 第二台负责将 E 加密成 T, 第三台负责将 T 加密成 W. 我们将这三次加密对应的运算过程展开, 即代入 Enigma 的每个部件, 得到图 2.3[③]. 由于 K_1 未知, 字母 W, E, T 经过线路接线板之后的输出未知, 分别设为 L_0, L_1, L_2. 那么, 在第一台机器中, W 经过线路接线板之后变成 L_0, L_0 经过扰频器组合、反射器、逆向的扰频器组合必然得到字母 L_1, 这是由线路接线板上 L_1 与 E 的对应关系决定的. 类似地, 可确定第二、三逆向扰频器组合的输出分别为 L_2 和 L_0.

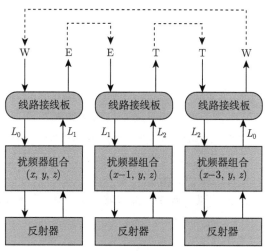

图 2.3 环路克利巴的内部运算

---

① 根据 Enigma 转子的结构, 当 $x = 1$ 时, $x - 1$ 对应数字 26.

② 根据 Enigma 转子的结构, 当 $x < 4$ 时, $x - 3 = 26 - (3 - x) = 23 + x$.

③ 为简化表示, 此图将相同起始点的扰频器组合与逆向扰频器组合统一用扰频器组合代替, 例如最左侧的 L_1 是逆向扰频器组合的输出.

此时, 观察图 2.3, 可以发现一个新的环路, 即 $L_0 \to L_1 \to L_2 \to L_0$. 如图 2.4 所示, 新的环路与线路接线板无关, 从而实现了组件的分割.

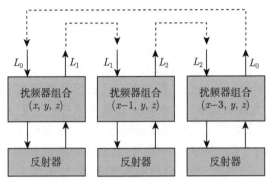

图 2.4　只与扰频器组合有关的环路

2.2.2　连接多台机器恢复扰频器设置

尽管新的环路与线路接线板无关, 消除了线路接线板的影响, 但也引入了新的问题. 此时 L_0, L_1, L_2 的具体值未知, 我们不能利用取值来建立关于密钥的方程, 作为正确密钥的判定条件, 可依据的只有回路这一个特性. 因此, 图灵将第一台逆向扰频器组合输出端的 26 个字母与第二台扰频器组合输入端的 26 个字母用导线连接, 即 A 到 A, B 到 B, $\cdots$, Z 到 Z. 类似地连接第二、三台和第三、一台. 然后, 在这 26 条回路上各安装一个灯泡, 可基于如下特性设置正确密钥的判定条件.

> **命题 2.2　扰频器组合的起点的判定依据**
>
> 从扰频器组合的 5 个转子中选择 3 个, 按同样的顺序放入上面三台连接好的扰频器中 (每个扰频器组合有 3 个转子), 起始点关系如图 2.4 所示 (不妨设初始 $(x,y,z) = (1,1,1)$), 则拨动转子, 遍历 (x,y,z) 有
> - 若 (x,y,z) 猜测正确, 则 26 条回路中至少有一条灯亮;
> - 若 (x,y,z) 猜测错误, 则 26 条回路中以 63.2% 的概率至少有一条灯亮.

练习 2.2　分析以上性质中, 随机选择的密钥也使回路亮灯的概率. (提示: 错排问题.)

基于以上特性, 实现了对密钥空间的分割, 只需通过观察是否灯亮, 即可对 K_2 的 $P_5^3 \times 26^3 \approx 2^{20}$ 种可能做出筛选, 简称为 "亮灯测试". 若至少有一条回路亮灯, 则通过 "亮灯测试", 此时的设置作为正确密钥的候选值. 若 26 条回路都不亮, 则一定是错误密钥. 但仅凭一个环路筛选出的密钥较多, 可利用其他的环路克

利巴进行验证或者结合 2.3 节线路接线板的密钥恢复过程继续筛选. 此外, 由于从 5 个扰频器中有序选择 3 个这一步骤与后面的遍历 (x, y, z) 无关, 图灵还对此项测试进行了并行化处理, 即同时开展 $P_5^3 = 60$ 组这样的测试, 每组只需测试 $26^3 = 17576$ 种可能, 进一步加快破解速度.

2.3 恢复线路接线板的设置

对线路接线板的设置, 我们主要依据如下特性进行筛选.

> **命题 2.3 线路接线板的连线情况的判定依据**
>
> 线路接线板的连接线条数已知, 且一根接线只能连接两个字母, 即不能出现 $\alpha \leftrightarrow \beta$, $\beta \leftrightarrow \gamma$ 且 $\alpha \neq \gamma$ 的情况. ♠

假设线路接线板有 10 条连接线, 则结合 2.2 节扰频器组合的恢复, 在根据命题 2.2 猜测 K_2 时, 若某条回路灯亮, 则给出 K_2 的一个候选值 k_2. 同时, 在此 k_2 下, 还可按如下步骤恢复线路接线板的部分设置:

(1) 若某条回路灯亮, 可获得此时 L_0, L_1, L_2 的具体值 l_0, l_1, l_2, 即确定线路连接板有 $W \leftrightarrow l_0$, $E \leftrightarrow l_1$, $T \leftrightarrow l_2$(可能存在自身到自身, 即无需外接连接线的情况), 若其中存在与命题 2.3 矛盾的情况, 则说明 k_2 猜错, 返回扰频器组合的恢复阶段, 利用下一条亮灯的回路重复此过程.

(2) 继续挖掘该克利巴中除环路以外的明密文对 (T, J), (E, P) 和 (R, X) 的信息.

(a) 根据上一步确定的 $T \leftrightarrow l_2$, 结合 k_2, 可求得字母 T 经过扰频器组合、反射器、逆向扰频器组合的输出结果, 记为 l_3, 则对线路接线板有 $J \leftrightarrow l_3$, 类似地, 可以确定 $P \leftrightarrow l_4$.

(b) 对于字母 R 和 X, 若前面并没有确定与这两个字母相关的连接情况, 则进行猜测, 即遍历 L_5, 其中 L_5 的每一个取值 l_5 不与前面步骤的设置冲突 ($l_5 \neq$ W, E, T, J, P, l_0, l_1, l_2, l_3, l_4). 设 R 与 l_5 相连, 则可以确定 $X \leftrightarrow l_6$.

同样, 在每一步中若存在与命题 2.3 矛盾的情况, 则返回扰频器组合的恢复段.

可见, 基于 WETTER 的明密文对应, 至多可恢复 7 条连接线, 不足以恢复全部 10 条接线, 还需结合其他克利巴继续恢复; 若还不能全部确定, 需结合穷举攻击, 遍历剩余未知连线情况, 进行解密, 根据解密出的明文是否有意义来进行判断.

2.4 密钥恢复攻击

综上, 整个密钥恢复过程可按如下算法 1 进行:

算法 1 Enigma 密码机的密钥恢复攻击
1 根据已有的克利巴, 识别出全部环路克利巴, 设有 s 个;
2 从 5 个转子中有序选择 3 个; /* 对 60 种选法进行测试, 可并行实现 */
3   令 $(x, y, z) = (1, 1, 1)$; /* 对 $(x, y, z) = (1, 1, 1), \cdots, (26, 26, 26)$ 进行测试 */
4   对 s 个环路克利巴中的每一个进行亮灯测试;
5   若通过亮灯测试, 则记录亮灯字母, 得到线路接线板的部分连线情况;
6   若连线情况不冲突, 则测试下一个环路克利巴;
7   否则, 换一种 (x, y, z), 重复步骤 4;
8   若 s 个全部通过, 在已确定线路接线板的连线情况下, 利用除环路克利巴涉及的明密文字母之外的克利巴中所有明密文对应进行线路接线板的恢复;
9   若出现冲突, 换一种 (x, y, z), 重复步骤 4;
10   否则,
11   若处理完全部克利巴, 接线板连接条数达到 10 条, 则用此时的设置, 对密文序列解密;
12   若解密出的明文有意义, 输出此时的线路接线板和扰频器组合的设置情况;
13   否则, 换一种 (x, y, z), 重复步骤 4;
14   否则, 处理完全部克利巴, 连线数不足 10, 则猜定一种未确定的接线方式, 对密文序列进行解密;
15   若解密出的明文有意义, 输出此时的线路接线板和扰频器组合的设置情况;
16   否则, 换一种接线方式, 对密文序列进行解密, 重复步骤15;
17   若所有接线方式下解密出的明文都是乱码, 则换一种 (x, y, z), 重复步骤 4;
18   否则, 换一种 (x, y, z), 重复步骤 4;
19   若所有 (x, y, z) 均不满足亮灯测试, 则从 5 个转子中换一种选法, 进行步骤 3.

在当时的计算条件下, 纯靠人工手算完成上述算法仍很难在一天内完成. 因此, 图灵设计了能够加快检测速度的机械装置, 为了向波兰制造的破译机致敬, 取名为 "炸弹"(Bombe). 每个 "炸弹" 由 12 组相连的 Enigma 密码机组成, 可以处理更长的环路克利巴. "炸弹" 投入使用后, 大约需要 20 分钟就能恢复 Enigma 密码机的密钥.

图灵等科学家的工作极大推动了密码分析学的发展, 科学家代替语言学家和人文学家成为破译的主力. 在整个分析过程中, 已经蕴含了现代密码分析的关键要素——"区分" 和 "分割". Enigma 密码机绝对不会将明文字母加密为自身这个特性, 就被用来进行 "区分", 也成为识别明密文对应关系的主要依据, 而正确判断明文字母和密文字母之间的对应关系是后续攻击正确的前提. 然后, 利用特殊的环路克利巴, 将线路接线板和扰频器组合剥离开, 可对扰频器组合的密钥进行单独搜索, 并且可以采用多个设备开展并行搜索, 提高求解速度. 在确定扰频器组合的前提下, 再求解线路接线板的正确连接方式, 成功实现 "分割". 将计算上的不可行变为实际破解.

第2章课件
参考资料

第2章程序
参考资料

第 3 章

分组密码的差分分析及相关分析方法

差分分析方法利用满足特定差分 (ΔX) 的输入对经过若干轮加密后对应特定输出差分 (ΔY) 的不均匀性建立区分器, 进而尝试恢复密钥. 差分分析利用高概率的差分路线构造区分器; 截断差分分析进一步将取特定值的 ΔX 和 ΔY 扩充为满足特殊条件的集合来发现不随机特性; 飞去来器攻击和矩形攻击则巧妙结合两条高概率但短轮数的差分构造区分器; 在差分分析的启发下, 不可能差分分析反其道而行之, 根据概率为 0 的差分路线建立区分器.

本章将首先介绍差分分析的分析模型, 并以结合 CipherFour 算法为例进行展示; 其次介绍截断差分分析、飞去来器攻击、矩形攻击的攻击思想及不可能差分分析攻击模型; 最后, 讨论相关密钥差分分析.

实际使用的对称密码算法多为迭代密码算法 (图 3.1), 通过多次调用一个 F 函数, 实现对明文和密钥的较好的混淆和扩散的效果. 因此, 区分器的寻找也多从 F 函数入手, 关注 F 函数内部各组件的不随机特性.

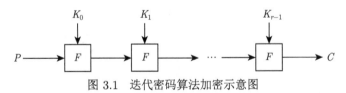

图 3.1　迭代密码算法加密示意图

3.1　差分分析

差分分析 (Differential Cryptanalysis) 的公开发表是在 1990 年, 由 Biham 和 Shamir 在国际顶级密码会议中的美国密码会议 (CRYPTO, 简称美密会) 上提出 [7]. 而实际上, 早在 1970 年左右, 美国国家安全局 (National Security Agency) 已经开始了关于差分分析的研究, 并且在设计 DES 时已经考虑了如何抵抗差分分析 [8]. 经过几十年的发展, 差分分析已成为评估分组密码安全性的通用方法, 是衡量分组密码安全性的重要指标之一, 同时, 也可用于杂凑函数和流密码的安全性分析.

3.1.1 差分分析原理

设 P 代表明文, C 代表密文, K 代表密钥, 若对明文 P 按照如下方式加密:

$$C = P \oplus K,$$

其中, $\oplus$ 为按比特的异或运算. 按照此种方式在密钥 K 下, 加密明文对 (P, P'), 则相应的密文对 (C, C') 存在一个有趣的现象:

$$C \oplus C' = (P \oplus K) \oplus (P' \oplus K) = P \oplus P'.$$

可见, 密钥在异或运算的过程中被抵消, 从而可以绕过密钥, 直接从明文对的异或值得到密文对的异或值, 而这一现象, 在差分分析中得到了充分利用.

下面给出差分值和差分对的定义[①].

> **定义 3.1 差分值**
>
> 设 X 和 X' 是两个长度为 n 的二进制比特串, 则 $\Delta X = X \oplus X'$ 称为 X 和 X' 的差分值, 其中, $\oplus$ 为按比特的异或运算. ♣

注 分组密码的分析中因密钥多通过异或运算介入, 故多采用异或差分, 但是, 差分的定义并不唯一, 具体的差分形式根据具体算法来定. 例如, 若算法中密钥通过模加运算介入, 即 $Y = X + K \pmod{2^n}, Y' = X' + K \pmod{2^n}$, 则也常采用模减差分 $\Delta Y = Y' - Y = (X' + K) - (X + K) = X' - X \pmod{2^n}$, 消除密钥的影响. 文献 [10] 给出了一般意义下的差分概念.

例 3.1 若 $X' = 1001\text{B}$, $X = 0011\text{B}$, 则 $X \oplus X' = 1010\text{B}$, $X' - X = 0110\text{B}$.

差分分析重点研究两个输入的差异性, 即差分, 在加解密过程中的传播特性. 我们将差分经过 i 轮的传播特性称为 i 轮差分或 i 轮差分对.

> **定义 3.2 i 轮差分、i 轮差分对 (i 轮 differential)**
>
> 设 $\beta_0, \beta_i \in \{0,1\}^n$, 假设分组密码的输入对 (X, X') 的差分值 $\Delta X = \beta_0$, 经过 i 轮加密之后, 相应的输出对 (Y, Y') 的差分值 $\Delta Y = \beta_i$, 则称 $\beta_0 \xrightarrow{i\text{轮}} \beta_i$ 为一个 i 轮差分或 i 轮差分对. ♣

注 解密方向也可以类似定义 i 轮差分.

不难验证, 在迭代分组密码算法中, 因为非线性部件的存在, i 轮差分一般不会以概率 1 出现, 下面, 我们给出 i 轮差分概率的定义.

---

① 本节的定义参考文献 [9].

定义 3.3　i 轮差分概率

给定 $\beta_0, \beta_i \in \{0,1\}^n$, 假设某分组密码的输入 X 以及轮密钥 $K_1, K_2, \cdots,$ K_i 的取值相互独立且均匀分布, 则满足输入差分为 β_0 的输入对 (X, X'), 经过 i 轮加密运算后的输出对 (Y, Y') 满足 $\Delta Y = \beta_i$ 的概率, 称为该迭代分组密码的 i 轮差分 $\beta_0 \xrightarrow{i\text{轮}} \beta_i$ 对应的概率, 记为 $\mathrm{DP}(\beta_0 \xrightarrow{i\text{轮}} \beta_i)$. ♣

　　类似地, 定义 3.2、定义 3.3 中的 i 轮运算可根据需要替换为其他函数运算, 例如轮函数 F 或者若干个连续加密部件的组合等. 当用轮函数 F 代替定义中的 i 轮运算时, 相应的定义即为轮函数 F 的差分及差分概率.

注　对于一个理想分组密码算法, 输入到输出是一个随机置换, 那么, 若输入差分 α 固定, 则输出差分 β 的取值应在 $\{0, 1, \cdots, 2^n - 1\}$ 这 2^n 种可能取值均匀分布, 即 $\forall \beta \in \{0,1\}^n, \mathrm{DP}(\alpha \xrightarrow{i\text{轮}} \beta) = 1/2^n$, 其中, n 为分组长度.

　　而对于一个具体的加密算法, 构造差分区分器的关键就是找到高概率的 i 轮差分 $\alpha \xrightarrow{i\text{轮}} \beta$, 满足 $\mathrm{DP}(\alpha, \beta) > 1/2^n$, 从而和理想分组密码进行区分.

命题 3.1　差分分析的基本原理

差分分析是一种选择明文攻击, 敌手可以选择满足特定差分条件的输入明文对, 并获得相应的密文对. 首先, 通过研究满足特定输入差分 α 的输入对经过若干轮加密后对应特定输出差分 β 的不均匀性识别不随机现象, 建立区分器. 其次, 在 i 轮高概率差分区分器的头部或尾部添加若干轮, 并识别从明文对及密文对求解到区分器的头尾差分相关的密钥比特, 即待恢复的密钥集合, 记为 $\widetilde{K}$, 实现对密钥空间的分割. 最后, 利用明文对、密文对、区分器的头尾部差分值 (α, β) 等信息, 建立关于 $\widetilde{K}$ 中密钥比特的方程组或约束条件, 进一步分割密钥空间, 进行密钥恢复攻击. ♠

　　只在区分器尾部添加 $r - i$ 轮的密钥恢复攻击的示意图见图 3.2. 可见, 对于正确的 $\widetilde{K}$, 由 (C_r, C'_r) 解密到 (C_i, C'_i), 会保持 i 轮差分的高概率 $\mathrm{DP}(\alpha, \beta)$, 即 $\mathrm{Pr}(C_i \oplus C'_i = \beta)$ 接近 $\mathrm{DP}(\alpha \xrightarrow{i\text{轮}} \beta)$, 而对于错误的 $\widetilde{K}$, 解密出的 (C_i, C'_i) 也是错误的, 或者说是随机的, 则 $\mathrm{Pr}(C_i \oplus C'_i = \beta) = \dfrac{1}{2^n}$. 从而, 我们得到差分分析的一般攻击模型.

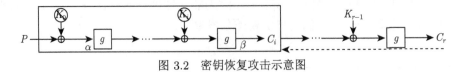

图 3.2　密钥恢复攻击示意图

> **命题 3.2　差分分析的攻击模型**
>
> 假设 $\mathrm{DP}(\alpha,\beta)=p>\dfrac{1}{2^n}$，$|\widetilde{K}|=k$. 对 $\widetilde{K}$ 中每个可能取值，设置相应的 2^k 个计数器，并均初始化为 0.
>
> (1) **采样**　选择满足输入差分 α 的明文对，并获得相应密文对. 记选择明文对的数目为 $m\approx c\cdot\dfrac{1}{p}$，其中，$c$ 为一个常数.
>
> (2) **去噪**　根据 β 的取值对搜集到的密文对进行初步过滤.
>
> (3) **恢复密钥**　建立关于 $\widetilde{K}$ 中密钥比特的方程组，对方程组的每一个解，将相应计数器 $+1$. 所有明文对处理完毕后，按照计数由大到小进行排序，前 2^{k-a} 个作为正确密钥的候选值，再结合穷举攻击等方式确定正确密钥. ♠

虽然此时求出的不是主密钥，但可以通过换一个区分器继续求解部分密钥比特的集合，或穷举搜索等恢复更多的密钥比特，进而借助密钥生成方案，恢复主密钥. 而且，即使没有恢复完整的主密钥，而仅仅恢复主密钥 (或者轮密钥) 的部分比特，那也是实现了密钥空间的分割，相比于对整个密钥空间进行穷举攻击，是有所改进的.

下一小节，我们将通过对具体算法的分析来深入体会本小节提到的概念、原理和模型.

3.1.2　CipherFour 算法的差分分析

本小节我们以 CipherFour 算法 (见 A.2 节) 为例，详细阐释如何利用差分构造区分器，进而开展密钥恢复攻击的全过程[11]. 首先，讨论差分在算法各部件的概率传播特性，利用这些特性，推导输入差分 ΔX 经过 i 轮加密运算后的输出差分 ΔC_r 的取值分布情况，以及该特性与 i 轮差分之间的关系，并分析区分器成立的概率. 然后讨论密钥恢复过程中涉及的正确对、错误对、信噪比及成功率等概念.

3.1.2.1　各运算部件的差分传播特性

下面我们以 CipherFour 算法为例，细化到每一个具体的加密部件，逐个分析差分在每一个部件的传播情况，再把它们链接在一起进行处理.

首先，我们先来看 S 盒.

> **定义 3.4　S 盒的差分传播特性**
>
> 设 $S:F_2^m\to F_2^n$，给定任一输入差分 α 和输出差分 β，其中，$\alpha\in\{0,1\}^m$，$\beta\in\{0,1\}^n$，则将输入差分 α 经过 S 盒后变为输出差分 β，记为 $\alpha\xrightarrow{S}\beta$.

若满足 $\alpha \xrightarrow{S} \beta$ 的明文对的个数为 $N_S(\alpha, \beta)$, 则相应的 $\alpha \xrightarrow{S} \beta$ 的差分传播概率记为

$$\mathrm{DP}(\alpha \xrightarrow{S} \beta) = \Pr(\alpha \xrightarrow{S} \beta) = \frac{N_S(\alpha, \beta)}{2^m}.$$

例 3.2　CipherFour 的 S 盒定义如表 3.1 所示, 则对 CipherFour 的 S 盒, $N_S(0\mathrm{x}2, 0\mathrm{x}2) = ?$, $\mathrm{DP}(0\mathrm{x}2 \xrightarrow{S} 0\mathrm{x}2) = ?$

表 3.1　CipherFour 的 S 盒

x	0x0	0x1	0x2	0x3	0x4	0x5	0x6	0x7	0x8	0x9	0xA	0xB	0xC	0xD	0xE	0xF
$S(x)$	0x6	0x4	0xC	0x5	0x0	0x7	0x2	0xE	0x1	0xF	0x3	0xD	0x8	0xA	0x9	0xB

解　已知 S 盒的定义, 输入只有 4 比特, 那么, 只需穷举 2^4 种满足输入差分 $\alpha = 0\mathrm{x}2$ 的明文对 $(0\mathrm{x}0, 0\mathrm{x}2), (0\mathrm{x}1, 0\mathrm{x}3), \cdots, (0\mathrm{x}F, 0\mathrm{x}D)$, 查表得出相应的密文对, 验证是否满足 $\beta = 0\mathrm{x}2$ 即可. 例如, $S(0\mathrm{x}0) = 0\mathrm{x}6$, $S(0\mathrm{x}2) = 0\mathrm{x}C$, 则明文对 $(0\mathrm{x}0, 0\mathrm{x}2)$ 的输出差分为 $0\mathrm{x}A$. $S(0\mathrm{x}1) = 0\mathrm{x}4$, $S(0\mathrm{x}3) = 0\mathrm{x}5$, 则明文对 $(0\mathrm{x}1, 0\mathrm{x}3)$ 的输出差分为 $0\mathrm{x}1$. 经测试表明, 共有 6 对明文满足 $0\mathrm{x}2 \xrightarrow{S} 0\mathrm{x}2$, 即 $N_S(0\mathrm{x}2, 0\mathrm{x}2) = 6$.

从而, $\mathrm{DP}(0\mathrm{x}2 \xrightarrow{S} 0\mathrm{x}2) = \Pr(0\mathrm{x}2 \xrightarrow{S} 0\mathrm{x}2) = \dfrac{6}{2^4} = \dfrac{3}{8}$.

注　对一个的 4 比特到 4 比特的随机置换 (Random Permutation, RP) 来说, 给定任一输入差分, 其相应的输出差分应在 $\{0, 1, \cdots, 2^4 - 1\}$ 上等概率取值, 即 $\forall \alpha, \beta \in \{0, 1\}^4$, $\Pr(\alpha \xrightarrow{\mathrm{RP}} \beta) = \dfrac{1}{2^4} < \dfrac{3}{8}$. 可见, $\mathrm{DP}(\alpha \xrightarrow{S} \beta)$ 越大, 和随机置换的偏差越大.

$N_S(\alpha, \beta)$ 是计算 S 盒差分传播特性的关键, 因此, 我们希望得到所有可能的 (α, β) 对应的 $N_S(\alpha, \beta)$, 即 S 盒的差分分布表.

定义 3.5　S 盒的差分分布表 (Differential Distribution Table, DDT)

设 $S: F_2^m \to F_2^n$, 给定任一输入差分 α 和输出差分 β, 其中, $\alpha \in \{0, 1\}^m$, $\beta \in \{0, 1\}^n$, 记满足 $\alpha \xrightarrow{S} \beta$ 的明文对集合 (方便起见, 只记录每个明文对中的一个明文) 为 $\mathrm{IN}_S(\alpha, \beta) = \{X \in F_2^m : S(X) \oplus S(X \oplus \alpha) = \beta\}$, 集合中元素的个数, 即满足 $N_S(\alpha, \beta) = \#\mathrm{IN}_S(\alpha, \beta)$, 则 S 盒的差分分布表是指对 (α, β) 的所有可能组合, 以 α 为行标, β 为列标, 行列交错处的项为 $N_S(\alpha, \beta)$, 构造 $2^m \times 2^n$ 的表.

例 3.3　计算 CipherFour 的 S 盒差分分布表.

解 $\forall \alpha \in \{0,1\}^m$, $\forall \beta \in \{0,1\}^n$, 初始化 $N_S(\alpha, \beta) = 0$.

对每一个 $\alpha \in \{0,1\}^m$, 遍历 $X \in \{0,1\}^m$, 并得到相应的 $X \oplus \alpha$, 计算 $S(X) \oplus S(X \oplus \alpha) = \beta$, 更新 $N_S(\alpha, \beta) = N_S(\alpha, \beta) + 1$. 按此步骤可得到 CipherFour 的 S 盒差分分布表如表 3.2 所示.

表 3.2 CipherFour 的 S 盒差分分布表

α \ β	0	1	2	3	4	5	6	7	8	9	A	B	C	D	E	F
0	16	0	0	0	0	0	0	0	0	0	0	0	0	0	0	0
1	0	0	6	0	0	0	0	2	0	2	0	0	2	0	4	0
2	0	6	6	0	0	0	0	0	0	2	2	0	0	0	0	0
3	0	0	0	6	0	2	0	0	2	0	0	0	4	0	2	0
4	0	0	0	2	0	2	4	0	0	2	2	2	0	0	2	0
5	0	2	2	0	4	0	0	4	2	0	0	2	0	0	0	0
6	0	0	2	0	4	0	0	2	2	0	2	2	2	0	0	0
7	0	0	0	0	4	4	0	2	2	2	2	0	0	0	0	0
8	0	0	0	0	0	2	0	2	4	0	0	4	0	2	0	2
9	0	2	0	0	0	2	2	2	0	4	2	0	0	0	0	2
A	0	0	0	0	2	2	0	0	0	4	4	0	2	2	0	0
B	0	0	0	2	2	0	2	2	2	0	0	4	0	0	2	0
C	0	4	0	2	0	2	0	0	2	0	0	0	0	0	6	0
D	0	0	0	0	0	0	2	2	0	0	0	0	6	2	0	4
E	0	2	0	4	2	0	0	0	0	0	2	0	0	0	0	6
F	0	0	0	0	2	0	2	0	0	0	0	0	0	10	0	2

观察表格, 有如下特点:

- $\mathrm{DP}(0\mathrm{x}0 \xrightarrow{S} 0\mathrm{x}0) = 1$.
- $\mathrm{DP}(0\mathrm{x}0 \xrightarrow{S} 0\mathrm{x}i) = 0$, $i \neq 0$.

以上两条特性对所有的 S 盒都满足.

特别地, 若 S 盒是一个双射, 则 $\mathrm{DP}(0\mathrm{x}i \xrightarrow{S} 0\mathrm{x}0) = 0$, $i \neq 0$.

若 $N_S(\alpha, \beta) = 0$, 则相应的 $\mathrm{DP}(\alpha \xrightarrow{S} \beta) = 0$, 记为 $\alpha \xcancel{\xrightarrow{S}} \beta$.

例如, $\mathrm{DP}(0\mathrm{x}1 \xrightarrow{S} 0\mathrm{x}1) = 0$, 即 $0\mathrm{x}1 \xcancel{\xrightarrow{S}} 0\mathrm{x}1$.

表 3.2 中最大的数值是 10, 即对该 S 盒来说, 最大的差分传播概率为

$$\mathrm{DP}(0\mathrm{xF} \xrightarrow{S} 0\mathrm{xD}) = \frac{10}{2^4} = \frac{5}{8}.$$

对于例子中给定的 S 盒来说, $0\mathrm{xF} \xrightarrow{S} 0\mathrm{xD}$ 是概率最大的差分.

练习 3.1 为何 S 盒的差分分布表中的数都是偶数?

过 S 盒之后是比特置换 P, 即拉线操作, 只改变比特位置, 不改变比特的取值. 将 P 置换的 16 比特的输入记为 $X = (x_0, x_1, \cdots, x_{15})$. 则一对输入 (X, X')

经过 P 置换后的值为 $(P(X), P(X'))$, 根据比特置换的线性特性, 相应的输出差分 $P(X) \oplus P(X') = P(X \oplus X')$, 实际上是输入差分经过 P 置换后的结果.

例 3.4　设 P 置换的输入差分为 (0000000000001101), 则相应的输出差分为何值?

解　输出差分即 $P(0000000000001101) = 0001000100000001$(如图 3.3 所示).

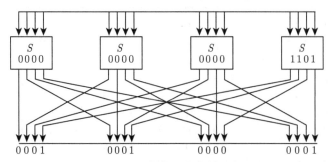

图 3.3　P 置换的差分传播示意图

注　除比特置换外, 分组密码中常采用行移位和矩阵乘等线性变换, 可类似证明线性变换后的输出差分是输入差分经线性变换后的结果.

P 置换之后是异或密钥 (AK) 的操作, 根据差分的定义, $(X \oplus K) \oplus (X' \oplus K) = X \oplus X'$, 可见, 异或密钥操作的输出差分等于输入差分.

至此, CipherFour 算法的三个主要部件——S 盒、P 置换、异或密钥 AK 的差分传播规则分析完毕, 可得差分在分组密码常见部件的传播规则如下:

> **命题 3.3　差分在分组密码常见部件的传播规则**
>
> (1) **过线性变换差分值确定**: 设 P 为线性变换, 则 $P(X) \oplus P(X') = P(X \oplus X') = P(\Delta X)$.
>
> **特别地, 异或密钥差分值不变**: 设 K_i 为第 i 轮的轮密钥, 则 $(X \oplus K_i) \oplus (X' \oplus K_i) = X \oplus X = \Delta X$.
>
> (2) **过非线性变换差分值不确定, 传播概率由 S 盒的差分分布表决定**: 设 S 为非线性变换, 则若 $\Delta X = 0$, 则 $\mathrm{DP}(0 \xrightarrow{S} 0) = 1$; 若 $\Delta X \neq 0$, $\mathrm{DP}(\alpha \xrightarrow{S} \beta) = \frac{N_S(\alpha, \beta)}{2^m}$.

注　从差分的性质可以看出, 通过差分可以消除密钥的影响, 对于扩展运算 E、置换 P、列混合运算 M、循环移位 SHR 等分组密码算法中的常见线性运算, 均可与异或运算交换, 在轮密钥 K_i 未知的情况下, 已知输入差分 ΔX, 可直接计算出输出差分, 即输出差分确定; 而对于 S 盒等非线性变换, 在轮密钥 K_i 未知的情况下, 已知输入差分 ΔX, 不可直接计算输出差分, 即输出差分不确定. 因此, S 盒输入、输出差分分布的不均匀性是差分分析的基础.

3.1.2.2 CipherFour 算法的多轮差分路线

结合上面的分析, 对于一个固定的输入差分, 经过 S 盒后, 可能产生不同的输出差分 (如表 3.2 所示), 从而导致一轮以及多轮加密后的输出差分不同, 就像一条路在经过 S 盒后产生了多种走法, 从而会到达不同的终点. 那么要记录差分的传播情况, 最直接的办法, 就是把每种走法都记录下来, 我们用差分路线来精确刻画每个部件的输入输出差分取值情况.

> **定义 3.6** i 轮差分路线 (也称为差分特征, **Differential Trail, Differential Characteristic**)
>
> 记一对输入为 (X, X'), 在 i 轮加密的过程中, 相应第 j 轮的一对输出值为 (Y_j, Y'_j) $(1 \leqslant j \leqslant i)$. 若 $\Delta X = \beta_0, \Delta Y_j = \beta_j (1 \leqslant j \leqslant i)$, 则称 $\beta_0 \xrightarrow{1\ 轮} \beta_1 \xrightarrow{1\ 轮} \beta_2 \xrightarrow{1\ 轮} \cdots \xrightarrow{1\ 轮} \beta_i$ 为一条 i 轮差分路线. ♣

相应地, 我们给出差分路线的概率.

> **定义 3.7** i 轮差分路线的概率
>
> 假设分组密码的输入 X 以及轮密钥 $K_1, K_2, \cdots, K_i$ 的取值相互独立且均匀分布, 则满足输入差分 β_0 的任一输入对 (X, X'), 对于 $1 \leqslant j \leqslant i$, 第 j 轮的输出对 (Y_j, Y'_j), 均满足 $Y_j \oplus Y'_j = \beta_j$ 的概率, 记为 i 轮差分路线 $\beta_0 \xrightarrow{1\ 轮} \beta_1 \xrightarrow{1\ 轮} \beta_2 \xrightarrow{1\ 轮} \cdots \xrightarrow{1\ 轮} \beta_i$ 的概率. 特别地, 在上述独立性的假设下, i 轮差分路线的概率等于各轮差分路线概率的乘积, 即
>
> $$\mathrm{DP}(\beta_0 \xrightarrow{1\ 轮} \beta_1 \xrightarrow{1\ 轮} \beta_2 \xrightarrow{1\ 轮} \cdots \xrightarrow{1\ 轮} \beta_i) = \prod_{j=1}^{i} \mathrm{DP}(\beta_{j-1} \xrightarrow{1\ 轮} \beta_j).$$

> **定义 3.8** i 轮最优差分路线
>
> 对特定的分组密码算法, 所有 i 轮差分路线中概率最大的, 称为 i 轮最优差分路线. ♣

注 最优差分路线可能不止一条.

通过对各部件传播规则的分析可得, 一轮差分路线的概率, 主要受此轮非线性变换的影响, 从而有如下特性.

命题 3.4　影响 i 轮差分路线概率的主要因素.

- 输入差分非零的 S 盒的个数;
- 输入差分非零的 S 盒对应的输出差分. ♠

输入差分非零的 S 盒在差分分析中起重要作用, 因此, 有如下定义.

定义 3.9　活跃 S 盒

输入差分非零的 S 盒, 称为活跃 S 盒. ♣

例 3.5　若输入 X 以及轮密钥的取值相互独立且均匀分布, 能否确定 CipherFour 算法 1 轮最优差分路线?

解　除概率为 1 的差分 $0 \xrightarrow{1 \text{轮}} 0$ 外, 活跃 S 盒的个数 $\geqslant 1$, 要使得 CipherFour 算法的 1 轮差分路线的概率的最大, 则活跃 S 盒的个数 $= 1$, 且活跃 S 盒的输入输出差分对应 S 盒的差分分布表 (表 3.2) 中的最大值, 即 $\forall \beta_0 \neq 0, \beta_1 \neq 0$,

$$\max(\mathrm{DP}(\beta_0 \xrightarrow{1 \text{轮}} \beta_1)) = \mathrm{DP}(0\mathrm{xF} \xrightarrow{S} 0\mathrm{xD}) = \frac{10}{2^4} = \frac{5}{8}.$$

可见, 满足条件的 1 轮差分路线共有 4 条, 其中一条如图 3.4 所示.

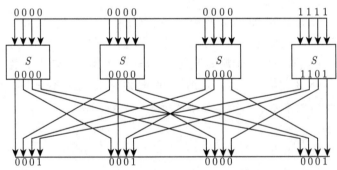

图 3.4　CipherFour 算法的 1 轮最优差分路线示意图

经过以上分析, 对 CipherFour 算法能找到一轮最优差分路线. 接下来, 我们仍以 CipherFour 算法为例, 在 1 轮差分路线的基础上进行扩展, 看能否找到更长轮数的差分路线.

一个直接的思路就是以 1 轮最优差分路线的输出差分为输入差分, 继续看传播情况.

例 3.6　若 CipherFour 算法的输入差分为 $(0\mathrm{x}1, 0\mathrm{x}1, 0\mathrm{x}0, 0\mathrm{x}1)$, 设输入 X 以及轮密钥的取值相互独立且均匀分布, 能否确定 1 轮最优差分路线? 概率为多少?

解　输入差分为 $(0x1, 0x1, 0x0, 0x1)$, 则有 3 个活跃 S 盒且输入差分均为 $0x1$, 要使得概率最大, 输出差分只能取 S 盒的差分分布表 (表 3.2) 中行标为 "1" 的这一行中的最大值对应的列标, 即 "2". 从而, 过置换层后, 得到输入差分为 $(0x1, 0x1, 0x0, 0x1)$ 时, 1 轮之后输出差分为 $(0x0, 0x0, 0xD, 0x0)$ 的概率最大, 如图 3.5 所示. 相应的概率为

$$\mathrm{DP}((0x1, 0x1, 0x0, 0x1) \xrightarrow{1\ \text{轮}} (0x0, 0x0, 0xD, 0x0)) = \mathrm{DP}(0x1 \xrightarrow{S} 0x2)^3$$

$$= \left(\frac{6}{2^4}\right)^3 = \left(\frac{3}{8}\right)^3.$$

结合图 3.4 和图 3.5, 我们得到一个 2 轮的差分路线

$$(0x0, 0x0, 0x0, 0xF) \xrightarrow{1\ \text{轮}} (0x1, 0x1, 0x0, 0x1) \xrightarrow{1\ \text{轮}} (0x0, 0x0, 0xD, 0x0),$$

由定义 3.7 可得, 相应的概率为 $\frac{5}{8} \cdot \left(\frac{3}{8}\right)^3 \approx 0.033$. 这里, 由两个 1 轮差分路线, 得到一个 2 轮差分路线的方式, 称为差分路线的级联. 一般化地, 有如下定义.

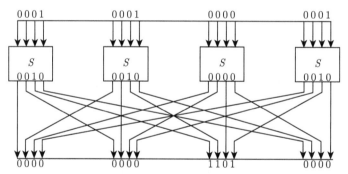

图 3.5　输入差分为 $(0x1, 0x1, 0x0, 0x1)$ 经过 1 轮后的传播情况 (示意图)

定义 3.10　差分路线的级联

给定一条概率为 p_i 的 i 轮差分路线 $\beta_0 \xrightarrow{1\ \text{轮}} \beta_1 \xrightarrow{1\ \text{轮}} \cdots \xrightarrow{1\ \text{轮}} \beta_i$ 和一条概率为 p_j 的 j 轮差分路线 $\gamma_0 \xrightarrow{1\ \text{轮}} \gamma_1 \xrightarrow{1\ \text{轮}} \cdots \xrightarrow{1\ \text{轮}} \gamma_j$, 若 $\beta_i = \gamma_0$, 则可将二者级联为一条 $(i+j)$ 轮的差分路线 $\beta_0 \xrightarrow{1\ \text{轮}} \beta_1 \xrightarrow{1\ \text{轮}} \cdots \xrightarrow{1\ \text{轮}} \beta_i \xrightarrow{1\ \text{轮}} \gamma_1 \cdots \xrightarrow{1\ \text{轮}} \gamma_j$, 相应的概率为 $p_i \cdot p_j$. ♣

1 轮差分路线根据活跃 S 盒个数和输入输出差分的不同而有多种情况, 那么, 级联之后得到的多轮差分路线更有多条, 除了上述给出的 2 轮差分路线, 是否还有其他差分路线, 是否能找到最优呢?

例 3.7　若输入 X 以及轮密钥的取值相互独立且均匀分布, 能否确定 Cipher-Four 算法的 2 轮最优差分路线?

解　除概率为 1 的差分 $0 \xrightarrow{1\,\text{轮}} 0$ 外, 对 2 轮 CipherFour 算法来说, 活跃 S 盒的个数 $\geqslant 2$[①]. 则要使得 2 轮差分路线的概率的最大, 先排查是否存在活跃 S 盒的个数等于 2 的情况, 即每轮一个活跃 S 盒.

那么, 对于第二轮的输入差分, 由于第一轮 P 置换的影响, 需要控制第 1 轮活跃 S 盒的输出差分只有 1 比特非零, 即第 1 轮 S 盒的输出差分只能为 $1, 2, 4, 8$. 此时, 再结合 S 盒的差分分布表 (表 3.2), 从输出差分 $1, 2, 4, 8$ 对应的列中选择数值最大的项可得, 只有 $0\text{x}1 \xrightarrow{S} 0\text{x}2$ 和 $0\text{x}2 \xrightarrow{S} 0\text{x}2$ 取值最大, 即确定了第一轮的活跃 S 盒的差分路线. 而对于活跃 S 盒的位置, 则可在 4 个 S 盒的位置上依次尝试, 计算输出差分分别为 $0\text{x}1$ 和 $0\text{x}2$ 时, 经过 P 置换的差分, 即得到第 2 轮的输入差分, 然后再结合差分分布表, 选择概率最大的输出差分. 其中, 一条 2 轮最优差分路线如图 3.6 所示, 相应的概率为 $\mathrm{DP}(0\text{x}2 \xrightarrow{S} 0\text{x}2)^2 = \left(\dfrac{6}{2^4}\right)^2 = \left(\dfrac{3}{8}\right)^2 > \dfrac{5}{8} \cdot \left(\dfrac{3}{8}\right)^3$.

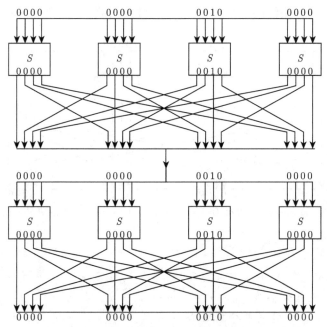

图 3.6　CipherFour 算法的 2 轮最优差分路线示意图

---

　① 并不是所有算法的 r 轮差分路线的活跃 S 盒个数都大于等于 r, 还是要结合算法结构具体分析, 例如, 对 DES 等算法存在活跃 S 盒的个数等于 1 的 2 轮差分路线.

由例题可以看出, 2 轮最优差分路线与 1 轮最优无关, 因此, 在 1 轮最优的基础上进行多轮差分传播, 并不一定是最优情况, 还需要具体问题具体分析, 计算出具体概率来进行评估. 当轮数逐渐增大, 差分传播情况增速过快, 将难以识别最优差分路线, 因此, 长轮数的最优差分路线识别问题是差分分析的一个难点问题.

仔细观察图 3.6, 可见, 此条 2 轮差分路线存在每轮的输入差分和输出差分相等的现象, 一般地, 我们有

定义 3.11 迭代型差分路线

给定一条概率为 p_i 的 i 轮差分路线 $\beta_0 \xrightarrow{1\,\text{轮}} \beta_1 \xrightarrow{1\,\text{轮}} \cdots \xrightarrow{1\,\text{轮}} \beta_i$, 若 $\beta_0 = \beta_i$, 则可将此差分路线迭代 k 次, 得到一条 ki 轮的差分路线 $\beta_0 \xrightarrow{1\,\text{轮}} \beta_1 \xrightarrow{1\,\text{轮}} \cdots \xrightarrow{1\,\text{轮}}$ $\beta_0 \xrightarrow{1\,\text{轮}} \beta_1 \xrightarrow{1\,\text{轮}} \cdots \xrightarrow{1\,\text{轮}} \beta_0$, 相应的概率为 p_i^k. ♣

在此 2 轮迭代型差分路线的基础上, 我们可以得到 4 轮差分路线

$$
(0x0, 0x0, 0x2, 0x0) \xrightarrow{1\,\text{轮}} (0x0, 0x0, 0x2, 0x0) \xrightarrow{1\,\text{轮}} (0x0, 0x0, 0x2, 0x0)
$$
$$
\xrightarrow{1\,\text{轮}} (0x0, 0x0, 0x2, 0x0) \xrightarrow{1\,\text{轮}} (0x0, 0x0, 0x2, 0x0), \tag{3.1}
$$

相应的概率为 $\left(\dfrac{3}{8}\right)^4 \approx 0.02$. 可见, 对于迭代型差分路线, 差分传播情况明确, 易于计算概率, 是一类特殊的差分路线.

✍ **练习 3.2** 请仿照例 3.7, 分析此时得到的 4 轮差分路线是最优的吗?

✍ **练习 3.3** 实验: (1) 随机选取 20 组不同的密钥, 在每组密钥下, 将 $2^{16\text{①}}$ 种 16 比特的明文对 $\{(x, x \oplus (0x0, 0x0, 0x2, 0x0)) \mid x \in \{0,1\}^{16}\}$, 输入 4 轮的 CipherFour 算法 (最后一轮有 P 置换), 得到相应的输出对, 统计输出差分 $(0x0, 0x0, 0x2, 0x0)$ 出现的频率.

(2) 将 $0 \sim (2^{16}-1)$ 随机打乱顺序 20 次, 每次得到一个随机置换. 对每一个随机置换, 分别输入 2^{16} 种 16 比特的对 $\{(x, x \oplus (0x0, 0x0, 0x2, 0x0)) \mid x \in \{0,1\}^{16}\}$, 统计输出差分 $(0x0, 0x0, 0x2, 0x0)$ 出现的频率.

3.1.2.3 CipherFour 算法的多轮差分

由练习 3.3 的实验数据发现, 对 CipherFour 算法, 由于选择密钥的不同, 选定输入差分 $(0x0, 0x0, 0x2, 0x0)$ 的情况下, 输出差分 $(0x0, 0x0, 0x2, 0x0)$ 出现频率的具体取值会略有差异, 但均围绕在 0.08 附近, 且明显高于其他输出差分出现的频率. 而对随机置换, 输出差分的取值服从均匀分布, 即 $(0x0, 0x0, 0x2, 0x0)$ 出

---

① 该数据可根据需要调整, 不必取满整个明文空间.

现的频率围绕在 $\frac{1}{2^{16}} \approx 0.000015$ 附近. 对实验结果进行分析, 有两个现象值得注意.

现象 1: 对 4 轮 CipherFour 算法, 输出差分 (0x0, 0x0, 0x2, 0x0) 出现的频率约为 0.08, 与 4 轮差分路线式 (3.1) 的概率 0.02 存在较大差距.

现象 2: 对 4 轮 CipherFour 算法, 输出差分 (0x0, 0x0, 0x2, 0x0) 出现的频率约为 0.08, 与随机置换对应的频率 0.000015 存在较大差距.

下面我们依次从这两个现象入手进行讨论.

对现象 1, 练习 3.3 (1) 实际测试的是 4 轮差分

$$(0x0, 0x0, 0x2, 0x0) \xrightarrow{4轮} (0x0, 0x0, 0x2, 0x0) \tag{3.2}$$

的概率. 观察式 (3.1) 和式 (3.2) 发现, 两式的区别在于, 式 (3.2) 只给定了输入差分和 4 轮后的输出差分, 是一条 4 轮差分, 而式 (3.1) 除输入差分和 4 轮后的输出差分外, 还给定了中间每一轮的输出差分, 是一条 4 轮差分路线. 如果把输入差分和 4 轮之后的输出差分分别看作起点和终点, 中间每一轮的输出差分具体取值就决定了一条从起点到终点的具体路线, 即式 (3.1) 可看作是导致式 (3.2) 成立的一种情况, 如图 3.7 所示. 这也体现了 i 轮差分 (定义 3.2) 和 i 轮差分路线 (定义 3.6) 的关系. 自然地, 我们可以得到 i 轮差分概率的一种计算公式.

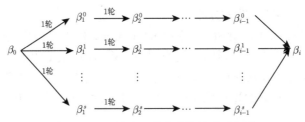

图 3.7　i 轮差分和差分路线关系示意图

定义 3.12　i 轮差分概率的计算

假设满足输入差分为 β_0 且 i 轮之后的输出差分为 β_i 的 i 轮差分路线共 s 条, 则

$$\text{DP}(\beta_0 \xrightarrow{i\,轮} \beta_i) = \sum_{t=1}^{s} \text{DP}(\beta_0 \xrightarrow{1\,轮} \beta_1^t \longrightarrow \cdots \longrightarrow \beta_{i-1}^t \xrightarrow{1\,轮} \beta_i)$$

$$= \sum_{t=1}^{s} \left(\prod_{j=1}^{i} \text{DP}(\beta_{j-1}^t \xrightarrow{1\,轮} \beta_j^t) \right). \tag{3.3}$$

可见, i 轮差分概率一般大于单条差分路线的概率, 而且要精确计算 i 轮差分概率, 还要回归到每一条具体差分路线的概率计算上. 以上关于一轮 (多轮) 差分 (路线) 的传播概率的计算均依赖于独立性假设: 同一轮的不同活跃 S 盒的差分传播情况, 不同轮的差分传播情况及不同差分路线的差分传播情况, 均假设是相互独立的. 来学嘉等将满足独立性假设的算法称为 Markov 密码算法[10].

> **定义 3.13 Markov 密码算法 (Markov Cipher)**
>
> 一个轮函数为 $Y = f(X, k)$ 的迭代密码算法, 当子密钥 k 均匀随机选取时, 对所有的 $\Delta_{\text{in}} \neq 0$, $\Delta_{\text{out}} \neq 0$, $\Pr(\Delta Y = \Delta_{\text{out}} \mid \Delta X = \Delta_{\text{in}}, X = \gamma)$ 独立于 γ, 则称该密码算法是 Markov 密码算法. ♣

大多数算法的差分分析往往建立在假设该算法是 Markov 密码算法的基础上, 这样将整个算法分割为多个相互独立的小部件进行分析, 从而使得分析简化. 而针对具体算法, 因其扩散或混淆效果及密钥生成方案的差异性, 从而满足独立性假设的程度不同, 理论分析与实际测试的结果可能存在较大的偏差, 具体问题还需结合合理的数据测试进行讨论, 文献 [12] 等针对此类问题展开研究.

练习 3.4　计算 $\mathrm{DP}((0\mathrm{x}0, 0\mathrm{x}0, 0\mathrm{x}2, 0\mathrm{x}0) \xrightarrow{4\text{轮}} (0\mathrm{x}0, 0\mathrm{x}0, 0\mathrm{x}2, 0\mathrm{x}0))$, 并与练习 3.3 (1) 的结果进行比较.

对现象 2, $0.08 \gg 0.000015$, 实际发现了一个不随机事件, 可用于区分 4 轮 CipherFour 算法和随机置换.

例 3.8　设有一个黑盒 (BlackBox), 给定输入, 能得到相应的输出, 但内部构造未知, 则如何判断该黑盒是 4 轮 CipherFour 算法还是一个随机置换 RP?

解　随机选取 m 对输入 $(P_i, P_i')(i = 0, \cdots, n-1)$, 均满足 $P_i \oplus P_i' = (0\mathrm{x}0, 0\mathrm{x}0, 0\mathrm{x}2, 0\mathrm{x}0)$, 得到黑盒的 m 对输出. 因为 m 对输入随机选取, 相互独立, 可看作概率统计中的 m 重伯努利试验. 记事件 A 为每对输入的输出差分等于 $(0\mathrm{x}0, 0\mathrm{x}0, 0\mathrm{x}2, 0\mathrm{x}0)$, T 为 m 次试验中事件 A 出现的次数, 则

- 若黑盒为 4 轮 CipherFour 算法, 根据练习 3.4 , $T \sim B(m, 0.08)$.
- 若黑盒为随机置换 RP, 则 $T \sim B\left(m, \dfrac{1}{2^{16}}\right)$.

从而, 可按如下步骤进行区分攻击:

(1) 随机选取 m 对输入 $(P_i, P_i')(i = 0, \cdots, n-1)$, 均满足 $P_i \oplus P_i' = (0\mathrm{x}0, 0\mathrm{x}0, 0\mathrm{x}2, 0\mathrm{x}0)$.

(2) 得到黑盒的 m 对输出, 并统计输出差分 $(0\mathrm{x}0, 0\mathrm{x}0, 0\mathrm{x}2, 0\mathrm{x}0)$ 出现的次数 T.

(3) 若 T 的取值接近 $0.08m$, 则判定该黑盒是 4 轮 CipherFour 算法; 否则, 判定该黑盒为随机置换 RP.

按照以上步骤, 只需少量的明文即可以较大的概率做出正确的判断, 区分成

功的概率可根据假设检验相关知识进行计算.

练习 3.5　在例 3.8 中, 若 $T > 0.07m$ 时, 判定该黑盒为 4 轮 CipherFour 算法, 请参考例 1.1, 分析该区分攻击的成功率.

3.1.2.4　5 轮 CipherFour 算法的密钥恢复攻击

本小节具体分析在找到 4 轮高概率[①]差分的基础上, 如何开展 5 轮 Cipher-Four 算法的密钥恢复攻击.

此时, 我们把 5 轮 CipherFour 算法看作一个黑盒, 敌手只能输入明文得到相应的密文, 无法得到中间轮的任何信息, 而 4 轮高概率差分的发现, 恰恰泄露了有关中间轮加密结果的信息, 而中间变量信息的探测是开展攻击的关键. 结合 3.1.1 节给出的差分分析的攻击模型, 5 轮 CipherFour 算法相当于在 4 轮区分器的尾部添加 1 轮, 记为 "4+1". 如图 3.8 所示, 若选择一对输入明文 (P, P') 满足 $P \oplus P' = \Delta_{\text{in}} = (0x0, 0x0, 0x2, 0x0)$, 则由高概率差分可知, 4 轮加密之后相应地输出 (C_4, C_4') 满足 $C_4 \oplus C_4' = \Delta_{\text{out}} = (0x0, 0x0, 0x2, 0x0)$ 的概率为 0.08, 远大于随机情况下, 输出差分服从均匀分布的概率.

而探测这个中间变量 "不随机" 现象的一个直接办法就是猜测 k_5 的取值.

- 若猜对 k_5, 则由 (C, C') 解密出正确的 (C_4, C_4'), 会以高概率 0.08 满足 $C_4 \oplus C_4' = \Delta_{\text{out}}$;
- 若猜错, 则计算出的 (C_4, C_4') 是错误的, 或者说是随机的, 即 $\Pr(C_4 \oplus C_4' = \Delta_{\text{out}}) = \dfrac{1}{2^{16}}$.

随机选择 m 对满足输入差分的明文对, 对 k_5 的每一种可能设置一个计数器, 若解密得到的 (C_4, C_4') 满足 $C_4 \oplus C_4' = \Delta_{\text{out}}$, 则令计数器 $+1$, 处理完 m 对明文后, 正确密钥的计数 (期望值为 $0.08m$) 将明显高于错误密钥的计数 $\left(\text{期望值为} \dfrac{m}{2^{16}}\right)$, 从而恢复出正确密钥. 而与正确密钥的计数对应的就是 4 轮加密后的中间变量 (C_4, C_4'), 满足 $C_4 \oplus C_4' = \Delta_{\text{out}}$ 的明文对的个数, 从而我们有如下定义.

> **定义 3.14　正确对和错误对**
>
> 对 i 轮差分 $\beta_0 \xrightarrow{i\,\text{轮}} \beta_i$, 若一个明文对的中间加密结果满足 $C_k \oplus C_k' = \beta_0$[a] 且 $C_{k+i} \oplus C_{k+i}' = \beta_i$, 即服从 i 轮差分, 则称这样的明文对为正确对. 反之, 称为错误对.
>
> ──────────
> a. 此小节的 5 轮例子中, $k=0$, 即明文.

──────────
[①] 此处的高概率是相对于随机置换的概率而言的.

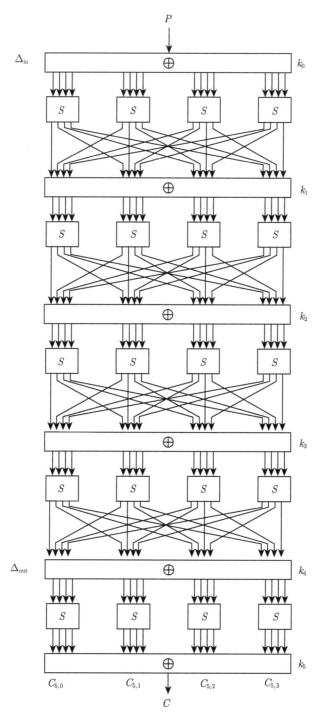

图 3.8　5 轮 CipherFour 算法的差分分析

可见, 用正确密钥解密正确对, 一定满足 $C_4 \oplus C_4' = \Delta_{\text{out}}$, 而正确密钥解密错误对, 必有 $C_4 \oplus C_4' \neq \Delta_{\text{out}}$, 错误对会对计数器造成干扰.

下面, 我们就从采样、去噪、恢复密钥三个步骤来看, 如何利用 4 轮加密后的中间变量信息, 恢复正确密钥 k_5.

(1) **采样**　随机选择明文 P, 计算 $P' = P \oplus (0x0, 0x0, 0x2, 0x0)$. 重复该过程 m 次, 得到 m 对满足输入差分的明文对. 输入 5 轮 CipherFour 算法, 获得相应的密文对.

敌手得不到加密的中间结果, 所以无法在采样阶段直接选取正确对.

根据 $\mathrm{DP}((0x0, 0x0, 0x2, \ 0x0) \xrightarrow{4轮} (0x0, 0x0, 0x2, 0x0)) = 0.08$, 采样阶段期望得到 $0.08n$ 个正确对和 $0.92n$ 个错误对, 正确对占比较低, 若能筛选出一部分错误对, 则有助于更高效、准确地识别正确密钥. 敌手能得到密文对, 如果能根据密文对的差分, 推测出部分中间变量的差分, 就可用于筛选. 具体到 $C_4 \oplus C_4' = (0x0, 0x0, 0x2, 0x0)$, 根据 S 盒差分布表的特点, 输入差分为 0, 输出差分一定为 0, 将第 5 轮 16 比特的密文 C_5 (即 C) 按照 4 比特划分为 $(C_{5,0}, C_{5,1}, C_{5,2}, C_{5,3})$, 则正确对一定满足 $\Delta C_{5,0} = \Delta C_{5,1} = \Delta C_{5,3} = 0$. 进一步结合表 3.2, 输入差分为 0x2 时, 正确对的输出差分只可能是 0x1, 0x2, 0x9, 0xA, 从而, 不满足这些信息的一定是错误对, 将其筛除.

(2) **去噪**　对采样阶段获得的 m 对密文, 计算其差分值 ΔC_5, 只保留满足

$$\Delta C_5 \in \{(0x0, 0x0, h, 0x0) \mid h \in \{0x1, 0x2, 0x9, 0xA\}\}$$

的密文对.

练习 3.6　设 5 轮 CipherFour 算法的 6 个轮密钥依次为 0x5b92, 0x064b, 0x1e03, 0xa55f, 0xecbd, 0x7ca5, 对所有 2^{16} 组满足输入差分 $(0x0, 0x0, 0x2, 0x0)$ 的明文对进行测试, 统计去噪后保留下来的对数. 换几组密钥重复上述测试, 估算通过去噪阶段后正确对的占比.

由练习 3.6 的测试结果可知, 去噪后大约有 7387 对保留下来, 因此, 去噪前正确对占比约为 8%, 去噪后占比为 $\dfrac{2^{16} \times 0.08}{7387} \approx 71\%$, 正确对占比显著提高.

结合去噪条件可得, 最后一轮的 4 个 S 盒中, 只有第三个的输入差分非零, 可用于建立密钥相关的方程.

(3) **恢复密钥**　设去噪阶段后有 ϵn 对密文保留下来, 记最后一轮第三个 S 盒相应的密钥为 $k_{5,2}$, 结合每一对密文信息, 共建立 ϵn 个形如下式的方程:

$$S^{-1}(C_{5,2} \oplus k_{5,2}) \oplus S^{-1}(C_{5,2}' \oplus k_{5,2}) = 0x2, \tag{3.4}$$

其中, S^{-1} 表示 S 盒的逆, 即已知输出检查输入, $C_{5,2}$ 和 $C'_{5,2}$ 分别为一对密文的 4 比特值 (如图 3.8), 只有 $k_{5,2}$ 为未知量. 对 $k_{5,2}$ 的每种可能设置一个计数器 $T[k_{5,2}]$, 若对应取值是方程的解, 则 $T[k_{5,2}] + 1\epsilon n$ 个方程处理完后, 按计数器取值由大到小进行排序, 前 2^{4-a} 个[①]作为正确密钥[②]的候选值.

先来看方程 (3.4) 的求解. 不妨一般化为方程 $S(x \oplus k) \oplus S(x' \oplus k) = \beta$, 其中 S 为查表运算, (x, x', β) 已知, k 未知, x, x', k 均为 s 比特, β 为 b 比特. 一种直接的方法就是穷举 k 的所有可能, 代入方程进行验证. 一组 (x, x', β), 期望求得 $2^s \times 2^{-b} = 2^{s-b}$ 个候选密钥, 时间复杂度约为 2^{s+1} 次查表运算. 另一种常用的方法是借助 S 盒的差分分布表进行求解.

命题 3.5 借助 S 盒的差分分布表计算密钥

如图 3.9 所示, 记 $x \oplus x' = \alpha$, 参照定义 3.5, 计算 S 盒满足输入差分为 α 且输出差分为 β 的所有可能输入的集合 $IN_S(\alpha, \beta)$, 得到候选密钥的集合 $\{x \oplus X | X \in IN_S(\alpha, \beta)\}$. ♠

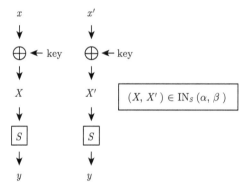

图 3.9 借助 S 盒的差分分布表计算密钥示意图

然后, 我们来看攻击的成功率受哪些因素影响.

直观来看, 差分分析中正确密钥的判定依据是计数器的取值, 因此, 要保证成功率高, 就要保证 "真正" 正确的密钥对应的计数器数值相对于错误密钥的计数器值要大, 因此, 在早期的差分分析中, 成功率的分析多基于 Biham 和 Shamir 提出的信噪比的概念 [7]. 他们通过实验指出, 若信噪比在 1 到 2 之间, 选择明文量需保证有 20 到 40 个正确对, 若信噪比较大, 仅需保证有三四个正确对.

---

① a 作为可调参数, 决定成功率的大小, 后文讨论.

② 其余 $6 \times 16 - 4 = 92$ 比特密钥可通过其他差分或穷举的方式进行恢复, 一般认为只要比穷举攻击的复杂度低, 就实现了对算法的破解.

> **定义 3.15　信噪比 S_N**
>
> 差分分析的密钥恢复阶段中, 正确对的个数与计数器的平均计数 [a] 之比, 称
> 为差分分析的信噪比, 记为 S_N.
> _____
> 　a. 因难以评估每个错误密钥的计数器取值, 故这里取平均值, 即期望值.

注　根据正确对的定义 3.14 可得, 正确对的个数就是正确密钥的计数, 而要计算
计数器的平均计数, 则需要计算恢复密钥阶段共求解出多少密钥量, 再平均到密
钥的所有可能性上去, 因此, 信噪比可按下式计算.

> **定义 3.16　信噪比 S_N 的计算**
>
> 设差分分析中, 差分概率为 p, 可恢复的密钥长度为 k 比特, 采样阶段选取
> m 对明文, 去噪后有 ϵm 对保留下来, 恢复密钥阶段每个方程平均求得 η
> 个解, 则
> $$S_N = \frac{m \cdot p}{\frac{\epsilon m \cdot \eta}{2^k}} = \frac{p \cdot 2^k}{\epsilon \cdot \eta}. \tag{3.5}$$

例 3.9　在本节讨论的 5 轮 CipherFour 算法的密钥恢复攻击中, 要恢复 4 比
特的 $k_{5,2}$, 求对应的 S_N.

解　由上文易得 $p = 0.08$, $k = 4$, $\epsilon = \dfrac{7387}{2^{16}} \approx 0.11$. 下面主要分析 η 的值. 通
过去噪阶段后的每个密文对所对应的方程 (3.4) 均有解, 且解的个数为 $N_S(2, \beta)$,
其中, $\beta = (0x1, 0x2, 0x9, 0xA)$. 设每个输出差分等可能出现, 则查表 3.2 可得, 每
个方程平均可得 $\dfrac{6+6+2+2}{4} = 4$ 个解, 即 $\eta = 4$. 代入公式 (3.5), 可得

$$S_N = \frac{0.08 \times 2^4}{0.11 \times 4} \approx 2.91.$$

信噪比和成功率之间更加精确的评估公式由 Ali Aydin Selçuk 和 Ali Biçak
在 2002 年提出 [13,14].

> **定义 3.17　成功率 P_S 的计算**
>
> 攻击的成功率即恢复出来的密钥是正确密钥的概率, 记为 P_S. 设差分分析
> 中, 错误密钥的计数器相互独立且均匀分布, 若差分概率为 p, 可恢复的密
> 钥长度为 k 比特, 采样阶段选取 m 对明文, 信噪比为 S_N, 计数器的前 2^{k-a}
> 个为正确密钥的候选值, 则对足够大的 k 和 m, 有

$$P_S = \Phi\left(\frac{\sqrt{pmS_N} - \Phi^{-1}(1 - 2^{-a})}{\sqrt{S_N + 1}}\right), \tag{3.6}$$

其中, Φ 为标准正态分布函数.

注 在以上假设下, 要保证成功率为 P_S, 需要的明文对为

$$m = \frac{(\sqrt{S_N + 1}\Phi^{-1}(P_S) + \Phi^{-1}(1 - 2^{-a}))^2}{S_N} p^{-1}.$$

例 3.10 在本节讨论的 5 轮 CipherFour 算法的密钥恢复攻击中, 要恢复 4 比特的 $k_{5,2}$, 若选择 2^7 个明文对, 且将计数最大的作为正确密钥输出, 则成功率 $P_S =$?

解 由上文易得 $p = 0.08$, $m = 2^7$, $S_N = 2.84$, $k = 4$, $a = 4$. 代入公式 (3.6), 可得

$$P_S = \Phi\left(\frac{\sqrt{0.08 \times 2^7 \times 2.84} - \Phi^{-1}(1 - 2^{-4})}{\sqrt{2.84 + 1}}\right) \approx 97.56\%.$$

最后, 以例 3.10 的参数设置为例, 我们来分析一下攻击的复杂度[①].

(1) **数据复杂度.** 要选择 2^7 个明文对, 需要选择 2^8 个明文.

(2) **时间复杂度.**

• 采样阶段, 需要获得 2^8 个明文对应的密文, 即 2^8 次 5 轮 CipherFour 算法的加密运算.

• 去噪阶段, 需计算 2^7 对密文的差分值, 即 2^7 次异或运算.

• 恢复密钥阶段, 对去噪阶段后剩下的为 $0.11 \times 2^7 \approx 14$ 个密文对, 根据每对的差分值, 通过异或平均每对可得到 4 个候选密钥, 约需 $14 \times 4 = 56$ 次异或运算.

可见, 采样阶段的时间占主项, 整个攻击的时间复杂度约为 2^8 次 5 轮 CipherFour 算法的加密运算.

(3) **存储复杂度.**

• 采样阶段需存储选择明文对应的密文, 故需 $2^8 \times 16 = 2^{12}$ 比特. 但若依次对明文对进行处理, 则只需存储当前的一对明文相应的密文, 约为 32 比特.

• 对 4 比特的每种可能设置一个计数器, 每个计数器占用 8 比特, 计数器的存储复杂度约为 $2^4 \times 8 = 2^7$ 比特.

可见, 计数器的存储占主项, 存储复杂度约为 2^7 比特.

---

① 根据具体实现细节的不同, 复杂度计算会有差异.

3.2　截断差分分析

截断差分分析 (Truncated Differential Cryptanalysis)[15] 是由 Lars R. Knud-sen 于 1994 年提出的, 是差分分析的一个变种. 与 "截取" 不同, "截断" 是指将一个比特串中某些比特变为不确定状态, 即将一个差分的部分比特取值固定为 0 或 1 的情况放宽为取 0 或 1 均可的状态, 从而影响不随机事件发生的概率, 构造新的区分器.

3.2.1　截断差分分析原理

我们仍以 CipherFour 算法为例, 展开讨论 [11].

例如回顾 CipherFour 算法的 S 盒的差分分布表 3.2, 当输入差分为 0x2 时, S 盒的输出差分只有 0x1, 0x2, 0x9, 0xA 四种情况. 此时, 记 4 比特的输出差分为 $b_0 b_1 b_2 b_3$, 则这四个值均满足 $b_1 = 0$, 即存在概率为 1 的不随机事件.

当 CipherFour 算法的 S 盒的输入差分为 0x2 时, S 盒的输出差分一定满足 $b_1 = 0$.

下面给出该事件的一般化描述. 首先, 给出截断的定义.

> **定义 3.18　截断**
>
> 假设 $m_0 m_1 \cdots m_{n-1}$ 是一个 n 比特的字符串, 则 $m'_0 m'_1 \cdots m'_{n-1}$ 称为 $m_0 m_1 \cdots m_{n-1}$ 的截断当且仅当对于所有的 $0 \leqslant i < n$ 有 $m'_i = m_i$ 或者 m'_i 不固定. ♣

注　一个 n 比特字符串的截断中至少含有 1 比特未知, 至多含有 $(n-1)$ 比特未知. 换言之, 一个 n 比特字符串的截断共有 $2^n - 2$ 种, 字符串本身和全未知字符串均为平凡形式.

例如, 令 "?" 表示一个取值不固定的比特, 当 $X = 0x1 = 0001B$ 时, 则 $X' = ?0??$ 是 X 的一种截断. 更一般地, X 共有 14 种截断.

然后, 给出截断差分路线 (Truncated Differential Characteristic) 和截断差分 (Truncated Differential) 的概念. 其中, 截断差分更为常用.

> **定义 3.19　i 轮截断差分路线**
>
> 假设 $\beta_0 \xrightarrow{1\ \text{轮}} \beta_1 \xrightarrow{1\ \text{轮}} \beta_2 \xrightarrow{1\ \text{轮}} \cdots \xrightarrow{1\ \text{轮}} \beta_i$ 是一条 i 轮差分路线, 则 $\beta'_0 \xrightarrow{1\ \text{轮}} \beta'_1 \xrightarrow{1\ \text{轮}} \beta'_2 \xrightarrow{1\ \text{轮}} \cdots \xrightarrow{1\ \text{轮}} \beta'_i$ 是一条 i 轮截断差分路线, 其中 $\beta'_j\ (0 \leqslant j \leqslant i)$ 是 β_j 的截断. ♣

例 3.11 若 CipherFour 算法的输入差分为 $(0x0, 0x0, 0x2, 0x0)$, 则能否确定概率为 1 的 1 轮截断差分路线?

解 根据差分传播规则可知, 对 CipherFour 算法的 S 盒, 若输入差分为零, 则输出差分以概率 1 为 0. 因此, 只需关注输入差分为 0x2 的 S 盒. 类似例 3.2 的分析, S 盒可能的输出差分经过比特拉线操作后, 有如下结果 (为便于观察, 以下统一用二进制表示):

$$(0000, 0000, 0010, 0000) \xrightarrow{1\text{轮}} \begin{cases} (0000, 0000, 0010, 0000), \\ (0000, 0000, 0000, 0010), \\ (0010, 0000, 0010, 0000), \\ (0010, 0000, 0000, 0010). \end{cases}$$

观察 4 种可能的输出差分, 可得一条概率为 1 的 1 轮截断差分路线:

$$(0000, 0000, 0010, 0000) \xrightarrow{1\text{轮}} (00?0, 0000, 00?0, 00?0).$$

定义 3.20 i 轮截断差分

假设 $\beta_0 \xrightarrow{i\text{轮}} \beta_i$ 是一条 i 轮差分, 则 $\beta_0' \xrightarrow{i\text{轮}} \beta_i'$ 是一条 i 轮截断差分, 其中 $\beta_j' (j = 0, i)$ 是 β_j 的截断. ♣

例 3.12 若 CipherFour 算法的输入差分为 $(0x0, 0x0, 0x2, 0x0)$, 则能否确定概率为 1 的 2 轮截断差分, 3 轮呢?

解 根据例 3.11 中的分析, 第一轮得到四种可能的输出差分, 不同的是, 这次不在第一轮就进行截断, 而是将第一轮的四种输出差分分别作为第二轮的输入差分, 继续追踪其具体的传播情况. 结合 S 盒的 DDT 和比特拉线, 得到结果

$$(0000, 0000, 0010, 0000) \xrightarrow{1\text{轮}} (00?0, 0000, 00?0, 00?0),$$

$$(0000, 0000, 0000, 0010) \xrightarrow{1\text{轮}} (000?, 0000, 000?, 000?),$$

$$(0010, 0000, 0010, 0000) \xrightarrow{1\text{轮}} (?0?0, 0000, ?0?0, ?0?0),$$

$$(0010, 0000, 0000, 0010) \xrightarrow{1\text{轮}} (?00?, 0000, ?00?, ?00?).$$

找出取值相同的比特位置, 可得 CipherFour 的一条概率为 1 的 2 轮截断差分为

$$(0000, 0000, 0010, 0000) \xrightarrow{2\text{轮}} (?0??, 0000, ?0??, ?0??).$$

在该 2 轮截断差分的基础上, 易得概率为 1 的 3 轮截断差分为

$$(0000, 0000, 0010, 0000) \xrightarrow{3 \text{轮}} (?0??, ?0??, ?0??, ?0??).$$

注　虽然, 在本书中, 进行区分或密钥恢复攻击时使用的截断差分概率为 1, 但实际上, 只要具体密码算法与随机置换的截断差分存在差异, 即可尝试进行区分, 进而开展密钥恢复攻击.

练习 3.7　在例 3.12 的基础上, 如何进行区分攻击?

最后, 我们以 "$i+1$" 模式为例, 给出截断差分攻击的一般过程 (见算法 2).

算法 2　$(i+1)$ 轮的截断差分分析

1 找到一条 i 轮的截断差分;
2 选择满足截断差分头部的明文对, 并获得相应的密文对;
3 根据截断差分尾部对搜集到的密文对进行初步过滤;
4 建立关于最后一轮轮密钥的 k 比特的方程组, 对方程组的每一个解, 将相应计数器 $+1$. 所有明文对处理完毕后, 按照计数由大到小进行排序, 前 2^{k-a} 个作为正确密钥的候选值, 再结合穷举攻击等方式确定正确密钥.

3.2.2　CipherFour 算法的截断差分分析

本小节基于例 3.12 给出的概率为 1 的 3 轮截断差分, 采用与差分分析类似的步骤, 给出 5 轮 CipherFour 算法的密钥恢复攻击. 攻击采用的模式为 "1+3+1", 即在概率为 1 的 3 轮截断差分 $(0000, 0000, 0010, 0000) \xrightarrow{3 \text{轮}} (?0??, ?0??, ?0??, ?0??)$ 的头部和尾部分别添加一轮, 进行 5 轮 CipherFour 算法的密钥恢复攻击 (图 3.10).

1. 采样

需要注意的是, 3.1.2.4 节采用的是 "4+1" 模式, 可以直接通过选择明文满足区分器的头部差分, 但是, 此处区分器的头部差分是经过一轮加密之后的中间结果的差分, 即第二轮的输入差分. 因此, 采样阶段要尽可能保证第二轮的输入差分为 $(0000, 0000, 0010, 0000)$. 对比特拉线进行逆操作可知, 第一轮过 S 盒后的输出差分需满足 $(0000, 0000, 0010, 0000)$. 其中, 对输出差分为零的 S 盒, 只需选择明文对满足输入差分为 0; 而对于输出差分非零的 S 盒, 必须借助密钥猜测进行筛选.

具体来说, 选择由 2^4 个明文构成的结构体

$$S = \{P_i \mid P_i = (t_0, t_1, i, t_3)\},$$

其中, t_0, t_1, t_3 为随机选取的 4 比特常数, i 遍历所有可能, 即 $0 \leqslant i \leqslant 15$. 从而

$$\forall P_i, P_j \in S \text{ 且 } i \neq j, \text{有} P_i \oplus P_j = (0000, 0000, ????, 0000).$$

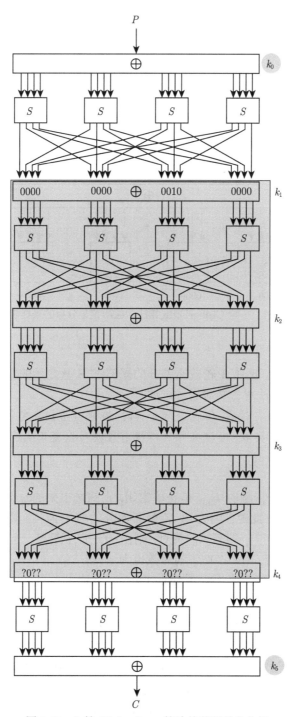

图 3.10 5 轮 CipherFour 算法的截断差分分析

记 16 比特的明文 $P_i = P_{i,0}||P_{i,1}||P_{i,2}||P_{i,3}$, 轮密钥 $k_0 = k_{0,0}||k_{0,1}||k_{0,2}||k_{0,3}$. 如图 3.11 所示, 猜测 4 比特的 $k_{0,2}$, $\forall P_i, P_j \in S$ 且 $i \neq j$, 选择满足

$$S(P_{i,2} \oplus k_{0,2}) \oplus S(P_{j,2} \oplus k_{0,2}) = 0010$$

的 (P_i, P_j) 进入下一步. 对每一个 4 比特密钥 $k_{0,2}$, 记一个结构体有 s[①]对明文满足 3 轮截断差分的头部.

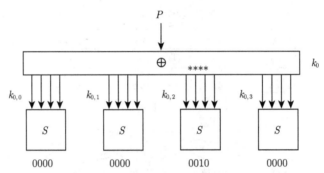

图 3.11　5 轮 CipherFour 算法的截断差分分析的采样阶段

2. 去噪

如图 3.10 所示, 此时 3 轮截断差分的尾部过 S 盒之后的输出差分没有取值固定的比特, 因此无法对密文对进行过滤.

注　虽然此处无法进行过滤, 但在进行分析时, 在进行密钥恢复之前仍要考虑去噪这一步, 与差分分析类似, 通过去噪可以提前过滤对恢复正确密钥无用的明文对, 从而降低攻击的复杂度.

3. 密钥恢复

(1) 若采样阶段猜测的 $k_{0,2}$ 是正确密钥, 则筛选出来的 s 对中的每一对, 均满足截断差分头部. 此时, 因为 3 轮截断差分的概率为 1, 其尾部差分一定为 $(?0??, ?0??, ?0??, ?0??)$, 即若 k_5 猜对, 则由 (C_i, C_j) 解密一轮得到第四轮的输出差分为 $(?0??, ?0??, ?0??, ?0??)$ 的对数也为 s 对;

(2) 若采样阶段猜测的 $k_{0,2}$ 是错误密钥, 则筛选出来的 s 对只能以小于 1 的概率[②]满足截断差分头部. 此时, 即使 k_5 猜对, 由 (C_i, C_j) 解密一轮得到第四轮的输出差分为 $(?0??, ?0??, ?0??, ?0??)$ 的对数仍小于 s.

因此, 利用 3 轮截断差分的区分器, 可恢复 4 比特 $k_{0,2}$ 与 16 比特 k_5. 是否为正确密钥候选值的判定依据是, 由 (C_i, C_j) 解密一轮得到第四轮的输出差分为

---

①　因为 CipherFour 算法是一个小分组的实验算法, 可通过实验测试估算 s 的取值. 若对标准算法进行具体分析时, 可结合实验测试与随机概率进行估算, 例如平均有 $\binom{2^4}{2} \times 2^{-4} = 7.5$(对).

②　对标准算法进行具体分析时, 可结合实验测试与随机概率进行估算.

(?0??, ?0??, ?0??, ?0??) 的对数是否为 s.

具体来说, 对 $k_{0,2}$ 的每一个猜测值, 筛选出的 s 对 (P_i, P_j), 获得相应的密文对 (C_i, C_j). 记 $C_i = C_{i,0}||C_{i,1}||C_{i,2}||C_{i,3}$, $C_j = C_{j,0}||C_{j,1}||C_{j,2}||C_{j,3}$, $k_5 = k_{5,0}||k_{5,1}||k_{5,2}||k_{5,3}$. 运行下述算法解方程组:

$$
\begin{cases}
S^{-1}(C_{i,0} \oplus k_{5,0}) \oplus S^{-1}(C_{j,0} \oplus k_{5,0}) = ?0??, \\
S^{-1}(C_{i,1} \oplus k_{5,1}) \oplus S^{-1}(C_{j,1} \oplus k_{5,1}) = ?0??, \\
S^{-1}(C_{i,2} \oplus k_{5,2}) \oplus S^{-1}(C_{j,2} \oplus k_{5,2}) = ?0??, \\
S^{-1}(C_{i,3} \oplus k_{5,3}) \oplus S^{-1}(C_{j,3} \oplus k_{5,3}) = ?0??.
\end{cases}
$$

对算法 3 的每一个输出, 可通过选择多个结构体的方式, 进一步筛选正确密钥. 然后, 结合穷举攻击或其他截断差分等方法恢复全部密钥.

关于截断差分的成功率和复杂度的讨论与差分分析类似, 在此不再赘述.

练习 3.8 随机选取 1 个 96 比特密钥, 分别统计算法 3 在选择 1, 2, 3 个结构体时正确恢复 20 比特密钥的次数. 以选择 2 个结构体为例, 即需要选择 $2 \cdot 16 = 32$ 个明文, 并获得在随机选取的 96 比特密钥 $k = k_0||k_1|| \cdots ||k_5$ 下, 相应的 32 个密文. 然后运行算法 3, 看输出的 20 比特密钥 $k_{0,2}||k_5$ 是不是正确密钥, 若是, 则攻击成功. 重复 100 次, 每次随机选择 2 个结构体, 统计成功的次数.

算法 3 5 轮 CipherFour 算法的截断差分分析

---

1 选择结构体 $S = \{P_i | P_i = (t_0, t_1, i, t_3)\}$, t_0, t_1, t_3 为随机选取的 4 比特常数, $0 \leqslant i \leqslant 15$;

2 令 $k_{0,2} = 0, a = 0, b = 0$;

3 若 $k_{0,2} < 16$,

4   筛选满足加密一轮后的输出差分为 $(0000, 0000, 0010, 0000)$ 的 (P_i, P_j), 获得相应的密文对 (C_i, C_j), 记对数为 s;

5   令 $k_{5,0} = 0$;

6   若 $k_{5,0} < 16$,

7   对 s 对密文 (C_i, C_j) 中的每一对,

8   计算 $a = S^{-1}(C_{i,0} \oplus k_{5,0}) \oplus S^{-1}(C_{j,0} \oplus k_{5,0})$;

9   若 $a = ?0??$, 则 $b++$;

10   若 $b = s$, 则进行第 14 步;

11   否则, 令 $k_{5,0}++, b = 0$, 返回第 6 步;

12   否则, $k_{5,0} \geqslant 16$,

13   令 $k_{0,2}++, b = 0$, 返回第 3 步;

14   令 $k_{5,1} = 0, b = 0$;

15   若 $k_{5,1} < 16$,

16   对 s 对密文 (C_i, C_j) 中的每一对,

17   计算 $a = S^{-1}(C_{i,1} \oplus k_{5,1}) \oplus S^{-1}(C_{j,1} \oplus k_{5,1})$;

18   若 $a =?0??$, 则 $b + +$;

19   若 $b = s$, 则进行第 23 步;

20   否则, 令 $k_{5,1} + +, b = 0$, 返回第 15 步;

21   否则, $k_{5,1} \geqslant 16$,

22   令 $k_{0,2} + +, b = 0$, 返回第 3 步;

23   令 $k_{5,2} = 0, b = 0$;

24   若 $k_{5,2} < 16$,

25   对 s 对密文 (C_i, C_j) 中的每一对,

26   计算 $a = S^{-1}(C_{i,2} \oplus k_{5,2}) \oplus S^{-1}(C_{j,2} \oplus k_{5,2})$;

27   若 $a =?0??$, 则 $b + +$;

28   若 $b = s$, 则进行第 32 步;

29   否则, 令 $k_{5,2} + +, b = 0$, 返回第 24 步;

30   否则, $k_{5,2} \geqslant 16$,

31   令 $k_{0,2} + +, b = 0$, 返回第 3 步;

32   令 $k_{5,3} = 0, b = 0$;

33   若 $k_{5,3} < 16$,

34   对 s 对密文 (C_i, C_j) 中的每一对,

35   计算 $a = S^{-1}(C_{i,3} \oplus k_{5,3}) \oplus S^{-1}(C_{j,3} \oplus k_{5,3})$;

36   若 $a =?0??$, 则 $b + +$;

37   若 $b = s$, 则将此时 $k_{0,2}||k_5$ 的取值输出, 作为正确密钥的候选值;

38   否则, 令 $k_{5,3} + +, b = 0$, 返回第 33 步;

39   否则, $k_{5,3} \geqslant 16$,

40   令 $k_{0,2} + +, b = 0$, 返回第 3 步;

41 否则, 结束程序;

3.3 飞去来器攻击及矩形攻击

在差分分析中, 长轮数的差分路线是关注的焦点, 而在具体搜索路线时, 有时能够找到一些轮数短但概率较高的路线, 却无法直接头尾连接在一起, 构成长轮数. 飞去来器攻击 (Boomerang Attack) 对如何连接这些短轮路线给出了一种解决思路. 该攻击由 David Wagner 于 1999 年提出, 采用 "错位" 连接的方式, 得到了高概率长轮数的区分器, 并破解了 COCONUT98 密码算法 [16]. 但是, 与差分分析不同, 飞去来器攻击不仅要选择明文, 还需要敌手具备选择密文的能力. 于是, John Kelsey 等在 2000 年提出增强飞去来器攻击 (Amplified Boomerang Attack)[17], 通过加大选择明文量来去掉选择密文的要求. Eli Biham 等在 2001 年提出矩形攻击 (Rectangle Attack) [18,19], 同时利用多条短轮路线提升区分器概率, 降低攻击复杂度. 之后的研究主要围绕如何更好地在错位部分进行连接, 进一步加长区分器轮数, 提高概率来展开 [20-22]. 因此, 根据敌手能力的不同, "错位" 连接差分路线构造区分器的方法, 主要分为飞去来器攻击和矩形攻击两种.

3.3.1 飞去来器攻击原理

为与短轮数的差分路线相对应, 如图 3.12 所示, 我们将分组加密算法 E 分为 3 个部分: E_f, E_m 和 E_b, 即

$$C = E(P) = E_b(E_m(E_f(P))).$$

明文 P 经过 E_f 得到中间状态 x, 然后, x 经过 E_m 得到中间状态 y, 最后, y 经过 E_b 得到最终的密文 C.

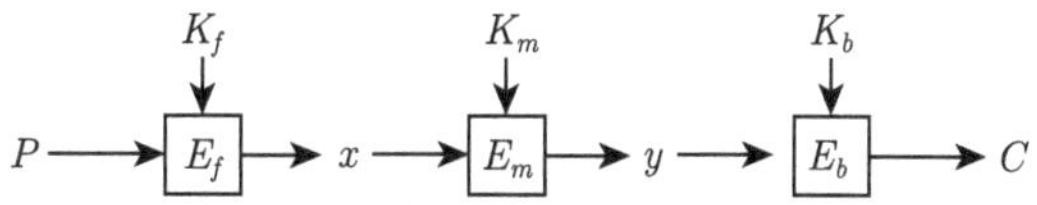

图 3.12 飞去来器攻击中分组加密算法的等价形式

为便于理解, 本节主要讨论 E_m 为线性或仿射变换时的情况, 记为 A, 此时, A 变换不会影响差分传播的概率.

设找到三条高概率差分如下:

- $\alpha \xrightarrow{E_f} \beta$, $\Pr(\alpha \xrightarrow{E_f} \beta) = p_1$;
- $\beta \xrightarrow{E_f^{-1}} \alpha$, $\Pr(\beta \xrightarrow{E_f^{-1}} \alpha) = p_2$;
- $\gamma \xrightarrow{E_b^{-1}} \phi$, $\Pr(\gamma \xrightarrow{E_b^{-1}} \phi) = q$.

注 三条差分传播的方向不同, E_f 是加密方向, E_f^{-1} 和 E_b^{-1} 是解密方向. 此外, 在很多情况下, 例如, 算法为 SPN 结构且 S 盒为置换时, $p_1 = p_2$.

为连接短轮数的差分, 这里采用 "错位" 相连的方式, 即中间差分值 $\beta \neq \phi$ 时, 若一对明文满足中间差分值 β, 则中间差分值 ϕ 由另一对明文满足. 如图 3.13 所示, 飞去来器攻击的区分器基于如下例题.

例 3.13 尝试利用三条短轮数的差分路线构造区分器, 即按如下步骤得到明文对 (m_3, m_4) 后, 分别计算对特定算法和随机置换, $\Pr(m_3 \oplus m_4 = \alpha)$ 分别为多少?

(1) 选择明文对 (m_1, m_2) 满足 $m_1 \oplus m_2 = \alpha$, 得到相应的密文对 (c_1, c_2)(选择明文).

(2) 计算 $c_3 = c_1 \oplus \gamma$, $c_4 = c_2 \oplus \gamma$, 并获得相应的明文对 (m_3, m_4)(选择密文).

解 根据差分路线 $\gamma \xrightarrow{E_b^{-1}} \phi$, 密文 (c_1, c_2, c_3, c_4) 向上解密得到的中间值 (y_1, y_2, y_3, y_4), 分别有 $\Pr(y_1 \oplus y_3 = \phi) = q$, $\Pr(y_2 \oplus y_4 = \phi) = q$, 可得 $\Pr(y_1 \oplus y_3 \oplus y_2 \oplus y_4 = 0) \geqslant q^2$.

根据 A 为仿射变换得 $\Pr(x_1 \oplus x_2 \oplus x_3 \oplus x_4 = 0) = \Pr(y_1 \oplus y_3 \oplus y_2 \oplus y_4 = 0) \geqslant q^2$.

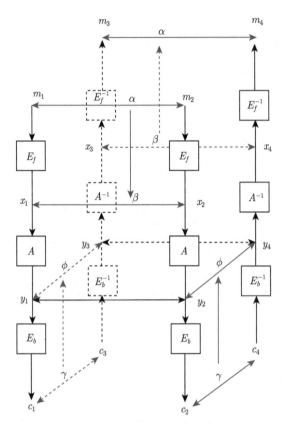

图 3.13　飞去来器攻击的区分器

明文对 (m_1, m_2) 满足输入差分 α, 即 $m_1 \oplus m_2 = \alpha$, 则根据差分路线 $\alpha \xrightarrow{E_f} \beta$, 对应的中间值 (x_1, x_2) 以 p_1 的概率满足 $x_1 \oplus x_2 = \beta$, 即 $\Pr(x_1 \oplus x_2 = \beta) = p_1$, 从而 $\Pr(x_3 \oplus x_4 = \beta) \geqslant p_1 q^2$.

根据差分路线 $\beta \xrightarrow{E_f^{-1}} \alpha$, 有 $\Pr(m_3 \oplus m_4 = \alpha) \geqslant p_1 p_2 q^2$. 综上,

- 对存在高概率差分的算法, $\Pr(m_3 \oplus m_4 = \alpha) \geqslant p_1 p_2 q^2$;
- 对随机置换, $\Pr(m_3 \oplus m_4 = \alpha) = 2^{-n}$.

例 3.13 给出了飞去来器区分器的构造思路, 可见, 当差分概率满足 $p_1 p_2 q^2 > 2^{-n}$ 时, 可以利用飞去来器区分器进行分析. 特别地, 当 $p_1 = p_2 = p$ 时, 对差分概率的要求可化简为 $pq > 2^{-n/2}$.

注　飞去来器攻击不仅要选择明文, 还要求敌手具备选择密文的能力. 类似差分分析中的独立性假设, 本节介绍的飞去来器模型也认为高概率路线是相互独立的, 所以在计算概率的时候并未考虑相关性, 而这样的计算方式并不准确 [20], 为在一定程度上进行更精确的评估, 文献 [21] 提出了与差分分布表 (DDT)、线性逼近表

(LAT) 类似的概念——飞去来器连接表 (BCT). 此外, 将 E_m 由仿射变换扩展为多轮加密的情况, 可参见文献 [22,23].

利用飞去来器区分器进行密钥恢复攻击的原理与差分分析类似, 在此仅以在尾部添加 1 轮为例进行说明.

(1) 选择明文对 (m_1, m_2) 满足 $m_1 \oplus m_2 = \alpha$, 得到相应的密文对 (c_1, c_2).

(2) 对密文对进行去噪, 并对求解区分器尾部差分涉及的密钥 K_2, 记 (c_1, c_2) 部分解密到 (c_1', c_2').

(3) 由 (c_1', c_2') 分别异或 γ 得到 (c_3', c_4'), 再在密钥 K_2 下, 由 (c_3', c_4') 计算出 (c_3, c_4).

(4) 选择密文 (c_3, c_4), 获得对应的明文 (m_3, m_4).

(5) 若 $m_3 \oplus m_4 = \alpha$, 则 K_2 的计数器加 1.

所有明文对处理完毕后, 按照计数由大到小进行排序, 前 2^{k-a} 个作为正确密钥的候选值, 再结合穷举攻击等方式确定正确密钥.

注 要使得 $y_1 \oplus y_3 \oplus y_2 \oplus y_4 = 0$, 只需 $y_1 \oplus y_3 = y_2 \oplus y_4$, 而无需等于一个固定的 ϕ, 即 ϕ 可以有多种取值. 因此, 可进一步增大概率, $q^2 = \sum_{\forall \phi} \Pr(\gamma \xrightarrow{E_b^{-1}} \phi)^2$.

类似地, β 也可以有多种可能取值, 从而

$$p_1 p_2 = \sum_{\forall \beta} \Pr(\alpha \xrightarrow{E_f} \beta) \Pr(\beta \xrightarrow{E_f^{-1}} \alpha).$$

3.3.2 增强的飞去来器攻击原理

通过选择明文, 只能控制中间状态 (x_1, x_2)(或者 (x_3, x_4)) 的差分, 如果不借助选择密文, 则中间状态 (y_1, y_3)(或者 (y_2, y_4)) 的差分不可控, 最差也服从均匀分布, 即以随机概率取到 ϕ. 在该思路下, 出现了增强的飞去来器攻击, 该攻击为选择明文攻击.

该攻击利用加密方向的高概率差分:

- $\alpha \xrightarrow{E_f} \beta$, $\Pr(\alpha \xrightarrow{E_f} \beta) = p$;
- $\phi \xrightarrow{E_b} \gamma$, $\Pr(\phi \xrightarrow{E_b} \gamma) = q$.

例 3.14 如图 3.14 所示, 选择四元组 (m_1, m_2, m_3, m_4), 满足 $m_1 \oplus m_2 = \alpha$ 且 $m_3 \oplus m_4 = \alpha$, 得到相应的密文四元组 (c_1, c_2, c_3, c_4). 那么, 对特定算法和随机置换, $\Pr(c_1 \oplus c_2 = c_3 \oplus c_4 = \gamma)$ 分别为多少?

解 根据 $m_1 \oplus m_2 = \alpha$, $m_3 \oplus m_4 = \alpha$, 而 $\Pr(\alpha \xrightarrow{E_f} \beta) = p$, 得到中间状态 $\Pr(x_1 \oplus x_2 = \beta) = p$, $\Pr(x_3 \oplus x_4 = \beta) = p$, 从而 $\Pr(x_1 \oplus x_2 \oplus x_3 \oplus x_4 = 0) \geqslant p^2$.

根据 A 为仿射变换得 $\Pr(y_1 \oplus y_2 \oplus y_3 \oplus y_4 = 0) = \Pr(x_1 \oplus x_2 \oplus x_3 \oplus x_4 = 0) \geqslant p^2$.

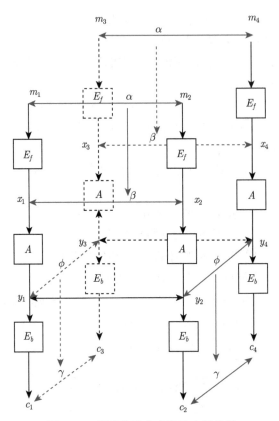

图 3.14   增强的飞去来器攻击区分器

因为 y_1, y_2, y_3, y_4 由 m_1, m_2, m_3, m_4 确定, 不妨设以随机概率 2^{-n} 满足 $y_1 \oplus y_3 = \phi$, 则有 $y_2 \oplus y_4 = \phi$, 即 $\Pr(y_1 \oplus y_3 = \phi, y_2 \oplus y_4 = \phi) \geqslant 2^{-n}p^2$.

从而, 根据 $\Pr(\phi \xrightarrow{E_b} \gamma) = q$, y_1, y_2, y_3, y_4 通过 E_b 有 $c_1 \oplus c_3 = \gamma$, $c_2 \oplus c_4 = \gamma$ 且 $\Pr(c_1 \oplus c_3 = c_2 \oplus c_4 = \gamma) \geqslant 2^{-n}p^2q^2$. 综上,

- 对存在高概率差分的算法, $\Pr(c_1 \oplus c_3 = c_2 \oplus c_4 = \gamma) \geqslant 2^{-n}p^2q^2$;
- 对随机置换, $\Pr(c_1 \oplus c_3 = c_2 \oplus c_4 = \gamma) = 2^{-2n}$.

可见, 当差分概率满足 $2^{-n}p^2q^2 > 2^{-2n}$, 即 $pq > 2^{-n/2}$ 时, 可以利用增强的飞去来器区分器进行分析.

注   类似飞去来器里的分析, 要使得 $x_1 \oplus x_2 \oplus x_3 \oplus x_4 = 0$, 只需 $x_1 \oplus x_2 = x_3 \oplus x_4$, 而无需等于一个固定的 β, ϕ 同理. 因此, 可进一步增大概率,

$$p^2 = \sum_{\forall \beta} \Pr(\alpha \xrightarrow{E_f} \beta)^2,$$

$$q^2 = \sum_{\forall \phi} \Pr(\phi \xrightarrow{E_b} \gamma)^2.$$

3.3.3 矩形攻击原理

与增强的飞去来器攻击区分器类似, 矩形攻击也是选择明文攻击. 但是矩形攻击的区分器包含了更多差分形式, 即差分概率的计算更加精确, 即将增强的飞去来器攻击中 $x_1 \oplus x_2 \oplus x_3 \oplus x_4 = 0$ 放宽为 $x_1 \oplus x_2 \oplus x_3 \oplus x_4 = \epsilon$. 具体来说, 该攻击利用加密方向的高概率差分:

- $\alpha \xrightarrow{E_f} \beta$;
- $\alpha \xrightarrow{E_f} \beta'$;
- $\phi \xrightarrow{E_b} \gamma$;
- $\phi \oplus A(\beta \oplus \beta') \xrightarrow{E_b} \gamma$,

则内部状态的差分值满足 $x_1 \oplus x_2 = \beta$, $x_3 \oplus x_4 = \beta'$. 记 $\epsilon = \beta \oplus \beta'$, 则

$$x_1 \oplus x_2 \oplus x_3 \oplus x_4 = \epsilon \Leftrightarrow y_1 \oplus y_2 \oplus y_3 \oplus y_4 = A(\epsilon).$$

从而, 不随机现象的概率

$$\Pr(c_1 \oplus c_3 = c_2 \oplus c_4 = \gamma)$$
$$= \sum_{\forall \beta, \beta'} \left[\Pr(\alpha \xrightarrow{E_f} \beta) \Pr(\alpha \xrightarrow{E_f} \beta') \cdot 2^{-n} \sum_{\forall \phi} \Pr(\phi \xrightarrow{E_b} \gamma) \Pr(\phi \oplus A(\beta \oplus \beta') \xrightarrow{E_b} \gamma) \right].$$

3.4 不可能差分分析

差分分析利用满足 $\mathrm{DP}(\alpha \xrightarrow{i\, 轮} \beta) > \dfrac{1}{2^n}$ 的 i 轮高概率差分 $\alpha \xrightarrow{i\, 轮} \beta$ 构造区分器, 进而尝试恢复密钥. 然而, 从假设检验的角度考虑, 不管是差分概率大于随机概率, 还是差分概率小于随机概率, 都是与随机置换有区别的, 应该都可用于区分器的构建. 本节讨论的不可能差分分析就是在该思路启发下, 考虑一种与高概率差分相反的极端情况, 利用 $\mathrm{DP}(\alpha \xrightarrow{i\, 轮} \beta) = 0$ 的差分, 即不可能出现的差分, 构造区分器, 进而用排除法识别正确密钥.

3.4.1 不可能差分分析原理

不可能事件在安全性分析中的应用其实并不罕见, 例如, 在 Enigma 算法的分析中, 识别明密文对应关系就利用了明文字母不可能加密为自身这一特性. 而将不可能事件用于差分分析, 区分器的构造就是利用概率为 0 的 i 轮差分, 即不可能差分. 该方法是由两个研究团队独立提出的. 一个是 Knudsen[24] 发现如果采用 Feistel 结构的密码算法的轮函数是双射, 则无论各部件如何选取, 一定存在 5 轮不可能差分, 从而可以进行 6 轮的密钥恢复攻击; 另一个是 Biham 等 [25] 在研究 Skipjack 算法 (共 32 轮) 的安全性时发现, 该算法存在 24 轮的不可能差分, 从而

可以给出 31 轮 Skipjack 算法的密钥恢复攻击. 经过几十年的发展, 不可能差分分析已广泛应用于对称加密和消息认证码的安全性分析 [26], 是衡量算法安全性的重要指标之一.

下面我们先给出 i 轮不可能差分的定义.

> **定义 3.21 i 轮不可能差分 (i 轮 Impossible Differential)**
>
> 设 $\beta_0, \beta_i \in \{0,1\}^n$, 对每一对满足 $\Delta X = \beta_0$ 的明文对 (X, X'), 获得其经过 i 轮加密之后的输出对 (Y, Y'), 若所有 (Y, Y') 的差分值均满足 $\Delta Y \neq \beta_i$, 则称 $\beta_0 \overset{i\text{轮}}{\nrightarrow} \beta_i$ 为一个 i 轮不可能差分.   ♣

注   若对某 i 轮分组密码算法, 找到一个 i 轮不可能差分 $\beta_0 \overset{i\text{轮}}{\nrightarrow} \beta_i$, 即发现了不可能事件. 因此, 均匀随机选取 m 对满足输入差分 β_0 的输入对, 该 i 轮分组密码算法的输出差分一定不等于 β_i, 而对于随机置换, 平均有 $m/2^n$ 对的输出差分为 β_i, 其中, n 为分组长度.

练习 3.9   若对某 i 轮分组密码算法, 找到一个 i 轮不可能差分 $\beta_0 \overset{i\text{轮}}{\nrightarrow} \beta_i$, 如何构造区分器?

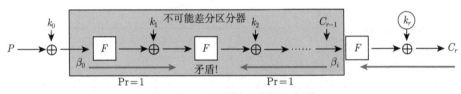

图 3.15   不可能差分分析示意图

> **命题 3.6   不可能差分的常见形式**
>
> i 轮不可能差分通常采用中间相错 (Miss-in-the-Middle) 的方式构造, 如图 3.15 所示, 由两个概率为 1、方向相反且输出差分矛盾的差分 (多数情况下为截断差分) 级联而成. 按照矛盾的种类, 常见的不可能差分可分为以下三种:
>
> ● 零与非零的矛盾.
>
> 这是最常见的一类矛盾形式, 大多数的不可能差分分析考虑的是此类矛盾. 在不可能差分中, 为了保证通过各部件后以概率 1 传播, 往往将输入差分按照非线性部件的最小规模分割, 分割后的每个输入只考虑两种取值: 零和非零. 此时不可能差分过非线性部件只有如下两种可能:
>
> ● $0 \overset{S}{\longrightarrow} 0.$

● $* \xrightarrow{S} *$, 其中 $*$ 代表任意非零差分.

以 4 轮 AES 算法 (参见附录 A.3, 最后一轮无 MC 运算) 的不可能差分特征 [27] 为例进行说明. 其中, 将 128 比特的输入按照 S 盒的输入长度 (8 比特) 进行分割, 黑色块代表差分非零的字节, 白色块代表差分为零的字节. 如图 3.16 所示, 利用 AES 的列混合运算 (MC) 分支数为 5 的特性, 分别从头部差分和尾部差分向中间推导, 可得到两条概率为 1 的 2 轮截断差分, 且输出差分矛盾——加密方向推出的输出差分 16 个字节全非零, 解密方向推出的输出差分有 4 个字节为零.

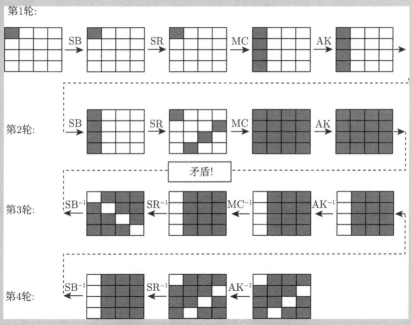

图 3.16 4 轮 AES 的不可能差分特征

● 非零与非零的矛盾.

即加密方向以概率 1 推出某处差分一定为 $\alpha \neq 0$, 而解密方向以概率 1 推出该处差分一定为 $\beta \neq 0$, 且 $\alpha \neq \beta$, 则也可以级联在一起, 得到一条不可能差分. 我们将在 3.4.2 节以 5 轮 Feistel 结构的不可能差分为例进行说明.

● 其他矛盾.

除以上形式外, 还可以结合算法的运算特性, 发现字节与字节之间, 甚至多个字节的关系矛盾. 以韩国加密标准 ARIA 算法的 4 轮不可能差分特征 [28]

为例进行说明. 其中, 将 128 比特的输入按照 S 盒的输入长度 (8 比特) 进行分割, 白色块代表差分为零的字节, $a_1 \neq 0$, $a_{12} \neq 0$, $f \neq 0$. 如图 3.17 所示, 从头部差分沿加密方向推导, 可以概率 1 得到两轮后输出差分中两个字节差分相等 (标注 α 的位置), 而从尾部差分沿解密方向推导, 以概率 1 得到两轮后的差分在相应位置有 $\beta \neq \gamma$, 从而在中间状态处矛盾.

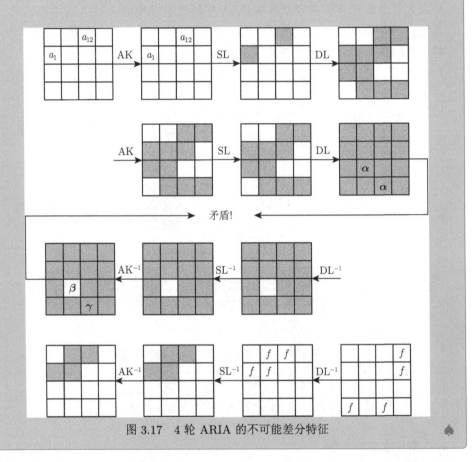

图 3.17　4 轮 ARIA 的不可能差分特征

练习 3.10

1. 如图 3.16 所示, 分别从头部差分和尾部差分, 向中间推导差分以概率 1 进行传播的情况.

2. 尝试发现 4 轮 AES 的其他不可能差分特征.

我们一旦发现了不可能差分, 就可开展区分和密钥恢复攻击.

> **命题 3.7　不可能差分分析的基本原理**
>
> 不可能差分分析是一种选择明文攻击, 利用排除法, 筛选出正确密钥. 首先, 通过研究满足特定输入差分 β_0 的输入对经过 i 轮加密后对应特定输出差分 β_i 的不均匀性识别不可能事件, 建立区分器. 然后, 在 i 轮不可能差分区分器的头部或尾部添加若干轮, 并识别从明文对及密文对求解到区分器的头尾差分相关的密钥比特, 即待恢复的密钥集合, 记为 $\widetilde{K}$, 实现对密钥空间的分割. 最后, 利用明文对、密文对、区分器的头尾部差分值 (β_0, β_i) 等信息, 建立关于 $\widetilde{K}$ 中密钥比特的方程组或约束条件, 满足条件的即说明该密钥导致不可能差分出现, 一定是错误密钥, 将其从密钥空间中删除. 所有错误密钥都被排除后, 剩下的密钥即为正确密钥. ♠

只在区分器尾部添加 1 轮的密钥恢复攻击的示意图见图 3.15. 可见, 对于正确密钥, 由 (C_r, C_r') 解密到 (C_{r-1}, C_{r-1}'), 一定有 $C_{r-1} \oplus C_{r-1}' \neq \beta_{r-1}$; 而对于 $\widetilde{K}$ 中的错误密钥, 解密出的 (C_{r-1}, C_{r-1}') 是随机的, 则 $\Pr(C_{r-1} \oplus C_{r-1}' = \beta_{r-1}) = \frac{1}{2^n}$. 从而, 我们得到不可能差分分析的一般攻击模型.

下面, 以在区分器尾部添加 1 轮的密钥恢复攻击为例, 说明不可能差分分析的攻击模型.

> **命题 3.8　不可能差分分析的攻击模型**
>
> 假设找到 $r-1$ 轮不可能差分 $\beta_0 \xrightarrow{(r-1)\,轮} \beta_{r-1}$, $|\widetilde{K}| = 2^k$. 对 $\widetilde{K}$ 中每个可能取值, 设置相应的 2^k 个 1 比特的计数器, 并初始化为 0.
>
> (1) **采样**　选择满足输入差分 β_0 的明文对, 并获得相应密文对.
>
> (2) **去噪**　根据 β_{r-1} 的取值对搜集到的密文对进行初步过滤.
>
> (3) **恢复密钥**　建立关于 $\widetilde{K}$ 中密钥比特的方程组, 满足方程组的解一定是错误密钥, 将相应计数器置 1. 所有明文对处理完毕后, 计数器仍为 0 的作为正确密钥的候选值, 如有必要, 再结合穷举攻击等方式确定正确密钥. ♠

3.4.2　Feistel 结构的不可能差分分析

本小节我们以 Feistel 结构为例, 详细阐释如何利用两个概率为 1 的截断差分构造不可能差分, 进而开展密钥恢复攻击. 首先, 以 5 轮 Feistel 结构的不可能差分为例, 讨论不可能差分关注的差分取值及在各部件的传播特性, 利用这些特性, 从加密 (解密) 方向推导输入差分 (输出差分) 经过若干轮加 (解) 密运算后的变化情况, 发现矛盾, 构造区分器. 然后, 在 5 轮区分器的尾部添加一轮, 讨论 6 轮的密钥恢复攻击. 最后, 给出不可能差分分析的数学模型.

3.4.2.1　5 轮 Feistel 结构的不可能差分

本节讨论的 5 轮 Feistel 结构的不可能差分利用非零值和非零值的矛盾进行构造.

命题 3.9　5 轮 Feistel 结构的不可能差分

若 5 轮 Feistel 结构的轮函数 f 为双射, 则对任意 $\alpha \neq 0$, 存在 5 轮不可能差分 $(\alpha, 0) \xrightarrow{5\text{ 轮}} (\alpha, 0)$. ♠

证明　如图 3.18 所示, 当输入差分为 $(\alpha, 0)$ 时, 沿加密方向, 对第一轮, 轮函数 f 的输入差分为 0, 则输出差分以概率 1 也为 0, 因此, $(\Delta L_1, \Delta R_1) = (0, \alpha)$; 对第二轮, 轮函数 f 的输入差分为 $\alpha \neq 0$, 根据轮函数为双射, 则输出差分以概率 1 取到非零值, 记为 $\beta \neq 0$, 因此, $(\Delta L_2, \Delta R_2) = (\alpha, \beta)$. 对解密方向, 当 5 轮之后的输出差分为 $(\alpha, 0)$ 时, 类似地进行分析可得, 向上依次解密, 得 $(\Delta L_4, \Delta R_4) = (\alpha, 0)$, $(\Delta L_3, \Delta R_3) = (\gamma, \alpha)$, $(\Delta L_2, \Delta R_2) = (\alpha \oplus \delta, \gamma)$, 其中, $\gamma \neq 0$, $\delta \neq 0$. 可见, $\alpha \oplus \delta \neq \alpha$, 与加解密方向求得的 ΔL_2 矛盾. 从而, 得到 5 轮的不可能差分 $(\alpha, 0) \xrightarrow{5\text{ 轮}} (\alpha, 0)$.

3.4.2.2　6 轮 Feistel 结构的密钥恢复攻击

我们在 5 轮不可能差分的基础上, 开展 6 轮 Feistel 结构的密钥恢复攻击 (图 3.19). 攻击过程和差分类似, 同样分为采样、去噪和恢复密钥三个阶段.

1. 采样

设分组长度为 b 比特, 构造由 $2^{b/2}$ 个明文构成的结构体 S:

$$S = \{m_i | m_i = (m_i^L, m_i^R) = (i, c)\},$$

其中, $i = 0, 1, \cdots, 2^{b/2-1}$, c 为任意常数. 然后, 选择明文, 获得结构体中每个明文相应的密文.

可见, 任取 $m_i \in S, m_j \in S\ (i \neq j)$, 均有 $m_i \oplus m_j = (i \oplus j, 0)$.

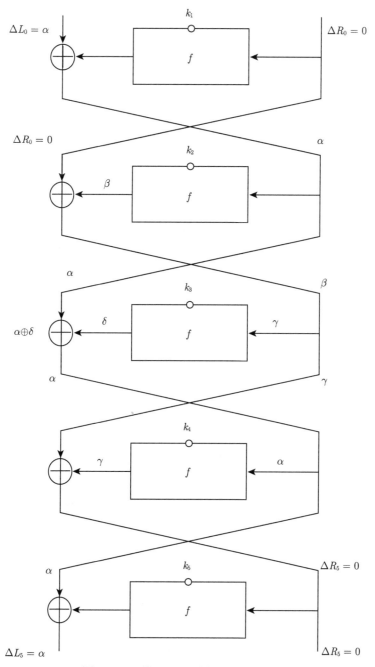

图 3.18 5 轮 Feistel 结构的不可能差分

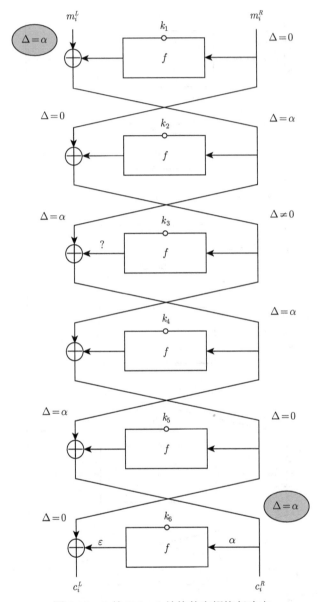

图 3.19　6 轮 Feistel 结构的密钥恢复攻击

注　5 轮不可能差分的头部差分 $(\alpha, 0)$, 其中 α 可取任意非零值, 只要保证尾部差分 $(\Delta L_5, \Delta R_5) = (0, \alpha)$(注意此时左右两支交换顺序) 即可.

2. 去噪

利用不可能差分的尾部差分与密文差分之间的关系, 筛除对恢复密钥阶段没有帮助的明文对, 从而降低攻击复杂度. 根据 Feistel 结构的特性, $c^L = L_5 \oplus f(R_5, k_6)$, $c^R = R_5$, 那么, 若 $(\Delta L_5, \Delta R_5) = (0, \alpha)$ 必有以下方程组成立:

$$\begin{cases} c_i^R \oplus c_j^R = \alpha = m_i^L \oplus m_j^L, & (3.7a) \\ f(c_i^R, k_6) \oplus f(c_j^R, k_6) = c_i^L \oplus c_j^L. & (3.7b) \end{cases}$$

注 与差分分析不同, 此时, 满足以上方程组的密钥 k_6, 导致了不可能差分, 一定是错误密钥, 需要从密钥空间中删除.

注意到不满足式 (3.7a) 的明文对, 其对应的方程组 (3.7) 必然无解. 而该式与密钥无关, 因此, 可在去噪阶段将不满足该式的明文对筛除.

此时, 一般采用先排序后组对的方式, 来筛选满足条件的明文对. 将式 (3.7a) 进行等价变形为

$$c_i^R \oplus m_i^L = c_j^R \oplus m_j^L, \tag{3.8}$$

从而, 获得结构体 S 对应的密文后, 先按照式 (3.8) 进行排序, 再对取值相等的两两组对. 这样, 对每个结构体, 可得到约 $\binom{2^{b/2}}{2} \cdot 2^{-b/2} = 2^{b/2-1}$ 个明文对, 每对满足头部差分及式 (3.7a).

练习 3.11 去噪阶段, 如果对每个结构体, 先两两组对, 再筛选满足式 (3.7a) 的明文对, 则复杂度约为多少?

3. 恢复密钥

设式 (3.7b) 中涉及的密钥 k_6 有 k 比特, 对 k 比特的每种可能设置一个 1 比特的计数器 $T[k_6]$, 并初始化为 0. 对去噪阶段后得到的每个明文对, 代入方程 (3.7b) 并求解, 将解集里 k_6 对应的 $T[k_6]$ 置 1. 所有明文对处理完后, 计数器为 0 的作为正确密钥的候选值.

例 3.15 设 f 函数为伪随机置换, 则需要选多少个结构体, 才能使得密钥空间中计数器为 0 的错误密钥的个数的期望值小于 1?

解 设最后一轮的 $\frac{b}{2}$ 比特的方程 (3.7b) 涉及的密钥 k_6 有 k 比特, 根据 f 函数为伪随机置换, 一个方程平均可求得 $\frac{2^k}{2^{\frac{b}{2}}} = 2^{k-\frac{b}{2}}$ 个错误密钥. 则任一错误密钥, 落在一个方程的解集中的概率为 $\frac{2^{k-\frac{b}{2}}}{2^k} = 2^{-\frac{b}{2}}$.

那么, 对任一错误密钥, 处理完一个结构体中的 $2^{b/2-1}$ 个方程, 仍未将其删除的概率为

$$(1 - 2^{-\frac{b}{2}})^{2^{b/2-1}} \approx e^{-2^{-1}} \approx 0.61.$$

从而, 对密钥空间中的 $2^k - 1$ 个错误密钥, 设选择 s 个结构体, 则处理完所有

结构体后, 密钥空间中剩余错误密钥的个数的期望值为

$$2^k \cdot e^{-2^{-1}s}.$$

要使得 $2^k \cdot e^{-2^{-1}s} < 1$, 则有 $s > 2\ln 2 \cdot k \approx 1.39k$.

练习 3.12　设 f 函数为伪随机置换, 则需要选多少个结构体, 才能使得密钥空间中计数器为 0 的错误密钥的个数的期望值小于 a?

练习 3.13　设 f 函数为伪随机置换, n 为去噪后密钥恢复阶段使用的消息对的个数, k 为不可能差分区分器建立的方程可恢复的密钥比特数, 2^i 为每个方程解集的大小, 则 n 取多大, 才能使得密钥空间中计数器为 0 的错误密钥的个数的期望值小于 a?

注　在实际攻击中, 在不可能差分的密钥恢复过程中, 未被筛除的错误密钥个数的期望值可以多于 1 个, 然后结合穷举攻击等方法进行进一步筛选. 具体个数由综合起来的攻击复杂度而定, 以实现复杂度的平衡.

最后, 以 6 轮 Feistel 结构的密钥恢复攻击为例, 若选择 s 个结构体, 我们来分析一下攻击的复杂度.

- **数据复杂度**　每个结构体有 $2^{b/2}$ 个明文, 故所需的选择明文数为 $s \cdot 2^{b/2}$.
- **时间复杂度**
- 采样阶段: 需获得 $s \cdot 2^{b/2}$ 个明文对应的密文, 即 $s \cdot 2^{b/2}$ 次 6 轮 Feistel 结构算法的加密.
- 去噪阶段: 需对每个明密文对进行异或运算并排序, 时间不超过采样阶段.
- 恢复密钥阶段: 假设采用穷举 k 比特密钥的方式求解方程, 则与差分分析不同, 对计数器已经置 1 的密钥, 无需再次代入方程进行验证. 为计算方便, 以下计算按照结构体为单位, 对第一个结构体, 需穷举 2^k 种密钥. 处理完第一个结构体后, 期望有 $2^k \cdot e^{-2^{-1}}$ 个密钥的计数器仍为 0, 则对第二个结构体, 仅需穷举这 $2^k \cdot e^{-2^{-1}}$ 个密钥. 以此类推, 可得恢复密钥阶段的复杂度为

$$(2^k + 2^k \cdot e^{-2^{-1}} + 2^k \cdot e^{-1} + \cdots + 2^k \cdot e^{-2^{-1}(s-1)}) \cdot 2^{b/2-1} \cdot 2 \approx 2^{k+\frac{b}{2}+1.34}$$

次一轮加密, 约为 $2^{k+\frac{b}{2}-1.24}$ 次 6 轮 Feistel 结构算法的加密.

可见, 密钥恢复阶段的时间占主项.

- **存储复杂度**　计数器的存储占主项, 存储复杂度约为 2^k 比特.

3.5　相关密钥差分分析

在前面章节的讨论中, 我们往往只假设敌手能够控制明密文, 通过明文或者密文满足特殊的差分关系来构造区分器. 但是, 有时也假设敌手可以查询不同密

钥下的加密机, 获取相应的明密文, 即考虑密钥生成方案对安全性的影响, 利用不同密钥下的不随机现象来构造区分器. 这就是相关密钥攻击 (Related-key Attack)[29,30]. 在相关密钥攻击场景下, 攻击者能够获悉密钥间的关系, 但不能知晓每个密钥的具体值, 该攻击往往与其他密码分析方法相关联, 从而得到更有效的攻击结果. 差分分析、线性分析和积分分析作为现代分组密码学分析领域的三大方法, 在评估算法的安全性方面起到了至关重要的作用. 这三种攻击也已经均被推广到了相关密钥环境下, 形成了相关密钥差分分析、相关密钥线性分析方法 (即密钥差分不变偏差技术) 以及相关密钥统计饱和度分析方法, 并得到了广泛的应用.

本节主要讨论, 当密钥之间的关系为差分时的攻击, 即相关密钥差分攻击 (Related-key Differential Attack), 这是在选择密钥选择明文场景下的一种相关密钥攻击和差分攻击相结合的分析方法. 一方面, 其利用的密钥关系为差分, 即攻击者可以选择满足特定差分的密钥对 (K^1, K^2), 并可以选择在这两个密钥下对攻击有利的明文. 另一方面, 相关密钥差分攻击中使用的技术与差分攻击中的相似, 均利用明文对在加密过程中差分的传播寻找高概率的差分路线来构造区分器. 不同的是, 在相关密钥场景下, 明文对是在不同的主密钥下进行加密的, 因此密钥差分在密钥生成方案上的传播对算法上的差分路线有重要的影响. 除与差分结合外, 还有相关密钥的不可能差分、相关密钥的矩形攻击等等. 在 CRYPTO 2010 上 Dunkelman 等利用相关密钥三明治攻击破解了在 GSM 和 3G 中采用的 KASUMI 算法 [23].

本节简要介绍相关密钥差分的主要思路. 在密钥上引入差分的主要目的是与路线中的差分抵消, 以获得更长轮数的差分路线. 例如, 如图 3.20 所示, 若两个明文 (P^1, P^2) 的差分为 α, 两个主密钥 (K^1, K^2) 的差分也为 α, 则分别计算 $X = P \oplus K$, 有

$$X^1 \oplus X^2 = (P^1 \oplus K^1) \oplus (P^2 \oplus K^2) = (P^1 \oplus P^2) \oplus (K^1 \oplus K^2) = \alpha \oplus \alpha = 0.$$

从而利用密钥上的差分将明文差分消除, 使得该轮经过 S 盒时, 以概率 1 传播 1 轮. 而根据密钥生成方案, 主密钥上的差分会传递到轮密钥, 从而在后面轮的运算中将会再转移到中间状态的差分上, 引入概率. 因此, 相关密钥下的差分路线一般比单密钥下的路线长.

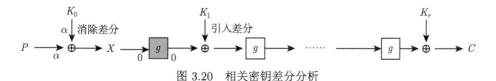

图 3.20 相关密钥差分分析

一般地, 一条 r 轮的相关密钥差分路线 $\alpha \xrightarrow{r\,\text{轮}} \beta$ 包含两部分. 一部分是算法上的差分路线 $\alpha \to \beta$, α 和 β 分别是路线的输入和输出差分, 设其概率为 p_1. 另一部分是密钥生成方案上的差分路线 r 轮 $= \{\Delta k_1, \Delta k_2, \cdots, \Delta k_r\}$, 其中 $\Delta k_i = K_i^1 \oplus K_i^2$ 是由两个主密钥 K^1, K^2 生成的第 i $(i = 1, 2, \cdots, r)$ 轮上的子密钥 K_i^1 和 K_i^2 间的差分. 设密钥上的差分路线的概率为 p_2. 若该相关密钥差分路线为能用于攻击的有效路线, 则必须同时满足 $p_1 > 2^{-n}$, $p_2 > 2^{-k}$ 和 $p_1 \times p_2 > \max(2^{-n}, 2^{-k})$, 其中 n, k 分别是算法的分组长度和主密钥长度.

基于上述的 r 轮相关密钥差分路线, 算法 4 给出一种 $r+1$ 轮的相关密钥差分攻击过程.

算法 4　$r+1$ 轮相关密钥差分攻击

// 假设分组长度、主密钥长度和子密钥长度分别用 n, k, sk 表示.

1　寻找一条高概率的相关密钥差分路线 $\alpha \xrightarrow{r\,\text{轮}} \beta$;

2　设置一个以第 $r+1$ 轮子密钥对为索引的计数器向量 $\mathbb{S}$;

3　**for** 明文 $P_1, P_2, \cdots$ **do**

4　　　$C_i^1 = \mathrm{Enc}_{K^1}(P_i)$, $C_i^2 = \mathrm{Enc}_{K^2}(P_i \oplus \alpha)$;

5　　　找出所有满足 $\mathrm{Dec}^{1r}_{K^1_{r+1}}(C_i^1) \oplus \mathrm{Dec}^{1r}_{K^2_{r+1}}(C_i^2) = \beta$ 的第 r 轮的子密钥对 K_r^1, K_r^2,
　　　　并在计数器 $\mathbb{S}$ 的相应位置上加 1; // Dec^{1r} 表示 1 轮解密.

6　按照计数由大到小进行排序, 前 2^{k-a} 个作为正确密钥的候选值;

7　结合穷举攻击等方式确定正确密钥.

注　值得注意的是, 上述只是相关密钥差分攻击的一种形式. 事实上, 所有利用相关密钥差分路线的攻击方法均可视为相关密钥差分攻击.

第3章课件
参考资料

第3章程序
参考资料

第3章视频
参考资料

第 4 章

分组密码的线性分析及相关分析方法

4.1 线性分析

线性分析是日本学者 Mitsuru Matsui [31] 在 1993 年欧洲密码会议 (EU-ROCRYPT, 简称欧密会) 提出的针对分组密码算法的分析方法, 现已成为分析分组密码算法安全性最有力的方法之一, 线性分析首次提出时应用于数据加密标准 (Data Encryption Standard, DES) 算法的理论分析, 但由 Mitsuru Matsui 和 Atsuhiro Yamagishi [32] 开发的线性分析早期变种已于 EUROCRYPT1992 成功用于 FEAL 算法 [33] 的分析.

4.1.1 线性分析的研究动机与可行性分析

试想如果我们能找到一个将密码算法的输入明文与其输出密文联系起来的线性表达式, 那么通过密文可计算出与明文有关的信息, 密码算法将很容易被破解, 这也是密码算法使用 S 盒来引入非线性的原因. 然而, 密码算法的非线性性虽然导致与明/密文相关的线性表达式必定不是恒成立的, 但对于某些存在设计缺陷的密码算法, 我们也许能构造一些很有可能 (不) 成立的线性表达式, 这便是线性分析的研究动机.

研究动机确定后, 自然的问题是我们可否利用这些线性表达式进行区分攻击和密钥恢复攻击? 答案是肯定的.

区分攻击的可行性分析 首先注意到, 在理想情况下, 与明/密文相关的线性表达式应以等同的概率取 0 或 1. 如果已知密码算法使某个线性表达式很有可能 (不) 成立, 敌手获取一定数量明/密文对后便可评估线性表达式成立的概率, 通过观察概率是否明显偏离理想情况下的 1/2, 便可将密码算法与随机置换进行区分.

密钥恢复攻击的可行性分析 对于目标算法, 一旦我们在明文和最后一轮输入之间找到了很有可能 (不) 成立的线性表达式, 就可以用以下思路获得部分密钥信息: 对于每个可能的最终轮密钥, 我们使用该密钥猜测将每个已知的密文解密一轮. 如果猜到了正确的密钥, 关于明文和部分解密中间状态的线性表达式将很有可能成立. 对于每个密钥猜测, 计算使线性表达式成立的明/密文对的数量. 线性密码分析以最大似然思想为内核, 即保证线性表达式成立次数最多的密钥很可能是正确密钥.

　　总结上述观测, 线性分析试图利用很有可能 (不) 成立的线性表达式, 这些线性表达式涉及明文比特、“密文” 比特 (密钥恢复攻击中使用倒数第二轮的输出) 和密钥比特. 值得注意的是, 我们并没有对所使用的明/密文对有额外要求, 因此, 线性分析是一种已知明文攻击, 换言之, 线性分析的前提是攻击者拥有一组明文和与之相对应的密文, 但攻击者无法选择使用哪些明文.

4.1.2　线性分析框架

　　如图 4.1 所示, 假设所考虑的迭代分组密码算法为 $E : \mathbb{F}_2^n \times \mathbb{F}_2^k \to \mathbb{F}_2^n$, 其中 n 为分组长度、k 为密钥长度. 密钥为 K 的加密算法简记为 $E_K(\cdot)$, 即 $E_K(\cdot) \triangleq E(\cdot, K)$. 主密钥通过密钥生成算法生成轮函数中使用的密钥 $K_0, K_1, \cdots, K_{r-1}$, 加密算法 E_K 通过对轮函数 $F(\cdot, K_i) \triangleq F_{K_i}(\cdot)$ 进行 r 次迭代实现, 即

$$E_K(X) = F_{K_{r-1}} \circ F_{K_{r-2}} \circ \cdots \circ F_{K_1} \circ F_{K_0}(X).$$

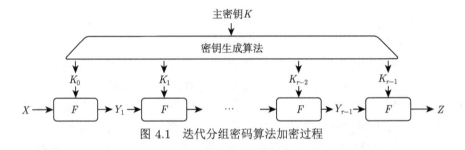

图 4.1　迭代分组密码算法加密过程

我们用 X 和 Z 分别表示 E_K 的输入和输出, 用 $X[i]$ 表示 X 的第 i 比特, $Z[j]$ 表示 Z 的第 j 比特, K_l 表示 K 的第 l 比特, 针对密码算法的线性表达式形式如下:

$$X[i_1] \oplus \cdots \oplus X[i_a] \oplus Z[j_1] \oplus \cdots \oplus Z[j_b] = K[l_1] \oplus \cdots \oplus K[l_c]. \tag{4.1}$$

理想状态下, 我们希望所分析的目标算法使某些形如式 (4.1) 的线性表达式恒 (不) 成立, 那么算法将易于被破解, 但这种情况一般不会出现. 退而求其次, 如果密码算法显示出等式 (4.1) 以高概率 (不) 成立的趋势, 这也是算法随机化能力差的表现, 可给密码算法的破解带来便利.

　　为简化线性表达式的表示形式, 引入内积和线性掩码的定义.

定义 4.1　内积

设 $\boldsymbol{a} = (a_0, a_1, \cdots, a_{n-1}), \boldsymbol{b} = (b_0, b_1, \cdots, b_{n-1}) \in \mathbb{F}_2^n$, 向量 $\boldsymbol{a}$ 与 $\boldsymbol{b}$ 的内积为

$$\boldsymbol{a} \cdot \boldsymbol{b} = \langle \boldsymbol{a}, \boldsymbol{b} \rangle = \bigoplus_{i=0}^{n-1} a_i \wedge b_i.$$

定义 4.2　线性掩码

设 $X \in \mathbb{F}_2^n$, X 的线性掩码 α 亦为 $\mathbb{F}_2^n$ 中的向量, 线性掩码 α 于 X 的作用效果为将 X 对应 α 非零比特位的值取出并作异或, 结果即为 α 与 X 的内积 $\alpha \cdot X$.

定义 4.3　线性近似表达式

针对迭代分组密码算法 $E_K(\cdot)$, 一对给定的线性掩码 (α, β) 即可视作 $E_K(\cdot)$ 的一个线性近似, 相应地, 称 $\alpha \cdot x \oplus \beta \cdot E_K(x)$ 为 $E_K(\cdot)$ 的一个线性近似表达式. 特别地, 称 α 为线性近似的输入掩码、β 为线性近似的输出掩码.

借助上述定义, 针对目标算法寻找形如等式 (4.1) 的线性表达式等价于寻找线性近似, 线性近似表达式的概率定义如下.

定义 4.4　线性近似表达式的概率

对于迭代分组密码算法 $E_K(\cdot)$, 给定一个线性近似 (α, β), 相应线性近似表达式的概率 $\Pr(\alpha, \beta)$ 为使得表达式取 0 的输入在整个输入空间中所占的比例. 理论上, 可用下式计算:

$$\Pr(\alpha, \beta) = \frac{\#\{X \in \mathbb{F}_2^n \mid \alpha \cdot X \oplus \beta \cdot E_K(X) = 0\}}{2^n}. \tag{4.2}$$

试想, 针对随机化程度较高的密码算法, 如果我们随机选择输入/输出掩码, 那么相应线性近似表达式会以几乎相等的概率取 0 或 1. 根据 4.1.1 节的讨论, 线性分析可行性的关键在于线性近似表达式概率与 1/2 的偏离程度, 偏离程度越大, 线性分析的效果越好. 因此, 这种偏离程度是反映线性近似有效性的一个重要指标.

定义 4.5　线性近似的偏差

线性近似 (α, β) 的偏差 $\varepsilon(\alpha, \beta)$ 为相应线性近似表达式的概率与 $1/2$ 的差值, 即

$$\varepsilon(\alpha, \beta) = \Pr(\alpha, \beta) - \frac{1}{2}.$$

♣

定义 4.6　线性近似的相关度

若线性近似 (α, β) 的偏差为 $\varepsilon(\alpha, \beta)$, 则线性近似的相关度定义为 $c(\alpha, \beta) = 2 \cdot \varepsilon(\alpha, \beta)$.

♣

当目标算法的分组长度较大时, 即便对于给定的线性近似 (α, β), 对其偏差进行精确的理论评估也非常困难. 为构造线性近似, 需要以中间状态为衔接点把输入和输出掩码连接起来, 在此过程中需要确定每个中间状态的掩码, 由此引出线性路线的概念.

定义 4.7　线性路线

针对如图 4.1 所示的迭代分组密码算法 $E_K(\cdot)$, 设输入和输出掩码分别为 α 和 β、中间状态 $Y_1, Y_2, \cdots, Y_{r-1}$ 处的掩码分别为 $\alpha_1, \alpha_2, \cdots, \alpha_{r-1}$, 则称 $(\alpha, \alpha_1, \alpha_2, \cdots, \alpha_{r-1}, \beta)$ 为 $E_K(\cdot)$ 的一条线性路线.

♣

在给出线性路线偏差的计算方法之前, 先考虑两个随机二进制变量 X_1 和 X_2, 其概率分布为

$$\Pr(X_1 = i) = \begin{cases} p_1, & i = 0, \\ 1 - p_1, & i = 1, \end{cases} \quad \Pr(X_2 = i) = \begin{cases} p_2, & i = 0, \\ 1 - p_2, & i = 1. \end{cases}$$

若两个随机变量 X_1 和 X_2 相互独立, 则有

$$\Pr(X_1 = i, X_2 = j) = \begin{cases} p_1 \cdot p_2, & i = 0, j = 0, \\ p_1 \cdot (1 - p_2), & i = 0, j = 1, \\ (1 - p_1) \cdot p_2, & i = 1, j = 0, \\ (1 - p_1) \cdot (1 - p_2), & i = 1, j = 1, \end{cases}$$

因而有

$$\Pr(X_1 \oplus X_2 = 0) = \Pr(X_1 = X_2)$$

$$= \Pr(X_1 = 0, X_2 = 0) + \Pr(X_1 = 1, X_2 = 1)$$
$$= p_1 \cdot p_2 + (1 - p_1) \cdot (1 - p_2).$$

设 $\varepsilon_1 = p_1 - 1/2$, $\varepsilon_2 = p_2 - 1/2$, 则有

$$\Pr(X_1 \oplus X_2 = 0) = \frac{1}{2} + 2 \cdot \varepsilon_1 \cdot \varepsilon_2.$$

记线性近似表达式 $X_1 \oplus X_2 = 0$ 的偏差为 $\varepsilon_{1,2}$, 则有

$$\varepsilon_{1,2} = 2 \cdot \varepsilon_1 \cdot \varepsilon_2.$$

上面的讨论可以推广到 n 个随机二进制变量 $X_1, X_2, \cdots, X_n$, $X_1 \oplus X_2 \oplus \cdots \oplus X_n = 0$ 成立的概率可以通过假设所有 n 个随机变量相互独立的堆积引理 (Piling-Up Lemma) 来确定.

引理 4.1   堆积引理 [31]

设 $X_1, X_2, \cdots, X_n$ 为 n 个相互独立的二进制随机变量, 这 n 个随机变量取值为 0 的概率分别为 $p_1 = 1/2 + \varepsilon_1, p_2 = 1/2 + \varepsilon_2, \cdots, p_n = 1/2 + \varepsilon_n$. $X_1 \oplus X_2 \oplus \cdots \oplus X_n = 0$ 成立的概率为

$$\Pr(X_1 \oplus X_2 \oplus \cdots \oplus X_n = 0) = \frac{1}{2} + 2^{n-1} \cdot \prod_{i=1}^{n} \varepsilon_i,$$

等价地有

$$\varepsilon_{1,2,\cdots,n} = 2^{n-1} \cdot \prod_{i=1}^{n} \varepsilon_i,$$

其中 $\varepsilon_{1,2,\cdots,n}$ 表示线性近似表达式 $X_1 \oplus X_2 \oplus \cdots \oplus X_n = 0$ 的偏差. ♡

由堆积引理, 可以得到以下命题.

命题 4.1

若 n 个随机变量取 0 的概率均为 0 或 1, 一定有 $\Pr(X_1 \oplus X_2 \oplus \cdots \oplus X_n = 0)$ 的取值为 0 或 1. ♠

命题 4.2

对于 n 个相互独立的随机变量, 若存在随机变量 X_i 使得 $p_i = 1/2$, 则有 $\Pr(X_1 \oplus X_2 \oplus \cdots \oplus X_n = 0) = 1/2$. ♠

　　　在满足独立性假设的条件下, 借助堆积引理, 可导出线性路线偏差的计算公式.

> **命题 4.3　线性路线的偏差**
>
> 　　设 $(\alpha, \alpha_1, \alpha_2, \cdots, \alpha_{r-1}, \beta)$ 为 $E_K(\cdot)$ 为迭代分组密码算法 $E_K(\cdot)$ 的一条线性路线. 记线性近似 (α, α_1) 的偏差为 ε_0, (α_1, α_2) 的偏差为 $\varepsilon_1, \cdots, (\alpha_{r-1}, \beta)$ 的偏差为 ε_{r-1}. 假设上述 r 个线性近似的偏差与轮函数的输入值无关, 则线性路线 $(\alpha, \alpha_1, \alpha_2, \cdots, \alpha_{r-1}, \beta)$ 的偏差为
>
> $$2^{r-1} \cdot \prod_{i=0}^{r-1} \varepsilon_i.$$

　　注　线性近似与线性路线不同, 一个线性近似中通常包含很多条不同的线性路线. 线性近似的偏差与密钥相关, 且极有可能与其包含的任意一条线性路线的偏差都不相等. 因此, 在进行线性分析时, 通常选择线性近似的一条偏差较高的路线作为代表性路线, 将代表性路线的偏差作为线性近似偏差的近似估计.

　　在实践中, 通常采用 "分而治之、各个击破" 的策略完成线性路线的构造和偏差计算.

4.1.3　S 盒线性性质的提取

　　密码算法通常由线性运算和非线性运算组成, 针对线性运算构建线性表达式是直接的, 而大多数密码算法以 S 盒为唯一的非线性部分, 因此, 构造针对密码算法线性路线的第一步是构造针对 S 盒的线性路线.

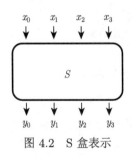

图 4.2　S 盒表示

　　考虑图 4.2 的 S 盒表示, 输入为 $\boldsymbol{x} = (x_0, x_1, x_2, x_3)$, 相应输出为 $\boldsymbol{y} = (y_0, y_1, y_2, y_3)$. 由于我们的目标是针对密码算法高偏差的线性路线, 自然而然地, 对于 S 盒的关注点也是高偏差的线性近似/路线. 通常 S 盒的规模远远小于目标算法的规模, 因此, 可计算 S 盒所有线性近似的偏差以识别那些有区分优势的线性近似.

表 4.1 S 盒示例

输入x	0	1	2	3	4	5	6	7	8	9	A	B	C	D	E	F
输出$S(x)$	E	4	D	1	2	F	B	8	3	A	6	C	5	9	0	7

以表 4.1 中的 S 盒为例, 若 S 盒的输入掩码为 0x6, 输出掩码为 0xB, 相应的线性近似表达式为 $x_1 \oplus x_2 \oplus y_0 \oplus y_2 \oplus y_3$. 为计算线性近似表达式的偏差, 我们通过 S 盒的输入与输出, 计算使得该表达式取 0 值的输入/输出对数. 如表 4.2 所示, 在 16 个可能的输入/输出对中, 有 12 个使得表达式的取值为零, 因此线性近似表达式的概率为 $\Pr(0x6, 0xB) = 12/16 = 3/4$, 相应地, 偏差为 $\varepsilon(0x6, 0xB) = 3/4 - 1/2 = 1/4$. 使用相同的方法, 我们可以计算得到线性近似 $(0x9, 0x4)$ 的偏差为 0; 线性近似 $(0x3, 0x9)$ 的偏差为 $-3/8$.

表 4.2 S 盒线性近似 $(0x6, 0xB)$, $(0x9, 0x4)$, $(0x3, 0x9)$ 的偏差计算示例

x_0	x_1	x_2	x_3	y_0	y_1	y_2	y_3	$x_1 \oplus x_2$	$y_0 \oplus y_2 \oplus y_3$	$x_0 \oplus x_3$	y_1	$x_2 \oplus x_3$	$y_0 \oplus y_3$
0	0	0	0	1	1	1	0	0	0	0	1	0	1
0	0	0	1	0	1	0	0	0	0	1	1	1	0
0	0	1	0	1	1	0	1	1	0	0	1	1	0
0	0	1	1	0	0	0	1	1	1	1	0	0	1
0	1	0	0	0	0	1	0	1	1	0	0	1	0
0	1	0	1	1	1	1	1	1	1	1	1	1	0
0	1	1	0	1	0	1	1	0	1	0	0	1	0
0	1	1	1	1	0	0	0	0	1	1	0	0	1
1	0	0	0	0	0	1	1	0	1	1	0	0	1
1	0	0	1	1	0	1	0	0	0	0	0	1	1
1	0	1	0	0	1	1	0	1	1	1	1	1	0
1	0	1	1	1	1	0	0	1	1	0	1	0	1
1	1	0	0	0	1	0	1	0	1	1	1	1	1
1	1	0	1	1	0	0	1	0	0	0	0	1	0
1	1	1	0	0	0	0	0	0	0	1	0	0	0
1	1	1	1	0	1	1	1	0	0	0	1	0	1

对于给定的 S 盒, 线性近似表 (Linear Approximation Table, LAT) 包含了所有线性近似的偏差信息.

> **定义 4.8 线性近似表**
>
> 对于 $m \times n$ 的 S 盒, 线性近似表为一张包含 2^m 行、2^n 列的表, 表格第 i 行、第 j 列的元素为
>
> $$\#\{(\boldsymbol{x}, S(\boldsymbol{x})) \in \mathbb{F}_2^m \times \mathbb{F}_2^n \mid \boldsymbol{i} \cdot \boldsymbol{x} \oplus \boldsymbol{j} \cdot S(\boldsymbol{x}) = 0\} - 2^{m-1}.$$ ♣

注 将线性近似表中的元素除以 2^m 即为相应线性近似的偏差.

　　表 4.3 为表 4.1 中 S 盒的线性近似表. 例如, 输入掩码为 0x3、输出掩码为 0x9 的线性近似偏差为 $-6/16 = -3/8$, 反推可得线性近似表达式的概率为 $-3/8 + 1/2 = 1/8$.

表 4.3　S 盒的线性近似表

		输出掩码														
		0x0	0x1	0x2	0x3	0x4	0x5	0x6	0x7	0x8	0x9	0xA	0xB	0xC	0xD	0xE	0xF
	0x0	8	0	0	0	0	0	0	0	0	0	0	0	0	0	0	0
	0x1	0	0	−2	−2	0	0	−2	6	2	2	0	0	2	2	0	0
	0x2	0	0	−2	−2	0	0	−2	−2	0	0	2	2	0	0	−6	2
	0x3	0	0	0	0	0	0	0	0	−6	−2	−2	2	2	−2	−2
输	0x4	0	2	0	−2	−2	−4	−2	0	0	−2	0	2	2	−4	2	0
入	0x5	0	−2	−2	0	−2	0	4	2	−2	0	−4	0	−2	−2	0
	0x6	0	2	−2	4	2	0	0	2	0	−2	2	4	−2	0	0	−2
掩	0x7	0	−2	0	2	2	−4	2	0	−2	0	2	0	4	2	0	2
码	0x8	0	0	0	0	0	0	0	0	−2	2	−2	2	−2	−2	−6
	0x9	0	0	−2	−2	0	0	−2	−2	−4	0	−2	2	0	4	2	−2
	0xA	0	4	−2	2	−4	0	2	−2	2	2	0	0	2	2	0	0
	0xB	0	4	0	−4	4	0	4	0	0	0	0	0	0	0	0	0
	0xC	0	−2	4	−2	−2	0	2	0	2	0	2	0	2	4	0	−2
	0xD	0	2	2	0	−2	4	0	2	−4	−2	2	0	2	0	0	2
	0xE	0	2	2	0	−2	−4	0	2	−2	0	0	−2	−4	2	−2	0
	0xF	0	−2	−4	−2	−2	0	2	0	0	−2	4	−2	−2	0	2	0

　　对于双射 S 盒, 线性近似表有下列性质成立.

> **命题 4.4**
>
> 线性近似表中的元素必为偶数. ♠

✎　**练习 4.1**　尝试证明上述命题.

　　对于具有 m 比特输入的双射 S 盒, 以下命题成立.

> **命题 4.5**
>
> 对于输入为 m 比特的双射 S 盒, 线性近似表 $(0x0, 0x0)$ 位置的元素为 2^{m-1}. ♠

　　更进一步, 对于 m 比特的双射 S 盒, 通过简单分析, 可以得到关于线性近似表的下列性质.

> **命题 4.6**
>
> 对于 m 比特双射 S 盒的线性近似表, 除左起第一个元素之外, 第一行的所有元素均为 0. ♠

> **命题 4.7**
> 对于 m 比特双射 S 盒的线性近似表, 除上述第一个元素之外, 第一列的所有元素均为 0. ♠

注 只要 S 盒的代数次数小于输入比特数, 则命题 4.4—命题 4.7 均成立.

4.1.4 密码算法线性近似的构造

4.1.3 节讨论了使用线性近似表刻画 S 盒线性近似的偏差, 本节将以 4 轮的 CipherFour 算法 (参见附录 A.2, 将 S 盒替换为表 4.1 中的 S 盒) 为例, 通过连接 S 盒的多个线性近似, 实现密码算法线性近似的构造.

在构造密码算法的线性近似时, 用随机变量 $\mathcal{X}_i$ 表示 S 盒输入/输出的线性近似表达式. 考虑三个相互独立的随机二元变量 $\mathcal{X}_1, \mathcal{X}_2, \mathcal{X}_3$, 设 $\Pr(\mathcal{X}_1 \oplus \mathcal{X}_2 = 0) = 1/2 + \varepsilon_{1,2}$, $\Pr(\mathcal{X}_2 \oplus \mathcal{X}_3 = 0) = 1/2 + \varepsilon_{2,3}$, 下面考虑通过将 $\mathcal{X}_1 \oplus \mathcal{X}_2$ 和 $\mathcal{X}_2 \oplus \mathcal{X}_3$ 异或得到 $\mathcal{X}_1 \oplus \mathcal{X}_3$ 的值, 即将两个线性近似表达式进行组合形成一个新的线性近似表达式. 若可认为随机变量 $\mathcal{X}_1 \oplus \mathcal{X}_2$ 和 $\mathcal{X}_2 \oplus \mathcal{X}_3$ 相互独立, 则可使用堆积引理来确定

$$\Pr(\mathcal{X}_1 \oplus \mathcal{X}_3 = 0) = \Pr\left((\mathcal{X}_1 \oplus \mathcal{X}_2) \oplus (\mathcal{X}_2 \oplus \mathcal{X}_3) = 0\right) = \frac{1}{2} + 2 \cdot \varepsilon_{1,2} \cdot \varepsilon_{2,3},$$

因而有

$$\varepsilon_{1,3} = 2 \cdot \varepsilon_{1,2} \cdot \varepsilon_{2,3}.$$

接下来我们将看到, 线性近似表达式 $\mathcal{X}_1 \oplus \mathcal{X}_2 = 0$ 和 $\mathcal{X}_2 \oplus \mathcal{X}_3 = 0$ 类似于 S 盒的线性近似, 而 $\mathcal{X}_1 \oplus \mathcal{X}_3 = 0$ 类似于消除中间状态 $\mathcal{X}_2$ 的线性近似. 当然, 实际分析会更复杂, 涉及多个 S 盒的线性近似, 所涉及的 S 盒称为活跃 S 盒, 等价定义如下.

> **定义 4.9 线性活跃 S 盒**
> 在线性路线中, 输入掩码取非零值的 S 盒称为线性活跃 S 盒. ♣

如图 4.3 所示, 以下 S 盒的线性近似允许我们在算法中构造 3 轮线性路线.

$$S_1^0 : Z_4^1 \oplus Z_6^1 \oplus Z_7^1 \oplus Y_5^1 = 0, \quad \text{偏差为 } 1/4;$$
$$S_1^1 : Z_5^2 \oplus Y_5^2 \oplus Y_{13}^2 = 0, \quad \text{偏差为} -1/4;$$
$$S_1^2 : Z_5^3 \oplus Y_5^3 \oplus Y_{13}^3 = 0, \quad \text{偏差为} -1/4;$$
$$S_3^2 : Z_{13}^3 \oplus Y_7^3 \oplus Y_{15}^3 = 0, \quad \text{偏差为} -1/4.$$

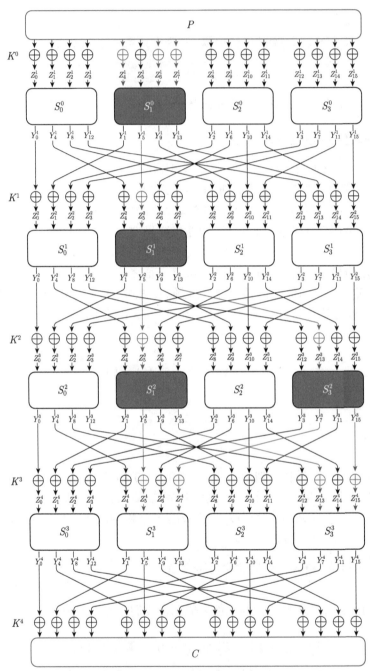

图 4.3　三轮线性路线示意图

注意到 $Z^1 = P \oplus K^0$, 结合 S_1^0 的线性近似可知线性近似表达式

$$Y_5^1 = (P_4 \oplus K_4^0) \oplus (P_6 \oplus K_6^0) \oplus (P_7 \oplus K_7^0) \tag{4.3}$$

成立的概率为 3/4. 接下来, 注意到 $Z_5^2 = Y_5^1 \oplus K_5^1$, 将其代入第二轮 S_1^1 的线性近似, 可知线性近似

$$Y_5^1 \oplus K_5^1 = Y_5^2 \oplus Y_{13}^2 \tag{4.4}$$

成立的概率为 1/4. 根据堆积引理, 将表达式 (4.3) 和式 (4.4) 结合, 可知线性近似

$$Y_5^2 \oplus Y_{13}^2 \oplus P_4 \oplus P_6 \oplus P_7 \oplus K_4^0 \oplus K_6^0 \oplus K_7^0 \oplus K_5^1 = 0 \tag{4.5}$$

成立的概率为 $1/2 + 2 \cdot (3/4 - 1/2) \cdot (1/4 - 1/2) = 3/8$.

注 在此推导过程中我们使用了 S 盒的线性近似相互独立的假设, 这虽然不严格成立, 但在实践中对大多数密码算法都适用.

对于第三轮的两个线性近似, 注意到 $Z_5^3 = Y_5^2 \oplus K_5^2$, $Z_{13}^3 = Y_{13}^2 \oplus K_{13}^2$, 进一步结合 S_1^2 和 S_3^2 的两个线性近似表达式, 可导出线性近似

$$Y_5^3 \oplus Y_7^3 \oplus Y_{13}^3 \oplus Y_{15}^3 \oplus Y_5^2 \oplus Y_{13}^2 \oplus K_5^2 \oplus K_{13}^2 = 0 \tag{4.6}$$

成立的概率为 $1/2 + 2 \cdot (1/4 - 1/2)^2 = 5/8$. 接下来, 将表达式 (4.5) 与式 (4.6) 结合, 即可得到覆盖四个 S 盒的线性近似表达式

$$P_4 \oplus P_6 \oplus P_7 \oplus Y_5^3 \oplus Y_7^3 \oplus Y_{13}^3 \oplus Y_{15}^3 \oplus K_4^0 \oplus K_6^0 \oplus K_7^0 \oplus K_5^1 \oplus K_5^2 \oplus K_{13}^2 = 0.$$

另外, 注意到 $Y_5^3 = Z_5^4 \oplus K_5^3$, $Y_7^3 = Z_7^4 \oplus K_7^3$, $Y_{13}^3 = Z_{13}^4 \oplus K_{13}^3$, $Y_{15}^3 = Z_{15}^4 \oplus K_{15}^3$, 可进一步将 3 轮线性近似表达式改写为

$$P_4 \oplus P_6 \oplus P_7 \oplus Z_5^4 \oplus Z_7^4 \oplus Z_{13}^4 \oplus Z_{15}^4 \oplus \Sigma_K = 0, \tag{4.7}$$

其中

$$\Sigma_K = K_4^0 \oplus K_6^0 \oplus K_7^0 \oplus K_5^1 \oplus K_5^2 \oplus K_{13}^2 \oplus K_5^3 \oplus K_7^3 \oplus K_{13}^3 \oplus K_{15}^3.$$

注 Σ_K 在线性分析过程中取未知的常值 0/1, 且具体取值不影响偏差的绝对值.

根据堆积引理, 表达式 (4.7) 成立的概率为 $1/2 + 2^3 \cdot (3/4 - 1/2) \cdot (1/4 - 1/2)^3 = 15/32$. 既然 Σ_K 为固定值, 那么线性近似表达式

$$P_4 \oplus P_6 \oplus P_7 \oplus Z_5^4 \oplus Z_7^4 \oplus Z_{13}^4 \oplus Z_{15}^4 = 0$$

成立的概率等于 15/32 或 17/32. 注意到我们现在已经得到了一个覆盖算法前三轮的线性近似表达式, 偏差为 ±1/32, 如果所考虑的目标算法只有三轮, 则可使用上述三轮线性近似恢复关于 Σ_K 的 1 比特密钥信息.

> ### Matsui 算法 1
>
> 对于 R 轮的密码算法, 设已找到偏差 $p - 1/2$ 较显著的 R 轮线性近似
>
> $$\alpha \cdot P \oplus \beta \cdot C = \gamma \cdot K.$$
>
> 给定 N 个已知明密文对, 执行以下步骤恢复 $\gamma \cdot K$ 的值.
> **步骤 1**　构建计数器 Cnt 记录明密文对中满足 $\alpha \cdot P \oplus \beta \cdot C = 0$ 的数量.
> **步骤 2**　$\gamma \cdot K$ 的值可以通过 p 和 Cnt 的值确定.
> - 当 $p > 1/2$ 时: 若 Cnt $> N/2$, 则 $\gamma \cdot K = 0$; 否则 $\gamma \cdot K = 1$.
> - 当 $p < 1/2$ 时: 若 Cnt $> N/2$, 则 $\gamma \cdot K = 1$; 否则 $\gamma \cdot K = 0$.

注　Matsui 算法 1 的成功率与 N 和 $|\varepsilon| = |p - 1/2|$ 的值密切相关, 评估方法将在 4.1.7 节介绍.

下一节, 我们将讨论当目标算法的轮数比线性近似轮数更长时, 如何恢复更多的子密钥信息.

4.1.5　利用线性近似恢复更多子密钥信息

对于 R 轮的密码算法, 一旦发现有效的 $R - 1$ 轮线性近似, 即可尝试恢复算法的最后一轮子密钥. 若最后一轮的子密钥 K_{r-1} 已知, 则可对密文进行一轮部分解密, 进而构造 $R - 1$ 轮线性近似表达式

$$\alpha \cdot P \oplus \beta \cdot F_{K_{r-1}}^{-1}(C) = \gamma \cdot K. \tag{4.8}$$

如果表达式 (4.8) 中用正确的候选值代入 K_{r-1}, 则等式成立的概率较高; 反之, 如果表达式 (4.8) 中用不正确的候选值代入 K_{r-1}, 则该等式的有效性将明显降低. 基于这一观测, 给定 N 个已知明密文对, 可以应用最大似然思想恢复 K_{r-1} 和 $\gamma \cdot K$ 的值.

设 Matsui 算法 1 和算法 2 中使用的线性近似偏差为 ε, Mitsuru Matsui [31] 证明攻击中所需的明文数量与 ε^{-2} 成正比. 记 N_L 为算法所需的已知明文数量, 则 N_L 的取值可用 ε^{-2} 作近似估计. 在实际应用中, 通常可以合理地预期需要 $c \cdot \varepsilon^{-2}$ 已知明文, 其中 c 为一些较小的正整数.

注　Matsui 算法 2 的成功率与 N 和 $|\varepsilon| = |p - 1/2|$ 的值密切相关, 其精确评估方法将在 4.1.7 节介绍.

Matsui 算法 2

对于 R 轮的密码算法, 设已找到偏差 $p - 1/2$ 较显著的 $R - 1$ 轮线性近似

$$\alpha \cdot P \oplus \beta \cdot F_{K_{r-1}}^{-1}(C) = \gamma \cdot K.$$

给定 N 个已知明密文对, 执行以下步骤恢复 K_{r-1} 和 $\gamma \cdot K$ 的值.

步骤 1 对 K_{r-1} 的每个候选值 $K_{r-1}^{(i)}$, $i = 0, 1, 2, \cdots$, 构建计数器 Cnt_i 记录明密文对中满足 $\alpha \cdot P \oplus \beta \cdot F_{K_{r-1}}^{-1}(C) = 0$ 的数量.

步骤 2 记 $\mathrm{Cnt}_{\max}$ 为所有 Cnt_i 中的最大值, $\mathrm{Cnt}_{\min}$ 为所有 Cnt_i 中的最小值. 根据 $\mathrm{Cnt}_{\max}$ 和 $\mathrm{Cnt}_{\min}$ 确定密钥信息.

- 若 $|\mathrm{Cnt}_{\max} - N/2| > |\mathrm{Cnt}_{\min} - N/2|$, 则采纳与 $\mathrm{Cnt}_{\max}$ 对应的 K_{r-1} 候选值. 进一步, 当 $p > 1/2$ 时, 则 $\gamma \cdot K = 0$; 否则 $\gamma \cdot K = 1$.
- 若 $|\mathrm{Cnt}_{\max} - N/2| < |\mathrm{Cnt}_{\min} - N/2|$, 则采纳与 $\mathrm{Cnt}_{\min}$ 对应的 K_{r-1} 候选值. 进一步, 当 $p > 1/2$ 时, 则 $\gamma \cdot K = 1$; 否则 $\gamma \cdot K = 0$.

4.1.6 统计假设检验

假设检验方法是所有线性分析模型构建的基础, 在介绍线性分析复杂度评估方法之前, 我们在本节简要回顾与假设检验的相关内容.

如图 4.4 所示, 给定两个随机变量 T_W 和 T_R, 其累积分布函数分别为 F_W 和 F_R. 现将假设检验中用于作判断的阈值设为 Θ, Θ 满足 $F_W(\Theta) > F_R(\Theta)$.

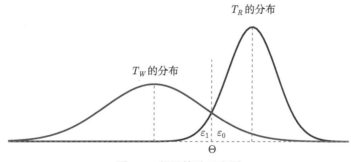

图 4.4 假设检验示意图

根据假设检验思想, 获取测试值 T 后,

- 如果 $T > \Theta$, 我们认为 T 是从 T_R 的分布中提取的;
- 如果 $T \leqslant \Theta$, 我们认为 T 是从 T_W 的分布中提取的.

假设检验中通常存在两类错误:

存伪错误　错将 T_W 分布中数据认为 T_R 分布中数据称为假设检验的第一类错误, 也称为存伪错误, 其概率用 ε_0 表示;

弃真错误　错将 T_R 分布中数据认为 T_W 分布中数据称为假设检验的第二类错误, 也称为弃真错误, 其概率用 ε_1 表示.

两类错误概率可借助两个分布函数计算, 即

$$\varepsilon_0 = 1 - F_W(\Theta), \quad \varepsilon_1 = F_R(\Theta),$$

因而有 $\Theta = F_W^{-1}(1 - \varepsilon_0) = F_R^{-1}(\varepsilon_1)$, 进一步可导出

$$\varepsilon_1 = F_R(F_W^{-1}(1 - \varepsilon_0)). \tag{4.9}$$

在线性分析背景下, 累积分布函数取决于样本的大小, 随着样本量的增大, 较小的 ε_0 和 ε_1 即可保证等式 (4.9) 成立. 另一方面, 给定一个错误概率, 密码分析人员可以找到一个合适的样本大小和另一个错误概率来保证等式 (4.9) 成立, 并进一步计算出测试的阈值.

现假设 T_W 和 T_R 是具有不同均值 μ_W 和 μ_R 的正态分布, 其中 $\mu_W < \mu_R$, σ_W 和 σ_R 分别表示两个分布的标准差. 根据正态分布的性质, 我们有

$$\varepsilon_0 = 1 - F_W(\Theta) = 1 - \Phi\left(\frac{\Theta - \mu_W}{\sigma_W}\right),$$

$$\varepsilon_1 = F_R(\Theta) = \Phi\left(\frac{\Theta - \mu_R}{\sigma_R}\right) = 1 - \Phi\left(\frac{\mu_R - \Theta}{\sigma_R}\right),$$

其中 Φ 表示标准正态分布的累积分布函数. 记 ζ_0 和 ζ_1 分别为标准正态分布的下 $1 - \varepsilon_0$ 和 $1 - \varepsilon_1$ 分位数, 即 $\Phi(\zeta_0) = 1 - \varepsilon_0$, $\Phi(\zeta_1) = 1 - \varepsilon_1$. 在上述设定下, 假设检验的阈值为 $\Theta = \mu_R - \zeta_1\sigma_R = \mu_W + \zeta_0\sigma_W$, 相应地,

$$1 - \varepsilon_1 = \Phi(\zeta_1) = \Phi\left(\frac{\mu_R - \mu_W - \sigma_W\Phi^{-1}(1 - \varepsilon_0)}{\sigma_R}\right). \tag{4.10}$$

这也给出了假设检验的成功率.

4.1.7　线性分析复杂度与成功率的评估

统计攻击的目的是根据密码的已知统计属性确定部分密钥比特值, 只有对正确密钥候选该属性才成立, 导致该属性不成立的错误密钥候选则被丢弃. 由此可见, 线性分析也属于统计攻击范畴. 优势和成功率是衡量统计攻击有效性的重要指标.

> **定义 4.10　优势**
>
> 若统计攻击筛选过程中被丢弃的密钥比例为 2^{-a}, 则称指数 a 为攻击的优势. ♣

注　a 也可以解释为经过筛选过程确定的密钥比特数量, 因此 a 通常取正值.

> **定义 4.11　成功率**
>
> 统计攻击需要保证正确密钥成为筛选过程的幸存者, 若用 P_S 表示正确密钥存活的概率, 则称 P_S 为攻击的成功率. ♣

为了估计线性分析的复杂度、优势和成功率, 我们需要讨论攻击中涉及的随机变量的分布. 注意随机变量的分布受密码分析人员获取数据样本方式的影响, 已知明文抽样和不同已知明文抽样是两种典型抽样方法.

> **定义 4.12　已知明文抽样**
>
> 若攻击中使用的明密文对 (P,C) 通过随机接收获得, 则称该攻击采用已知明文抽样. ♣

> **定义 4.13　不同已知明文抽样**
>
> 若攻击中使用的明密文对 (P,C) 满足随机且不重复条件, 则称该攻击采用不同已知明文抽样. ♣

为了便于在同一分析模型中统筹考虑已知明文抽样和不同已知明文抽样两种选择, 引入常数 B, 定义为

$$B = \begin{cases} 1, & \text{已知明文抽样情境,} \\ \dfrac{2^n - N}{2^n - 1}, & \text{不同已知明文抽样情境.} \end{cases}$$

注　已知明文抽样对应于统计学中的有放回抽样; 不同已知明文抽样对应于统计学中的不放回抽样.

注　随着样本量的增加, 保证不同已知明文抽样需要以极高存储为代价, 因此, 已知明文抽样是线性分析中更常用的模型.

假设密码分析人员获得了一组数据样本, 用 $\mathcal{D}$ 表示, N 为 $\mathcal{D}$ 中样本的数量, 也即所收集的已知明密文对的数量. 接下来, 我们用 Z 表示对应方程 $\alpha \cdot P \oplus \beta \cdot F_{K_{r-1}}^{-1}(C) = \gamma \cdot K$ 解数量的随机变量, 其中 $(P,C) \in \mathcal{D}$. 注意 Z 与 $\mathcal{D}, K, K_{r-1}$, 以及攻击中对 K_{r-1} 的猜测值 κ 有关.

经典的 Matsui 算法 1 和算法 2 依赖以下假设.

Matsui 算法 1 和算法 2 的底层假设

- 算法使用的 $R-1$ 轮线性近似 (α, β) 存在一条起主导作用的线性路线

$$\tau = (\alpha_0, \alpha_1, \alpha_2, \cdots, \alpha_{r-2}, \alpha_{r-1}),$$

其中 $\alpha = \alpha_0, \beta = \alpha_{r-1}$. 我们将该路线的相关度视为线性近似的相关度, 即

$$c(\alpha, \beta) \approx \prod_{i=0}^{r-2} c(\alpha_i, \alpha_{i+1}).$$

- 假设线性攻击的目标算法为密钥交替算法, 换言之, 密钥以异或方式介入算法的轮函数, 也即轮函数形为 $F_{K_i}(X) = F(X \oplus K_i)$. 对于密钥交替算法, 线性近似的相关度可化简为以下形式:

$$\prod_{i=0}^{r-2} c(\alpha_i, \alpha_{i+1}) = (-1)^{\tau \cdot K} \rho_\tau,$$

其中 ρ_τ 的值与密钥 K 无关, $(-1)^{\tau \cdot K}$ 只影响相关度的符号. 在线性分析模型中, 我们用 c 表示 $|\rho_\tau|$.

Matsui 的算法 2 (基于假设检验思想)

对于 R 轮的密码算法, 设已找到偏差 $p-1/2$ 较显著的 $R-1$ 轮线性近似

$$\alpha \cdot P \oplus \beta \cdot F_{K_{r-1}}^{-1}(C) = \gamma \cdot K.$$

给定 N 个已知明密文对, 执行以下步骤恢复主密钥 K 的值.

步骤 1　对 K_{r-1} 的每个候选值 κ 构建计数器 Cnt 记录明密文对中满足 $\alpha \cdot P \oplus \beta \cdot F_{K_{r-1}}^{-1}(C) = 0$ 的数量.

步骤 2　计算线性近似的经验相关度

$$\hat{c} = \frac{2 \cdot \text{Cnt}}{N} - 1,$$

并将其作为假设检验的统计量.

步骤 3　选择假设检验的阈值 Θ, 并根据统计量的计算值作判断:

- 若 $\hat{c} > \Theta$, 认为 κ 是 K_{r-1} 的一个正确候选;
- 若 $\hat{c} \leqslant \Theta$, 认为 κ 是 K_{r-1} 的一个错误候选.

步骤 4　对于所有与 K_{r-1} 的正确候选兼容的主密钥值 K, 使用一个或多个明密文对进行加密匹配测试, 最终恢复算法的主密钥值.

虽然 Matsui 算法 2 的原始版本基于最大似然思想, 但后续衍生的多重/多维 (零相关) 线性分析多基于假设检验思想, 并且在基于假设检验思想的评估框架下, 我们更容易打通经典线性分析、多重线性分析、多维线性分析以及零相关线性分析的关联性, 因此我们将 4.1.5 节 Matsui 算法 2 的原始版本改述为以下基于假设检验思想的版本, 并进一步给出基于假设检验思想的复杂度评估方法.

基于假设检验思想的线性分析, 使用的统计量为经验相关度 $\hat{c}$, $\hat{c}$ 与上述随机变量 Z 满足条件

$$\hat{c} = \frac{2Z}{N} - 1.$$

因此, 除上述两个底层假设之外, 为导出统计量的分布, 线性分析必须构建针对正确密钥的正确密钥等价假设和针对错误密钥的错误密钥随机假设.

假设(正确密钥等价假设)　若 κ 是 K_{r-1} 的正确密钥候选, 那么
- 在已知明文抽样下, 变量 Z 服从二项分布, 期望值为 Np, 方差为 $Np(1-p)$, 其中 $p = \dfrac{c(\alpha, \beta) + 1}{2}$;
- 在不同已知明文抽样下, 变量 Z 服从超几何分布, 期望值为 Np, 方差为 $Np(1-p)\dfrac{2^n - N}{2^n - 1}$.

根据中心极限定理, Z 在极限情况下的近似分布为正态分布, 因此 $\hat{c}$ 也应服从正态分布, 期望和方差分别为

$$\mathrm{Exp}(\hat{c}) = \pm c, \quad \mathrm{Var}(\hat{c}) = \frac{1 - c^2}{N}B.$$

假设(错误密钥随机假设)　若 κ 不是 K_{r-1} 的正确密钥候选, 则可认为数据不是从密码算法中获得的, 因而线性近似的相关度预测无法保证. 此时 Z 虽然也服从二项分布/超几何分布, 但 $p = 0.5$, 相应地, 统计量 $\hat{c}$ 在极限情况下服从正态分布, 期望和方差分别为

$$\mathrm{Exp}(\hat{c}) = 0, \quad \mathrm{Var}(\hat{c}) = \frac{1}{N}B. \tag{4.11}$$

在正确密钥等价假设和错误密钥随机假设下, 存在如图 4.5 所示的三个正态分布. 当然, 在任何具有固定密钥的实例中, 只存在两个分布, 即中间的分布和另外两个中的一个, 但密码分析人员无法确定到底是这两个中的哪个, 这意味着在这两种情况下可能都会有错误密钥留下来.

确定统计量在正确密钥猜测和错误密钥猜测下的分布后, 即可将 4.1.6 节的假设检验框架用于线性密钥恢复攻击. 我们将与错误密钥候选相对应的经验相关度分布用 T_W 表示, 与正确密钥候选相对应的经验相关度分布用 T_R 表示. 由

正确密钥等价假设和错误密钥随机假设可知, $\mu_W = 0$, $\mu_R = \pm c$, $\sigma_W^2 = B/N$, $\sigma_R^2 = B(1 - c^2)/N$. 用 α_0 表示在线性分析的筛选阶段错误密钥被接受的概率, 用 α_1 表示正确密钥被拒绝的概率, 根据优势和成功率的定义, 有

$$\alpha_0 = 2^{-a}, \quad \alpha_1 = 1 - P_S.$$

由于无法确定正确密钥的分布究竟位于错误密钥分布的哪一侧, 因此两种情况下都可能接受错误密钥, 故假设检验的两类错误概率与 α_0 和 α_1 应满足下列条件:

$$\varepsilon_0 = \frac{1}{2}\alpha_0 = 2^{-(a+1)}, \quad \varepsilon_1 = \alpha_1 = 1 - P_S,$$

进而有

$$\zeta_0 = \Phi^{-1}\left(1 - 2^{-(a+1)}\right) \triangleq \varphi_{a+1}, \quad \zeta_1 = \Phi^{-1}(P_S) \triangleq \varphi_{P_S}.$$

将上述条件代入等式 (4.10), 可得方程组

$$\Theta = \zeta_0\sqrt{B/N} = c - \zeta_1\sqrt{B(1 - c^2)/N},$$

$$P_S = \Phi(\zeta_1) = \Phi\left(\frac{c - \varphi_{a+1}\sqrt{B/N}}{\sqrt{B(1 - c^2)/N}}\right).$$

当 α_0 和 α_1 的值取定后, 则可通过上述方程组求解数据量 N 和假设检验的阈值 Θ.

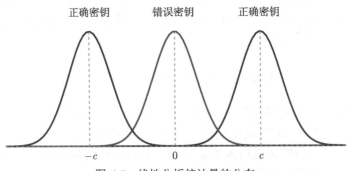

图 4.5　线性分析统计量的分布

　　下面的定理给出了线性分析所需数据量的评估方法, 该方法是对 Matsui[31] 原始结果的改进.

定理 4.1　线性分析复杂度的评估 [34]

假设对于 R 轮分组密码算法存在一个 $R-1$ 轮的线性近似, 该线性近似存在一条起主导作用的路线, 且相关度的绝对值为 c. 在正确密钥等价假设和错误密钥随机假设成立的前提下, 如果可获取的已知明文的数量 N 满足

$$N \geqslant \frac{\varphi_{a+1} + \sqrt{1-c^2}\,\varphi_{P_s}}{c^2},$$

那么进行线性分析可获得的成功率为 P_S、优势为 a.　　　♡

练习 4.2　如何导出定理中数据量 N 的计算公式?

4.1.8　进一步阅读建议

线性分析复杂度评估模型之间的关系　我们在 4.1.7 节中给出的复杂度分析方法是基于 Céline Blondeau 和 Kaisa Nyberg[34] 构建的模型. 文献 [14] 也介绍了基于顺序统计量和折叠正态分布的评估模型. Céline Blondeau 和 Kaisa Nyberg 称文献 [14] 中的推论 1 是他们的模型在 $1-c^2 \approx 1$ 条件下的特殊情况. 感兴趣的读者可查阅相关文献进一步比较两种方法之间的关系.

正确密钥等价假设和错误密钥随机假设对模型的影响　很长一段时间内, 密码研究人员讨论统计量在正确/错误密钥下的分布时, 通常认为对于所有正确/错误密钥, 两类分布均保持不变. 直到近几年, 密码研究人员发现, 密钥取值对于经验相关度分布的方差会产生一定影响, 并构建了正确密钥等价假设和错误密钥随机假设的修正版本, 给出线性分析复杂度的更精准评估模型. 具体内容可参考文献 [34,35].

线性壳对线性分析模型的影响　Matsui 算法的底层假设中将线性路线相关度作为线性近似相关度的近似估计在处理实际问题时非常方便, 但在某些情况下, 以这种方式得出的估计值与实际相关度存在显著差异. 造成这种差异的最重要原因是所谓的线性壳效应, 由 Kaisa Nyberg 在 EUROCRYPT1994 [36] 首次提出. 当描述的明文和密文比特之间相关性的线性路线存在多种构造方式时, 就会产生这种影响. 有时会有多条线性路线具有不可忽略的偏差, 也即, 线性近似中起主导作用的路线不止一条, 并且不同线性路线可能涉及的密钥比特也不同. 根据密钥取值不同, 不同线性路线的相关度对于线性壳的相关度会产生建设性或破坏性的干扰, 甚至完全抵消导致线性壳的相关度为零值. 此外, 如果不同线性路线中涉及的密钥集合是独立的, 那么这种线性路线的聚集效应可能会大大降低线性壳的平均相关度, 从而降低线性攻击的成功率. 与线性壳相关的更多内容可参考文献 [36,37]; 如何构建适配线性壳效应的线性分析模型可

参考文献 [34].

最优线性路线的搜索　堆积引理提供了计算给定线性路线偏差的有效工具, 但如何找到给定密码算法的最优线性路线问题仍未解决. Mitsuru Matsui[38] 关于 DES 算法分析的第二篇论文中提出了一种基于递归方法的实用搜索算法. 给定 i 轮最优线性路线的偏差 $(1 \leqslant i \leqslant R-1)$, 该算法可高效推导出 R 轮最优线性路线. 该算法可应用于一系列分组密码算法, 但效率各不相同. 感兴趣的读者可进一步阅读文献 [38].

线性分析与差分分析的比较.

● **相似性**

如文献 [39] 所述, 线性分析与差分分析有很多相似之处:

(1) 差分路线与线性路线相对应;

(2) 差分分布表与线性近似表相对应;

(3) 差分路线连接规则 "匹配差异, 概率相乘" 与线性路线连接规则 "匹配掩码, 偏差相乘 (堆积引理)" 相对应;

(4) 差分闭包概念与线性壳概念相对应;

(5) 寻找最优差分路线和最优线性路线的算法在本质上是相同的.

两种方法除了技术上的相似性之外, 还存在操作的对偶性, 如异或操作和分支操作分别在对差分和掩码的作用方面是互为对偶的.

● **差异性**　两种方法的一个显著差异在于线性路线/近似的偏差带符号, 因此, 给定两个具有相同输入和输出掩码且偏差相等但符号相反的线性路线, 由于这两个偏差相互抵消, 得到的线性壳可能将具有零偏差. 反之, 差分路线概率不存在相互抵消的问题.

对差分和线性两种分析方法之间的关系感兴趣的读者可进一步阅读文献 [39,40].

4.2　多重线性分析 *

早在线性分析提出后的第二年, Kaliski 和 Robshaw [41] 就提出了使用多个线性近似来推广线性分析的想法. 然而, 他们提出的方法对参与攻击的线性近似施加了极强的限制, 少数满足限制条件的线性近似所获得的额外信息往往可以忽略不计, 对经典线性分析的改进效果不甚明显. 虽然后续也有不同密码研究人员对线性分析的推广进行了多次尝试, 但多重线性分析首个具有一般性的统计模型由 Alex Biryukov 等 [42] 在 CRYPTO2004 上提出.

4.2.1 多重线性分析框架

多重线性分析要求所使用的多条线性近似是相互独立的, 因此, 在引入多重线性分析框架之前, 我们给出关于线性近似的独立性的概念.

定义 4.14 线性近似的独立性

给定 ℓ 条线性近似 $(\alpha_0, \beta_0), (\alpha_1, \beta_1), \cdots, (\alpha_{\ell-1}, \beta_{\ell-1})$, 如果无法找到不全取零的元素 $a_0, a_1, \cdots, a_{\ell-1}$ $(a_i \in \mathbb{F}_2, 0 \leqslant i \leqslant \ell-1)$ 使得等式

$$a_0 \cdot (\alpha_0, \beta_0) \oplus a_1 \cdot (\alpha_1, \beta_1) \oplus \cdots \oplus a_{\ell-1} \cdot (\alpha_{\ell-1}, \beta_{\ell-1}) = 0$$

成立, 则称这 ℓ 条线性近似相互独立.   ♣

与经典线性分析相比, 多重线性分析的优势来源于可利用来自不同线性近似的信息做判断, 容度的引入便是以收集攻击中使用的所有线性近似的信息为目的.

定义 4.15 容度

给定 n 比特迭代分组密码算法 E_K 的 ℓ 条线性近似 $(\alpha_0, \beta_0), (\alpha_1, \beta_1), \cdots, (\alpha_{\ell-1}, \beta_{\ell-1})$, 其容度 $C(K)$ 定义为 ℓ 条线性近似相关度的平方和, 即

$$C(K) = \sum_{i=0}^{\ell-1} \left(c(\alpha_i, \beta_i)(K) \right)^2.$$

♣

为了识别出正确密钥, 多重线性分析需要使用一组容度较大的线性近似. 在多重线性分析中, 对于 R 轮的密码算法, 若可找到 ℓ 条相互独立且容度较大的 $R-1$ 轮线性近似 $(\alpha_0, \beta_0), (\alpha_1, \beta_1), \cdots, (\alpha_{\ell-1}, \beta_{\ell-1})$, 即可尝试恢复算法的密钥信息. 具体来说, 猜定最后一轮的子密钥 K_{r-1}, 则可对密码算法进行一轮部分解密, 进而构造 $R-1$ 轮线性近似表达式

$$\alpha_i \cdot P \oplus \beta_i \cdot F_{K_{r-1}}^{-1}(C) = \gamma_i \cdot K, \quad 0 \leqslant i \leqslant \ell-1. \tag{4.12}$$

与经典线性分析的思想类似, 如果表达式 (4.12) 中用正确密钥的候选值代入 K_{r-1}, 则线性近似的经验容度较大; 反之, 如果表达式 (4.12) 中用不正确密钥的候选值代入 K_{r-1}, 则线性近似的经验容度较小. 基于这一观测, 给定 N 个已知明密文对, 可使用假设检验思想恢复密钥信息.

多重线性分析

对于 R 轮的密码算法, 设已找到 ℓ 条相互独立的 $R-1$ 轮线性近似

$$\alpha_i \cdot P \oplus \beta_i \cdot F_{K_{r-1}}^{-1}(C) = \gamma_i \cdot K, \quad 0 \leqslant i \leqslant \ell-1.$$

给定一组包含 N 个已知明密文对的样本 D, 执行以下步骤恢复主密钥 K.

步骤 1　对 K_{r-1} 的每个候选值 κ 构建 ℓ 个计数器 $\mathsf{Cnt}_i, 0 \leqslant i \leqslant \ell-1$, 分别记录明密文对中满足 $\alpha_i \cdot P \oplus \beta_i \cdot F_{\kappa}^{-1}(C) = 0$ 的数量.

步骤 2　计算 ℓ 个线性近似的经验相关度

$$\hat{c}_i(D, K, K_{r-1}, \kappa) = \frac{2 \cdot \mathsf{Cnt}_i}{N} - 1.$$

将 T_{MP} 作为假设检验的统计量

$$T_{\mathrm{MP}} = N \cdot \sum_{i=0}^{\ell-1} \hat{c}_i(D, K, K_{r-1}, \kappa)^2,$$

并根据测试结果计算 T_{MP} 的取值.

步骤 3　选择假设检验的阈值 Θ, 根据统计量的计算值作判断:
- 若 $T_{\mathrm{MP}} > \Theta$, 认为 κ 是 K_{r-1} 的一个正确候选;
- 若 $T_{\mathrm{MP}} \leqslant \Theta$, 认为 κ 是 K_{r-1} 的一个错误候选.

步骤 4　对于所有与 K_{r-1} 的正确候选兼容的主密钥 K, 使用一个或多个明密文对进行加密匹配测试, 最终恢复算法的主密钥.

注　经验线性相关度记为 $\hat{c}_i(D, K, K_{r-1}, \kappa)$, 表示其分布与分析中使用的样本 D、算法的主密钥 K、算法最后一个轮密钥 K_{r-1} 和对 K_{r-1} 的猜测值 κ 有关.

由于多重线性分析也采用假设检验思想, 为了评估攻击的复杂度和成功率等信息就必须构造统计量 T_{MP} 在错误密钥和正确密钥下的分布, 这将在 4.2.2 节和 4.2.3 节分别进行讨论.

在下文中, 我们用 K_W 表示 (K, K_{r-1}, κ) 且 $\kappa \neq K_{r-1}$ 的组合, 将错误密钥候选下的 $\hat{c}_i(D, K, K_{r-1}, \kappa)$ 简记为 $\hat{c}_i(D, K_W)$; 用 K_R 表示 (K, K_{r-1}, κ) 且 $\kappa = K_{r-1}$ 的组合, 将正确密钥候选下的 $\hat{c}_i(D, K, K_{r-1}, \kappa)$ 简记为 $\hat{c}_i(D, K_R)$.

4.2.2　错误密钥下 T_{MP} 的分布

注意到 T_{MP} 是由多个线性近似的经验相关度 $\hat{c}_i(D, K, K_{r-1}, \kappa)$ 组合而成的, 因此, 可借助 $\hat{c}_i(D, K, K_{r-1}, \kappa)$ 的分布导出 T_{MP} 的分布. 虽然我们已在线性分析的错误密钥随机假设中构造了 $\hat{c}$ 的分布, 但等式 (4.11) 中 $\hat{c}$ 的分布认为其与错误

密钥的取值无关. 近年来, 密码研究人员在实验中观察到, 密钥的变化会对 $\hat{c}$ 的分布产生较大影响, 换言之, 对于每个错误密钥候选, $\hat{c}$ 的分布是不同的, 因此需要对 $\hat{c}$ 的分布重新建模. 通过将 $\hat{c}$ 的分布受密钥取值影响的部分转化为随机向量函数, Andrey Bogdanov 和 Elmar Tischhauser 在文献 [35] 中给出了修订版错误密钥随机假设.

假设 (修订版错误密钥随机假设) 在错误密钥下, 统计量 $\hat{c}(D, K_W)$ 在极限情况下服从正态分布, 期望和方差分别为

$$\mathrm{Exp}_{D,K_W}(\hat{c}(D, K_W)) = 0, \quad \mathrm{Var}_{D,K_W}(\hat{c}(D, K_W)) = \frac{1}{N}B + 2^{-n}.$$

注 符号 Exp_{D,K_W} 表示针对 $D \times K_W$ 所有可能的组合求 $\hat{c}(D, K_W)$ 的期望值; 符号 Var_{D,K_W} 同理.

为导出 T_{MP} 的分布, 将 T_{MP} 的表达式变形

$$T_{\mathrm{MP}} = N \cdot \sum_{i=0}^{\ell-1} \hat{c}_i(D, K_W)^2 = \left(B + 2^{-n} \cdot N\right) \sum_{i=0}^{\ell-1} \frac{\hat{c}_i(D, K_W)^2}{\frac{1}{N}B + 2^{-n}}.$$

一方面, 由修订版错误密钥随机假设可知

$$\frac{\hat{c}_i(D, K_W)}{\sqrt{\frac{1}{N}B + 2^{-n}}} \sim \mathcal{N}(0, 1).$$

另一方面, 线性近似的独立性导致 $\hat{c}_j(D, K_W)$ 是相互独立的随机变量. 两方面结合, 即有

$$\frac{T_{\mathrm{MP}}}{B + 2^{-n} \cdot N} \sim \chi_\ell^2,$$

其中 χ_ℓ^2 表示自由度为 ℓ 的卡方分布. T_{MP} 分布的参数由以下定理给出.

定理 4.2 错误密钥下 T_{MP} 的分布 [34]

假设在多重线性攻击中涉及 ℓ 个线性近似且修订版错误密钥随机假设成立, 那么统计量 T_{MP} 是自由度为 ℓ 的卡方分布的常数倍, 期望和方差如下:

$$\mathrm{Exp}(T_{\mathrm{MP}}) = B\ell + N2^{-n}\ell, \quad \mathrm{Var}(T_{\mathrm{MP}}) = \frac{2}{\ell}\left(B\ell + N2^{-n}\ell\right)^2. \qquad \heartsuit$$

将定理 4.2 用于不同已知明文抽样情境, 即可导出下面的推论.

推论 4.1

假设在多重线性攻击中涉及 ℓ 个线性近似且修订版错误密钥随机假设成立, 若使用不同已知明文进行采样, 当样本容量 N 充分大时, 统计量 T_{MP} 的期望和方差可用下式近似计算:

$$\mathrm{Exp}(T_{\mathrm{MP}}) \approx \ell, \quad \mathrm{Var}(T_{\mathrm{MP}}) \approx 2\ell.$$

✍　**练习 4.3**　如何导出推论 4.1?

4.2.3　正确密钥下 T_{MP} 的分布

与 4.2.2 节关于错误密钥的讨论类似, 正确密钥下 $\hat{c}_i(D, K, K_{r-1}, \kappa)$ 的分布也受密钥取值的影响. 在给出修订版正确密钥下 $\hat{c}_i(D, K, K_{r-1}, \kappa)$ 的分布之前, 我们首先回顾迭代分组密码的线性壳定理.

定理 4.3　线性壳定理 [36]

给定 n 比特迭代分组密码 E_K 的线性近似 (α, β), 记

$$c(\alpha, \beta)(K) = \frac{\#\{X \in \mathbb{F}_2^n | \alpha \cdot X \oplus \beta \cdot E_K(X) = 0\}}{2^{n-1}} - 1,$$

$$c(\alpha, \tau, \beta) = \frac{\#\{X \in \mathbb{F}_2^n | \alpha \cdot X \oplus \tau \cdot K \oplus \beta \cdot E_K(X) = 0\}}{2^{n-1}} - 1,$$

则 $c(\alpha, \beta)(K)^2$ 在 K 上的平均值等于 $c(\alpha, \tau, \beta)^2$ 在 τ 上求和, 即

$$2^{-|K|} \sum_K c(\alpha, \beta)(K)^2 = \sum_\tau c(\alpha, \tau, \beta)^2. \tag{4.13}$$

等式 (4.13) 右侧的表达式称为线性近似的期望线性势.

定义 4.16　期望线性势

对于给定的 n 比特迭代分组密码 E_K 的线性近似 (α, β), 称

$$\sum_\tau c(\alpha, \tau, \beta)^2$$

为线性近似的期望线性势, 用 $\mathrm{ELP}(\alpha, \beta)$ 表示. 在不引起歧义的前提下, 可简记为 ELP.

通过将密钥取值的影响考虑在内, Céline Blondeau 和 Kaisa Nyberg 在文献 [34] 中给出了修订版正确密钥等价假设.

假设 (修订版正确密钥等价假设)   在正确密钥下, $c(\alpha, \beta)(K)$ 在极限情况下服从正态分布, 正态分布的参数为

$$c(\alpha, \beta)(K) \sim \mathcal{N}(\pm c, \mathrm{ELP} - c^2).$$

进一步, 如果修订版正确密钥等价假设成立, Céline Blondeau 和 Kaisa Nyberg 又基于 $c(\alpha, \beta)(K)$ 的分布导出了正确密钥下 $\hat{c}(D, K_R)$ 的分布, 总结为以下定理.

> **定理 4.4   正确密钥下 $\hat{c}(D, K_R)$ 的分布** [34]
>
> 在线性攻击中若修订版正确密钥等价假设成立, 那么统计量 $\hat{c}(D, K_R)$ 服从正态分布, 参数为
>
> $$\mathrm{Exp}_{D,K_R}(\hat{c}(D, K_R)) = \pm c, \quad \mathrm{Var}_{D,K_R}(\hat{c}(D, K_R)) = \frac{1}{N}B + ELP - c^2. \qquad \heartsuit$$

在修订版正确密钥等价假设成立的前提下, 为了处理 T_{MP} 中 $\hat{c}_i(D, K_R)$ 的平方和, 我们还需要对 $\hat{c}_i(D, K_R)$ 的分布作额外的假设, 即下面的多重线性密钥方差假设.

假设 (多重线性密钥方差假设)   假设 T_{MP} 中涉及的经验相关度 $\hat{c}_i(D, K_R)$ 是相互独立且服从正态分布的随机变量, 分布的期望值为 $c(\alpha_i, \beta_i)(K)$, 分布的方差均相同.

在介绍结果之前, 引入以下符号. 对于固定的 K, 记

$$c_i(K) = c(\alpha_i, \beta_i)(K) = \mathrm{Exp}_D(\hat{c}_i(D, K_R)),$$
$$c_i = \mathrm{Exp}_K(c_i(K)).$$

给定 ℓ 个线性近似的期望线性势 $\mathrm{ELP}_i \triangleq \mathrm{ELP}(\alpha_i, \beta_i)$, 这 ℓ 个线性近似的容度为

$$C = \mathrm{Exp}_K(C(K)) = \sum_{i=0}^{\ell-1} \mathrm{Exp}_K\left(c_i(K)^2\right) = \sum_{i=0}^{\ell-1} \mathrm{ELP}_i.$$

由于一般情况下 $\mathrm{Exp}_K\left(c_i(K)^2\right) \neq \mathrm{Exp}_K\left(c_i(K)\right)^2$, 我们引入期望相关度的容度, 用 C_0 表示, 即

$$C_0 = \sum_{i=0}^{\ell-1} c_i^2.$$

基于以上一系列准备工作, 下面的定理中给出正确密钥下统计量 T_{MP} 的分布, 定理的详细证明过程可参考文献 [34].

定理 4.5　正确密钥下 T_{MP} 的分布 [34]

假设在多重线性攻击中涉及 ℓ 个线性近似, 且对密钥 K_{r-1} 的猜测值正确, 即

$$T_{\mathrm{MP}} = N \cdot \sum_{i=0}^{\ell-1} \hat{c}_i(D, K_R)^2,$$

在修订版正确密钥等价假设和多重线性密钥方差假设均成立的前提下, 则有

$$Q = \frac{T_{\mathrm{MP}}}{B + \dfrac{N}{\ell}(C - C_0)} \sim \chi_\ell^2(\delta),$$

其中非中心卡方分布的参数 δ 为

$$\delta = \frac{N \cdot C_0}{B + \dfrac{N}{\ell}(C - C_0)}.$$

利用非中心卡方分布的性质, 可导出 T_{MP} 分布的参数.

推论 4.2

假设在多重线性攻击中涉及 ℓ 个线性近似, 且对密钥 K_{r-1} 的猜测值正确, 即

$$T_{\mathrm{MP}} = N \cdot \sum_{i=0}^{\ell-1} \hat{c}_i(D, K_R)^2,$$

在修订版正确密钥等价假设和多重线性密钥方差假设均成立的前提下, 则有

$$\mathrm{Exp}_{D,K_R}(T_{\mathrm{MP}}) = B \cdot \ell + N \cdot C,$$
$$\mathrm{Var}_{D,K_R}(T_{\mathrm{MP}}) = \frac{2}{\ell}\left((B \cdot \ell + N \cdot C)^2 - (N \cdot C_0)^2\right).$$

✍　**练习 4.4**　如何导出推论 4.2?

📖　**注**　T_{MP} 的分布在两种情况下可以简化:

　　1. 当 $\ell > 50$ 时, T_{MP} 的分布可用正态分布近似;

2. 若 $C_0 = 0$, T_{MP} 服从 Γ 分布, 即

$$T_{\mathrm{MP}} \sim \Gamma\left(\frac{\ell}{2}, 2\left(B + N\frac{C}{\ell}\right)\right).$$

4.2.4 多重线性分析复杂度的评估

我们已经在 4.2.2 节和 4.2.3 节中构建了 T_{MP} 在错误密钥和正确密钥下的分布, 且由定理 4.2 和定理 4.5 可知, 该统计量在两种情形下服从不同的卡方分布, 因此可使用 4.1.6 节介绍的假设检验方法评估多重线性分析的复杂度. 由于在实践中, C_0 的评估十分困难, 因此我们通常假设 $C_0 = 0$. 另一方面, 在多重线性分析中通常要求所使用的线性近似的数量大于 50, 因此定理 4.2 和定理 4.5 中导出的卡方分布可使用正态分布近似. 下面的推论给出了在已知明文抽样和不同已知明文抽样条件下多重线性分析所需数据量的计算方法.

> **推论 4.3   多重线性分析复杂度的评估** [34]
>
> 假设多重线性分析中使用的线性近似数量大于 50 且 $C_0 = 0$, 通过使用卡方分布的正态近似, 攻击使用已知明文抽样所需的数据量 N^{KP} 和不同已知明文抽样所需的数据量 N^{DKP} 可用下式计算:
>
> $$N^{\mathrm{KP}} \approx \frac{\sqrt{2\ell}(\varphi_{P_S} + \varphi_a)}{|C_R - C_W| - \sqrt{2/\ell}(C_W\varphi_a + C_R\varphi_{P_S})},$$
>
> $$N^{\mathrm{DKP}} \approx \frac{\sqrt{2\ell}(\varphi_{P_S} + \varphi_a)}{|C_R - C_W| - \sqrt{2/\ell}(C_W\varphi_a + C_R\varphi_{P_S}) + 2^{-n}\sqrt{2\ell}(\varphi_{P_S} + \varphi_a)},$$
>
> 其中 $C_R = \mathrm{Exp}_K(C(K))$, $C_W = \mathrm{Exp}_{K_W}(C(K_W))$. ♡

注   推论的详细证明过程可参考文献 [34].

下面给出多重线性分析中三种复杂度的讨论.

数据复杂度   与线性分析的讨论类似, 在进行多重线性分析时, 我们可以自行选定攻击的成功率 P_S 和优势 a, 并基于推论 4.3 计算攻击所需的数据量, 这也决定了攻击的数据复杂度.

时间复杂度   攻击的时间复杂度通常由三部分构成:

• 收集已知明密文对的时间, 基本等于攻击的数据复杂度;

• 执行步骤 1 的时间, 注意可以融入多种密钥恢复技巧降低该步骤的时间复杂度;

• 执行步骤 4 的时间, 该步骤的时间由攻击的优势 a 或假设检验的第一类错误 ε_0 决定. a 的取值越大, 步骤 4 中需要检测的密钥候选越少, 时间复杂度越小.

存储复杂度   攻击的存储复杂度主要受步骤 1 和步骤 4 影响:

- 在步骤 1 中存储通常用于存储中间状态;
- 在步骤 4 中存储通常用于存储正确密钥候选.

注　对于正确的多重线性攻击, 时间复杂度不会小于数据复杂度.

4.3　多维线性分析 *

注意到 4.2 节介绍的多重线性分析要求所使用的线性近似是相互独立的, 这导致实际应用中许多好的线性近似由于不满足相互独立而无法使用. 多维线性分析 [43] 去除了对于线性近似独立性的约束条件, 但要求所使用的线性近似构成线性空间, 即攻击中使用的 ℓ 个非零线性近似 $(\alpha_0, \beta_0), (\alpha_1, \beta_1), \cdots, (\alpha_{\ell-1}, \beta_{\ell-1})$ 附加零向量构成一个 s 维线性空间 $\mathbf{A} \times \mathbf{B}$, 因此有 $\ell = 2^s - 1$. 对于这种构成线性空间的线性近似, 可以证明容度有以下等价定义.

定义 4.17　容度 (等价定义)

给定 n 比特迭代分组密码算法 E_K 的 ℓ 条线性近似 $(\alpha_0, \beta_0), (\alpha_1, \beta_1), \cdots,$ $(\alpha_{\ell-1}, \beta_{\ell-1})$, 若 $(\alpha_0, \beta_0), (\alpha_1, \beta_1), \cdots, (\alpha_{\ell-1}, \beta_{\ell-1})$ 附加零向量构成一个 s 维线性空间 $\mathbf{A} \times \mathbf{B}$, 则容度 $C(K)$ 可用下式计算:

$$C(K) = 2^s \sum_{\eta=0}^{2^s-1} \left(p_\eta(K) - 2^{-s} \right)^2,$$

其中 $p_\eta(K)$ 表示 $(X, E_K(X))$ 限制在空间 $\mathbf{A} \times \mathbf{B}$ 上的取值等于 η 的概率, $\eta \in \mathbf{A} \times \mathbf{B}$.

练习 4.5　如何证明容度等价定义中的表达式?

4.3.1　多维线性分析框架

为了识别出正确密钥, 多维线性分析也需要使用一组容度较大的线性近似. 在多维线性分析中, 对于 R 轮的密码算法, 若可找到 ℓ 条容度较大的 $R-1$ 轮线性近似 $(\alpha_0, \beta_0), (\alpha_1, \beta_1), \cdots, (\alpha_{\ell-1}, \beta_{\ell-1})$, 并且这 ℓ 条线性近似附加零向量构成一个 s 维线性空间 $\mathbf{A} \times \mathbf{B}$, 即可尝试恢复算法的密钥信息. 具体来说, 猜定最后一轮的子密钥 K_{r-1}, 则可对密码算法进行一轮部分解密, 考虑 $(P, F_{K_{r-1}}^{-1}(C))$ 限制在空间 $\mathbf{A} \times \mathbf{B}$ 上取值的分布:

- 如果所猜测的密钥值是 K_{r-1} 的正确候选, 那么线性近似的经验容度较大;
- 如果所猜测的密钥值是 K_{r-1} 的错误候选, 那么线性近似的经验容度较小.

基于这一观测, 给定 N 个已知明密文对, 可使用假设检验思想恢复密钥信息.

多维线性分析

对于 R 轮的密码算法, 设已找到容度较大的 ℓ 条 $R-1$ 轮线性近似 (α_0, β_0), $(\alpha_1, \beta_1), \cdots, (\alpha_{\ell-1}, \beta_{\ell-1})$, 并且这 ℓ 条线性近似附加零向量构成一个 s 维线性空间 $\mathbf{A} \times \mathbf{B}$. 给定一组包含 N 个已知明密文对的样本 D, 执行以下步骤恢复主密钥 K.

步骤 1 对 K_{r-1} 的每个候选值 κ 构建 2^s 个计数器 Cnt_i, $0 \leqslant i \leqslant 2^s - 1$, 分别记录密文对中满足 $(P, F_\kappa^{-1}(C))$ 限制在空间 $\mathbf{A} \times \mathbf{B}$ 上的取值等于 i 的数量.

步骤 2 将 T_{MD} 作为假设检验的统计量

$$T_{\mathrm{MD}} = \sum_{i=0}^{2^s-1} \frac{(\mathsf{Cnt}_i - N2^{-s})^2}{N2^{-s}},$$

并根据测试结果计算 T_{MD} 的取值.

步骤 3 选择假设检验的阈值 Θ, 根据统计量的计算值作判断:
- 若 $T_{\mathrm{MD}} > \Theta$, 认为 κ 是 K_{r-1} 的一个正确候选;
- 若 $T_{\mathrm{MD}} \leqslant \Theta$, 认为 κ 是 K_{r-1} 的一个错误候选.

步骤 4 对于所有与 K_{r-1} 的正确候选兼容的主密钥 K, 使用一个或多个明密文对进行加密匹配测试, 最终恢复算法的主密钥.

多维线性分析采用假设检验思想, 为了评估攻击的复杂度和成功率等信息就必须构造统计量 T_{MD} 在错误密钥和正确密钥下的分布, 这将在 4.3.2 节和 4.3.3 节分别进行讨论.

4.3.2 错误密钥下 T_{MD} 的分布

由容度的等价定义可知

$$N \cdot \sum_{i=0}^{\ell-1} \hat{c}_i(D, K, K_{r-1}, \kappa)^2, \quad \ell = 2^s - 1$$

为统计量 T_{MD} 的另一种表示形式, 而该等价形式恰为多重线性分析中统计量 T_{MP} 的表达式. 因此, 构造 T_{MD} 分布的过程与 4.2.2 节构造 T_{MP} 分布的过程完全相同, 参数由以下定理给出.

定理 4.6　错误密钥下 T_{MD} 的分布 [34]

假设在多维线性攻击中涉及 ℓ 个线性近似且这些线性近似来自 s 维线性空间, 满足 $\ell = 2^s - 1$, 若修订版错误密钥随机假设成立, 那么统计量 T_{MD} 是自由度为 ℓ 的卡方分布的常数倍, 期望和方差如下:

$$\mathrm{Exp}(T_{\mathrm{MD}}) = B\ell + N2^{-n}\ell, \quad \mathrm{Var}(T_{\mathrm{MD}}) = \frac{2}{\ell}\left(B\ell + N2^{-n}\ell\right)^2.$$

4.3.3　正确密钥下 T_{MD} 的分布

除了 4.2.3 节的修订版正确密钥等价假设, 为了构造 T_{MD} 在正确密钥下的分布, 我们还需要对 $p_\eta(K)$ 的分布做额外的假设, 即下面的多维线性密钥方差假设.

假设(多维线性密钥方差假设)　对于所有 $0 \leqslant \eta \leqslant 2^s - 1$, $p_\eta(K)$ 作为关于 K 的随机变量, 均服从正态分布, 且具有相等的方差. 此外, 从中任取 ℓ 个随机变量均相互独立, 并且它们唯一地决定了剩余的一个 $p_\eta(K)$ 的取值.

下面的定理给出正确密钥下统计量 T_{MD} 的分布, 定理的详细证明过程可参考文献 [34].

定理 4.7　正确密钥下 T_{MD} 的分布 [34]

假设在多维线性攻击中涉及 ℓ 个线性近似, 攻击中使用的统计量为

$$T_{\mathrm{MD}} = \sum_{i=0}^{2^s-1} \frac{(\mathrm{Cnt}_i - N2^{-s})^2}{N2^{-s}},$$

若其中设置的计数器 Cnt_i 满足 $p_i(K) = \mathrm{Exp}_D(\mathrm{Cnt}_i/N)$ 且多维线性密钥方差假设成立, 那么

$$Q = \frac{T_{\mathrm{MD}}}{B + \dfrac{N}{\ell}(C - C_0)} \sim \chi_\ell^2(\delta),$$

其中非中心卡方分布的参数 δ 为

$$\delta = \frac{N \cdot C_0}{B + \dfrac{N}{\ell}(C - C_0)}.$$

注　定理 4.5 中给出的 T_{MP} 的分布与定理 4.7 中给出的 T_{MD} 的分布完全相同.

4.3.4 多维线性分析复杂度的评估

我们已经在 4.3.2 节和 4.3.3 节构建了 T_{MD} 在错误密钥和正确密钥下的分布, 且由定理 4.6 和定理 4.7 可知, 该统计量在两种情形下服从不同的卡方分布, 因此可使用 4.1.6 节介绍的假设检验方法评估多维线性分析的复杂度. 另一方面, 注意到 T_{MD} 在错误密钥和正确密钥下的分布与 T_{MP} 在错误密钥和正确密钥下的分布完全相同, 因此, 下面推论中给出的多维线性分析所需数据量的计算方法与推论 4.3 的结论完全一致.

> **推论 4.4 多维线性分析复杂度的评估** [34]
>
> 假设多维线性分析中使用的线性近似数量 ℓ 大于 50 且 $C_0 = 0$, 通过使用卡方分布的正态近似, 攻击使用已知明文抽样所需的数据量 N^{KP} 和不同已知明文抽样所需的数据量 N^{DKP} 可用下式计算:
>
> $$N^{\mathrm{KP}} \approx \frac{\sqrt{2\ell}(\varphi_{P_S} + \varphi_a)}{|C_R - C_W| - \sqrt{2/\ell}(C_W \varphi_a + C_R \varphi_{P_S})},$$
>
> $$N^{\mathrm{DKP}} \approx \frac{\sqrt{2\ell}(\varphi_{P_S} + \varphi_a)}{|C_R - C_W| - \sqrt{2/\ell}(C_W \varphi_a + C_R \varphi_{P_S}) + 2^{-n}\sqrt{2\ell}(\varphi_{P_S} + \varphi_a)},$$
>
> 其中 $C_R = \mathrm{Exp}_K(C(K)), C_W = \mathrm{Exp}_{K_W}(C(K_W))$. ♡

下面给出多维线性分析中三种复杂度的讨论.

数据复杂度 与线性分析的讨论类似, 在进行多维线性分析时, 我们可以自行选定攻击的成功率 P_S 和优势 a, 并基于推论 4.4 计算攻击所需的数据量, 这也决定了攻击的数据复杂度.

时间复杂度 攻击的时间复杂度通常由三部分构成:

• 收集已知明密文对的时间, 基本等于攻击的数据复杂度;

• 执行步骤 1 的时间, 注意可以融入多种密钥恢复技巧降低该步骤的时间复杂度;

• 执行步骤 4 的时间, 该步骤的时间由攻击的优势 a 或假设检验的第一类错误 ε_0 决定. a 的取值越大, 步骤 4 中需要检测的密钥候选越少, 时间复杂度越小.

存储复杂度 攻击的存储复杂度主要受步骤 1 和步骤 4 影响:

• 在步骤 1 中存储通常用于存储中间状态;

• 在步骤 4 中存储通常用于存储正确密钥候选.

注 对于正确的多维线性攻击, 时间复杂度不会小于数据复杂度.

4.4　零相关线性分析

经典的差分分析将高概率差分路线作为算法的非随机特性, 而后续提出的不可能差分分析中采用的特性为概率恒等于 0 的差分特征. 作为不可能差分在线性分析领域的对偶方法, 零相关线性分析的提出比不可能差分晚了近十年.

经典的零相关线性分析由 Andrey Bogdanov 和 Vincent Rijmen [44] 首先提出, 与不可能差分的思想类似, 攻击中采用的区分器为相关度恒为 0 的线性近似. 起初, 零相关线性分析只被少数学者采纳, 原因在于该攻击必须使用整个明文空间. 尽管 Andrey Bogdanov 和 Vincent Rijmen 也证明对于 n 比特的分组密码算法, 使用 2^{n-1} 个选择明文也足以进行零相关分析, 但此方法在整个密码学界的接受度并不高.

为了克服经典的零相关攻击在数据复杂度方面的缺陷, Andrey Bogdanov 和 Meiqin Wang [45] 提出了多重零相关分析模型. 多重零相关分析使用多条零相关近似构建统计模型, 通过对攻击的成功率和数据量进行折中, 该攻击的数据复杂度近似为 $\mathcal{O}(2^n/\sqrt{\ell})$, 其中 ℓ 表示攻击中采用的零相关线性近似的数量. 虽然多重零相关模型的出现消除了零相关分析在数据量方面的弊端, 但是该模型的有效性依赖于独立性假设, 即模型中所涉及的线性近似相互独立. 然而在实际情况下, 我们获取的零相关线性近似通常具有一定的截断结构, 独立性假设很难被满足.

在此背景下, 多维零相关模型 [46] 的出现也是大势所趋. 攻击思想仍然使用多条线性近似构建统计区分器, 但模型的构建不再依赖独立性假设, 同时对数据量的需求依旧维持在 $\mathcal{O}(2^n/\sqrt{\ell})$ 这一数量级. 作为一种更加成熟的分析方法, 多维零相关线性分析被广泛应用于一系列对称密码的攻击, 并且成为很多算法的最优攻击方法.

4.4.1　零相关线性分析框架

经典零相关线性分析方法依赖于零相关线性近似的存在性.

定义 4.18　零相关线性近似

给定 n 比特迭代分组密码算法 E_K 的线性近似 (α,β), 若对于 K 所有可能的取值, (α,β) 的相关度均为零, 则称其为 E_K 的一条零相关线性近似.　♣

注　根据堆积引理, 为了证明一条线性近似的相关度为零, 只要保证线性近似中的某一轮相关度为零即可.

零相关线性分析的可行性基于以下命题.

命题 4.8

对于 n 比特随机置换 $(n \geqslant 5)$，任意非平凡线性近似相关度为零的概率近似为 $\frac{1}{\sqrt{2\pi}} 2^{\frac{4-n}{2}}$. ♠

由上述命题可知，当 n 取值较大时，对于随机置换而言，任意给定的线性近似相关度为零的概率非常低. 因此，对于 R 轮的密码算法，一旦发现有效的 $R-1$ 轮零相关线性近似，即可猜测算法最后一轮子密钥 K_{r-1} 并对密文进行一轮部分解密，进而构造 $R-1$ 轮零相关线性近似表达式

$$\alpha \cdot P \oplus \beta \cdot F_{K_{r-1}}^{-1}(C) = \gamma \cdot K. \tag{4.14}$$

给定 2^n 个明密文对：

• 如果表达式 (4.14) 中用正确的候选值代入 K_{r-1}，那么等式成立的概率将恰巧等于 0.5；

• 如果表达式 (4.14) 中用错误的候选值代入 K_{r-1}，那么由命题 4.8 可知，等式成立的概率将很有可能不等于 0.5.

基于这一观测，即可恢复密钥值.

零相关线性分析

对于 R 轮的密码算法，设已找到 $R-1$ 轮零相关线性近似

$$\alpha \cdot P \oplus \beta \cdot F_{K_{r-1}}^{-1}(C) = \gamma \cdot K.$$

给定 2^n 个明密文对，执行以下步骤恢复主密钥 K 的值.

步骤 1 对 K_{r-1} 的每个候选值 κ 构建计数器 Cnt 记录明密文对中满足 $\alpha \cdot P \oplus \beta \cdot F_\kappa^{-1}(C) = 0$ 的数量.

步骤 2 计算线性近似的经验相关度

$$\hat{c} = \frac{2 \cdot \text{Cnt}}{2^n} - 1,$$

并将其作为假设检验的统计量.

步骤 3 根据统计量的计算值作判断：

• 若 $\hat{c} = 0$，认为 κ 是 K_{r-1} 的一个正确候选；

• 若 $\hat{c} \neq 0$，认为 κ 是 K_{r-1} 的一个错误候选.

步骤 4 对于所有与 K_{r-1} 的正确候选兼容的主密钥值 K，使用一个或多个明密文对进行加密匹配测试，最终恢复算法的主密钥值.

4.4.2　零相关线性分析复杂度的评估

下面给出零相关线性分析中复杂度等系列参数的评估方法.

成功率　零相关线性近似的性质保证了在正确密钥下, 统计量 $\hat{c}$ 的取值必为零, 所以零相关线性分析的成功率一定为 100%.

优势　由命题 4.8 可知, 在错误密钥之下线性近似相关度取零的概率为 $\frac{1}{\sqrt{2\pi}}2^{\frac{4-n}{2}}$, 这也等于错误密钥可通过检验留下的概率 ε_0. 由 $\varepsilon_0 = 2^{-a}$, 可求得攻击的优势 a.

数据复杂度　如上所述, 零相关线性分析方法需要使用全明文空间, 因此对于 n 比特密码算法, 攻击的数据复杂度为 2^n.

时间复杂度　攻击的时间复杂度通常由三部分构成:

- 收集明密文对的时间, 基本等于攻击的数据复杂度 2^n;
- 执行步骤 1 的时间, 注意可以融入多种密钥恢复技巧降低该步骤的时间复杂度;
- 执行步骤 4 的时间, 该步骤的时间由攻击的优势 a 决定.

存储复杂度　攻击的存储复杂度主要受步骤 1 和步骤 4 影响:

- 在步骤 1 中存储通常用于存储中间状态;
- 在步骤 4 中存储通常用于存储正确密钥候选.

4.4.3　减少数据量的零相关线性分析

通过将已知明文攻击转为选择明文攻击, 可以把零相关线性分析的数据量缩减为 2^{n-1}, 可行性依赖于以下命题.

命题 4.9　高效相关度评估 [44]

对于 n 比特置换 f 的任意非平凡线性近似 (α, β), 相关度的评估只需使用 2^{n-1} 个输入输出对 (X, Y), 以下两种计算方式可任选其一

$$c(\alpha, \beta) = \frac{\#\{(X,Y) | \alpha \cdot X = \beta \cdot Y = 0\}}{2^{n-2}} - 1$$
$$= \frac{\#\{(X,Y) | \alpha \cdot X = \beta \cdot Y = 1\}}{2^{n-2}} - 1.$$

✍ **练习 4.6**　如何证明上面的命题?

4.5　多重和多维零相关线性分析 *

多重 [45] 和多维 [46] 零相关线性分析的思想类似于多重和多维线性分析, 即同时利用多条线性近似中包含的信息改进攻击效果.

4.5.1 多重和多维零相关线性分析框架

为了识别出正确密钥, 多重和多维零相关线性分析需要使用一组零相关线性近似 $(\alpha_0, \beta_0), (\alpha_1, \beta_1), \cdots, (\alpha_{\ell-1}, \beta_{\ell-1})$:

- 在多重零相关线性分析中, 要求所使用的 ℓ 条线性近似相互独立;
- 在多维零相关线性分析中, 要求这 ℓ 条线性近似附加上零向量构成 s 维线性空间 $\mathbf{A} \times \mathbf{B}$, 其中 $\ell = 2^s - 1$.

对于 R 轮密码算法, 若可找到 ℓ 条满足上述条件的 $R-1$ 轮线性近似, 即可尝试恢复算法的密钥信息. 具体来说, 猜定最后一轮的子密钥 K_{r-1}, 即可对密码算法进行一轮部分解密, 进而构造 $R-1$ 轮线性近似表达式

$$\alpha_i \cdot P \oplus \beta_i \cdot F_{K_{r-1}}^{-1}(C) = \gamma_i \cdot K, \quad 0 \leqslant i \leqslant \ell - 1. \tag{4.15}$$

给定 N 个已知明密文对, 计算线性近似的经验容度:

- 如果表达式 (4.15) 中用正确密钥的候选值代入 K_{r-1}, 则线性近似的经验容度较小;
- 如果表达式 (4.15) 中用不正确密钥的候选值代入 K_{r-1}, 则线性近似的经验容度相对较大.

基于这一观测, 可使用假设检验思想恢复密钥信息.

注 在多重和多维零相关线性分析中, 正确密钥候选会使经验容度的取值较小. 而在多重和多维线性分析中, 正确密钥候选会使经验容度的取值较大.

多重零相关线性分析

对于 R 轮的密码算法, 设已找到 ℓ 条相互独立的 $R-1$ 轮零相关线性近似

$$\alpha_i \cdot P \oplus \beta_i \cdot F_{K_{r-1}}^{-1}(C) = \gamma_i \cdot K, \quad 0 \leqslant i \leqslant \ell - 1.$$

给定一组包含 N 个已知明密文对的样本 D, 执行以下步骤恢复主密钥 K.

步骤 1 对 K_{r-1} 的每个候选值 κ 构建 ℓ 个计数器 Cnt_i, $0 \leqslant i \leqslant \ell - 1$, 分别记录明密文对中满足 $\alpha_i \cdot P \oplus \beta_i \cdot F_\kappa^{-1}(C) = 0$ 的数量.

步骤 2 计算 ℓ 个线性近似的经验相关度

$$\hat{c}_i(D, K, K_{r-1}, \kappa) = \frac{2 \cdot \mathsf{Cnt}_i}{N} - 1.$$

将 $T_{\mathrm{MP}}^{\mathrm{ZC}}$ 作为假设检验的统计量

$$T_{\mathrm{MP}}^{\mathrm{ZC}} = N \cdot \sum_{i=0}^{\ell-1} \hat{c}_i(D, K, K_{r-1}, \kappa)^2,$$

并根据测试结果计算 $T_{\mathrm{MP}}^{\mathrm{ZC}}$ 的取值.

步骤 3　选择假设检验的阈值 Θ, 根据统计量的计算值作判断:

• 若 $T_{\mathrm{MP}}^{\mathrm{ZC}} < \Theta$, 认为 κ 是 K_{r-1} 的一个正确候选;

• 若 $T_{\mathrm{MP}}^{\mathrm{ZC}} \geqslant \Theta$, 认为 κ 是 K_{r-1} 的一个错误候选.

步骤 4　对于所有与 K_{r-1} 的正确候选兼容的主密钥 K, 使用一个或多个明密文对进行加密匹配测试, 最终恢复算法的主密钥.

⚜ **注**　多重零相关线性分析使用的统计量 $T_{\mathrm{MP}}^{\mathrm{ZC}}$ 与多重线性分析使用的统计量 T_{MP} 相同.

多维零相关线性分析

对于 R 轮的密码算法, 设已找到 ℓ 条 $R-1$ 轮零相关线性近似 (α_0, β_0), $(\alpha_1, \beta_1), \cdots, (\alpha_{\ell-1}, \beta_{\ell-1})$, 并且这 ℓ 条线性近似附加零向量构成一个 s 维线性空间 $\mathbf{A} \times \mathbf{B}$. 给定一组包含 N 个已知明密文对的样本 D, 执行以下步骤恢复主密钥 K.

步骤 1　对 K_{r-1} 的每个候选值 κ 构建 2^s 个计数器 Cnt_i, $0 \leqslant i \leqslant 2^s - 1$, 分别记录明密文对中满足 $(P, F_\kappa^{-1}(C))$ 限制在空间 $\mathbf{A} \times \mathbf{B}$ 上的取值等于 i 的数量.

步骤 2　将 $T_{\mathrm{MD}}^{\mathrm{ZC}}$ 作为假设检验的统计量

$$T_{\mathrm{MD}}^{\mathrm{ZC}} = \sum_{i=0}^{2^s-1} \frac{(\mathrm{Cnt}_i - N2^{-s})^2}{N2^{-s}},$$

并根据测试结果计算 $T_{\mathrm{MD}}^{\mathrm{ZC}}$ 的取值.

步骤 3　选择假设检验的阈值 Θ, 根据统计量的计算值作判断:

• 若 $T_{\mathrm{MD}}^{\mathrm{ZC}} < \Theta$, 认为 κ 是 K_{r-1} 的一个正确候选;

• 若 $T_{\mathrm{MD}}^{\mathrm{ZC}} \geqslant \Theta$, 认为 κ 是 K_{r-1} 的一个错误候选.

步骤 4　对于所有与 K_{r-1} 的正确候选兼容的主密钥 K, 使用一个或多个明密文对进行加密匹配测试, 最终恢复算法的主密钥.

⚜ **注**　多维零相关线性分析使用的统计量 $T_{\mathrm{MD}}^{\mathrm{ZC}}$ 与多维线性分析使用的统计量 T_{MD} 相同.

4.5.2 多重和多维零相关线性分析复杂度的评估

起初, 作为两种不同的攻击方法, 多维零相关攻击的取样方式为不同已知明文抽样, 而多重零相关攻击则采用已知明文抽样方式. 然而, Céline Blondeau 和 Kaisa Nyberg 在文献 [34] 中证明如果攻击的取样方式相同, 那么 $T_{\mathrm{MP}}^{\mathrm{ZC}}$ 和 $T_{\mathrm{MD}}^{\mathrm{ZC}}$ 将服从相同的分布. 也就是说, 这两种攻击方法既可采用已知明文的方式进行取样, 也可采用不同的已知明文抽样, 攻击的数据量与攻击中涉及的线性近似数量有关, 也和取样的方式有关. 简单起见, 下面我们不再区分 $T_{\mathrm{MP}}^{\mathrm{ZC}}$ 和 $T_{\mathrm{MD}}^{\mathrm{ZC}}$ 两个统计量, 将它们统一记作 T^{ZC}. 下面的推论给出了在不同攻击情境下攻击所需的数据量.

> **推论 4.5** 文献 [34] 定理 6—定理 8 和推论 3
>
> 假设攻击中所使用的线性近似满足多重和多维零相关线性分析的要求, 那么, 在错误密钥下, 统计量 T^{ZC} 服从分布
>
> $$\frac{T^{\mathrm{ZC}}}{B + \frac{N}{2^n}} \sim \chi_\ell^2; \tag{4.16}$$
>
> 在正确密钥下, 统计量 T^{ZC} 服从分布
>
> $$\frac{T^{\mathrm{ZC}}}{B} \sim \chi_\ell^2. \tag{4.17}$$
>
> 通过对卡方分布进行正态近似, 多重/多维零相关线性攻击中所需的已知明文数量 N^{KP} 可用下式评估:
>
> $$N^{\mathrm{KP}} \approx \frac{2^n(\varphi_{P_S} + \varphi_a)}{\sqrt{\ell/2} - \varphi_a}, \tag{4.18}$$
>
> 而在使用不同的已知明文方式进行抽样时, 所需的不同的已知明文数据量 N^{DKP} 为
>
> $$N^{\mathrm{DKP}} \approx \frac{2^n(\varphi_{P_S} + \varphi_a)}{\sqrt{\ell/2} + \varphi_{P_S}}. \tag{4.19}$$

注 多重/多维零相关线性分析可以看作多重/多维线性分析容度取零的特殊情况. 上述推论中统计量的分布和数据量计算公式均可由多重/多维线性分析中导出的结论取特殊常数直接得到

- 式 (4.16) 中错误密钥下统计量的分布等于定理 4.2 给出的分布;
- 式 (4.17) 中正确密钥下统计量的分布等于定理 4.5 中取 $C = C_0 = 0$ 的特殊情况下的分布.

下面给出多重和多维零相关线性分析中三种复杂度的讨论.

数据复杂度   与线性分析的讨论类似, 在进行多重和多维零相关线性分析时, 我们可以自行选定攻击的成功率 P_S 和优势 a, 并基于推论 4.5 计算攻击所需的数据量, 这也决定了攻击的数据复杂度.

时间复杂度   攻击的时间复杂度通常由三部分构成:

● 收集已知明密文对的时间, 基本等于攻击的数据复杂度;

● 执行步骤 1 的时间, 注意可以融入多种密钥恢复技巧降低该步骤的时间复杂度;

● 执行步骤 4 的时间, 该步骤的时间由攻击的优势 a 或假设检验的第一类错误 ε_0 决定. a 的取值越大, 步骤 4 中需要检测的密钥候选越少, 时间复杂度越小.

存储复杂度   攻击的存储复杂度主要受步骤 1 和步骤 4 影响:

● 在步骤 1 中存储通常用于存储中间状态;

● 在步骤 4 中存储通常用于存储正确密钥候选.

注   对于正确的多重和多维零相关线性攻击, 时间复杂度不会小于数据复杂度.

4.6   差分-线性分析

现在, 我们学习了两类区分器的构造方法——利用差分传播或线性近似表达式, 那么能否连接这两类不同的区分器来构成更长轮数的区分器呢? 差分-线性分析 (Differential-Linear Cryptanalysis) 给出了一种解决思路. 该攻击由 Susan K. Langford 和 Martin E. Hellman 于 1994 年在 CRYPTO 提出 [47], 由 Eil Biham 等在 ASIACRYPT(亚洲密码会议, 简称亚密会)2002 推广到更一般的情况 [48], 并破解了 COCONUT98 算法, 现已成为评估分组密码算法安全性的主要手段之一.

4.6.1   差分-线性分析框架

为与短轮数的差分和线性逼近式相对应, 如图 4.6 所示, 我们将分组加密算法 E 分为 3 个部分: E_d, E_l 和 E_c, 即

$$C = E(P) = E_c(E_l(E_d(P))).$$

明文 P 经过 E_d 得到中间状态 $x^{①}$, 然后, x 经过 E_l 得到中间状态 y, 最后 y 经过 E_c 得到密文 C.

---

① 这里的密钥恢复攻击以只在区分器尾部添加轮数为例, 在具体攻击中, 也可以在区分器头部添加轮数.

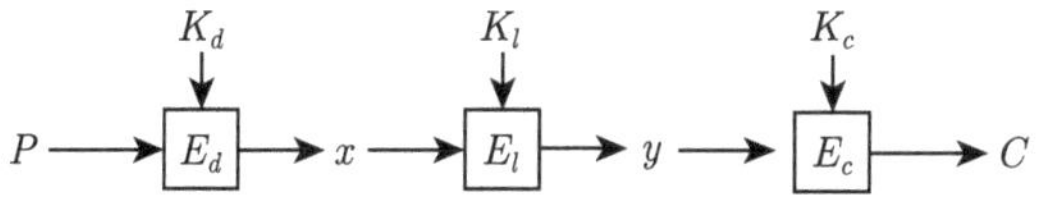

$$K_d \quad\quad K_l \quad\quad K_c$$

$$P \longrightarrow \boxed{E_d} \longrightarrow x \longrightarrow \boxed{E_l} \longrightarrow y \longrightarrow \boxed{E_c} \longrightarrow C$$

图 4.6 差分-线性分析中加密算法的等价形式

设关于 E_l 找到偏差为 ε 的线性近似表达式如下:

$$\lambda_x \xrightarrow{E_l} \lambda_y.$$

则为了与差分连接, 不妨设存在明文对 (P_1, P_2), 其对应的中间状态分别为 (x_1, y_1) 和 (x_2, y_2)(图 4.7), 则根据线性近似表达式, 有

$$\begin{cases} \Pr(\lambda_x \cdot x_1 \oplus \lambda_y \cdot y_1 = 0) = \dfrac{1}{2} + \varepsilon, \\ \Pr(\lambda_x \cdot x_2 \oplus \lambda_y \cdot y_2 = 0) = \dfrac{1}{2} + \varepsilon. \end{cases} \tag{4.20}$$

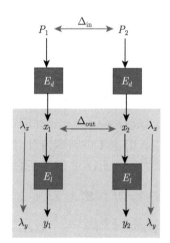

图 4.7 差分-线性分析的区分器

将方程组左侧关于 (x_1, y_1) 和 (x_2, y_2) 的等式异或, 可得

$$\lambda_x \cdot x_1 \oplus \lambda_y \cdot y_1 \oplus \lambda_x \cdot x_2 \oplus \lambda_y \cdot y_2 = 0.$$

移项得

$$\lambda_y \cdot (y_1 \oplus y_2) = \lambda_x \cdot (x_1 \oplus x_2).$$

可见, 关于取值的线性近似表达式转换为关于差分值的线性近似表达式. 而 $x_1 \oplus x_2$ 的取值可以由 E_d 部分的差分所决定, 从而可以推测 $\lambda_x \cdot (x_1 \oplus x_2)$ 的信息. 不妨设

$\Pr(\lambda_x \cdot (x_1 \oplus x_2) = 0) = \dfrac{1}{2} + p$, 则与方程组 (4.20) 联立, 可得

$$\begin{cases} \Pr(\lambda_x \cdot x_1 \oplus \lambda_y \cdot y_1 = 0) = \dfrac{1}{2} + \varepsilon, \\[2mm] \Pr(\lambda_x \cdot x_2 \oplus \lambda_y \cdot y_2 = 0) = \dfrac{1}{2} + \varepsilon, \\[2mm] \Pr(\lambda_x \cdot (x_1 \oplus x_2) = 0) = \dfrac{1}{2} + p. \end{cases} \tag{4.21}$$

根据堆积引理, 有

$$\Pr(\lambda_y \cdot (y_1 \oplus y_2) = 0) = \frac{1}{2} + 4\varepsilon^2 p. \tag{4.22}$$

而对于随机置换, $\Pr(\lambda_y \cdot (y_1 \oplus y_2) = 0) = \dfrac{1}{2}$. 因此, 得到关于中间状态 $y_1 \oplus y_2$ 的有偏差的线性近似表达式, 可借助线性分析的算法 2 进行密钥恢复攻击. 根据算法 2, 攻击的复杂度与 $(4\varepsilon^2 p)^{-2} \approx \varepsilon^{-4} p^{-2}$ 成正比. 既要保证攻击所需的明文对不超过整个明文空间, 又要保证复杂度不超过强力攻击的复杂度.

可见, 模型中关键的就是 p 的计算, 而这与差分 $\Delta_{\text{in}} \xrightarrow{E_d} \Delta_{\text{out}}$ 的取值及概率有关, 将在下一节具体讨论.

4.6.2　CipherFour 算法的差分-线性分析

本节以 CipherFour 算法 (参见附录 A.2, 将 S 盒替换为表 4.1 中的 S 盒) 为例, 具体讨论概率 $\Pr(\lambda_x \cdot (x_1 \oplus x_2) = 0) = \dfrac{1}{2} + p$ 的计算.

先来看 $\Pr(\lambda_x \cdot (x_1 \oplus x_2) = 0) = 1$ 的特殊情况, 即文献 [47] 建立的模型.

利用 4.1.4 节给出的偏差为 $\varepsilon = \pm 1/32$ 的 3 轮线性近似表达式:

$$P_4 \oplus P_6 \oplus P_7 \oplus Z_5^4 \oplus Z_7^4 \oplus Z_{13}^4 \oplus Z_{15}^4 = 0, \tag{4.23}$$

即 $\lambda_x = (0000 \quad 1011 \quad 0000 \quad 0000) \xrightarrow{3 \text{ 轮}} \lambda_y = (0000 \quad 0101 \quad 0000 \quad 0101)$. 此时, E_l 为 3 轮加密, x 和 y 分别充当式 (4.23) 中的 P 和 Z^4.

根据 CipherFour 算法的概率为 1 的 1 轮截断差分路线:

$$(0000 \quad **** \quad 0000 \quad 0000) \xrightarrow{1 \text{ 轮}} (0*00 \quad 0*00 \quad 0*00 \quad 0*00).$$

可见, 如图 4.8所示, 若 E_d 为 1 轮加密, 选择明文对 (P_1, P_2) 满足 $P_1 \oplus P_2 = (0000 \quad **** \quad 0000 \quad 0000)$, 则一轮加密后的输出 (x_1, x_2) 一定满足 $x_1 \oplus x_2$ 的第 4,6,7 比特为零, 即 $\Pr(\lambda_x \cdot (x_1 \oplus x_2) = 0) = 1$. 代入式 (4.22), 可得偏差为 $2\varepsilon^2 = 2^{-9}$ 的 4 轮的线性近似表达式

$$y_{1,5} \oplus y_{1,7} \oplus y_{1,13} \oplus y_{1,15} \oplus y_{2,5} \oplus y_{2,7} \oplus y_{2,13} \oplus y_{2,15} = 0,$$

其中, $y_{i,j}$ 表示 y_i 的第 j 比特.

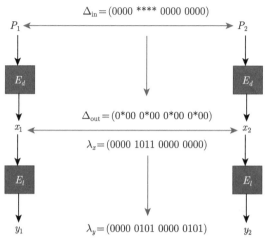

图 4.8 4 轮 CipherFour 算法的差分-线性区分器

✍ **练习 4.7** 请利用上述 4 轮线性逼近式, 进行 5 轮的密钥恢复攻击.(提示: 选择明文攻击, 线性分析算法 2.)

下面, 再来看 $\Pr(\lambda_x \cdot (x_1 \oplus x_2) = 0) = \dfrac{1}{2} + p < 1$ 的情况, 即文献 [48] 建立的模型.

此时, 我们利用 4.1.4 节给出的偏差为 $\varepsilon = \pm 1/8$ 的 2 轮线性近似表达式 (式 (4.6)):

$$P_4 \oplus P_6 \oplus P_7 \oplus Z_5^3 \oplus Z_{13}^3 = 0. \tag{4.24}$$

利用 2 轮的概率为 $\dfrac{8}{16} \cdot \dfrac{6}{16} = \dfrac{3}{16}$ 的差分路线:

$$(0000 \ 1011 \ 0000 \ 0000)$$
$$\xrightarrow{S} (0000 \ 0010 \ 0000 \ 0000) \xrightarrow{P} (0000 \ 0000 \ 0100 \ 0000)$$
$$\xrightarrow{S} (0000 \ 0000 \ 0110 \ 0000) \xrightarrow{P} (0000 \ 0010 \ 0010 \ 0000).$$

例 4.1 若 E_d 为 2 轮加密, 随机选择明文对 (P_1, P_2) 满足 $P_1 \oplus P_2 = (0000\ 1011\ 0000\ 0000)$, 则当 $\lambda_x = (0000\ 1011\ 0000\ 0000)$ 时, $\Pr(\lambda_x \cdot (x_1 \oplus x_2) = 0) = ?$

解 分两种情况讨论.

• $(P_1, P_2) \xrightarrow{2\ 轮} (x_1, x_2)$ 满足差分路线, 记为情况 A.

此时, $x_1 \oplus x_2 = (0000\ 0010\ 0010\ 0000)$, 即 $\lambda_x \cdot (x_1 \oplus x_2) = 1$.

- $(P_1, P_2) \xrightarrow{2\;\text{轮}} (x_1, x_2)$ 不满足差分路线, 记为情况 $\overline{A}$.

此时, 假设 $x_1 \oplus x_2$ 的值服从均匀分布, 则 $\Pr(\lambda_x \cdot (x_1 \oplus x_2) = 1) = \dfrac{1}{2}$.

综上,

$$\Pr(\lambda_x \cdot (x_1 \oplus x_2) = 0) = 1 - \Pr(\lambda_x \cdot (x_1 \oplus x_2) = 1)$$
$$= 1 - \Pr(\lambda_x \cdot (x_1 \oplus x_2) = 1 | A)\Pr(A) - \Pr(\lambda_x \cdot (x_1 \oplus x_2) = 1 | \overline{A})\Pr(\overline{A})$$
$$= 1 - 1 \cdot \frac{3}{16} - \frac{1}{2} \cdot \left(1 - \frac{3}{16}\right) = \frac{1}{2} - \frac{1}{2} \cdot \frac{3}{16}$$
$$= \frac{1}{2} - \frac{3}{32} = \frac{13}{32}.$$

✎ **练习 4.8** 若找到概率为 p' 的 2 轮差分 $\Delta P \xrightarrow{2\;\text{轮}} \Delta x$, 且 $\lambda_x \cdot \Delta x = 0$, 则随机选择的明文对 (P_1, P_2) 满足 $P_1 \oplus P_2 = \Delta P$ 时, $\Pr(\lambda_x \cdot (x_1 \oplus x_2) = 0) = ?$

根据例 4.1, 式 (4.22) 中 $p = -\dfrac{3}{32} = -\dfrac{\frac{3}{16}}{2}$, 从而可得偏差为 $4 \cdot (\pm 1/8)^2 \cdot \left(-\dfrac{3}{32}\right) \approx -2^{-7.42}$ 的 4 轮的线性近似表达式

$$y_{1,5} \oplus y_{1,13} \oplus y_{2,5} \oplus y_{2,13} = 0,$$

其中, $y_{i,j}$ 表示 y_i 的第 j 比特.

基于该 4 轮的线性近似表达式可如下开展 4 轮 CipherFour 算法的区分攻击.

(1) 随机选择 $N = (2^{-7.42})^{-2}$ 对 (P_1, P_2) 满足 $P_1 \oplus P_2 = (0000\ 1011\ 0000\ 0000)$, 并获得相应的密文对 (C_1, C_2);

(2) 对每一个密文对, 统计 $C_{1,5} \oplus C_{1,13} \oplus C_{2,5} \oplus C_{2,13} = 0$ 的对数, 记为 n.

(3) 若 $\dfrac{n}{N} < \dfrac{1}{2} - \dfrac{1}{2} \cdot 2^{-7.42}$①, 则判断黑盒为 4 轮 CipherFour 算法, 否则, 判断为随机置换.

✎ **练习 4.9** 请分析以上区分攻击的复杂度及成功率, 并给出 5 轮 CipherFour 算法的密钥恢复攻击.

4.7 密钥差分不变偏差技术 *

密钥差分不变偏差技术 (Key Difference Invariant Bias Technique)[49] 是线性分析在相关密钥环境下的扩展, 由 Bogdanov 等在 ASIACRYPT 2013 上提出, 最初用于分析密钥替换密码算法 (Key-Alternating Cipher). 在 FSE 2019 上, 王美琴等提出了相关密钥统计饱和度分析方法 [50], 将积分分析推广到相关密钥环境

---

① 因为偏差的符号确定, 故这里不是 $\dfrac{n}{N} - \dfrac{1}{2}$ 的绝对值.

下, 同时, 证明了相关密钥统计饱和度区分器与密钥差分不变偏差区分器的条件等价性, 并给出了自动化搜索密钥差分不变偏差区分器的算法.

在线性分析中, 我们知道无论是线性逼近表达式, 还是线性逼近, 其偏差值与密钥值都是有关系的, 密钥值的不同, 会导致相应偏差的符号和具体的值不同. 密钥差分不变偏差技术主要是寻找两个不同的密钥值满足什么条件时会导致线性逼近在这两个密钥下的偏差是相同的. 本节我们以密钥替换密码算法为例引入该技术. 为引入此技术, 首先给出密钥替换密码算法的概念, 并给出对于此类算法, 其线性逼近的偏差值的计算方法.

密钥替换密码算法的概念最初是由 Daemen 和 Rijmen 在文献 [5] 中提出的, 其构成了现代迭代型分组密码算法特殊而又重要的一部分. 许多分组密码算法可以归于此类, 比如有些 Feistel 结构的算法和几乎所有的 SPN 结构的算法.

> **定义 4.19   密钥替换密码算法 (Key-Alternating Cipher)**
>
> 记 E 为分组长度为 n、密钥长度为 l 的 r 轮迭代型密码算法, 其轮函数为 $F(x,k): \mathbb{F}_2^n \times \mathbb{F}_2^l \to \mathbb{F}_2^n$. 每一轮使用的密钥记作 k_i, 其中 $0 \leqslant i \leqslant r$, 这些轮密钥均由主密钥 κ 通过密钥生成算法 φ 生成. 如果满足以下条件, E 便称作密钥替换密码算法:
> - 第 i 轮的轮函数可以表示成 $F(x,k_i) = f(x) \oplus k_i$, $1 \leqslant i \leqslant r$, 并且 $f: \mathbb{F}_2^n \to \mathbb{F}_2^n$;
> - 第 1 轮的输入值为 $k_0 \oplus P$, 其中 P 为明文.   ♣

对于迭代型密码算法 (例如密钥替换密码算法), 其线性逼近也被称作线性壳 (Linear Hull)[36]. 一个线性壳 (Γ, Λ) 包含所有可能的满足输入掩码为 Γ、输出掩码为 Λ 的线性路线. 并且一个线性壳如果满足 Γ 或者 Λ 为 0, 则被称作是平凡 (trivial) 的线性壳, 否则是非平凡的 (non-trivial).

记 $\mathbb{F}_2$ 为包含两个元素 $\{0,1\}$ 的域, $\mathbb{F}_2^n$ 表示 $\mathbb{F}_2$ 上 n 维二元向量张成的空间. 定义二元向量的内积为 $\Gamma \cdot x = \oplus_{j=0}^{n-1} \Gamma_j \cdot x_j$, 其中 x_0 是 x 的最右边的比特. 假设 θ 代表 r 轮迭代型分组密码算法的一条线性路线, 第 i 轮的输入掩码为 θ_{i-1}, 相应的输出掩码为 θ_i, 其中 $1 \leqslant i \leqslant r$, 那么我们可以用一个 $n(r+1)$ 比特的列向量 $\theta = (\theta_0, \theta_1, \cdots, \theta_r)$ 表示此条路线. 对于密钥替换密码算法 E 而言, 其第 i 轮的偏差为

$$\varepsilon_{\theta_{i-1},\theta_i}^F = \Pr[\theta_{i-1} \cdot x \oplus \theta_i \cdot F(x,k_i) = 0] - \frac{1}{2}$$
$$= \Pr[\theta_{i-1} \cdot x \oplus \theta_i \cdot f(x) \oplus \theta_i \cdot k_i = 0] - \frac{1}{2}.$$

若记 $\varepsilon^f_{\theta_{i-1},\theta_i} = \Pr[\theta_{i-1}\cdot x \oplus \theta_i \cdot f(x) = 0] - \dfrac{1}{2}$，则有

$$\varepsilon^F_{\theta_{i-1},\theta_i} = (-1)^{\theta_i\cdot k_i}\varepsilon^f_{\theta_{i-1},\theta_i}.$$

从而线性路线 θ 在密钥 κ 下的偏差为

$$\varepsilon_\theta(\kappa) = 2^{r-1}(-1)^{\theta_0\cdot k_0}\prod_{i=1}^r \varepsilon^F_{\theta_{i-1},\theta_i}$$

$$= 2^{r-1}(-1)^{\theta_0\cdot k_0}\prod_{i=1}^r(-1)^{\theta_i\cdot k_i}\varepsilon^f_{\theta_{i-1},\theta_i}$$

$$= (-1)^{\theta^t\cdot K}2^{r-1}\prod_{i=1}^r\varepsilon^f_{\theta_{i-1},\theta_i},$$

其中 $K = (k_0,k_1,\cdots,k_{r-1},k_r)$ 被称作扩展密钥，是一个 $n(r+1)$ 比特列的向量，并且 $\theta^t\cdot K$ 是两个向量的乘积，其值为 $\oplus_{j=0}^r\theta_j\cdot k_j$．

对于分组密码算法而言，如果我们可以得到组成线性壳的所有线性路线在同一主密钥下的偏差值，那么便可以计算出此线性壳在该主密钥下的偏差值，如命题 4.10 所示．

命题 4.10　密钥替换密码算法线性壳的偏差值与密钥的关系

对密钥替换密码算法而言，非平凡的线性壳 (Γ,Λ) 在主密钥 κ 下的偏差值为

$$\varepsilon(\kappa) = \sum_{\theta:\theta_0=\Gamma,\theta_r=\Lambda}\varepsilon_\theta(\kappa) = \sum_{\theta:\theta_0=\Gamma,\theta_r=\Lambda}(-1)^{\theta^t\cdot K}\varepsilon_\theta(0) = \sum_{\theta:\theta_0=\Gamma,\theta_r=\Lambda}(-1)^{d^t_\theta\oplus\theta\cdot K}\varepsilon_\theta,$$

其中 $\varepsilon_\theta(\kappa)$ 是线性路线 θ 在密钥 κ 下的偏差值，$\varepsilon_\theta(0) = (-1)^{d_\theta}\varepsilon_\theta$，其中 $\varepsilon_\theta \geqslant 0$ 且 $d_\theta \in \{0,1\}$．

但事实上，由于线性壳中包含的线性路线的条数太多，以至于我们不能知道所有线性路线的偏差值，进而无法得出线性壳的偏差的具体值．为了更好地利用线性壳分析密钥替换密码算法，Bogdanov 等提出了密钥差分不变偏差技术．

4.7.1　密钥差分不变偏差技术的分析框架

对于分组密码算法的一个线性壳 (Γ,Λ)，其在两个不同的密钥 κ 和 κ' 下的偏差分别记作 $\varepsilon(\kappa)$ 和 $\varepsilon(\kappa')$．密钥差分不变偏差技术考虑的是 κ 和 κ' 满足什么条件时会使得 $\varepsilon(\kappa) = \varepsilon(\kappa')$．对于密钥替换密码算法，此条件可以由命题 4.10 看出．

由命题 4.10 可知，$\varepsilon(\kappa)$ 和 $\varepsilon(\kappa')$ 的区别仅仅在于每一条线性路线的偏差值的系数 $d_\theta \oplus \theta^t\cdot K$ 和 $d_\theta \oplus \theta^t\cdot K'$．因此如果 $d_\theta \oplus \theta^t\cdot K = d_\theta \oplus \theta^t\cdot K'$ 对于每一条线

性路线 θ 均成立, 那么 $\varepsilon(\kappa) = \varepsilon(\kappa')$. 由于 d_θ 对于给定的 θ 是相同的, 因此只需要 $\theta^t \cdot (K \oplus K') = 0$ 即可. 记密钥差分 $\Delta = K \oplus K' = (k_0 \oplus k_0', k_1 \oplus k_1', \cdots, k_r \oplus k_r')$, 则此条件等价于 $\theta^t \cdot \Delta = 0$ 对于线性壳中每一条线性路线 θ 均成立. 因此, 我们有下面的定理.

定理 4.8 密钥替换密码算法的密钥差分不变偏差成立的条件

记 (Γ, Λ) 为密钥替换密码算法的一个非平凡的线性壳. 如果对于此线性壳中的每一条满足 $\varepsilon_\theta \neq 0$ 的线性路线 θ 都有 $\theta^t \cdot \Delta = 0$ 成立, 则此线性壳在扩展密钥为 K 的主密钥 κ 和扩展密钥为 $K' = K \oplus \Delta$ 的主密钥 κ' 下具有相同的偏差. ♡

为了寻找满足定理 4.8 所述条件的线性壳和密钥差分, Bogdanov 等给出该条件的一个充分条件. 回顾刚才的符号描述, 我们把线性路线记作一个 $n(r+1)$ 比特的列向量 $\theta = (\theta_0, \theta_1, \cdots, \theta_r)$, 把扩展密钥 K 也记作一个 $n(r+1)$ 比特的列向量 $(k_0, k_1, \cdots, k_r)$. 此处引入符号 $\theta(j)$ 和 $K(j)$ 分别代表 θ 和 K 的第 j 个比特, 其中 $0 \leqslant j \leqslant n(r+1) - 1$. 由此, 我们给出如下的充分条件.

推论 4.6 密钥差分不变偏差的充分条件

当线性壳 (Γ, Λ) 和密钥差分 Δ 满足下面的条件时, 该线性壳中每一条满足 $\varepsilon_\theta \neq 0$ 的线性路线 θ 都有 $\theta^t \cdot \Delta = 0$ 成立:
- 如果这些满足 $\varepsilon_\theta \neq 0$ 的 θ 中有一条路线满足 $\theta(j) = 1$, 则 $\Delta(j) = 0$, 其中 $0 \leqslant j \leqslant n(r+1) - 1$;
- 如果对于所有满足 $\varepsilon_\theta \neq 0$ 的 θ, 均有 $\theta(j) = 0$, 则 $\Delta(j)$ 可等于 0 或者 1, 其中 $0 \leqslant j \leqslant n(r+1) - 1$. ♡

假设我们拥有 λ 条 r 轮的线性壳 (Γ, Λ) 和一个固定的密钥差分 $\Delta \neq 0$, 并且每一条线性壳和此密钥差分均能满足推论 4.6 所述的条件, 我们可以通过在前面加 r_{top} 轮、在后面加 r_{bot} 轮的方式进行 $R(= r_{top} + r + r_{bot})$ 轮的密钥恢复攻击. 在进行密钥恢复攻击之前, 假设我们已经获得 N 组在主密钥 κ 下生成的明密文对 (P, C) 以及 N 组在主密钥 κ' 下生成的明密文对 (P', C'), 其中 κ 和 κ' 满足相应的扩展密钥的差分为 Δ. 对每一条线性壳, 我们都初始化两个计数器 S_i 和 S_i' 来分别计算这 N 对明密文 (P, C) 和 (P', C') 中满足此线性壳的明密文对的个数, 其中 $1 \leqslant i \leqslant \lambda$. 在统计这两个计数器时, 我们可以通过猜测前 r_{top} 轮和后 r_{bot} 轮的密钥, 分别加解密 (P, C) 和 (P', C') 获得被这些线性壳 (Γ, Λ) 覆盖的中间状态的部分值 x 和 x', 进而计算出 S_i 和 S_i'. 利用计数器 S_i 和 S_i', 我们可以分别计算出实验偏差 (Empirical Bias) $\hat{\varepsilon}_i = \frac{S_i}{N} - \frac{1}{2}$ 和 $\hat{\varepsilon}_i' = \frac{S_i'}{N} - \frac{1}{2}$. 之后, 我们使用下面的

统计量 s:

$$s = \sum_{i=1}^{\lambda} (\hat{\varepsilon}_i - \hat{\varepsilon}_i')^2 = \sum_{i=1}^{\lambda} \left[\left(\frac{S_i}{N} - \frac{1}{2} \right) - \left(\frac{S_i'}{N} - \frac{1}{2} \right) \right]^2.$$

由于最终是要对目标算法进行密钥恢复攻击，我们需要利用此统计量的值来区分出正确的密钥猜测和错误的密钥猜测，因此需要在正确的密钥猜测和错误的密钥猜测的前提下分别推导出该统计量 s 的分布，即命题 4.11和命题 4.12.

命题 4.11 统计量 s 在正确的密钥猜测下的分布

假设计数器 S_i 和 S_i', $1 \leqslant i \leqslant \lambda$ 全是独立的，如果线性壳的个数 λ、获得的明密文对的数量 N 和分组长度 n 足够大，则统计量 s 在正确的密钥猜测下的分布为

$$s \sim \mathcal{N}\left(\frac{\lambda}{2N}, \frac{\lambda}{2N^2} \right).$$

证明 根据文献 [51] 和 [14] 的结果，在正确的密钥猜测下，当 N 足够大时，第 i 条线性壳的实验偏差值 $\hat{\varepsilon}_i$ 近似地服从于期望为 ε_i、方差为 $\frac{1}{4N}$ 的正态分布。其中，ε_i 是该线性壳在正确的主密钥 κ 下的理论偏差值。因此线性壳在主密钥 κ 和 κ' 下的偏差值的差值满足

$$\hat{\varepsilon}_i - \hat{\varepsilon}_i' \sim \mathcal{N}\left(\varepsilon_i, \frac{1}{4N} \right) - \mathcal{N}\left(\varepsilon_i', \frac{1}{4N} \right).$$

由于是正确的密钥猜测，因此 $\varepsilon_i = \varepsilon_i'$. 同时由于计数器 S_i 和 S_i' 相互独立，可以得出

$$\hat{\varepsilon}_i - \hat{\varepsilon}_i' \sim \mathcal{N}\left(0, \frac{1}{2N} \right).$$

对 λ 条线性壳而言，

$$s = \sum_{i=1}^{\lambda} (\hat{\varepsilon}_i - \hat{\varepsilon}_i') \sim \sum_{i=1}^{\lambda} \mathcal{N}^2\left(0, \frac{1}{2N} \right) = \frac{1}{2N} \sum_{i=1}^{\lambda} \mathcal{N}^2(0,1) = \frac{1}{2N} \chi_\lambda^2.$$

由于 λ 足够大，χ_λ^2 可以用期望为 λ、方差为 2λ 的正态分布近似，即

$$\frac{1}{2N} \chi_\lambda^2 \approx \frac{1}{2N} \mathcal{N}(\lambda, 2\lambda) = \mathcal{N}\left(\frac{\lambda}{2N}, \frac{\lambda}{2N^2} \right).$$

因此

$$s = \sum_{i=1}^{\lambda} (\hat{\varepsilon}_i - \hat{\varepsilon}_i') \sim \mathcal{N}\left(\frac{\lambda}{2N}, \frac{\lambda}{2N^2} \right).$$

证明完毕.

命题 4.12　统计量 s 在错误的密钥猜测下的分布

假设计数器 S_i 和 S_i', $1 \leqslant i \leqslant \lambda$ 全是独立的, 如果线性壳的个数 λ、获得的明密文对的数量 N 和分组长度 n 足够大, 则统计量 s 在错误的密钥猜测下的分布为

$$s \sim \mathcal{N}\left(\frac{\lambda}{2N} + \frac{\lambda}{2^{n+1}}, \frac{\lambda}{2N^2} + \frac{\lambda}{2^{2n+1}} + \frac{\lambda}{N2^n}\right).$$

♠

证明　根据文献 [52] 和 [53] 的结果, 在错误的密钥猜测下, 当 N 足够大时, 第 i 条线性壳的实验偏差值 $\hat{\varepsilon}_i$ 近似地服从于期望为 ε_i、方差为 $\frac{1}{4N}$ 的正态分布, 其中 ε_i 为理论偏差值, 并且其在 $n \geqslant 5$ 时服从于 $\mathcal{N}\left(0, \frac{1}{2^{n+2}}\right)$. 因此我们有

$$\begin{aligned}
\hat{\varepsilon}_i \sim \mathcal{N}\left(\varepsilon_i, \frac{1}{4N}\right) &= \varepsilon_i + \mathcal{N}\left(0, \frac{1}{4N}\right) \\
&= \mathcal{N}\left(0, \frac{1}{2^{n+2}}\right) + \mathcal{N}\left(0, \frac{1}{4N}\right) \\
&= \mathcal{N}\left(0, \frac{1}{4N} + \frac{1}{2^{n+2}}\right).
\end{aligned}$$

从而可知

$$\hat{\varepsilon}_i - \hat{\varepsilon}_i' \sim \mathcal{N}\left(0, \frac{1}{2N} + \frac{1}{2^{n+1}}\right).$$

对 λ 条线性壳而言,

$$\begin{aligned}
s = \sum_{i=1}^{\lambda}(\hat{\varepsilon}_i - \hat{\varepsilon}_i')^2 &\sim \sum_{i=1}^{\lambda}\mathcal{N}^2\left(0, \frac{1}{2N} + \frac{1}{2^{n+1}}\right) \\
&= \left(\frac{1}{2N} + \frac{1}{2^{n+1}}\right)\sum_{i=1}^{\lambda}\mathcal{N}^2(0,1) \\
&= \left(\frac{1}{2N} + \frac{1}{2^{n+1}}\right)\chi_\lambda^2.
\end{aligned}$$

因此当 λ 足够大时, 我们有

$$\begin{aligned}
s = \sum_{i=1}^{\lambda}(\hat{\varepsilon}_i - \hat{\varepsilon}_i')^2 &\sim \left(\frac{1}{2N} + \frac{1}{2^{n+1}}\right)\mathcal{N}(\lambda, 2\lambda) \\
&= \mathcal{N}\left(\frac{\lambda}{2N} + \frac{\lambda}{2^{n+1}}, \frac{\lambda}{2N^2} + \frac{\lambda}{2^{2n+1}} + \frac{\lambda}{N2^n}\right).
\end{aligned}$$

证明完毕.

由命题 4.11 和命题 4.12 可以看出, 统计量 s 服从于两种不同的正态分布. 在正确的密钥猜测下, s 服从于期望为 $\mu_0 = \dfrac{\lambda}{2N}$、方差为 $\sigma_0^2 = \dfrac{\lambda}{2N^2}$ 的正态分布; 在错误的密钥猜测下, s 服从于期望为 $\mu_1 = \dfrac{\lambda}{2N} + \dfrac{\lambda}{2^{n+1}}$、方差为 $\sigma_1^2 = \dfrac{\lambda}{2N^2} + \dfrac{\lambda}{2^{2n+1}} + \dfrac{\lambda}{N2^n}$ 的正态分布. 由于我们最终要利用 s 的值来区分正确密钥和错误密钥, 因此需要根据统计量 s 的值确定 s 是来自分布 $\mathcal{N}(\mu_0, \sigma_0^2)$ 还是 $\mathcal{N}(\mu_1, \sigma_1^2)$. 为达到此目的, 我们执行一个统计测试, 该测试将 s 的值与某个合适的阈值 (Threshold Value) τ 作比较. 由于 $\mu_0 < \mu_1$, 当 $s \leqslant \tau$ 时, 该测试输出 $s \sim \mathcal{N}(\mu_0, \sigma_0^2)$; 否则, 输出 $s \sim \mathcal{N}(\mu_1, \sigma_1^2)$. 正如其他的统计测试一样, 我们需要处理两种错误概率. 第一种错误概率 α_0 为拒绝正确密钥的概率, 第二种错误概率 α_1 为接受错误密钥的概率, 即

$$\alpha_0 = \Pr\{\text{测试输出 “}s \sim \mathcal{N}(\mu_1, \sigma_1^2)\text{” } \mid s \sim \mathcal{N}(\mu_0, \sigma_0^2)\},$$
$$\alpha_1 = \Pr\{\text{测试输出 “}s \sim \mathcal{N}(\mu_0, \sigma_0^2)\text{” } \mid s \sim \mathcal{N}(\mu_1, \sigma_1^2)\}.$$

测试中使用的阈值为 $\tau = \mu_0 + \sigma_0 q_{1-\alpha_0} = \mu_1 - \sigma_1 q_{1-\alpha_1}$, 其中 $q_{1-\alpha_0}$ 和 $q_{1-\alpha_1}$ 是标准正态分布 $\mathcal{N}(0,1)$ 的下分位数. 该统计测试可以通过图 4.9 进行形象化的认知.

为使两种错误概率的值最大为 α_0 和 α_1, 参数 μ_0, μ_1, σ_0^2 和 σ_1^2 应该满足 $q_{1-\alpha_1}\sigma_1 + q_{1-\alpha_0}\sigma_0 = |\mu_1 - \mu_0|$. 利用上述条件以及命题 4.11、命题 4.12, 我们有下面的命题 4.13 确定攻击中明密文对的组数 N 以及测试中用到的阈值 τ.

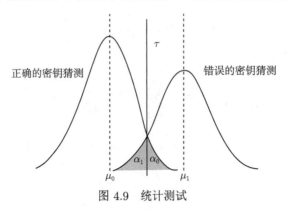

图 4.9　统计测试

命题 4.13　数据量与阈值

记分组长度为 n, 线性壳的条数为 λ, α_0 为拒绝正确密钥的概率, α_1 为接受错误密钥的概率, 则攻击中明密文对的组数 N 为

$$N = \frac{2^{n+0.5}}{\sqrt{\lambda} - q_{1-\alpha_1}\sqrt{2}}(q_{1-\alpha_0} + q_{1-\alpha_1}).$$

测试中用到的阈值 τ 为

$$\tau = \frac{\sqrt{\lambda}}{N\sqrt{2}}q_{1-\alpha_0} + \frac{\lambda}{2N},$$

其中 $q_{1-\alpha_0}$ 和 $q_{1-\alpha_1}$ 是标准正态分布 $\mathcal{N}(0,1)$ 的下分位数. ♠

4.7.2 密钥差分不变偏差技术的通用攻击过程

假设对要攻击的分组密码算法, 我们已经获得了 λ 条线性壳和一个固定的密钥差分 $\Delta \neq 0$, 并且每一条线性壳和该密钥差分均满足推论 4.6 所述的条件. 为方便描述, 以下我们称这 λ 条线性壳和该密钥差分 Δ 的组合为密钥差分不变偏差技术的区分器, 区分器的轮数就是线性壳的轮数. 我们可以通过在区分器前面加 r_{top} 轮、后面加 r_{bot} 轮的方式进行 R $(= r_{\text{top}} + r + r_{\text{bot}})$ 轮的密钥恢复攻击. 通用的攻击过程如算法 5 所示. 算法 5 中的计数器 $V[x]$ 统计这 N 组明密文对 (P, C) 在猜定的密钥下加解密得到的中间状态 x 出现的次数. 计数器 $V[x']$ 与 $V[x]$ 的含义类似.

算法 5　通用攻击过程

输入: λ 条线性壳 (Γ, Λ)、固定的密钥差分 Δ、阈值 τ、区分器的轮数 r、区分器前加的轮数 r_{top}、区分器后加的轮数 r_{bot};

输出: $R(= r_{\text{top}} + r + r_{\text{bot}})$ 轮版本算法使用的加密密钥.

1 // κ 和 κ' 满足相应的扩展密钥的差分为 Δ.
2 在主密钥 κ 下收集 N 组明密文对 (P, C);
3 在主密钥 κ' 下收集 N 组明密文对 (P', C');
4 声明两个计数器 $V[x]$ 和 $V[x']$, 并初始化成 0;
5 通过猜测加解密前 r_{top} 轮和 r_{bot} 轮所需的密钥, 获得中间状态值 x 和 x', 将对应计数器的值 $V[x]$ 和 $V[x']$ 加 1.
6 声明计数器 s 并初始化成 0;
7 **for** 所有线性壳 (Γ, Λ) **do**
8 　　声明两个计数器 S 和 S', 并初始化成 0;
9 　　**for** 所有可能的 x 和 x' **do**
10 　　　　**if** x 的值满足该线性壳 **then**
11 　　　　　　$S \leftarrow S + V[x]$;
12 　　　　**if** x' 的值满足该线性壳 **then**
13 　　　　　　$S' \leftarrow S' + V[x']$;
14 　　$s \leftarrow s + \left[\left(\dfrac{S}{N} - \dfrac{1}{2}\right) - \left(\dfrac{S'}{N} - \dfrac{1}{2}\right)\right]^2$;
15 **if** $s \leqslant \tau$ **then**
16 　　猜测的前 r_{top} 轮和 r_{bot} 轮所需的密钥是可能的正确密钥;
17 利用几组明密文对验证所有留下的密钥, 输出验证通过的密钥;

4.7.3　Mini-AES 算法的相关密钥不变偏差攻击

我们以 Mini-AES 为例, 完整描述相关密钥不变偏差攻击的过程. 本小节中使用的 Mini-AES 算法的总轮数为 10 轮, 分组长度 n 为 16 比特, 主密钥 κ 长度为 32 比特. 该版本的密钥生成算法描述如算法 6 所示, 算法中使用的 S 盒 $S(x)$ 与轮函数中使用的 S 盒是相同的.

算法 6　Mini-AES 算法的密钥生成算法

1　// 32 比特的主密钥 κ 分成两个相同长度的部分 κ^0 和 κ^1.
2　$\kappa = \kappa^0 || \kappa^1$;
3　**for** round $\leftarrow$ 0 **to** 10 **do**
4　　**if** round%4 $= 1$ 或 round%4 $= 2$ **then**
5　　　输出 κ^0 作为该轮轮密钥;
6　　**else**
7　　　输出 κ^1 作为该轮轮密钥;
8　　// 分别更新 κ^0 和 κ^1 的值
9　　$k_0^0 || k_1^0 || k_2^0 || k_3^0 \leftarrow \kappa^0$;
10　$\kappa^0 \leftarrow (k_2^0 \oplus k_3^0) || S(k_0^0) || k_2^0 || k_1^0$;
11　$k_0^1 || k_1^1 || k_2^1 || k_3^1 \leftarrow \kappa^1$;
12　$\kappa^1 \leftarrow (k_2^1 \oplus k_3^1) || S(k_0^1) || k_2^1 || k_1^1$;

利用推论 4.6, 我们找到了该算法从第 2 轮至第 6 轮的概率为 2^{-2} 的 5 轮区分器, 如图 4.10 所示. 其中黑色的格子代表该 nibble 上的掩码值非零, 白色的格子代表该 nibble 上的掩码值为零, 数字 "9"、"4" 和 "0" 表示对应 nibble 上的差分值. 利用此区分器, 我们可以通过在其前后各加 1 轮的方式, 对 7 轮的 Mini-AES 进行密钥差分不变偏差攻击, 如图 4.11 所示. 具体的密钥恢复攻击过程见算法 7. 注意到区分器概率不为 1, 因此该区分器只对 2^{30} 的主密钥 κ 成立, 故此处的密钥恢复攻击实际为弱密钥攻击, 并且只对 2^{30} 的密钥有效, 从而攻击的时间复杂度不能超过 2^{30} 次 7 轮 Mini-AES 加密.

下面具体分析一下该攻击的复杂度. 取两类错误概率分别为 $\alpha_0 \approx 2^{-2.7}$ 和 $\alpha_1 \approx 2^{-3}$, 则利用命题 4.13 可以计算出 $N \approx 2^{13.88}$, 从而数据复杂度为 $D = 2N \approx 2^{14.88}$. 测试中使用的阈值 τ 同样也可以由命题 4.13 得出, 其值为 $\tau \approx 2^{-6.93}$. 该攻击的时间复杂度主项为第 30 步至 33 步, 因此该攻击的时间复杂度为 $T = 2^{28} \times 3 \times \alpha_1 \approx 2^{26.58}$ 次 7 轮 Mini-AES 加密. 存储复杂度主要体现在计数器占用的内存空间上, 故存储复杂度为 $M = 2 \times 12 \times 2^{12} + 2 \times 8 \times 2^8 + 2 \times 8 \times 2^8 \approx 2^{16.7}$ 比特.

算法 7 7 轮 Mini-AES 的密钥恢复攻击

输入: $\lambda = (2^4 - 1) \times (2^4 - 1)$ 条线性壳 (Γ, Λ)、固定的密钥差分 Δ、阈值 τ;
输出: 7 轮 Mini-AES 算法使用的加密密钥.

1   // κ 和 κ' 满足相应的扩展密钥的差分为 Δ.
2   在主密钥 κ 下收集 N 组明密文对 (P, C);
3   在主密钥 κ' 下收集 N 组明密文对 (P', C');
4   声明两个 2^{12} 的计数器 $V_1[x_1]$ 和 $V_1'[x_1']$,并初始化成 0;
5   **for** N 组 (P, C) 和 (P', C') **do**
6   计算 $x_1 = X_0[0,3]||Y_0[1]$,并且 $V_1[x_1] \leftarrow V_1[x_1] + 1$;
7   计算 $x_1' = X_0'[0,3]||Y_0'[1]$,并且 $V_1'[x_1'] \leftarrow V_1'[x_1'] + 1$;
8   **for** 2^8 $K_1^0[0,3]$ **do**
9   声明两个 2^8 的计数器 $V_2[x_2]$ 和 $V_2'[x_2']$,并初始化成 0;
10   **for** 2^{12} x_1 和 x_1' **do**
11   部分加密 $X_0[0,3]$ 得到 $X_1[0]$,从而计算出 $x_2 = X_1[0]||Y_0[1]$,并且
       $V_2[x_2] \leftarrow V_2[x_2] + V_1[x_1]$;
12   部分加密 $X_0'[0,3]$ 得到 $X_1'[0]$,从而计算出 $x_2' = X_1'[0]||Y_0'[1]$,并且
       $V_2'[x_2'] \leftarrow V_2'[x_2'] + V_1'[x_1']$;
13   **for** 2^4 $K_1^7[3]$ **do**
14   声明两个 2^8 的计数器 $V[x]$ 和 $V'[x']$,并初始化成 0;
15   **for** 2^8 x_2 和 x_2' **do**
16   部分解密 $Y_0[1]$ 得到 $Y_1[3]$,从而计算出 $x = X_1[0]||Y_1[3]$,并且
         $V[x] \leftarrow V[x] + V_2[x_2]$;
17   部分解密 $Y_0'[1]$ 得到 $Y_1'[3]$,从而计算出 $x' = X_1'[0]||Y_1'[3]$,并且
         $V'[x'] \leftarrow V'[x'] + V_2'[x_2']$;

18   声明计数器 s 并初始化成 0;
19   **for** 所有线性壳 (Γ, Λ) **do**
20   声明两个计数器 S 和 S',并初始化成 0;
21   **for** 2^8 x 和 x' **do**
22   **if** x 的值满足该线性壳 **then**
23         $S \leftarrow S + V[x]$;
24   **if** x' 的值满足该线性壳 **then**
25         $S' \leftarrow S' + V'[x']$;
26     $s \leftarrow s + \left[\left(\dfrac{S}{N} - \dfrac{1}{2} \right) - \left(\dfrac{S'}{N} - \dfrac{1}{2} \right) \right]^2$;
27   **if** $s \leqslant \tau$ **then**
28   // $K_1^0[0,3]$ 即为 $\kappa_1[0,3]$
29   猜测的 $K_1^0[0,3]$ 和 $K_1^7[3]$ 是可能的正确密钥;
30   **for** 2^{24} $\kappa_0||\kappa_1[1,2]$ **do**
31   利用 κ_1 计算最后一轮的轮密钥的第 3 个位置 $eK_1^7[3]$;
32   **if** 计算出的 $eK_1^7[3]$ 与之前猜测的 $K_1^7[3]$ 相同 **then**
33   利用 3 组明密文对验证此密钥 κ 是否正确,若正确则输出 κ,否则继续下一可能密钥的
       验证;

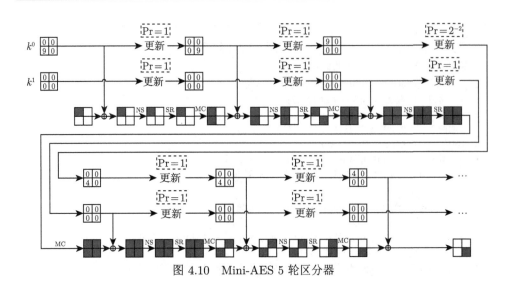

图 4.10　Mini-AES 5 轮区分器

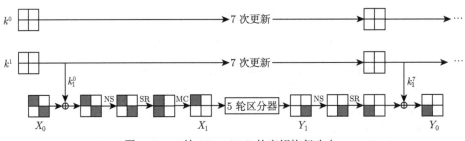

图 4.11　7 轮 Mini-AES 的密钥恢复攻击

第4章课件
参考资料

第4章程序
参考资料

第4章视频
参考资料

第 5 章

积分分析

这一章中, 我们介绍对称密码领域中的另一种分析方法——积分分析 (Integral Cryptanalysis). 相较差分分析中考虑两个明文之差的传播特性, 积分分析中攻击者关注的是多个明文之和 (即积分) 在目标算法中的传播特性. 因此, 从某种意义上来说, 积分分析和差分分析是一种耦合关系.

积分分析的雏形来源于 Daemen 等对 Square 算法的安全性分析, 也称为 Square 攻击 [54]. 随后, Knudsen 和 Wagner [55] 对方法进行了总结并首次提出了积分分析的概念. 随着对积分分析研究的不断加深, 积分分析得到了进一步的发展, 日本学者 Todo[56] 在 2015 年提出了分离性质 (Division Property), 使得积分攻击的能力大大加强, 标志着积分攻击进入一个新的阶段. 分离特性被定义为多重集上的性质, 但是从其传播特性来看, 其与密码算法的代数正规型存在密切的联系. 2020 年, 我国学者胡凯等提出了单项式预测 (Monomial Prediction) 的概念, 从代数正规型中某个单项式在密码算法组件中的传播规律来研究分离特性, 从而得到了更加直观的结果.

在本章中, 我们首先介绍传统的积分分析的基本原理和应用实例, 然后介绍积分分析的扩展——分离性质的原理和应用实例.

5.1 积分分析基本原理

令 $(G, +)$ 表示 k 阶有限阿贝尔群. 现考虑群 $G^n = G \times \cdots \times G$, 群中元素形式为 $v = (v_1, \cdots, v_n)$, $v_i \in G$. 假设 $u, v, w \in G^n$, 则乘群 G^n 上的加法运算 $u + v = w$ 被定义为对所有的 $1 \leqslant i \leqslant n$ 均满足 $u_i + v_i = w_i$.

定义 5.1　积分

令 S 表示一个多重集合, 其元素取自 G^n, 则 S 中所有元素之和 $\displaystyle\int S = \sum_{v \in S} v$ 称为 S 上的积分. 这里的加和运算基于 G^n 上的群操作. ♣

注   不失一般性, 本书中用字节表示 v_i 的单位. 实际上, 在不同的算法中 v_i 单位有可能为字、半字节和比特等.

在积分分析中, 令 n 表示明密文中的字节数, m 表示明密文数. 通常, $m = k$. 这里 $G = \mathrm{GF}(2^s)$ 或者 $G = Z/kZ$, k 表示 G 的阶数, 即 $k = |G|$. S 表示由 m 个明文 (或者中间状态) 组成的多重集, $v \in S$ 表示一个特定的明文 (或者中间状态).

攻击者的目标是通过推测出加密若干轮后在某些字节上的非随机积分特性, 从而恢复密钥. 在传统的积分分析中, 积分特性有三种. 一是集合 S 中所有的向量在某一字节上的值均相等, 我们称积分在该字节上存在常数特性 (Constant Property), 记为符号 $\mathcal{C}$; 二是集合 S 中所有的向量在某一字节上每个值出现的次数相等, 我们称积分在该字节上存在活跃特性 (Active Property), 记为符号 $\mathcal{A}$; 三是集合 S 中所有的向量在某一字节上的值之和为已知常数. 由于已知常数 c' 往往为零, 所以我们称积分在该字节上存在平衡特性 (Balance Property), 记为符号 $\mathcal{B}$. 三种积分特性总结见定义 5.2.

定义 5.2   积分特性

针对 S 中所有的向量在第 i $(1 \leqslant i \leqslant n)$ 个字节上的积分特性, 做如下定义
- 活跃特性 ($\mathcal{A}$): $\{v_i : v \in S\} = G$.
- 平衡特性 ($\mathcal{B}$): $\sum_{v \in S} v_i = c'$.
- 常数特性 ($\mathcal{C}$): $v_i = c, \forall v \in S$,

其中 $c, c' \in G$ 表示已知且固定的常数.

注   本书中使用的活跃特性和平衡特性的定义在某些论文中也会分别用平衡特性与零和特性 (Zero-Sum Property) 来表示, 请读者注意识别和区分.

若 S 中所有的向量在某个字节上的值均相同, 则根据拉格朗日定理 (Lagrange Theorem), 在该字节上的积分为群 G 的幺元. 若 S 中所有的向量在某个字节上的值均各不相同, 根据群理论 ([57, Problem 2.1, p.116]), 可利用定理 5.1 和定理 5.2 对积分值进行预测.

定理 5.1

令 $(G, +)$ 表示有限阿贝尔加群, $H = \{g \in G : g + g = 0\}$ 表示 G 中 1 阶和 2 阶元素组成的子集. 令 $s(G)$ 表示 G 中所有元素之和 $\sum_{g \in G} g$. 则 $s(G) = \sum_{h \in H} h$, 并且 $s(G) \in H$, 即 $s(G) + s(G) = 0$.

例 5.1   当 $G = \mathrm{GF}(2^s)$ 时, 有 $s(G) = 0$. 当 $G = Z/kZ$ 时, 如果 k 为奇数, 则 $s(Z/kZ) = 0$, 如果 k 为偶数, 则 $s(Z/kZ) = k/2$.

定理 5.2

令 $(G, *)$ 表示有限阿贝尔乘群, $H = \{g \in G : g * g = 0\}$ 表示 G 中 1 阶和 2 阶元素组成的子集. 令 $p(G)$ 表示 G 中所有元素的内积 $\prod_{g \in G} g$. 则 $p(G) = \prod_{h \in H} h$, 并且 $p(G) \in H$, 即 $p(G) * p(G) = 0$. ♡

例 5.2 当 $G = (Z/pZ)^*$ 且 p 为素数时, $p(G) = -1$ (Wilson 定理).

两个积分传播特性: 令集合 $S_1 = \{v\}$, $S_2 = \{u\}$ 和 $S_3 = \{w\}$, 有如下传播性质.

性质 1 加法上的积分传播特性 ($\sum_{w \in S_3} w_i = \sum_{v \in S_1} v_i + \sum_{u \in S_2} u_i$):

• 若集合 S_1 和 S_2 在第 i 个字节上均具有活跃特性或者平衡特性, 则 S_3 在第 i 个字节上一定具有平衡特性, 但不一定保持活跃特性;

• 若集合 S_1 在第 i 个字节上具有常数特性, 则 S_2 和 S_3 在第 i 个字节上具有相同的积分特性.

性质 2 双射函数上的积分传播性质 ($S_1 = \{v\}$, $S_2 = \{u\}$, $f : u_i = f(v_i)$):

• 若集合 S_1 在第 i 个字节上具有活跃特性或者常数特性, 则 S_2 与 S_1 在第 i 个字节上积分特性相同;

• 若集合 S_1 在第 i 个字节上具有平衡特性, 则 S_2 在第 i 个字节上的积分特性不确定.

基于积分的定义和传播特性, 下面以 Mini-AES 为例具体阐述积分的传播.

例 5.3 Mini-AES 的 3 轮积分.

在该示例中, $G = \mathrm{GF}(2^4)$, G^4 上的加和运算为异或运算. 选取 $m = 2^4$ 个明文, 使其在第一个半字节上取各不相同的值, 在其他三个半字节上取相同的值 (即明文集合上的积分为 $(\mathcal{A}, \mathcal{C}, \mathcal{C}, \mathcal{C})$). 经过两轮加密后, 2^4 个中间状态上的积分在每个半字节上具有活跃特性. 随后, 经过第三轮加密, 由于 MC 操作的影响, 2^4 个输出上的积分在每个半字节上变为和为 0 的平衡特性. 具体见图 5.1.

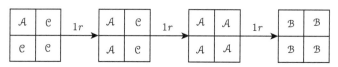

图 5.1 Mini-AES 的 3 轮积分 ($\mathcal{B} = 0$)

类似高阶差分, 积分同样存在高阶积分的概念.

定义 5.3 高阶积分

令集合 $S = \{v\}$ 表示由 m^d 向量组成的多重集, 向量的每个字节有 m 种可能取值. 称集合 S 上的积分为 d 阶积分, 当且仅当 m^d 个向量在 d 个字节上的每种可能取值只发生一次. 令 $\mathcal{A}^d$ 表示 d 阶积分, 当 $d = 1$ 时,

$\mathcal{A}^1 = \mathcal{A}$ 表示 1 阶积分.   ♣

例 5.4　假设以比特为单位, 集合 $S1 = \{0000,\ 0001\}$ 在第 4 个比特上的 2 种可能取值均出现一次, 因此集合 $S1$ 上的积分为 1 阶积分. 集合 $S2 = \{0000,\ 0001, 0010, 0011\}$ 在后两个比特上的 4 种可能取值均出现一次, 因此集合 $S2$ 上的积分为 2 阶积分. 集合 $S3 = \{0000, 0001, 0010, 0011, 0100, 0101, 0110, 0111\}$ 在后三个比特上的 8 种可能取值均出现一次, 因此集合 $S3$ 上的积分为 3 阶积分.

我们仍以 Mini-AES 为例, 具体阐述高阶积分与 1 阶积分相比的优势. 令 $\mathcal{A}_i^d$ 表示具有角标 i 的 d 个字节上存在 d 阶积分.

例 5.5　Mini-AES 的 4 轮 2 阶积分.

选取 $m = 2^8$ 个明文, 使其在第 1 和 4 个半字节上取遍所有的 2^8 可能的值 (注意此时是以半字节为单位, 在这两个半字节 (8 比特) 上可能的取值均出现一次, 所以为 2 阶积分), 在其他两个半字节上取相同的值 (即明文集合上的积分为 $(\mathcal{A}_0^2, \mathcal{C}, \mathcal{A}_0^2, \mathcal{C})$). 经过 1 轮加密后, 2^8 个中间状态在第 1, 2 个半字节上具有 2 阶积分. 随后, 经过第 2 轮加密, 2^8 值在第 1, 3 个字节和第 2, 4 个字节上同时存在 2 阶积分. 最后一轮加密后, 由于 MC 操作的影响, 2^8 个输出上的积分在每个半字节上变为和为 0 的平衡特性. 具体见图 5.2.

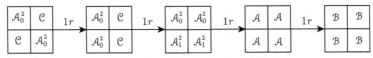

图 5.2　Mini-AES 的 4 轮 2 阶积分 $(\mathcal{B} = 0)$

利用 r 轮的积分路线, 我们给出如下的一种 $r+1$ 轮积分攻击的一般过程.

算法 8　$r+1$ 轮积分攻击

1　寻找一条 r 轮积分路线作为区分器;
2　选择满足区分器输入特性的明文集合, 并加密产生密文;
3　猜测最后一轮的密钥, 部分解密并验证是否满足区分器输出端的积分特性;
4　**if** 满足积分特性 **then**
5　　│　则当前猜测密钥为正确密钥的候选密钥;
6　**else**
7　　│　则当前猜测密钥为错误密钥.

例 5.6　Mini-AES 的 5 轮积分攻击.

- 步骤 1: 选择满足 4 轮 2 阶积分的输入积分特性 $(\mathcal{A}_0^2, \mathcal{C}, \mathcal{A}_0^2, \mathcal{C})$ 的 2^8 明文, 并加密到密文.
- 步骤 2: 猜测最后一轮的第一个半字节密钥的所有可能取值, 用密文的第一个半字节做部分解密到第 4 轮的输出, 检查积分是否满足平衡特性. 若是, 则为正确密钥, 否则, 为错误密钥.

- 步骤 3: 重复步骤 2 来恢复其他三个半字节的第 5 轮子密钥.

整个攻击的数据复杂度为 2^8 个选择明文 (明文遍历一个字节 8 比特), 时间复杂度为 2^8 次 5 轮加密和 4×2^8 次半字节一轮部分解密. 存储复杂度主要发生在密文的存储, 至多需要 $2^8 \times 2 = 512$ 字节.

传统的积分攻击利用三种积分特性对算法和随机函数进行区分从而恢复密钥. 然而, 除了积分攻击之外, 饱和度攻击 (Saturation Attack)[58] 也采用平衡特性进行攻击. 但两者的原理并不相同. 积分攻击是一种有效的攻击手段, 但其往往受到数据量的制约. 为解决这一问题, Wang 等于 2016 年提出了统计积分区分攻击 [59], 降低积分攻击所需的数据, 增强了积分攻击的效果.

5.2 分离特性

5.2.1 分离特性的思想

分离特性 (Division Property) 是一种新型的寻找积分区分器的方法, 由日本学者 Yosuke Todo 在 EUROCRYPT 2015 上提出 [56], 它是积分分析的一种扩展. 给定一个 $\mathbb{F}_2^n$ 上的多重集合 $\mathbb{X}$ 和一个向量 $\boldsymbol{u} \in \mathbb{F}_2^n$, 我们考虑这样一个式子

$$\lambda = \bigoplus_{\boldsymbol{x} \in \mathbb{X}} \pi_{\boldsymbol{u}}(\boldsymbol{x}).$$

那么 λ 的值与 $\boldsymbol{u}$ 的关系是什么呢? 我们首先考虑 $\mathbb{X}$ 的积分性质 $\mathcal{A}$ (活跃特性) 和 $\mathcal{B}$(平衡特性).

(1) 如果 $\mathbb{X}$ 具有积分性质 $\mathcal{A}$, 那么 $\mathbb{X}$ 中的每一种可能的值都会出现相同的次数, 则易证对于任意汉明重量小于 n 的 $\boldsymbol{u}$, λ 恒为 0. 而当 $\boldsymbol{u}$ 的汉明重量为 n 时, λ 的值将随着 $\mathbb{X}$ 中每一个变量出现的次数为奇数还是偶数变化, 当出现次数为奇数时, λ 的值为 1; 当出现的次数为偶数时, λ 的值为 0. 由此, 我们可以知道, 对于一个具有 $\mathcal{A}$ 的多重集合, λ 的取值和 $\boldsymbol{u}$ 的关系是

$$\lambda = \bigoplus_{\boldsymbol{x} \in \mathbb{X}} \pi_{\boldsymbol{u}}(\boldsymbol{x}) = \begin{cases} 0, & \mathrm{wt}(\boldsymbol{u}) < n, \\ 0 \text{ 或 } 1, & \mathrm{wt}(\boldsymbol{u}) = n. \end{cases}$$

当 $\mathrm{wt}(\boldsymbol{u}) = n$ 时, 仅从 $\mathbb{X}$ 具有 $\mathcal{A}$ 性质这个信息, 我们无法确切知道 λ 的值, 在论文 [56] 中, Todo 称此时 λ 的值是不确定的.

(2) 再考虑 $\mathbb{X}$ 具有积分性质 $\mathcal{B}$ 的情况, 显然有

$$\lambda = \bigoplus_{\boldsymbol{x} \in \mathbb{X}} \pi_{\boldsymbol{u}}(\boldsymbol{x}) = \begin{cases} 0, & \mathrm{wt}(\boldsymbol{u}) < 2, \\ 0 \text{ 或 } 1 \text{ (不确定)}, & \mathrm{wt}(\boldsymbol{u}) \geqslant 2. \end{cases}$$

注意, 当 $\mathrm{wt}(\boldsymbol{u}) \geqslant 2$ 的时候我们说 λ 是不确定的, 这是因为仅从 $\mathbb{X}$ 具有 $\mathcal{B}$ 的信息我们推断不出 λ 的具体取值.

作为多重集合性质的 $\mathcal{A}$ 和 $\mathcal{B}$, 都可以使用一个数字 $1 \leqslant k \leqslant n$ 来表示, 对于汉明重量小于 k 的向量, λ 的值恒为 0. 显然, $\mathcal{A}$ 和 $\mathcal{B}$ 分别对应 $k = n$ 和 $k = 2$ 的情形. 那么如果 k 的取值介于上述的 2 和 n 之间呢, 也就是说性质介于活跃特性和平衡特性之间的多重集合具有什么样的特性呢? 我们能不能按照描述 $\mathcal{A}$ 和 $\mathcal{B}$ 的情况描述出来?

分离性质就是总结了介于 $\mathcal{A}$ 和 $\mathcal{B}$ 之间的多重集合的特性, 利用这些特性我们能够更加精确地刻画密码算法的积分特性传播规律.

为了对分离特性有一个直观的认识, 我们首先引入一个例子, 稍后再给出详细的定义和推导. 首先我们正式定义比特乘积函数. 对于 $\mathbb{F}_2^n$ 中的向量 $\boldsymbol{u} = (u_0, u_1, \cdots, u_{n-1})$ 和 $\boldsymbol{x} = (x_0, x_1, \cdots, x_{n-1})$, 我们定义一个乘积函数 $\pi_{\boldsymbol{u}}(\boldsymbol{x})$ 如下:

$$\pi_{\boldsymbol{u}}(\boldsymbol{x}) = \prod_{i=0}^{n-1} x_i^{u_i} = x_0^{u_0} x_1^{u_1} \cdots x_{n-1}^{u_{n-1}}.$$

而对于一个多重集合 $\mathbb{X}$, 我们用函数 $\pi_{\boldsymbol{u}}(\cdot)$ 对集合内的元素求值, 并且将这些值加起来. 它们的加和与向量 $\boldsymbol{u}$ 有关, 我们用 $s(\boldsymbol{u})$ 表示:

$$s(\boldsymbol{u}) = \sum_{\boldsymbol{x} \in \mathbb{X}} \pi_{\boldsymbol{u}}(\boldsymbol{x}).$$

记 $\mathrm{wt}(\boldsymbol{u}) = \sum_{i=0}^{n-1} u_i$ 为向量 $\boldsymbol{u}$ 的汉明重量, 如果我们发现, 当 $\mathrm{wt}(\boldsymbol{u}) < k$ 时, $s(\boldsymbol{u})$ 始终为 0; 而 $\mathrm{wt}(\boldsymbol{u}) \geqslant k$ 时, $s(\boldsymbol{u})$ 值不全为 0, 也可能为 1. 那么我们就说多重集合 $\mathbb{X}$ 的分离特性是 $\mathcal{D}_k^n$.

例 5.7   多重集合 $\mathbb{X}$ 中的元素取自于 $\mathbb{F}_2^4$, 定义为

$$\mathbb{X} = \{0x0, 0x3, 0x3, 0x3, 0x5, 0x6, 0x8, 0xB, 0xD, 0xE\}.$$

针对 $2^4 = 16$ 个不同的 $\boldsymbol{u}$, 我们计算它们的乘积函数值的和, 填在表 5.1 中.

表 5.1   多重集合 $\mathbb{X}$ 的元素的乘积函数值并且加和的结果

	0x0	0x3	0x3	0x3	0x5	0x6	0x8	0xB	0xD	0xE	$s(\boldsymbol{u}) =$
	0000	0011	0011	0011	0101	0110	1000	1011	1101	1110	$\sum \pi_{\boldsymbol{u}}(\boldsymbol{x})$
$\boldsymbol{u} = 0000$	1	1	1	1	1	1	1	1	1	1	0
$\boldsymbol{u} = 0001$	0	1	1	1	1	0	0	1	1	0	0
$\boldsymbol{u} = 0010$	0	1	1	1	0	1	0	1	0	1	0
$\boldsymbol{u} = 0011$	0	1	1	1	0	0	0	1	0	0	0

续表

	0x0	0x3	0x3	0x3	0x5	0x6	0x8	0xB	0xD	0xE	$s(\boldsymbol{u}) =$
	0000	0011	0011	0011	0101	0110	1000	1011	1101	1110	$\sum \pi_{\boldsymbol{u}}(\boldsymbol{x})$
$\boldsymbol{u} = 0100$	0	0	0	0	1	1	0	0	1	1	0
$\boldsymbol{u} = 0101$	0	0	0	0	1	0	0	0	1	0	0
$\boldsymbol{u} = 0110$	0	0	0	0	0	1	0	0	0	1	0
$\boldsymbol{u} = 0111$	0	0	0	0	0	0	0	0	0	0	0
$\boldsymbol{u} = 1000$	0	0	0	0	0	0	1	1	1	1	0
$\boldsymbol{u} = 1001$	0	0	0	0	0	0	0	1	1	0	0
$\boldsymbol{u} = 1010$	0	0	0	0	0	0	0	1	0	1	0
$\boldsymbol{u} = 1011$	0	0	0	0	0	0	0	1	0	0	1
$\boldsymbol{u} = 1100$	0	0	0	0	0	0	0	0	1	1	0
$\boldsymbol{u} = 1101$	0	0	0	0	0	0	0	0	1	0	1
$\boldsymbol{u} = 1110$	0	0	0	0	0	0	0	0	0	1	1
$\boldsymbol{u} = 1111$	0	0	0	0	0	0	0	0	0	0	0

通过观察表 5.1, 我们可以确定 $\mathbb{X}$ 的分离特性. 首先, 我们观察 $\mathrm{wt}(\boldsymbol{u}) < 1$ 的向量, 也就是 $\boldsymbol{u} = 0$ 时, $s(\boldsymbol{u})$ 为 0; 对于 $\mathrm{wt}(\boldsymbol{u}) < 2$ 的所有向量, 也就是 $\boldsymbol{u} \in \{0x0, 0x1, 0x2, 0x4, 0x8\}$ 时, $s(\boldsymbol{u})$ 仍然都为 0; 对于 $\mathrm{wt}(\boldsymbol{u}) < 3$ 的所有向量, 也就是 $\boldsymbol{u} \in \{0x0, 0x1, 0x2, 0x4, 0x8, 0x3, 0x5, 0x9, 0x6, 0xA, 0xC\}$ 时, $s(\boldsymbol{u})$ 就不是 都为 0 了, 因为当 $\boldsymbol{u} \in \{0xB, 0xD, 0xE\}$ 时, $s(\boldsymbol{u}) = 1$. 所以, 我们确定 $\mathbb{X}$ 的分离 特性是 $\mathcal{D}_3^4$.

有了直观的感觉, 我们可以给出分离特性的定义.

定义 5.4 分离特性

多重集合 $\mathbb{X}$ 的元素取值于 $\mathbb{F}_2^n$, k 是一个正数, 取值 0 到 n (包含 n). 我们 说多重集合 $\mathbb{X}$ 具有分离特性 $\mathcal{D}_k^n$, 那么当 $\mathrm{wt}(\boldsymbol{u}) < k$ 时, $\sum_{x \in \mathbb{X}} \pi_{\boldsymbol{u}}(\boldsymbol{x})$ 的取 值一定是 0; 而当 $\mathrm{wt}(\boldsymbol{u}) \geqslant k$ 时, $\sum_{x \in \mathbb{X}} \pi_{\boldsymbol{u}}(\boldsymbol{x})$ 的取值不确定 (unknown). ♣

根据定义 5.4, 令集合 $\mathbb{S}_k^n := \{\boldsymbol{u} \in \mathbb{F}_2^n \mid \mathrm{wt}(\boldsymbol{u}) \geqslant k\}$, 其中 $k \in \{0, 1, 2, \cdots, n\}$. 如果 $\mathbb{X}$ 的分离特性是 $\mathcal{D}_k^n$, 那么我们有

$$\sum_{x \in \mathbb{X}} \pi_{\boldsymbol{u}}(\boldsymbol{x}) = \begin{cases} 0, & \boldsymbol{u} \in \mathbb{F}_2^n \backslash \mathbb{S}_k^n, \\ \text{不确定}, & \boldsymbol{u} \in \mathbb{S}_k^n. \end{cases} \tag{5.1}$$

怎么利用分离特性寻找密码算法的积分特性呢. 我们可以设想, 如果加密一 个明文集合 $\mathbb{P}$, 我们可以得到一个相应的密文集合 $\mathbb{C}$. 如果我们知道了 $\mathbb{C}$ 的分离 特性, 那么密文的积分特性我们也就知道了. 在实际的应用中, 我们可以通过考察 分离特性在通过密码算法的组件时的传播特性, 从而可以逐步得到密文集合的分

离特性. 我们首先通过一个简单的密码算法来直观地认识分离特性在通过 S 盒时的传播特性.

假设有一个加密算法的分组长度是 n 比特, 每一轮包含一个 n 比特的代数次数为 d 的 S 盒 SB, 和一个 n 比特的密钥加 AK. 如果我们选取了一个明文集合 $\mathbb{X}$, 并且 $\mathbb{X}$ 的分离特性是 $\mathcal{D}_k^n$. 经过一轮加密之后, 我们得到密文集合 $\mathbb{Z}$, 也就是

$$\mathbb{X} \xrightarrow{\text{SB}(\cdot)} \mathbb{Y} \xrightarrow{\text{AK}(\cdot)} \mathbb{Z}.$$

那么我们怎么根据 $\mathbb{X}$ 的分离特性推导得到 $\mathbb{Y}$ 和 $\mathbb{Z}$ 的分离特性呢?

我们首先考察 SB 操作, 根据上述描述, $\mathbb{Y} = \{\text{SB}(\boldsymbol{x}) \mid \boldsymbol{x} \in \mathbb{X}\}$. 要求 $\mathbb{Y}$ 的分离特性, 所以我们要考察 $\sum_{\boldsymbol{y} \in \mathbb{Y}} \pi_{\boldsymbol{v}}(\boldsymbol{y})$ 随 $\boldsymbol{v}$ 的变化情况. 我们希望可以将 $\sum_{\boldsymbol{y} \in \mathbb{Y}} \pi_{\boldsymbol{v}}(\boldsymbol{y})$ 与 $\mathbb{X}$ 的分离特性联系起来, 所以得到以下变换:

$$\sum_{\boldsymbol{y} \in \mathbb{Y}} \pi_{\boldsymbol{v}}(\boldsymbol{y}) = \sum_{\text{SB}(\boldsymbol{x}) \in \mathbb{Y}} \pi_{\boldsymbol{v}}(\text{SB}(\boldsymbol{x})) = \sum_{\boldsymbol{x} \in \mathbb{X}} (\pi_{\boldsymbol{v}} \circ \text{SB})(\boldsymbol{x}). \tag{5.2}$$

既然 $\mathbb{X}$ 的分离特性是 $\mathcal{D}_k^n$, 那么我们无法确定任意一个汉明重量为 k 的 $\boldsymbol{u}$ 的 $s(\boldsymbol{u})$ 值, 对于复合函数 $\pi_{\boldsymbol{v}} \circ \text{SB}(\cdot)$ 来说, 只有代数次数确定小于 k 的时候, 我们才能保证 $\sum_{\boldsymbol{x} \in \mathbb{X}} (\pi_{\boldsymbol{v}} \circ \text{SB})(\boldsymbol{x})$ 一定为 0. 而 $\pi_{\boldsymbol{v}} \circ \text{SB}(\cdot)$ 的代数次数 deg 的上界为

$$\deg \leqslant \text{wt}(\boldsymbol{v}) \cdot d, \quad d \text{ 是 SB}(\cdot) \text{ 的代数次数.}$$

所以只有让 $\text{wt}(\boldsymbol{v}) \cdot d < k$, 也就是 $\text{wt}(\boldsymbol{v}) < k/d$, 我们才能确保 $\sum_{\boldsymbol{x} \in \mathbb{X}} (\pi_{\boldsymbol{v}} \circ \text{SB})(\boldsymbol{x}) = 0$. 因为 $\boldsymbol{v}$ 的取值是整数, 所以我们知道 $\mathbb{Y}$ 的分离特性是 $\mathcal{D}_{\lceil k/d \rceil}^n$. 但是当 SB 是一个置换时, 我们知道 SB 的代数次数最大为 $n - 1$, 同时 $\pi_{\boldsymbol{v}} \circ \text{SB}$ 的代数次数当 $\text{wt}(\boldsymbol{v}) < n$ 的时候也一定小于 n, 所以当 SB 是一个置换且 $\mathbb{X}$ 的分离特性是 $\mathcal{D}_n^n$ 时, $\mathbb{Y}$ 的分离特性是 $\mathcal{D}_n^n$, 而非 $\mathcal{D}_{\lceil n/d \rceil}^n$. 这是一个特例.

从 $\mathbb{Y}$ 到 $\mathbb{Z}$ 要经过 AK$(\cdot)$ 操作, 我们可以如法炮制, 因为 AK$(\cdot)$ 的代数次数为 1, 所以 $\mathbb{Z}$ 的分离特性仍然为 $\mathcal{D}_{\lceil k/d \rceil}^n$. 从而确定出 $\mathbb{C}$ 是否存在积分特性.

之后经过每一轮的迭代, 我们就可以知道每一个中间状态的集合的分离特性, 也可以最终求出密文集合 $\mathbb{C}$ 的分离特性.

由于任意的向量布尔函数都可以看成是一个 S 盒 (线性和仿射操作可以看成代数次数为 1 的 S 盒), 所以它们的传播规则的推导和上文 S 盒的传播规则都是相同的. 由此, 我们可以给出多重集合在经过一个向量布尔函数时分离特性的传播规则.

命题 5.1　分离特性通过向量布尔函数的传播规则

$f:\mathbb{F}_2^n\to\mathbb{F}_2^m$ 是一个 S 盒函数, 代数次数是 d. 假设输入多重集合是 $\mathbb{X}$, 其具有分离特性 $\mathcal{D}_k^n$, 输出多重集合 $\mathbb{Y}$ 的分离特性是 $\mathcal{D}_{\lceil k/d\rceil}^m$. 如果 s 还是一个置换, 那么当 $\mathbb{X}$ 的分离特性是 $\mathcal{D}_n^n$ 时, $\mathbb{Y}$ 的分离特性是 $\mathcal{D}_n^n$. ♠

例 5.1　请根据命题 5.1 推导出分离特性通过 XOR, COPY 和一个线性层 (比如 AES 的 MC) 的具体传播规则, 答案见文献 [56].

5.2.2　向量化的分离特性

因为现代分组密码算法的设计思路一般是通过组合小分组的组件, 构成长分组的加密算法. 例如高级加密标准 (AES) 的分组长度是 128 比特, 其轮函数的置换层使用 16 个 8 比特的 S 盒. 只使用命题 5.1 无法同时刻画 16 个 S 盒. 因为这 16 个 S 盒作用在 128 比特的各个字节上, 我们可以分别考虑各个多重集合的分离特性的变化. 在文献 [56] 中, 这被称为向量化的分离特性. 在引入向量分离特性之前, 我们首先将乘积函数向量化.

$\pi_{\boldsymbol{u}}(\cdot):(\mathbb{F}_2^n)^m\to(\mathbb{F}_2^n)^m$ 是一个向量乘积函数, 其中 $\boldsymbol{u}:=\{\boldsymbol{u}_0,\boldsymbol{u}_1,\cdots,\boldsymbol{u}_{m-1}\}$. 令 $\boldsymbol{x}\in(\mathbb{F}_2^n)^m$ 是 $\pi_{\boldsymbol{u}}(\cdot)$ 的输入, 我们有

$$\pi_{\boldsymbol{u}}(\boldsymbol{x})=\prod_{i=0}^{m-1}\pi_{\boldsymbol{u}_i}(\boldsymbol{x}_i)=\prod_{i=0}^{m-1}\left(\prod_{j=0}^{n-1}(u_i)_j^{(x_i)_j}\right). \tag{5.3}$$

定义 5.5　向量分离特性 (Vectorial Division Property)

多重集合 $\mathbb{X}$ 的元素取值于 $\mathbb{F}_2^n$, $\boldsymbol{k}=(k_0,k_1,\cdots,k_{m-1})$ 是一个 m 维整数向量, 其中任意 $1\leqslant k_i\leqslant n$. 我们说多重集合 $\mathbb{X}$ 具有分离特性 $\mathcal{D}_{(k_0,k_1,\cdots,k_{m-1})}^{n,m}$, 当 $\forall i,\mathrm{wt}(\boldsymbol{u}_i)<k_i$ 时, $\sum_{\boldsymbol{x}\in\mathbb{X}}\pi_{\boldsymbol{u}}(\boldsymbol{x})$ 一定是 0; 而当 $\exists i,\mathrm{wt}(\boldsymbol{u}_i)\geqslant k_i$ 时, $\sum_{\boldsymbol{x}\in\mathbb{X}}\pi_{\boldsymbol{u}}(\boldsymbol{x})$ 不确定. ♣

从命题 5.1 中, 我们可以看出考虑一个真实的算法的分离特性的传播, 可以分别考虑各个组件的传播特性. 但是向量化的分离特性带来一个问题, 就是一个多重集合可能具有多个向量分离特性. 例如一个由两部分构成的多重集合 $\mathbb{X}=(\mathbb{X}_0,\mathbb{X}_1)$, 那么 $\mathbb{X}$ 的分离特性可以为 $\mathcal{D}_{(1,3)}^{n,n}$ 也有可能同时为 $\mathcal{D}_{(2,2)}^{n,n}$. 此时, 我们说 $\mathbb{X}$ 的向量分离特性为 $\mathcal{D}_{(1,3)}^{n,n}\cup\mathcal{D}_{(2,2)}^{n,n}$. 在文献 [56] 中, 这种情况被称为组合分离特性. 下面我们以 Mini-AES 为例, 考虑 3 轮 Mini-AES 的积分特性 $\mathcal{DP}_0$, $\mathcal{DP}_1$, $\mathcal{DP}_2$ 与 $\mathcal{DP}_3$ 具体如下:

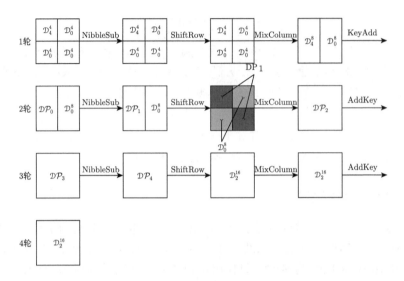

(1) $\mathcal{DP}_0 = \mathcal{D}_{(0,4)}^{4,4} \cup \mathcal{D}_{(1,3)}^{4,4} \cup \mathcal{D}_{(2,2)}^{4,4} \cup \mathcal{D}_{(3,1)}^{4,4} \cup \mathcal{D}_{(4,0)}^{4}$;

(2) $\mathcal{DP}_1 = \mathcal{D}_{(0,4)}^{4,4} \cup \mathcal{D}_{(1,1)}^{4,4} \cup \mathcal{D}_{(1,1)}^{4,4} \cup \mathcal{D}_{(1,1)}^{4,4} \cup \mathcal{D}_{(4,0)}^{4} = \mathcal{D}_{(0,4)}^{4,4} \cup \mathcal{D}_{(1,1)}^{4,4} \cup \mathcal{D}_{(4,0)}^{4}$;

(3) $\mathcal{DP}_2 = \mathcal{D}_4^{16} \cup \mathcal{D}_2^{16} \cup \mathcal{D}_4^{16} = \mathcal{D}_2^{16}$, 后一个等于是因为 $\mathcal{D}_2^{16}$ 已经包含了 $\mathcal{D}_4^{16}$ 的情形, 因为冗余所以只用写 $\mathcal{D}_2^{16}$;

(4) $\mathcal{DP}_3 = \mathcal{D}_{(0,0,1,1)}^{4,4,4,4} \cup \mathcal{D}_{(0,1,0,1)}^{4,4,4,4} \cup \mathcal{D}_{(1,0,0,1)}^{4,4,4,4} \cup \mathcal{D}_{(0,1,1,0)}^{4,4,4,4} \cup \mathcal{D}_{(1,0,1,0)}^{4,4,4,4} \cup \mathcal{D}_{(1,1,0,0)}^{4,4,4,4}$;

(5) $\mathcal{DP}_4 = \mathcal{D}_{(0,0,1,1)}^{4,4,4,4} \cup \mathcal{D}_{(0,1,0,1)}^{4,4,4,4} \cup \mathcal{D}_{(1,0,0,1)}^{4,4,4,4} \cup \mathcal{D}_{(0,1,1,0)}^{4,4,4,4} \cup \mathcal{D}_{(1,0,1,0)}^{4,4,4,4} \cup \mathcal{D}_{(1,1,0,0)}^{4,4,4,4}$.

由于 3 轮 Mini-AES 的密文的多重集合的分离特性是 $\mathcal{D}_2^{16}$, 所以密文的每一个比特都是零和的. 在求实际的算法时, 我们一般通过编写程序来追踪分离特性的传播, 一般我们用 MILP 或者 SAT 等建模工具刻画算法的分离性质.

5.2.3　比特级的分离特性

上节中介绍的分离特性原理只考虑了向量布尔函数的代数次数性质, 多重集合也总是以一个 “字” 为最小单位进行考虑, 在文献 [60] 中, 这种多重集合又被称为是字级的分离特性. 但是对于给定的多重集, 字级分离特性有时候不能精确刻画一个集合的性质.

考虑如下 $\mathbb{F}_2^4$ 多重集

$$\mathbb{X} = \{0, 1, 2, 3, 4, 5, 6, 7\}. \tag{5.4}$$

$\mathbb{X}$ 的字级分离特性是 $\mathcal{D}_3^4$, 但是我们可以看到 $\boldsymbol{u} = (1, 0, 1, 1)$ 是唯一一个汉明重量为 3 使得 $\bigoplus_{\boldsymbol{x} \in \mathbb{X}} \pi_{\boldsymbol{u}}(\boldsymbol{x}) = 1$ 的向量. 而对于其他三个汉明重量为 3 的向量, 上述加和值恒为 0. 所以为了更加精确地刻画 $\mathbb{X}$ 的分离特性, 我们引入比特级分离特性.

根据我们考虑几种上述加和的值, 比特级分离特性又可以分为两子集合比特级分离特性和三子集合比特级分离特性. 我们分别给出它们的定义.

> **定义 5.6 两子集合比特级分离特性**
>
> 给定 $\mathbb{K} \subseteq \mathbb{F}_2^n$, 如果一个 $\mathbb{F}_2^n$ 上的多重集合 $\mathbb{X}$ 具有比特级分离特性 $\mathcal{D}_{\mathbb{K}}^n$, 那么
>
> $$\bigoplus_{\boldsymbol{x} \in \mathbb{X}} \pi_{\boldsymbol{u}}(\boldsymbol{x}) = \begin{cases} 不确定, & \exists \, \boldsymbol{k} \in \mathbb{K} \ \text{s.t.} \ \boldsymbol{k} \preceq \boldsymbol{u}, \\ 0, & 其他. \end{cases}$$
>
> ♣

再考虑式 (5.4) 中的集合, 我们是明确知道 $\bigoplus_{\boldsymbol{x} \in \mathbb{X}} \pi_{\boldsymbol{u}}(\boldsymbol{x})$ 的值是 1 而不是不确定的, 而两子集合比特级分离特性并没有考虑这个信息. 为了捕捉这个信息, 我们引入三子集合比特级分离特性.

> **定义 5.7 三子集合比特级分离特性**
>
> 给定 $\mathbb{K} \subseteq \mathbb{F}_2^n$, 如果一个 $\mathbb{F}_2^n$ 上的多重集合 $\mathbb{X}$ 具有比特级分离特性 $\mathcal{D}_{\mathbb{K},\mathbb{L}}^n$, 那么
>
> $$\bigoplus_{\boldsymbol{x} \in \mathbb{X}} \pi_{\boldsymbol{u}}(\boldsymbol{x}) = \begin{cases} 不确定, & \exists \, \boldsymbol{k} \in \mathbb{K} \ \text{s.t.} \ \boldsymbol{k} \preceq \boldsymbol{u}, \\ 1, & \exists \, \boldsymbol{\ell} \in \mathbb{L}, \ \text{s.t.} \ \boldsymbol{\ell} = \boldsymbol{u}, \\ 0, & 其他. \end{cases}$$
>
> ♣

可见, 比特级分离特性将同样汉明重量的向量又进行了区分. 这样就可以更加精确地刻画多重集合的分离特性了.

与字级的分离特性将一个字看成是最小的单位不同, 在比特级分离特性中, 每一个比特都是一个独立的单位. 所以比特级分离特性的传播规则也是以比特为单位考虑的. 一些基本函数如 COPY, XOR 和 AND 的传播规则如下.

传播规则 5.1 (COPY)　令 f 是一个 COPY 函数, 输入的是 $(x_0, x_1, \cdots, x_{m-1}) \in \mathbb{F}_2^m$, 输出的是 $(x_0, x_0, x_1, \cdots, x_{m-1}) \in \mathbb{F}_2^{m+1}$. 令 $\mathbb{X}$ 和 $\mathbb{Y}$ 是 COPY 函数的输入与输出多重集合. 假设 $\mathbb{X}$ 的分离特性是 $\mathcal{D}_{\mathbb{K},\mathbb{L}}^{1^m}$, $\mathbb{Y}$ 的分离特性是 $\mathcal{D}_{\mathbb{K}',\mathbb{L}'}^{1^{m+1}}$, 则 $\mathbb{K}'$ 和 $\mathbb{L}'$ 可以使用如下的方法计算:

$$\mathbb{K}' = \begin{cases} (0, 0, k_1, \cdots, k_{m-1}), & k_0 = 0, \\ (0, 1, k_1, \cdots, k_{m-1}), (1, 0, k_1, \cdots, k_{m-1}), & k_0 = 1, \end{cases}$$

$$\mathbb{L}' = \begin{cases} (0, 0, \ell_1, \cdots, \ell_{m-1}), & \ell_0 = 0, \\ (1, 0, \ell_1, \cdots, \ell_{m-1}), (0, 1, \ell_1, \cdots, \ell_{m-1}), (1, 1, \ell_1, \cdots, \ell_{m-1}), & \ell_0 = 1. \end{cases}$$

传播规则 5.2 (XOR)　令 f 是一个 XOR 函数, 输入的是 $(x_0, x_1, \cdots, x_{m-1}) \in \mathbb{F}_2^m$, 输出的是 $(x_0 \oplus x_1, \cdots, x_{m-1}) \in \mathbb{F}_2^{m-1}$. 令 $\mathbb{X}$ 和 $\mathbb{Y}$ 是 XOR 函数的输入与输出多重集合. 假设 $\mathbb{X}$ 的分离特性是 $\mathcal{D}_{\mathbb{K},\mathbb{L}}^{1^m}$, $\mathbb{Y}$ 的分离特性是 $\mathcal{D}_{\mathbb{K}',\mathbb{L}'}^{1^{m-1}}$, 其中 $\mathbb{K}'$ 是从所有的 $\mathbb{K}$ 中满足 $(k_0, k_1) = (0,0), (1,0), (0,1)$ 通过如下法则计算得到的:

$$\mathbb{K}' \leftarrow (k_0 + k_1, k_2, \cdots, k_{m-1}).$$

并且, $\mathbb{L}'$ 是从所有 $\mathbb{L}$ 中的满足 $(\ell_0, \ell_1) = (0,0), (1,0), (0,1)$ 的向量 $\boldsymbol{\ell}$ 通过如下计算公式得到的:

$$\mathbb{L}' \overset{x}{\leftarrow} (\ell_0 + \ell_1, \ell_2, \cdots, \ell_{m-1})$$

其中, $\mathbb{L}' \overset{x}{\leftarrow} (\ell_0 + \ell_1, \ell_2, \cdots, \ell_{m-1})$ 表示

$$\mathbb{L}' = \begin{cases} \mathbb{L} \cup \{\boldsymbol{\ell}\}, & \mathbb{L} \text{ 中没有 } \boldsymbol{\ell}, \\ \mathbb{L} \backslash \{\boldsymbol{\ell}\}, & \mathbb{L} \text{ 中已经有} \boldsymbol{\ell}. \end{cases}$$

传播规则 5.3 (AND)　令 f 是一个 AND 函数, 输入的是 $(x_0, x_1, \cdots, x_{m-1}) \in \mathbb{F}_2^m$, 输出的是 $(x_0 \wedge x_1, x_2, \cdots, x_{m-1}) \in \mathbb{F}_2^{m-1}$. 令 $\mathbb{X}$ 和 $\mathbb{Y}$ 是 AND 函数的输入与输出多重集合. 假设 $\mathbb{X}$ 的分离特性是 $\mathcal{D}_{\mathbb{K},\mathbb{L}}^{1^m}$, $\mathbb{Y}$ 的分离特性是 $\mathcal{D}_{\mathbb{K}',\mathbb{L}'}^{1^{m-1}}$, 其中 $\mathbb{K}'$ 是从所有的 $\mathbb{K}$ 中满足 $(k_0, k_1) = (0,0), (1,1)$ 通过如下法则计算得到的:

$$\mathbb{K}' \leftarrow \left(\left\lceil \frac{k_1 + k_2}{2} \right\rceil, k_2, \cdots, k_{m-1} \right).$$

并且, $\mathbb{L}'$ 是从所有 $\mathbb{L}$ 中的满足 $(\ell_0, \ell_1) = (0,0), (1,1)$ 的向量 $\boldsymbol{\ell}$ 通过如下计算公式得到的:

$$\mathbb{L}' \leftarrow \left(\left\lceil \frac{\ell_0 + \ell_1}{2} \right\rceil, \ell_2, \cdots, \ell_{m-1} \right).$$

对于 COPY, XOR, AND 等和密钥无关的操作来说, $\mathbb{K}$ 到 $\mathbb{K}'$ 的传播和 $\mathbb{L}$ 到 $\mathbb{L}'$ 的传播是独立的. 但是当遇到异或密钥操作时, $\mathbb{L}$ 的一些向量就不再使 $\bigoplus_{x \in \mathbb{X}} \pi_{\boldsymbol{\ell}}(\boldsymbol{x})$ 为 1 了. 由于我们不知道密钥的信息, 所以加和在一些向量下变成了不确定的. 此时, 我们应该将这部分向量转移进 $\mathbb{K}$ 集合中.

令 $\mathbb{X}$ 和 $\mathbb{Y}$ 分别是异或密钥操作的输入与输出, 则对 $\mathbb{Y}$ 中的任一向量都有 $\boldsymbol{y} = \boldsymbol{x} \oplus \boldsymbol{k}$, $\boldsymbol{k}$ 是轮密钥. 令 $\mathcal{D}_{\mathbb{K},\mathbb{L}}^{1^m}$ 和 $\mathcal{D}_{\mathbb{K}',\mathbb{L}'}^{1^m}$ 是 $\mathbb{X}$ 和 $\mathbb{Y}$ 的三子集合比特级分离特性. 对于 $\mathbb{L}$ 中的每一个向量 $\boldsymbol{\ell}$, $\boldsymbol{v} \succ \boldsymbol{\ell}$ 都将使加和 $\bigoplus_{x \in \mathbb{X}} \pi_{\boldsymbol{v}}(\boldsymbol{x} \oplus \boldsymbol{k})$ 变得不确定. 在实际的算法中, 轮密钥可能只和一部分状态异或, 假设在状态的第 i 个比特上有密钥异或, $\mathbb{K}'$ 的计算为

$$\mathbb{K}' \leftarrow (\ell_0, \ell_1, \cdots, \ell_i \wedge 1, \cdots, \ell_{m-1}),$$

其中 $\boldsymbol{\ell} \in \mathbb{L}$ 满足 $\ell_i = 0$.

练习 5.1 在分组大小为 32 的 SIMON 算法中, 假设输入集合 X 具有三子集合比特级分离性质 $\mathbb{L} = (0, 1, 1, 1, \cdots, 1)$, K 为空集, 求此集合经过一轮 SIMON 加密算法后输出集合 Y 所对应的分离性质.

第 6 章

中间相遇攻击

中间相遇攻击 (Meet-in-the-Middle Attack) 最早是由 Diffie 和 Hellman 于 1977 年提出的 [61], 用于对二重 DES 和三重 DES 进行安全性分析. 通过猜测明文加密到中间状态 x 和密文解密到 x 的密钥, 分别求得 x 的值, 若相等则为正确密钥的候选值. 为降低猜测密钥量, 可以考虑部分匹配技术 (Partial Matching Technique)[62], 即只在中间状态 x 的部分比特相遇. 现在, 相遇函数已经由一个固定的中间状态的取值, 发展为在跨越多轮的区分器的头尾的集合映射关系等多种形式 [63-66], 进一步提高攻击轮数, 此外, 还可结合拼切技术 (Splice-and-Cut Technique) [62], 优化时间复杂度, 改进攻击效果. 中间相遇攻击在高级加密标准 AES 等多个对称加密算法及杂凑函数上取得了很好的分析结果.

6.1 中间相遇攻击原理

顾名思义, 中间相遇就是在算法的 "中间" 进行相遇. 所以, 关键问题是 "中间" 相遇位置的选取及 "相遇" 函数的定义.

为便于理解, 我们将分组加密算法 E 分为 3 个部分 (图 6.1): E_0, E_1 和 E_2, 即

$$C = E(P) = E_2(E_1(E_0(P))).$$

明文 P 经过 E_0 得到中间状态 x, 然后, x 经过 E_1 得到中间状态 y, 最后, y 经过 E_2 得到最终的密文 C. 其中, E_1 对应中间相遇的区分器, 相遇函数为与中间状态 (x, y) 有关信息①的函数, 记为 $\mathbb{G}(\mathrm{info}(x), \mathrm{info}(y))$. 特别地, E_1 可以省略, 此时, 分组加密算法 $E = E_2 \circ E_0$ 且 $x = y$, 相遇位置为中间状态 x, 相遇函数往往为 x 的全部比特或部分比特的值; E_1 也可以是多轮加密, 此时, 相遇位置分别在 x 和 y, 相遇函数为关于 $(\mathrm{info}(x), \mathrm{info}(y))$ 的某种对应关系.

一般来说, 中间相遇攻击的攻击原理是: 通过猜测相关密钥, 对明文加密得到

---

① 这些信息能够确定 $\mathbb{G}(\mathrm{info}(x), \mathrm{info}(y))$ 即可, 不一定为 x 或 y 的全部比特.

与中间状态 x 有关的信息 $\mathrm{info}(x)$(称为向前计算[①]), 对密文解密得到与中间状态 y 有关的信息 $\mathrm{info}(y)$(称为向后计算), 代入 $\mathbb{G}(\mathrm{info}(x), \mathrm{info}(y))$ 看是否匹配. 若匹配, 则所猜密钥为正确密钥的候选值; 反之, 为错误密钥.

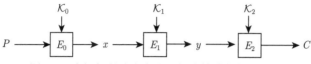

图 6.1　中间相遇攻击中分组加密算法的等价形式

6.2　相遇函数为值的攻击

本节讨论 $E = E_0 \circ E_1$, 相遇函数为 x 的全部或部分比特的取值的情况, 攻击原理如图 6.2 所示.

图 6.2　相遇函数为 x 的取值的攻击原理

6.2.1　全状态值相遇的情况

为描述简便起见, 先讨论相遇函数为 x 的取值, 即 $\mathrm{info}(x) = x$ 时的攻击. 此时, 结合密钥生成方案, 令 K_f, K_b 分别表示向前计算和向后计算中相互独立的密钥, K_j 表示向前计算和向后计算中共同使用的密钥[②], 则攻击模型如算法 9 所示.

设 n 为分组长度, $|K|$ 表示密钥 K 的比特长度, 记 $|K_f| + |K_b| + |K_j| = k$, 则算法 9 中, 任一错误密钥满足 $x = x'$ 的概率为 2^{-n}. 因此, 初筛阶段, 表 T 中期望存在 $2^{|K_j|} \cdot 2^{|K_f|+|K_b|}/2^n = 2^{k-n}$ 个候选密钥. 在此基础上, 复筛阶段对表 T 中的每个密钥, 先用剩余的一个明密文对进行验证, 约有 2^{k-n-n} 个候选密钥保留, 再换一个明密文对继续筛选……通过所有明密文验证的密钥即为正确密钥.

整个攻击的时间复杂度为

$$\underbrace{2^{|K_j|} \cdot (2^{|K_f|} + 2^{|K_b|})}_{\text{初筛阶段}} + \underbrace{(2^{k-n} + 2^{k-2n} + 2^{k-3n} + \cdots + 2^{k-tn})}_{\text{复筛阶段}}. \tag{6.1}$$

---

① 这里的 "向前" 是指在加密算法图中, 计算的方向与 "前向安全" 中的 "前向" 不同.

② K_f, K_b 和 K_j 根据具体算法决定, $K_f \cup K_j$ 可以不包含 $\mathcal{K}_0$ 的全部比特, 同样, $K_b \cup K_j$ 可以不包含 $\mathcal{K}_1$ 的全部比特.

为保证只有正确密钥保留[①], 已知的明密文对数, 即数据复杂度为 $t = \lceil k/n \rceil$.

算法 9　相遇函数为 x 的取值的中间相遇攻击

输入: t 个明密文对 (P_i, C_i), $i = 0, 1, \cdots, t-1$
输出: 正确密钥

    // 初筛阶段:

1　**for** K_j 的每个可能取值 **do**
2　 猜测 K_f 的每个可能取值, 并由明文 P_0 根据 $K_f \cup K_j$ 向前计算 x, 将所有 K_f
      值存入以 x 为索引的表 L 中;
3　 **for** K_b 的每个可能取值 **do**
4　 由密文 C_0 根据 $K_b \cup K_j$ 向后计算 x', 以 x' 访问表 L;
5　 **if** 表 L 中存在 $x = x'$ **then**
6　 取出相应的 K_f 值. 读取当前的 (K_f, K_b, K_j) 作为正确密钥的候选值,
         存入表 T;

    // 复筛阶段:

7　对表 T 中所有的 (K_f, K_b, K_j), 分别利用 (P_i, C_i), $i = 1, \cdots, t-1$, 计算 x 和 x', 若
   均相等, 则输出为正确密钥.

为降低存储复杂度, 可以不存入表 T, 在第 6 步每获得一个候选值, 就进行复筛, 而且过滤概率高, 需要的明密文对个数较少, 从而, 存储复杂度由表 L 占主项, 为 $\min(2^{|K_f|}, 2^{|K_b|})$.

下面, 以二重 DES 算法为例, 进一步说明攻击过程和复杂度分析.

t 重加密是指用同一个分组密码 E 基于多个独立选取的密钥 $K_0, K_1, \cdots,$ K_{t-1} 依次加密. 引入这种模式的目的是解决 DES 密钥过短、不能满足 20 世纪 90 年代以后安全需求的问题. 期望通过直接将 DES 算法的一次加密变为多次, 既节省了升级成本, 又能提高安全性, 但分析表明, 并非如此.

定义 6.1　二重 DES 加密

明文 $P \in \{0,1\}^{64}$, 两个相互独立的密钥 $K_0, K_1 \in \{0,1\}^{56}$, 二重 DES 算法的密文 $C = E(P)$ 计算如下:

(1) $x := \mathrm{Enc}_{K_0}(P)$;

(2) $C := \mathrm{Enc}_{K_1}(x)$;

(3) 输出密文 C,

其中, Enc 为 DES 的加密算法.　　　　　　　　　　　　　　　　　　　♣

例 6.1　二重 DES 的中间相遇攻击. 我们可直接用算法 9 对二重 DES 进行

[①] 具体分析时, 为取得复杂度的平衡, 可以保留多个候选密钥, 视具体情况而定.

中间相遇攻击. 此时 $k = 56 + 56 = 112$, $n = 64$, 故需已知 2 个明密文对 (P_0, C_0) 和 (P_1, C_1). 具体步骤如图 6.3.

(1) 对 $K_0 \in \{0,1\}^{56}$ 的每个可能取值, 计算 $x = \text{Enc}_{K_0}(P_0)$, 并将所有 K_0 值存入以 x 为索引的表 L 中;

(2) 对 $K_1 \in \{0,1\}^{56}$ 的每个可能取值, 计算 $x' = \text{Enc}_{K_1}^{-1}(C_0)$, 并以 x' 访问表 L.

若表 L 中存在 $x = x'$, 则获得相应的 (K_0, K_1), 并计算 $\text{Enc}_{K_0}(P_1)$ 与 $\text{Enc}_{K_1}^{-1}(C_1)$. 若仍相等, 则输出为正确密钥.

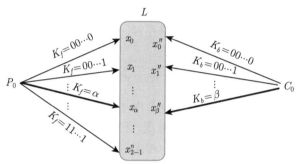

图 6.3　二重 DES 的中间相遇攻击

该攻击的时间复杂度约为 $2^{56} + 2^{56} = 2^{57}$ 次 DES 加密, 即 2^{56} 次二重 DES 加密, 存储复杂度为 2^{56}.

可见, 二重 DES 算法的密钥长度增加为 112 比特, 但安全性仍与 DES 相当, 并没有得到显著提高, 因此, 二重 DES 未被得到推广应用. 实际应用中, 若密码算法进行 "向前" 或 "向后" 计算的密钥 (在一定条件下) 存在独立性, 则实施分治, 受到中间相遇攻击的威胁, 参见文献 [67, 68]. 更复杂的技术与改进参见文献 [69–71].

练习 6.1　请给出三重 DES 加密的中间相遇攻击, 并进行复杂度分析 (参考图 6.4).

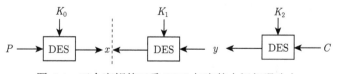

图 6.4　三个密钥的三重 DES 加密的中间相遇攻击

练习 6.2　设 E 为一个密钥长度和分组长度均为 128 比特的分组密码算法, 考虑如下二重加密算法 Enc:

$$\mathrm{Enc}_k(m) = E_{k_2}(E_{k_1}(m)).$$

其中, k_1, k_2 相互独立. 为简便起见, 假设对大表进行排序、存储或访问的时间忽略不计. 请在已知明文攻击下,

- 给出一种对 Enc 算法的存储复杂度不超过 2^{128} 字节的密钥恢复攻击, 并分析攻击复杂度.(提示: 只对 128 比特密钥的部分比特建表.)
- 给出一种对 Enc 算法的时间复杂度不超过 2^{128} 次 E 或 E^{-1} 运算的密钥恢复攻击, 并分析攻击复杂度.(提示: 同时利用多个明密文对, 增加第一次比较时的限制条件, 降低满足条件的候选密钥个数.)
- 假设可以借助 8000 台计算机同时工作, 每台计算机每秒执行约 2^{27} 次 E 或 E^{-1} 运算, 这些计算机可以访问共享存储. 请估计在此环境下, 运行以上两种密钥恢复攻击所需的时间 (以年为单位).

6.2.2　部分状态值相遇的情况

由算法的复杂度分析可见, 攻击复杂度与向前、向后计算涉及的密钥长度 k 正相关, 若能降低 k, 则有望降低复杂度, 我们把这称为部分匹配技术 (Partial Matching Technique)[62]. 在该技术下, 相遇函数为 x 的 l $(l < n)$ 比特. 以 5 轮 Mini-AES 的中间相遇攻击为例进行说明.

例 6.2　5 轮 Mini-AES 的中间相遇攻击.

关于 Mini-AES 算法的描述, 请见附录 A.4. 将其密钥生成算法替换为交替使用两个相互独立的 16 比特轮密钥, 即主密钥为 32 比特 $K = K_0 \| K_1$, $K_0, K_1 \in \mathbb{F}_2^{16}$. 第 1 轮前的白化密钥为 K_0, 第 i 轮的子密钥为 $K_{i-1 \bmod 2}$. 将 16 比特的状态按 4 比特 (半字节, nibble) 划分, 按位置编号为 $\begin{pmatrix} 0 & 2 \\ 1 & 3 \end{pmatrix}$.

如图 6.5 所示, 为平衡复杂度, 选取 "中间" 位置为第 3 轮输出状态的一个半字节 $x[0]$. 根据密钥生成算法, 要计算 $x[0]$, 向前与向后计算的共用密钥有 3 个半字节, 即 $K_j = \{K_0[3], K_1[0]\}$, 仅在向前计算中涉及的密钥 $K_f = \{K_0[1,2], K_1[3]\}$, 仅在向后计算中涉及的密钥 $K_b = \{K_1[1]\}$. 由公式 (6.1) 可得, 攻击的时间复杂度为 $2^{3\times4} \times (2^{3\times4} + 2^4) + (2^{7\times4-4} + 2^{28-2\times4} + 2^{28-3\times4} + \cdots + 2^{28-7\times4}) \approx 2^{25}$ 次 5 轮 Mini-AES 加密. 数据复杂度为 7 个已知明密文对, 存储复杂度为 2^4.

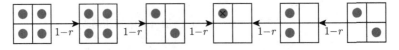

图 6.5　5 轮 Mini-AES 的中间相遇攻击

6.2.3 拼切技术

本节之前的分析, 都是在已知明文环境下进行的, 相当于将算法从中间分割为两部分, 由明密文分别向中间计算取值. 若敌手可以选择明文 (或密文), Ralph C. Merkle 与 Martin E. Hellman 在 1981 年提出了一种新的分割方式 [72], 进一步利用密钥生成方案, 降低攻击复杂度. 基于类似的分割方式, 2008 年, Kazumaro Aoki 和 Yu Sasaki 提出拼切技术 (Splice-and-Cut Technique), 用于杂凑函数的原像攻击 [62], 该技术也适用于下节讨论的相遇函数为集合关系的中间相遇攻击, 在杂凑函数、认证加密等算法的分析中取得了很好的效果.

我们以两个密钥的三重 DES 算法 (简记为 2K3DES) 为例, 介绍选择明文攻击下进行分割的新思路 [72].

根据 6.2.1 节的分析, 二重 DES 并不能有效提高安全性, 因此, NIST 推荐至少加密三重. 而三重 DES 需采用 168 比特的密钥, 为便于密钥管理, 在美国国家标准 ANS X9.17-1998 和国际标准 ISO 8732 中, 采用了 2K3DES, 具体定义如图 6.6.

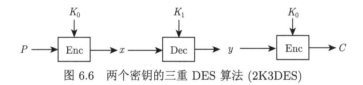

图 6.6 两个密钥的三重 DES 算法 (2K3DES)

> **定义 6.2 两个密钥的三重 DES 算法 (2K3DES)**
>
> 明文 $P \in \{0,1\}^{64}$, 两个相互独立的密钥 $K_0, K_1 \in \{0,1\}^{56}$, 2K3DES 算法的密文 $C = E(P)$ 计算如下:
> (1) $x := \mathrm{Enc}_{K_0}(P)$;
> (2) $y := \mathrm{Dec}_{K_1}(x)$;
> (3) $C := \mathrm{Enc}_{K_0}(y)$;
> (4) 输出密文 C,
> 其中, Enc 为 DES 的加密算法, Dec 为 DES 的解密算法. ♣

注 2K3DES 的优势是能够与 DES 本身兼容: 当 $K_0 = K_1$ 时, 2K3DES 与 DES 等价.

如果对 2K3DES 采用 6.2.1 节的分析, 在 x 或 y 处直接分割, 则要计算取值, 必须同时猜测密钥 K_0 和 K_1, 复杂度约为 2^{112}, 与强力攻击相当. 要想降低复杂度, 必须将与密钥 K_0 相关的运算和与密钥 K_1 相关的运算独立分割开. 观察算法

发现, 关于 y 的方程组:

$$\begin{cases} y = \mathrm{Dec}_{K_1}(x), \\ y = \mathrm{Dec}_{K_0}(C) = \mathrm{Dec}_{K_0}(E(P)) = \mathrm{Dec}_{K_0}(E(\mathrm{Dec}_{K_0}(x))). \end{cases} \tag{6.2}$$

可见, 若控制 $x = 0$ (也可以是任意 n 比特常数), 则方程组 (6.2) 中两个关于 y 的等式只与 K_0 或 K_1 有关, 从而可以降低中间相遇攻击的复杂度. 具体如图 6.7 所示.

例 6.3　2K3DES 的中间相遇攻击.

(1) 预计算: 对 $K_1 \in \{0,1\}^{56}$ 的每个可能取值, 计算 $y = \mathrm{Dec}_{K_1}(0)$, 并将所有 K_1 值存入以 y 为索引的表 L 中.

(2) 对 $K_0 \in \{0,1\}^{56}$ 的每个可能取值:

(a) 计算 $P = \mathrm{Dec}_{K_0}(0)$, 以 P 为选择的明文, 获得对应的密文 C;

(b) 计算 $y' = \mathrm{Dec}_{K_0}(C)$, 并以 y' 访问表 L.

若表 L 中存在 $y = y'$, 则获得相应的 (K_0, K_1). 换一对明密文 (P_1, C_1) 进行验证, 若 $E_{K_0,K_1}(P_1) = C_1$, 则输出为正确密钥.

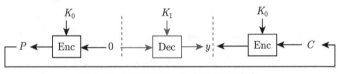

图 6.7　三重 DES 的中间相遇攻击

任一错误密钥满足 $y = y'$ 的概率为 2^{-64}. 因此, 两对明密文足以以很大的概率筛出正确密钥.

该攻击的时间复杂度约为 2^{57} 次加密, 存储复杂度为 2^{56}.

上述攻击成功的关键, 即是通过 x 取定值, "切断" 加密算法中将 K_0, K_1 绑在一起的运算, 再通过明密文之间的对应关系, "拼出" 与正常加密一致的中间结果. 这里的相遇点仍在中间状态, 但 "向前""向后" 计算的起点不是明文或密文, 而是中间状态, 从而可以更灵活地利用密钥关系, 降低复杂度. van Oorschot 与 Wiener 在 1990 年将以上攻击转为了已知明文攻击, 更多细节请参考文献 [73].

6.3　相遇函数为集合映射关系的中间相遇攻击

本节讨论 $E = E_0 \circ E_1 \circ E_2$ 的情况, 相遇函数为 E_1 的头部状态 x 的部分比特相关的多重集与尾部状态 y 的部分比特相关的多重集之间的对应关系. 该思想在 Square 攻击和碰撞攻击 (Collision Attack)[74] 的影响下, 由 Demirci 和 Selçuk

在 FSE2008 提出 [63], 后经过一系列的发展 [64-66], 给出在单密钥场景下 7 轮 AES-128、9 轮 AES-256 和 10 轮 AES-256 的最优攻击. 我们把这种基于集合映射关系的中间相遇攻击称为 $\mathcal{DS}$ 中间相遇攻击.

本节以 7 轮 Mini-AES 算法的中间相遇攻击为例, 介绍 $\mathcal{DS}$ 中间相遇攻击. 关于 Mini-AES 的算法描述, 请见附录 A.4. 假设其密钥生成算法为各轮密钥相互独立, 即主密钥 $K = K_{-1}{}^{①}\|K_0\|\cdots\|K_6$, $K_{-1}, K_0, \cdots, K_6 \in \mathbb{F}_2^{16}$ 且相互独立.

6.3.1 $\mathcal{DS}$ 中间相遇攻击的区分器

在本小节的讨论中, 先不考虑 Mini-AES 算法初始的白化密钥, 且每轮运算都由过 S 盒 (NS)、行移位 (SR)、列混合 (MC)、异或轮密钥 (AK) 四步运算组成. 与积分分析类似, $\mathcal{DS}$ 中间相遇攻击区分器的输入为一个满足某种活跃特性的集合, 以头部输入集与尾部输出集之间的映射关系为研究对象, 构造区分器.

如图 6.8 所示, 设初始状态为 X_0, 第 i 轮过 NS, SR, MC 和 AK 之后的输出分别记为 $X_{i-1}^S, X_{i-1}^R, X_{i-1}^M$ 和 X_i. 考虑满足以下条件的 2^4 个 X_0 构成的初始状态的集合 $\{X_0^0, X_0^1, \cdots, X_0^{15}\}$:

$$\mathcal{X} = \{X_0^i[0] \text{ 取遍所有可能}, X_0^i[1], X_0^i[2], X_0^i[3] \text{ 为常数} \mid i = 0, \cdots, 15\}. \quad (6.3)$$

以下逐轮分析, 遵循 Mini-AES 算法加密流程时, 输入的活跃 nibble 构成的集合 $\{X_0^0[0], X_0^1[0], \cdots, X_0^{15}[0]\}$ 与 i 轮加密之后输出的一个 nibble 构成的集合 $\{X_i^0[0], X_i^1[0], \cdots, X_i^{15}[0]\}$ 之间的映射, 记为 $\mathcal{X}_0[0] \to \mathcal{X}_i[0]$.

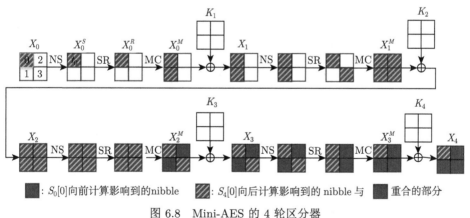

图 6.8　Mini-AES 的 4 轮区分器

- 考虑映射: $\mathcal{X}_0[0] \to \mathcal{X}_1[0]$.
不妨设 $S(X_0[0]) = t_0$, 则

---

① 为便于和区分器里的编号统一, 此处从 -1 开始编号.

$$X_1[0] = X_0^M[0] \oplus K_1[0] = 3t_0 \oplus 2S(X_0[3]) \oplus K_1[0]. \tag{6.4}$$

式中, $X_0[3]$ 是定值, $K_1[0]$ 为轮密钥的一个 nibble, 对加密双方事先共享的密钥来说, 也是定值. 因此, $2S(X_0[3]) \oplus K_1[0]$ 可看作 4 比特的常数 c_0. 从而, 式 (6.4) 等价于如下形式:

$$X_1[0] = 3S(X_0[0]) \oplus c_0. \tag{6.5}$$

可见, 映射: $\mathcal{X}_0[0] \to \mathcal{X}_1[0]$ 由 4 比特的 c_0 决定. 也就是说, 对 4 比特 c_0 的每一个可能值, 根据 $X_0[0]$, 由式 (6.5), 可求得 $X_1[0]$, 将 2^4 种 $X_0[0]$ 依次代入, 可得 2^4 个 $X_1[0]$, 记为一个对应表. 因此, 映射: $X_0[0] \to X_1[0]$, 至多存在 2^4 个对应表 (表 6.1).

类似地, 存在某 4 比特的常数 c_1, 有

$$X_1[1] = 2S(X_0[0]) \oplus c_1. \tag{6.6}$$

表 6.1　$\mathcal{X}_0[0] \to \mathcal{X}_1[0]$ 的所有可能的映射

$c_0 = 0$		$c_0 = 1$			$c_0 = 2^4 - 1$	
$X_0[0]$	$X_1[0]$	$X_0[0]$	$X_1[0]$		$X_0[0]$	$X_1[0]$
0	$3S(0)$	0	$3S(0) \oplus 1$		0	$3S(0) \oplus 15$
1	$3S(1)$	1	$3S(1) \oplus 1$		1	$3S(1) \oplus 15$
...	...	...	...	...	...	...
15	$3S(15)$	15	$3S(15) \oplus 1$		15	$3S(15) \oplus 15$

- 考虑映射: $\mathcal{X}_0[0] \to \mathcal{X}_2[0]$.

类似地, 继续根据加密算法写表达式

$$X_2[0] = X_1^M[0] \oplus K_2[0] = 3S(X_1[0]) \oplus 2S(X_1[3]) \oplus K_2[0] \tag{6.7}$$
$$= 3S(3t_0 \oplus c_0) \oplus 2S(X_1[3]) \oplus K_2[0], \tag{6.8}$$

其中, $2S(X_1[3]) \oplus K_2[0]$ 记为 4 比特的常数 c_2. 从而, 式 (6.7) 等价于如下形式:

$$X_2[0] = 3S(3S(X_0[0]) \oplus c_0) \oplus c_2. \tag{6.9}$$

可见, 映射: $\mathcal{X}_0[0] \to \mathcal{X}_2[0]$ 由 8 比特的 $c_0 \| c_2$ 决定, 至多有 2^8 种可能.

类似地, 存在某 4 比特的常数 $c_3 \sim c_5$, 有

$$X_2[1] = 2S(3S(X_0[0]) \oplus c_0) \oplus c_3, \tag{6.10}$$
$$X_2[2] = 2S(2S(X_0[0]) \oplus c_1) \oplus c_4, \tag{6.11}$$
$$X_2[3] = 3S(2S(X_0[0]) \oplus c_1) \oplus c_5. \tag{6.12}$$

- 考虑映射: $\mathcal{X}_0[0] \to \mathcal{X}_3[0]$.

继续根据加密算法写表达式

$$X_3[0] = X_2^M[0] \oplus K_3[0] = 3S(X_2[0]) \oplus 2S(X_2[3]) \oplus K_3[0] \tag{6.13}$$

$$= 3S(3S(3S(X_0[0]) \oplus c_0) \oplus c_2)$$

$$\oplus 2S(3S(2S(X_0[0]) \oplus c_1) \oplus c_5) \oplus K_3[0]. \tag{6.14}$$

可见, 映射: $\mathcal{X}_0[0] \to \mathcal{X}_3[0]$ 由 20 比特的 $c_0||c_1||c_2||c_5||K_3[0]$ 决定, 至多 2^{20} 种可能.

同理,

$$X_3[3] = X_2^M[3] \oplus K_3[3] = 2S(X_2[2]) \oplus 3S(X_2[1]) \oplus K_3[3] \tag{6.15}$$

$$= 2S(2S(2S(X_0[0]) \oplus c_1) \oplus c_4)$$

$$\oplus 3S(2S(3S(X_0[0]) \oplus c_0) \oplus c_3) \oplus K_3[3]. \tag{6.16}$$

- 考虑映射: $\mathcal{X}_0[0] \to \mathcal{X}_4[0]$.

根据加密算法有

$$X_4[0] = X_3^M[0] \oplus K_4[0] = 3S(X_3[0]) \oplus 2S(X_3[3]) \oplus K_4[0], \tag{6.17}$$

由式 (6.13) 和式 (6.15) 可得, 式 (6.17)的取值由

$$\mathcal{V} = c_0||c_1||c_2||c_3||c_4||c_5||K_3[0]||K_3[3]||K_4[0]$$

决定, 共 36 比特, 即映射 $\mathcal{X}_0[0] \to \mathcal{X}_4[0]$ 至多有 2^{36} 种可能.

而一个 4 比特到 4 比特的随机映射, 共有 $16^{16} = 2^{64}$ 种可能. 可见, $2^{36} \ll 2^{64}$, 按照 4 轮 Mini-AES 算法构造的 $\mathcal{X}_0[0] \to \mathcal{X}_4[0]$ 映射表的个数远小于 4 比特到 4 比特的随机映射的个数. 我们将这种差异性看作相遇函数为集合映射关系的区分器, 如下进行区分攻击.

(1) 预计算: 遍历 $\mathcal{V}$ 的所有可能, 构造映射 $\mathcal{X}_0[0] \to \mathcal{X}_4[0]$ 的 2^{36} 种可能的对应表并存储.

(2) 选择满足式 (6.3) 的 2^4 的输入集合 $\mathcal{X}$, 获得相应的输出集合.

(3) 根据输入集合和输出集合, 获得一个 $\mathcal{X}_0[0] \to \mathcal{X}_4[0]$ 的对应表 T.

(4) 若 T 属于预计算出的 2^{36} 种, 则判断为 4 轮 Mini-AES 算法; 否则, 判断为随机置换.

练习 6.3 分析以上区分攻击的复杂度.

可见, 区分攻击的复杂度由预计算表的计算和存储占主项, 而这主要由计算 $X_4[0]$ 涉及的变量个数所决定. 注意到式 (6.17) 最后是 $\oplus K_4[0]$, 可通过差分进行

消除, 文献 [63] 提出了一种改进方案, 即考虑差分值之间的对应, 而非取值的对应. 具体来说, 考虑对输入集合按照活跃 nibble 的取值由小到大排序①, 则 X_0^0 为 $X_0^0[0] = 0$ 时对应的值, 可构造如下差分形式的映射:

$$X_4^i[0] \oplus X_4^0[0] \tag{6.18}$$
$$= (X_3^{iM}[0] \oplus X_3^{0M}[0]) = 3(S(X_3^i[0]) \oplus S(X_3^0[0]))$$
$$\oplus 2(S(X_3^i[3]) \oplus S(X_3^0[3])), \quad i = 1, \cdots, 15, \tag{6.19}$$

则一个对应表的形式见表 6.2. 此时,

$$\mathcal{V}' = c_0||c_1||c_2||c_3||c_4||c_5||K_3[0]||K_3[3],$$

从而, 可将变量个数由 36 比特降为 32 比特, 只需存储 2^{32} 种对应表, 降低存储复杂度.

表 6.2　$\mathcal{X}_0[0] \to \Delta\mathcal{X}_4[0]$ 的映射

$X_0^1[0] = 1$	$X_4^1[0] \oplus X_4^0[0]$
$X_0^2[0] = 2$	$X_4^2[0] \oplus X_4^0[0]$
$\cdots$	$\cdots$
$X_0^{15}[0] = 15$	$X_4^{15}[0] \oplus X_4^0[0]$

 注　本节讨论的区分器是头部差分与尾部差分的对应表, 其从 36 个比特降为 32 个比特的本质是尾部这个固定位置的 nibble 值的表达式中都含有 $\oplus K$ 这一项, 从而, 可以利用差分这种线性关系, 消除该项, 降低 1 个 nibble 的密钥猜测. 那么, 如果在不同位置的多个字 (字的长度取决于 S 盒大小) 的表达式中也有共项 (例如, MC 变换后的同一列中的每个字的表达式均由 MC 之前的同一列中的字来表示), 因此, 可通过考虑多个字的异或和或者更广义的, 某种线性关系, 进行化简, 减少变量个数, 降低复杂度. 文献 [65] 即利用这种思路, 将 AES 的中间相遇区分器中的变量个数由 24 降为 14, 大大降低预计算表的存储. 此外, 还可以将映射表中的有序对应转为无序对应, 降低存储量, 或选择满足截断差分的区分器头尾, 降低中间变量个数, 以数据换存储 [64].

6.3.2　密钥恢复攻击

本小节中, 我们将 4 轮 Mini-AES 算法的区分器 $\mathcal{X}_0[0] \to \Delta\mathcal{X}_4[0]$, 放在图 6.1 中的 E_1 的位置, 前面添加 1 轮, 后面添加 2 轮, 进行 7 轮 Mini-AES 算法的密钥恢复攻击 (图 6.9).

---

① 不失一般性, 为便于描述, 此处按由小到大排序, 但可固定任意顺序, 保证遍历即可.

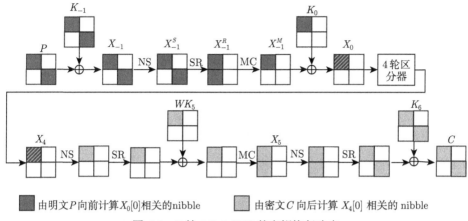

图 6.9 7 轮 Mini-AES 的密钥恢复攻击

(1) 预计算: 令有序集

$$\mathcal{X}_0[0] = \{X_0^0[0], X_0^1[0], \cdots, X_0^{15}[0]\} = \{0, \cdots, 15\}.$$

遍历 $\mathcal{V}'$ 的所有可能, 构造映射 $\mathcal{X}_0[0] \to \Delta\mathcal{X}_4[0]$ 的 2^{32} 种可能的对应表并存储.

该步骤需要 $2^{32} \times 15 \times 4 \times 7 \approx 2^{40.7}$ 次查表运算, $2^{32} \times 15 \times 4 \div 8 = 2^{34.9}$ 个字节的存储.

(2) 连接明文与区分器头部: 要保证 $\mathcal{X}_0[0]$ 活跃, 考虑直接猜测密钥, 计算出满足要求的明文集合 $\mathcal{P} = \{P^0, P^1, \cdots, P^{15}\}$, 并找到与有序集合 $\mathcal{X}_0[0]$ 之间的对应.

(a) 记第一轮 MC 变换的输出为 X_{-1}^M. 选择有序集合

$$\mathcal{X}_{-1}^M[0] = \{X_{-1}^{0M}[0], X_{-1}^{1M}[0], \cdots, X_{-1}^{15M}[0]\} = \{0, 1, \cdots, 15\}^{①},$$

$X_{-1}^{iM}[1] = c_6^{②}(i = 0, \cdots, 15)$.

对 $i = 0, \cdots, 15$, 根据 $X_{-1}^{iM}[0]||X_{-1}^{iM}[1]$ 沿解密方向, 计算出 $X_{-1}^i[0]||X_{-1}^i[3]$.

(b) 猜测 $K_{-1}[0]$ 和 $K_{-1}[3]$, 求得 $P_{-1}^i[0]||P_{-1}^i[3]$, $i = 0, \cdots, 15$. 令 $P_{-1}^i[1]||P_{-1}^i[2]$ 为任意固定常数.

(c) 猜测 $K_0[0]$, 计算 $X_0^i[0] = X_{-1}^{iM}[0] \oplus K_0[0]$, $i = 0, \cdots, 15$.

(d) 为与预计算表相对应, 识别 $X_0^0[0]$, 将计算出的 $X_0^i[0]$ 按照由小到大进行排序, 相应地, 将明文集合排序, 得到有序集合 $\mathcal{P}$, 并获得密文集合 $\mathcal{C}$.

---

① 这里为描述简便选择由小到大的顺序, 但可固定任意顺序, 保证遍历即可.

② c_6 可为任意常数.

(3) 连接密文与区分器尾部: 找到密文集合 $\mathcal{C}$ 与有序集合 $\{X_4^1[0] \oplus X_4^0[0], \cdots ,$ $X_4^{15}[0] \oplus X_4^0[0]\}$ 之间的对应.

(a) 猜测 $K_6[0]$, $K_6[3]$ 和等价密钥 $\mathrm{WK}_5[0]$, 计算 $X_4^i[0]$ 及 $X_4^i[0] \oplus X_4^0[0]$, $i = 1, 2, \cdots , 15$.

(b) 得到一个对应表 $\mathcal{X}_0[0] \to \Delta\mathcal{X}_4[0]$. 若该表在预计算表中, 则输出此时的 24 比特

$$K_{-1}[0]||K_{-1}[3]||K_0[0]||WK_5[0]||K_6[0]||K_6[3]$$

为正确密钥. 否则, 回到 (2) 中的 (b) 步重新猜测.

该步骤需要选择 2^4 个明文, 进行约 $2^{24} \times 16 = 2^{28}$ 次查表运算.

注　若轮密钥之间不独立, 则还可结合密钥生成方案, 进一步平衡复杂度[64].

可见, 密钥恢复攻击的复杂度由预计算阶段和在线阶段需要猜测的密钥量所决定.

一般地, 根据文献 [75] 的分析, 设 c 表示相遇集合中每个元素的比特长度, s 表示头部集合中涉及的元素位置的个数 (例如, 本小节考虑 $X_0[0]$ 这一个位置, 故 $s = 1$), t 表示尾部集合中涉及的元素位置的个数, d 表示预计算阶段需要遍历的 c 比特的变量个数, $|K_{E_0} \cup K_{E_2}|$ 为在线阶段猜测的密钥比特数, ρ_{E_i} 为 E_i 中的运算占一次完整加密的比重 (往往只考虑 S 盒运算), 则

- 预计算阶段的复杂度为: $2^{cd} \cdot 2^{cs} \cdot \rho_{E_1}$ 次加密运算, $2^{cd} \cdot (2^{cs} - 1) \cdot ct$ 比特的存储.
- 在线阶段的复杂度为: 2^{cs} 个明文, $2^{|K_{E_0} \cup K_{E_2}|} \cdot 2^{cs} \cdot \rho_{E_0 \cup E_2}$ 次加密运算. 经过一次筛选, $2^{|K_{E_0} \cup K_{E_2}|}$ 个密钥还剩余 $\lambda \cdot 2^{|K_{E_0} \cup K_{E_2}|}$ 个, 其中, $\lambda = 2^{c(d-t \cdot (2^{cs}-1))}$.

练习 6.4　若 Mini-AES 算法的密钥生成方案为交替使用两个相互独立的 16 比特轮密钥, 则可否进行中间相遇攻击?

第6章课件
参考资料

第6章视频
参考资料

第 7 章

分组密码的其他攻击方法

7.1 代数攻击 *

在本章中, 我们主要关注密码算法的代数攻击 (Algebraic Cryptanalysis). 区别于之前章节介绍的统计分析方法 (如差分攻击、线性攻击等), 代数攻击是一类确定性的攻击方法, 主要利用算法内部的代数结构来进行攻击. 由于密码算法总是可以被建模成一系列多变元的代数方程系统, 因此通过对代数方程系统进行求解即可对密码算法进行攻击. 如果敌手能够成功恢复出密钥, 或者恢复出一个与具体密钥值无关的密码算法等价表示, 即可视为攻击成功.

本章将首先介绍插值攻击的原理和攻击方法, 然后介绍布尔域 $\mathbb{F}_2$ 上的线性化攻击和有限域 $\mathbb{F}_q$ 上的 Gröbner 基攻击.

7.1.1 插值攻击

插值攻击 (Interpolation Attacks) 由 Jakobsen 和 Knudsen 提出 [76], 是分组密码的首个代数攻击. 密码算法的密文总是可以表示成明文的一系列多项式, 如果这些多项式具有低代数次数的性质, 攻击者就可以通过收集足够多的明密文对来恢复多项式的系数, 从而得到一个与密钥值无关的算法表示. 此时, 攻击者可以在不知道密钥具体取值的情况下任意加密明文并得到对应密文.

我们首先介绍拉格朗日 (Lagrange) 插值公式.

定理 7.1　拉格朗日插值公式

对某个多项式函数, 给定 $d+1$ 个取值点 $(x_0, y_0), (x_1, y_1), \cdots, (x_d, y_d)$. 其中 $x_i, y_i \in \mathbb{F}_q$ 且 x_i 两两不同, $0 \leqslant i \leqslant d$, 拉格朗日插值多项式定义为

$$f(x) := \sum_{i=0}^{d} \prod_{0 \leqslant j \leqslant d, j \neq i} \frac{x - x_j}{x_i - x_j},$$

我们有 $y_i = f(x_i), 0 \leqslant i \leqslant d$. ♡

✍ **注**　在密码学中, 一般使用有限域 $\mathbb{F}_q$ 或 $\mathbb{F}_{2^n}$, 其中 q 为素数.

定义分组密码算法 $E_k: \mathbb{F}_{2^n} \to \mathbb{F}_{2^n}$, 最高次数为 $d < 2^n$. 其中, $\mathbb{F}_{2^n}$ 是元素个数为 2^n 的有限域, 则 E_k 可以表示为

$$y = E_k(x) = \sum_{i=0}^{d} g_i(k)x^i,$$

$g_i(k)$ 为与密钥有关的多项式. 由于密钥实际上是未知的确定值, 因此我们可以将等式改写为

$$y = \sum_{i=0}^{d} c_i x^i,$$

其中, $c_0, c_1, \cdots, c_d$ 为未知系数. 根据定理 7.1, 敌手需要收集 $d+1$ 个已知明密文对, 利用明密文对进行拉格朗日插值, 即可恢复出 E_k 的表达式. 构造拉格朗日插值多项式的复杂度为 $O(d \log d)$[77]. 我们引入下面的例子来完整介绍插值攻击的攻击流程.

例 7.1　令 E_k 为定义在 $\mathbb{F}_{2^n}$ 上的 r 轮迭代分组密码算法, 第 i 轮轮函数表示为

$$f(x_i, k_i) = (x_i \oplus k_i)^3,$$

其中 x_0 为输入的明文 p, $k_0, k_1, \cdots, k_{r-1}$ 为独立选取的密钥. 当 $r = 2$ 时, 求插值攻击所需的数据量和复杂度.

解　令 c 表示得到的密文, 我们有

$$
\begin{aligned}
c &= ((p \oplus k_0)^3 \oplus k_1)^3 \\
&= p^9 \oplus p^8 k_0 \oplus p^6 k_1 \oplus p^4 k_0^2 k_1 \oplus p^3 k_1^2 \oplus p^2(k_0^4 k_1 + k_0 k_1^2) \\
&\quad \oplus p(k_0^8 \oplus k_0^2 k_1^2) \oplus k_0^9 \oplus k_0^6 k_1 \oplus k_0^3 k_1^2 \oplus k_1^3.
\end{aligned}
\tag{7.1}
$$

由于密钥是未知的确定值, 因此我们可以将等式改写为

$$c = p^9 \oplus p^8 c_0 \oplus p^6 c_1 \oplus p^4 c_2 \oplus p^3 c_3 \oplus p^2 c_4 \oplus pc_5 \oplus c_6,$$

其中, $c_0, c_1, \cdots, c_6$ 代表方程的系数. 由于方程的最高次数为 9, 根据拉格朗日插值定理, 敌手收集 10 个明密文对即可以通过拉格朗日插值法恢复出所有可能系数.

✍ **练习 7.1**　上述插值攻击要如何扩展为密钥恢复攻击?

✍ **练习 7.2**　在上例中, 虽然我们要恢复的多项式次数为 9, 但多项式的项是稀疏的, 仅有 7 项, 因此我们可以尝试通过高斯消元法对多项式系数进行恢复. 此时, 高斯消元法的复杂度和成功率分别是多少?

7.1.2 线性化

线性化 (Linearization) 是求解布尔域 $\mathbb{F}_2$ 上多变元方程系统的重要技术. 在线性化中, 我们将方程中所有的单项式都看成一个新的独立变量, 从而可以利用线性代数知识来求解方程组. 更准确地说, 对于 n 进 m 出的向量布尔函数 $F: \mathbb{F}_2^n \to \mathbb{F}_2^m$, F_i 为其第 i 个坐标函数. 令 $\mathbb{A}$ 代表 F 坐标函数中所有可能出现的指数集合, 其中指数 $\alpha = (\alpha_1, \cdots, \alpha_n) \in \{0,1\}^n$, $\alpha \in \mathbb{A}$. 则 F_i 表示为

$$F_i = \sum_{\alpha \in \mathbb{A}} c_\alpha^{(i)} x^\alpha,$$

其中, $x^\alpha = x_1^{\alpha_1} \cdots x_n^{\alpha_n}$, $x_i \in \mathbb{F}_2$. 因此, 向量布尔函数 F 可以表示为

$$\begin{pmatrix} \cdots & c_\alpha^{(1)} & \cdots \\ & \vdots & \\ \cdots & c_\alpha^{(n)} & \cdots \end{pmatrix} \cdot \begin{pmatrix} \vdots \\ x^\alpha \\ \vdots \end{pmatrix} = \begin{pmatrix} F_1 \\ \vdots \\ F_n \end{pmatrix},$$

将每一个单项式 x^α 均看成独立的线性变量, 即可利用高斯消元法求解方程组.

线性化方法的有效性主要取决于方程组中线性独立的单项式数目, 因此对单项式数目的估计是线性化复杂度计算的重要步骤. 一般来说, 对于一个最高次数为 d 的 n 元向量布尔函数, 求解的时间复杂度上界为 D^ω 次[1]比特操作[2], 数据复杂度上界为 D, 其中 D 表示次数不超过 d 的所有可能单项式个数, 即

$$D = \sum_{i=1}^d \binom{n}{i}.$$

在实际攻击中, 我们还可以使用先猜后定策略 (Guess-and-Determine) 来降低复杂度. 我们可以预先猜定 g 个比特的取值, 此时所有可能出现的单项式数目变为

$$D_g = \sum_{i=1}^d \binom{n-g}{i}.$$

求解的时间复杂度上界为 $2^g \times (D_g)^\omega$ 次比特操作, 数据复杂度上界为 D_g.

我们引入下面的例子来说明线性化攻击的一般化流程.

例 7.2 分组加密算法 EL 是一个 3 轮 SPN 结构算法, 分组长度与轮密钥长度均为 12 比特. 算法内部状态如图 7.1 所示. 明密文分别记作 $p = (p_0, p_1, \cdots, p_{11})$, $c = (c_0, c_1, \cdots, c_{11})$, 其中 $p_i, c_i \in \mathbb{F}_2$. 算法轮函数如图 7.2 所

---

[1] ω 一般取 2.8 或 3.

[2] 若所需时间复杂度基本单位为运行一次加密需要的时间, 则需要利用比特操作进行折算.

示, 每一轮使用相同的轮密钥 $k = (k_0, k_1, \cdots, k_{11})$, $k_i \in \mathbb{F}_2$. 轮函数包含以下三步.

• 异或轮密钥: 状态矩阵逐比特与轮密钥异或.

• 字节替换: 使用相同的 3 比特 S 盒对状态矩阵的每一列进行替换, 3 比特 S 盒定义为 $(y_0, y_1, y_2) = S(x_0, x_1, x_2)$, 其中

$$y_0 = x_0 x_2 \oplus x_1 \oplus 1,$$
$$y_1 = x_0 x_1 \oplus x_1 \oplus x_2 \oplus 1,$$
$$y_2 = x_1 x_2 \oplus x_0 \oplus x_2.$$

• 行变换: 对状态矩阵的每一行利用矩阵 M 进行线性变换, 其中

$$M = \begin{pmatrix} 1 & 1 & 0 & 0 \\ 0 & 1 & 1 & 0 \\ 0 & 0 & 1 & 1 \\ 1 & 0 & 0 & 1 \end{pmatrix},$$

则三轮 EL 算法线性化攻击的复杂度为多少?

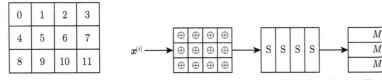

图 7.1 EL 算法内部状态   图 7.2 EL 算法第 i 轮轮函数

解 在线性化攻击中, 敌手能够收集明密文对, 用于构造与密钥变量有关的多项式进行求解. 将 EL 算法的输出 c 看成明文 p 和密钥 k 的多项式, 当明密文对已知时, 由于 EL 算法每一轮的代数次数为 2, 因此三轮后关于密钥 $k = (k_0, k_1, \cdots, k_{11})$ 的多项式代数次数为 $d = 2^3 = 8$. 因此, 所有可能出现的单项式数目为

$$D = \sum_{i=1}^{d} \binom{n}{i} = \sum_{i=1}^{8} \binom{12}{i}.$$

当 $\omega = 2.8$ 时, 线性化攻击的时间复杂度为 $D^\omega \approx 2^{33.292}$ 次比特操作, 数据复杂度为 $D/12 \approx 2^{8.301}$ 个明密文对.

当使用先猜后解策略时, 假定猜测的密钥比特数目为 g 个, $1 \leqslant g \leqslant 12$, 则所有可能出现的单项式数目为

$$D_g = \sum_{i=1}^{d} \binom{n-g}{i} = \sum_{i=1}^{8} \binom{12-g}{i}.$$

此时, 线性化攻击的时间复杂度为 $2^g \times (D_g)^\omega$ 次比特操作, 数据复杂度为 D_g. 当 $\omega = 2.8$, $g = 4$ 时, 时间复杂度为 $2^4 \times D_g^{2.8} \approx 2^{26.4}$ 次比特操作, 数据复杂度为 $D_g/12 \approx 2^{4.415}$ 个明密文对.

在一般化的线性化攻击中, 我们假定所有次数不超过 d 的单项式均出现. 但在实际算法中, 单项式可能是稀疏的. 在例 7.2 中, 我们考虑第一轮中的字节替换操作, 在内部状态的位置 1 上, 实际得到的单项式为

$$S(p_0 \oplus k_0, p_4 \oplus k_4, p_8 \oplus k_8)_1$$

$$= (p_0 \oplus k_0)(p_4 \oplus k_4) \oplus (p_4 \oplus k_4) \oplus (p_8 \oplus k_8) \oplus 1$$

$$= k_0 k_4 \oplus p_4 k_0 \oplus (p_0 \oplus 1)k_4 \oplus k_8 \oplus (p_0 p_4 \oplus p_4 \oplus p_8 \oplus 1),$$

其中, 与密钥有关的项仅有 1 个二次项和 3 个线性项. 根据上述方法进行简单计算, 在过完整个字节替换操作后, 所有与密钥有关的项仅有 12 个二次项和 12 个线性项, 而非 $\binom{12}{2} = 66$ 项. 在过第二轮轮函数中, 一样可以得到相同结论. 因此在实际攻击中, 我们可以根据算法结构进一步确定单项式数目.

练习 7.3 尝试利用 SageMath 计算例 7.2 中 EL 算法两轮和三轮后与密钥相关的单项式数目.

7.1.3 Gröbner 基攻击

Gröbner 基算法是目前被广泛认可用于求解多变元高次方程系统的有效算法 [78]. 我们通常将密码算法建模成多变元方程系统, 然后利用现有的 Gröbner 基算法进行求解. 关于 Gröbner 基具体的数学理论的部分, 我们建议读者参考文献 [79].

对于一个 $\mathbb{F}_q[X_1, \cdots, X_{n_v}]$ 上具有 n_v 个变元的多项式系统 $P_1, \cdots, P_{n_e}$, 理想 $\mathfrak{I} = \langle P_1, \cdots, P_{n_e} \rangle$. 我们可以使用 F4 算法 [80] 或 F5 算法 [81] 来计算理想 $\mathfrak{I}$ 的 Gröbner 基. 当计算出来的 Gröbner 基呈字典序时, 最后得到的形式为

$$\begin{cases} G_1(X_1), \\ G_{2,1}(X_1, X_2), \cdots, G_{2,l_2}(X_1, X_2), \\ \cdots\cdots \\ G_{n,1}(X_1, X_2, \cdots, X_{n_v}), \cdots, G_{n,l_n}(X_1, X_2, \cdots, X_{n_v}), \end{cases}$$

即可对多项式系统进行递归求解. 先用单变元求根的方法对 $G_1(X_1)$ 进行求解, 然后将得到的解代入 $G_{2,i}(X_1, X_2)$, 依次类推. 但直接计算字典序 Gröbner 基成本

太大. 因此, 一般首先计算反字典序的 Gröbner 基, 再使用 FGLM 算法 [82] 将反字典序 Gröbner 基转化为字典序 Gröbner 基.

利用 Gröbner 基对密码算法进行攻击的整体步骤如下:

(1) 多项式建模. 将密码算法建模成一系列多变元多项式.

(2) 使用 F4 算法或 F5 算法计算反字典序 Gröbner 基.

(3) 使用 FGLM 算法对得到的 Gröbner 基进行项序转换, 由反字典序转换为字典序.

(4) 使用单变元求根方法依次回代求解.

下面我们来分析 Gröbner 基攻击的复杂度. 步骤 (2) 中, 由于多项式系统通常是非正则系统, 而于非正则系统的分析较为困难 [83], 因此通常利用等价的正则系统来估计 Gröbner 基攻击的复杂度. 令 d_i 表示多项式 P_i 的次数, d 表示理想 $\mathcal{I} = \langle P_1, \cdots, P_{n_e} \rangle$ 的次数, 也即 $\mathbb{F}_q^n$ 的代数闭包中解的个数. D_{reg} 表示 $\mathcal{I}$ 的正则度, 则正则度和理想次数分别估计为

$$D_{\mathrm{reg}} \leqslant 1 + \sum_{i=1}^{n_e}(d_i - 1), \quad d \leqslant \prod_{i=1}^{n_e} d_i.$$

当多项式系统为正则系统时, 上式取等号. 因此, 在假定多项式系统为正则系统的前提下, 计算 Gröbner 基的复杂度为 [84]

$$O\left(n_v D_{\mathrm{reg}} \times \binom{n_v + D_{\mathrm{reg}} - 1}{D_{\mathrm{reg}}}^{\omega}\right),$$

其中 $2 \leqslant \omega < 3$, 表示线性代数中高斯消元的指数.

在步骤 (3) 中, 原始的 FGML 算法 [82] 复杂度为 $O(nd^3)$. 但也存在一些复杂度更优的概率性算法. 在步骤 (4) 中, 主要使用单变元求根算法进行求解, 算法的复杂度约为 $O(d\log(d)(\log(d) + \log(q))\log(\log(d)))$ 次运算.

7.2　滑动攻击

滑动攻击 (Slide Attack) 是 Biryukov 和 Wagner 在 FSE 1999 上提出的一种利用算法的自相似性构造区分器的攻击方法 [85]. 在 EUROCRYPT 2000 上, 他们对滑动形式进行了扩展, 提出高级滑动攻击 (Advanced Slide Attack)[86]. 滑动攻击可以在已知明文或选择明文两种场景下进行. 滑动攻击与相关密钥攻击一样, 都基于密钥生成算法, 利用轮密钥之间的关系构造区分器. 值得注意的是, 滑动攻击与算法轮数无关, 即一旦存在滑动攻击, 很难通过简单地增大加密轮数提高算法抵抗滑动攻击的能力. 一般而言, 如果密钥生成算法存在一定的周期性, 则易于

进行滑动攻击, 因此, 现在多数密钥生成算法通过引用不同的轮常数来消除周期性, 以避开滑动攻击.

本章主要讨论文献 [85] 介绍的模型, 并且仅考虑算法每轮的轮密钥均相同这种简单情况, 更复杂的探讨请参考文献 [85,86].

7.2.1 滑动攻击原理

设加密算法 E 为 r 轮迭代, 每轮的轮函数均为 F, 分组长度为 n 比特.

首先, 我们给出滑动对 (Slid Pair) 的概念.

> **定义 7.1 滑动对**
>
> 如图 7.3 所示, 若 $F(K, P_0) = P_1$, 则称 (P_0, P_1) 为滑动对. ♣

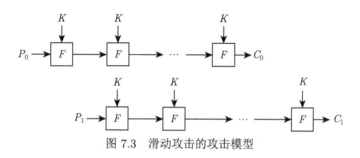

图 7.3 滑动攻击的攻击模型

注 若 (P_0, P_1) 为滑动对, 易得 $F(K, C_0) = C_1$ 也成立, 即得到关于密钥 K 的方程组. 而且, 对滑动对 (P_0, P_1), 正确密钥和错误密钥有如下特性:

- 对正确密钥 K, $F(K, P_0) = P_1$ 和 $F(K, C_0) = C_1$ 一定同时成立.
- 对错误密钥 K, $F(K, P_0) = P_1$ 和 $F(K, C_0) = C_1$ 以 2^{-2n} 的概率同时成立.

那么, 反过来, 若滑动对 (P_0, P_1) 对应的关于密钥 K 的方程组

$$\begin{cases} F(K, P_0) = P_1, \\ F(K, C_1) = C_1 \end{cases} \tag{7.2}$$

有解, 则认为该解为正确密钥的候选值.

下面给出已知明文环境下滑动攻击的攻击模型.

(1) 已知 $2^{\frac{n}{2}}$ 个明密文对 (P_i, C_i). 若分组长度为 n 比特, 则根据生日攻击, 以不可忽略的概率存在一个滑动对.

(2) 对所有的 $i, j \in \{1, 2, \cdots, 2^{\frac{n}{2}}\}$ 且 $i \neq j$, 求解关于密钥 K 的方程组

$$\begin{cases} F(K, P_i) = P_j, \\ F(K, C_i) = C_j. \end{cases}$$

若有解, 则认为该解为正确密钥的候选值, 且相应的 (P_i, P_j) 为滑动对.

(3) 若上一步求解出来的密钥个数大于 1 个, 再结合穷举攻击或另一个 $2^{\frac{n}{2}}$ 个明密文对的集合识别出唯一的正确密钥.

可见, 上述攻击的数据复杂度为 $O(2^{\frac{n}{2}})$ 个已知明文, 时间复杂度受第 (2) 步的影响, 为 $O(2^n)$ 次方程组求解. 若能结合 F 函数的特性, 降低第 (2) 步的复杂度, 则攻击的复杂度低于强力攻击, 滑动攻击成功.

一般来说, 在滑动攻击中, 要求轮函数 F 为弱置换 (Weak Permutation).

定义 7.2　弱置换

若关于密钥 K 的方程组

$$\begin{cases} F(K, x_0) = y_0, \\ F(K, x_1) = y_1 \end{cases}$$

容易求解, 则称 F 为弱置换.　　　　　　　　　　　　　　　♣

注　这里的容易求解是一个相对的概念, 请结合下文对 Feistel 结构的加密算法的滑动攻击进行理解.

7.2.2　Feistel 结构的滑动攻击

本小节以基于 Feistel 结构的加密算法为例, 说明在已知明文攻击下, 滑动攻击的复杂度为 $O(2^{\frac{n}{2}})$, 在选择明文攻击下, 滑动攻击的复杂度为 $O(2^{\frac{n}{4}})$.

先来看已知明文环境下的攻击.

参考 7.2.1 小节的攻击模型, 已知 $2^{\frac{n}{2}}$ 个明密文对 (P_i, C_i). 基于 Feistel 结构, 每个明密文都可看作长度相等的左右两部分, 用 $(P_{i,L} \parallel P_{i,R}, C_{i,L} \parallel C_{i,R})$ 表示. 如图 7.4 所示, 若 (P_a, P_b) 为滑动对, 则一定满足

$$P_{a,R} = P_{b,L} \quad \text{且} \quad C_{a,L} = C_{b,R}.$$

反之, 若不满足该特性, 则一定不是滑动对. 从而, 可利用哈希表, 直接过滤出滑动对, 复杂度为 $O(2^{\frac{n}{2}})$. 得到滑动对后, 代入方程组 (7.2) 求解正确密钥的候选值. 根据 F 为弱置换, 攻击模型第 (2) 步的时间复杂度为 $O(2^{\frac{n}{2}})$, 攻击的总复杂度为 $O(2^{\frac{n}{2}})$, 低于穷举攻击.

再来看选择明文环境下的攻击.

此时, 可以通过直接选择满足 $P_{a,R} = P_{b,L}$ 的明文对来进一步降低复杂度. 具体选择方式如下:

选择两个各由 $2^{\frac{n}{4}}$ 个明文构成的结构体

$$S_1 = \{P_i | P_i = (y_i \parallel x)\},$$

$$S_2 = \{P_j | P_j = (x \parallel y_j)\},$$

其中, x 为随机选取的 $\frac{n}{4}$ 比特的常数, y_i 和 y_j 遍历 $2^{\frac{n}{4}}$ 种可能.

从而

$$\forall P_i \in S_1, P_j \in S_2, 有 P_{i,R} = P_{j,L}.$$

只需验证 $C_{i,L} = C_{j,R}$ 是否满足. 根据生日攻击, 这两个结构体中以不可忽略的概率存在一个滑动对, 且识别滑动对的复杂度为 $O(2^{\frac{n}{4}})$. 因此, 攻击的总复杂度为 $O(2^{\frac{n}{4}})$, 低于穷举攻击.

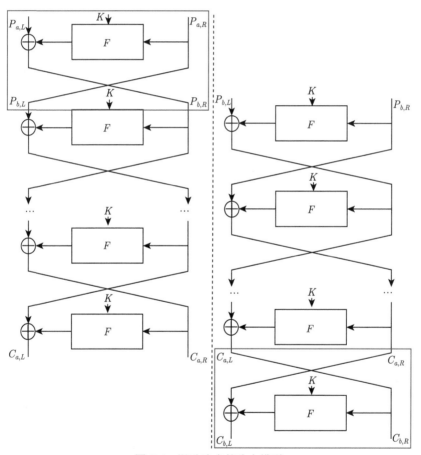

图 7.4 滑动攻击的攻击模型

练习 7.4 若将 DES 算法由 16 轮改为 96 轮, 主密钥由 56 比特改为 96 比特, 即 96 比特的主密钥分为 48 比特的两个轮密钥 (K_0, K_1) 循环使用, 第一轮加密使用 K_0, 第二轮加密使用 K_1, 第三轮加密使用 K_0, 第四轮加密使用 K_1……则能否对该 DES 的变形加密算法 2K DES 实施滑动攻击? 复杂度为多少? (答案参考文献 [85].)

✍ **练习 7.5**　思考: 对 Feistel 结构, 若轮密钥循环使用 K_0, K_1, 还可以存在哪些滑动形式? (答案参考文献 [86].)

第 8 章

分组密码的各种分析方法的等价性 *

在前面几个章节, 我们学习了多种分组密码算法的分析方法, 随之而来的一个问题是, 这些分析方法之间是否存在一定的联系. 答案是肯定的. 研究分组密码各分析方法之间的联系, 可对分析方法本身有更进一步的了解, 同时可借助分析方法之间的 (条件) 等价性得到算法不同的区分器, 对算法的安全性得到进一步的分析.

Chabaud 和 Vaudenay 在文献 [40] 中给出了差分分析和线性分析的理论联系. 随后在文献 [87] 中, Blondeau 和 Nyberg 进一步分析了两者之间的联系, 并提出一些新的观点以使得此联系能够应用到实际中. 同时, 文献 [87] 揭露了在某些特殊情形下, 零相关线性壳的存在性等价于该算法存在不可能差分区分器. 随后, Blondeau 等在文献 [88] 中进一步揭示了 Feistel 类算法和 Skipjack 类算法的零相关线性壳与不可能差分区分器存在性的等价特性. 在 CRYPTO 2015 上, Sun 等 [89] 通过引入结构 (Structure) 和对偶结构 (Dual Structure) 的概念, 对 Feistel 类算法和 SPN 类算法证明了不可能差分区分器与零相关线性壳的等价性. 在文献 [90] 中, Sun 等从代数角度证明了积分分析可以被看作是插值攻击 (Interpolation Attack)[76] 的一种特例. Leander 在文献 [91] 中阐述了统计饱和度区分器 (Statistical Saturation Distinguishers)[92] 与多维线性区分器的平均等价性. 文献 [46] 中, Bogdanov 等证明了算法的积分区分器的存在性无条件地意味着零相关线性壳的存在性, 并且零相关线性壳的存在在某些条件下意味着积分区分器的存在. Sun 等在文献 [89] 中对上述结果进行了改进, 证明了零相关线性壳的存在可以无条件地意味着积分区分器的存在, 并且指出 Bogdanov 等提出来的积分区分器可以导出零相关线性壳的结论只对具有平衡特性的积分区分器才是成立的. 此外, Sun 等还在文献 [89] 中揭示了不可能差分区分器与积分区分器的联系. 在文献 [93] 中, Blondeau 和 Nyberg 阐述了截断差分区分器与多维线性区分器的关系, 同时证明了统计饱和度分析与截断差分分析是等价的, 进而可以利用此结论估计统计饱和度密钥恢复攻击的数据复杂度. 在 FSE 2019 上, Li 等给出了相关密钥统计饱和度区分器与密钥差分不变偏差区分器的条件等价结论 [50].

本章主要依据文献 [89] 来阐述轮函数为 SP 类型的 Feistel 结构及 SPN 结构算法的不可能差分区分器、零相关线性壳以及积分区分器三者之间的联系. 在介绍这三者联系之前, 首先引入一些必要的基础知识.

8.1　基础知识

8.1.1　相关定义

令 $\mathbb{F}_2$ 表示只包含两个元素的有限域, $\mathbb{F}_2^n$ 代表 $\mathbb{F}_2$ 上的 n 维向量空间. 行向量 $a = (a_1, a_2, \cdots, a_n)$ 及行向量 $b = (b_1, b_2, \cdots, b_n)$ 属于空间 $\mathbb{F}_2^n$. 将运算

$$a \cdot b \triangleq a_1 b_1 \oplus a_2 b_2 \oplus \cdots \oplus a_n b_n$$

定义为 a 与 b 的内积. 注意到两者的内积可以写作 ab^{T}, 其中 b^{T} 表示 b 的转置且二者的乘法为矩阵乘法.

给定布尔函数 (Boolean Function) $G : \mathbb{F}_2^n \to \mathbb{F}_2$, 定义函数 G 的相关度 (Correlation) 为

$$\mathrm{Cor}(G(x)) \triangleq \frac{\#\{x \in \mathbb{F}_2^n | G(x) = 0\} - \#\{x \in \mathbb{F}_2^n | G(x) = 1\}}{2^n} = \frac{1}{2^n} \sum_{x \in \mathbb{F}_2^n} (-1)^{G(x)}.$$

记 $H : \mathbb{F}_2^n \to \mathbb{F}_2^m$ 为向量布尔函数 (Vectorial Boolean Function). 该函数的线性逼近的输入掩码为 n 比特的 a、输出掩码为 m 比特的 b, 则该线性逼近的相关度为

$$\mathrm{Cor}(a \cdot x \oplus b \cdot H(x)) \triangleq \frac{1}{2^n} \sum_{x \in \mathbb{F}_2^n} (-1)^{a \cdot x \oplus b \cdot H(x)}.$$

若 $\mathrm{Cor}(a \cdot x \oplus b \cdot H(x)) = 0$, 则称 $a \to b$ 为函数 H 的一条零相关线性壳. 该定义可以被扩展成如下形式: 记 $A \subseteq \mathbb{F}_2^n$, $B \subseteq \mathbb{F}_2^m$, 若对任意 $a \in A$, $b \in B$, 都有 $\mathrm{Cor}(a \cdot x \oplus b \cdot H(x)) = 0$, 则称 $A \to B$ 为函数 H 的一条零相关线性壳. 当 H 为 $\mathbb{F}_2^n$ 上的置换时, 由于对任意的 $b \neq 0$ 都有 $\mathrm{Cor}(b \cdot H(x)) = 0$、对任意的 $a \neq 0$ 都有 $\mathrm{Cor}(a \cdot x) = 0$, 因此当 a, b 均不为 0 时, 把 $0 \to b$ 和 $a \to 0$ 称作平凡的零相关线性壳.

积分区分器 [55] 主要利用的是具有平衡 (Balanced) 特性或者零和 (Zero-Sum) 特性的函数. 令 $A \subseteq \mathbb{F}_2^n$, 若集合

$$H_A^{-1}(y) \triangleq \{x \in A | H(x) = y\}$$

的大小与 $y \in \mathbb{F}_2^m$ 的值是无关的, 我们称 H 在 A 上具有平衡特性. 若 H 在 A 上的所有函数值的异或和为 0, 即

$$\sum_{x \in A} H(x) = 0,$$

则我们称 H 在 A 上具有零和特性.

给定向量布尔函数 $H : \mathbb{F}_2^n \to \mathbb{F}_2^m$, n 比特的 a 和 m 比特的 b 分别表示输入和输出差分, 定义差分传播概率 $\Pr(a \to b)$ 为

$$\Pr(a \to b) \triangleq \frac{\#\{x \in \mathbb{F}_2^n | H(x) \oplus H(x \oplus a) = b\}}{2^n}.$$

如果 $\Pr(a \to b) = 0$, 则称 $a \to b$ 是 H 的一条不可能差分区分器. 与零相关线性分析类似, 我们可以将此定义扩展成: 记 $A \subseteq \mathbb{F}_2^n$, $B \subseteq \mathbb{F}_2^m$, 若对任意 $a \in A$, $b \in B$, 都有 $\Pr(a \to b) = 0$, 则称 $A \to B$ 为函数 H 的一条不可能差分区分器.

8.1.2　主要结论

本章主要对轮函数为 SP 类型的 Feistel 结构及 SPN 结构的算法进行不可能差分区分器、零相关线性壳和积分区分器三者之间关系的阐述, 首先给出 SP 类型的轮函数的定义, 并引出这两种结构.

定义 8.1　SP 类型的轮函数

如果函数 $f : \mathbb{F}_2^{s \times t} \to \mathbb{F}_2^{s \times t}$ 的输出值 $f(x)$ 与输入值 x 满足下述计算关系, 则称 f 为 SP 类型的轮函数:

首先将输入值 x 分成 t 份, 即 $x = (x_0, x_1, \cdots, x_{t-1})$, 其中每一块 x_i 都是 s 比特; 其次对每一个 x_i 分别进行非线性变换 S_i, 得到 $y = (S_0(x_0), S_1(x_1), \cdots, S_{t-1}(x_{t-1})) \in \mathbb{F}_2^{s \times t}$; 最后, 对 y 执行线性变换 P, 得到的 $P(y)$ 作为 f 函数的输出 $f(x)$. ♣

定义 8.2　r 轮 Feistel 结构的算法 E

记 $(L_0, R_0) \in \mathbb{F}_2^{2n}$ 为算法 E 的输入, 按照如下方式迭代 r 次:

$$\begin{cases} L_{i+1} = F_i(L_i) \oplus R_i, \\ R_{i+1} = L_i, \end{cases} \quad 0 \leqslant i \leqslant r-1,$$

其中 F_i 为第 $i+1$ 轮的轮函数, $L_i \in \mathbb{F}_2^n$ 且 $R_i \in \mathbb{F}_2^n$. 第 r 次迭代的输出值 (L_r, R_r) 为算法 E 的输出. 当轮函数 F_i 均为 SP 类型的轮函数时, 称 E 为轮函数为 SP 类型的 Feistel 结构算法. ♣

定义 8.3　r 轮 SPN 结构的算法 E

记 $x_0 \in \mathbb{F}_2^n$ 为算法 E 的输入, 按照如下方式迭代 r 次:

$$x_{i+1} = F_i(x_i), \quad 0 \leqslant i \leqslant r-1,$$

其中 F_i 为第 $i+1$ 轮的 SP 类型的轮函数. 第 r 次迭代的输出值 x_r 为算法 E 的输出.

对于现有的轮函数为 SP 类型的 Feistel 结构算法和 SPN 结构算法, 它们使用的线性变换 P 的构造方式有很多种 (详见文献 [89]), 但均可将其用一个矩阵表示, 即若 P 为 $\mathbb{F}_2^m$(m 为正整数) 上的线性变换, 则存在 $m \times m$ 的矩阵 $M = (a_{i,j})_{m \times m}$ 满足 $P(x) = xM$, 其中 x 为 m 比特的行向量, $a_{i,j} \in \mathbb{F}_2$. 我们称此矩阵 M 为线性变换 P 的原始表示 (Primitive Representation).

在大多数情况下, 当构造不可能差分区分器或零相关线性壳时, 我们只关心 S 盒的活跃与否, 而不关心 S 盒具体的输入输出差分值或掩码值. 因此, 构造出的区分器与具体的 S 盒无关, 也就是说, 当算法采用其他的一些 S 盒时, 该区分器仍然是成立的. 文献 [89] 提出了定义 8.4 和定义 8.5.

定义 8.4　结构 (Structure)

令 $E : \mathbb{F}_2^n \to \mathbb{F}_2^n$ 为分组密码算法, 且其使用 s 比特的双射 S 盒作为非线性变换. $\mathbb{F}_2^n$ 上的结构 $\mathcal{E}^E$ 是一个包含所有除 S 盒外与 E 完全相同的分组密码算法 E' 的集合, 并且 E' 使用的 S 盒为 s 比特的双射 S 盒.

在定义 8.4 中, 如果 E 使用的双射 S 盒, 那么结构 $\mathcal{E}^E$ 中的算法使用的 S 盒也均为双射的. 但如果 E 使用的 S 盒不要求是双射的, 那么结构 $\mathcal{E}^E$ 中的算法使用的 S 盒只需是一个变换. 利用定义 8.4, 我们可将不可能差分区分器 (零相关线性壳) 的定义扩展成结构的不可能差分 (零相关线性壳), 即记 $a, b \in \mathbb{F}_2^n$, 如果对任意 $E' \in \mathcal{E}^E$, $a \to b$ 均为不可能差分区分器 (零相关线性壳), 则 $a \to b$ 被称作结构 $\mathcal{E}^E$ 的不可能差分区分器 (零相关线性壳).

定义 8.5　对偶结构 (Dual Structure)

(1) 符号 $\mathcal{F}_{SP}$ 代表轮函数为 SP 类型的 Feistel 结构, 且 P 为该结构使用的线性变换的原始表示. 记 σ 为交换左右支的操作, 则定义 $\mathcal{F}_{SP}$ 的对偶结构 $\mathcal{F}_{SP}^{\perp}$ 为 $\sigma \circ \mathcal{F}_{PTS} \circ \sigma$.

(2) 符号 $\mathcal{E}_{SP}$ 代表 SPN 结构, 其使用的线性变换的原始表示记作 P, 则相应的对偶结构为 $\mathcal{E}_{SP}^{\perp} = \mathcal{E}_{S(P^{-1})^{\mathrm{T}}}$.

利用结构和对偶结构, 文献 [89] 给出了不可能差分区分器、零相关线性壳和积分区分器三者之间的联系.

> **定理 8.1　三种区分器的联系**
>
> 记 $\mathcal{E} \in \{\mathcal{F}_{\mathrm{SP}}, \mathcal{E}_{\mathrm{SP}}\}$，我们有
>
> - $a \to b$ 是 $\mathcal{E}$ 的一条 r 轮不可能差分区分器当且仅当 $a \to b$ 是 $\mathcal{E}^{\perp}$ 的一条 r 轮零相关线性壳.
> - 如果 $\mathcal{E}$ 存在一条非平凡的零相关线性壳，则 $\mathcal{E}$ 一定存在相应轮数的积分区分器.
> - 如果 $\mathcal{E}$ 存在一条不可能差分区分器，则 $\mathcal{E}^{\perp}$ 一定存在相应轮数的积分区分器. ♡

在接下来的三节，我们将分别证明定理 8.1 中的结论，并给出此定理的相关推论.

8.2　不可能差分区分器与零相关线性壳的等价性

> **定理 8.2　不可能差分区分器与零相关线性壳**
>
> 记 $\mathcal{E} \in \{\mathcal{F}_{\mathrm{SP}}, \mathcal{E}_{\mathrm{SP}}\}$，则 $a \to b$ 是 $\mathcal{E}$ 的一条 r 轮不可能差分区分器当且仅当 $a \to b$ 是 $\mathcal{E}^{\perp}$ 的一条 r 轮零相关线性壳. ♡

证明　我们以 $\mathcal{E} = \mathcal{F}_{\mathrm{SP}}$ 为例证明此等价性结论，$\mathcal{E} = \mathcal{E}_{\mathrm{SP}}$ 的结论可以用类似的方法证明. 为证明此等价性结论，需要证明两个方面：

- 如果 $a \to b$ 是 $\mathcal{F}_{\mathrm{SP}}$ 的一条 r 轮不可能差分区分器，那么 $a \to b$ 是 $\mathcal{F}_{\mathrm{SP}}^{\perp}$ 的一条 r 轮零相关线性壳.

- 如果 $a \to b$ 是 $\mathcal{F}_{\mathrm{SP}}$ 的一条 r 轮零相关线性壳，那么 $a \to b$ 是 $\mathcal{F}_{\mathrm{SP}}^{\perp}$ 的一条 r 轮不可能差分区分器.

注意到如果 $a \to b$ 为 $\mathcal{F}_{\mathrm{SP}}^{\perp}$ 的不可能差分区分器 (零相关线性壳)，那么 $\sigma(a) \to \sigma(b)$ 为 $\mathcal{F}_{P^{\mathrm{T}}S}$ 的不可能差分区分器 (零相关线性壳). 反之亦成立. 因此上述结论等价于证明：

- 对于 r 轮的线性壳 $(\delta_0, \delta_1) \to (\delta_r, \delta_{r+1})$，如果存在 $E \in \mathcal{F}_{P^{\mathrm{T}}S}$ 使得其相关度不为 0，即 $\mathrm{Cor}((\delta_0, \delta_1) \cdot x \oplus (\delta_r, \delta_{r+1}) \cdot E(x)) \neq 0$，那么存在 $E' \in \mathcal{F}_{\mathrm{SP}}$ 使得 $(\delta_1, \delta_0) \to (\delta_{r+1}, \delta_r)$ 是 r 轮的概率不为 0 的差分，即 $\mathrm{Pr}((\delta_1, \delta_0) \to (\delta_{r+1}, \delta_r)) > 0$.

- 对于 r 轮的差分 $(\delta_1, \delta_0) \to (\delta_{r+1}, \delta_r)$，如果存在 $E \in \mathcal{F}_{\mathrm{SP}}$ 满足 $\mathrm{Pr}((\delta_1, \delta_0) \to (\delta_{r+1}, \delta_r)) > 0$，那么存在 $E' \in \mathcal{F}_{P^{\mathrm{T}}S}$ 使得 $(\delta_0, \delta_1) \to (\delta_r, \delta_{r+1})$ 为 r 轮相关度不为 0 的线性壳，即 $\mathrm{Cor}((\delta_0, \delta_1) \cdot x \oplus (\delta_r, \delta_{r+1}) \cdot E'(x)) \neq 0$.

首先证明第一部分的结论.

由于 $\mathcal{F}_{P^{\mathrm{T}}S}$ 的线性壳 $(\delta_0, \delta_1) \to (\delta_r, \delta_{r+1})$ 的相关度不为 0, 因此其一定包含一条相关度不为 0 的线性路线:

$$(\delta_0, \delta_1) \to \cdots \to (\delta_{i-1}, \delta_i) \to \cdots \to (\delta_r, \delta_{r+1}),$$

其中 $\delta_i = (\delta_{i,1}, \delta_{i,2}, \cdots, \delta_{i,t}) \in (\mathbb{F}_2^s)^t$ 且 $1 \leqslant i \leqslant r$. 在此线性路线中, 第 i 轮 S 盒 $S_i = (S_{i,1}, S_{i,2}, \cdots, S_{i,t})$ 的输出掩码为 δ_i, 记其输入掩码为 $\beta_i = (\beta_{i,1}, \beta_{i,2}, \cdots, \beta_{i,t}) \in (\mathbb{F}_2^s)^t$, 则 $\delta_{i+1} = \delta_{i-1} \oplus \beta_i P$.

下面利用数学归纳法寻找 $E' \in \mathcal{F}_{\mathrm{SP}}$ 使得 $(\delta_1, \delta_0) \to (\delta_{r+1}, \delta_r)$ 是 r 轮的概率不为 0 的差分. 在下面的证明过程中, 我们构造 r 轮的算法 $E_r \in \mathcal{F}_{\mathrm{SP}}$ 使得对任意 $(x_L, x_R) \in (\mathbb{F}_2^s)^t \times (\mathbb{F}_2^s)^t$ 都有 $E_r(x_L, x_R) \oplus E_r(x_L \oplus \delta_1, x_R \oplus \delta_0) = (\delta_{r+1}, \delta_r)$, 从而 $(\delta_1, \delta_0) \to (\delta_{r+1}, \delta_r)$ 是 r 轮的概率不为 0 的差分. 当 $r = 1$ 时, 按照如下方式构造 E_1 的 S 盒 $S_1 = (S_{1,1}, S_{1,2}, \cdots, S_{1,t})$: 对于每一个 S 盒 $S_{1,j}$, 如果 $\delta_{1,j} = 0$, 则 $S_{1,j}$ 可为 $\mathbb{F}_2^s$ 上的任意变换; 否则, 选择满足 $S_{1,j}(x_{L,j}) = x_{L,j}$, $S_{1,j}(x_{L,j} \oplus \delta_{1,j}) = x_{L,j} \oplus \beta_{1,j}$ 及 $S_{1,j}(x_{L,j} \oplus \beta_{1,j}) = x_{L,j} \oplus \delta_{1,j}$ 的 S 盒. 从而有 $E_1(x_L, x_R) \oplus E_1(x_L \oplus \delta_1, x_R \oplus \delta_0) = (\delta_0 \oplus \beta P, \delta_1) = (\delta_2, \delta_1)$. 假设已经构造出 $r-1$ 轮的算法 E_{r-1} 满足 $E_{r-1}(x_L, x_R) \oplus E_{r-1}(x_L \oplus \delta_1, x_R \oplus \delta_0) = (\delta_r, \delta_{r-1})$, 下面利用 E_{r-1} 构造 r 轮算法 E_r. 记 $(y_L, y_R) = E_{r-1}(x_L, x_R)$, 那么对于第 r 轮的 S 盒 $S_r = (S_{r,1}, S_{r,2}, \cdots, S_{r,t})$ 进行如下构造: 对于每一个 S 盒 $S_{r,j}$, 如果 $\delta_{r,j} = 0$, 则 $S_{r,j}$ 可为 $\mathbb{F}_2^s$ 上的任意变换; 否则, 选择满足 $S_{r,j}(y_{L,j}) = y_{L,j}$, $S_{r,j}(y_{L,j} \oplus \delta_{r,j}) = y_{L,j} \oplus \beta_{r,j}$ 且 $S_{r,j}(y_{L,j} \oplus \beta_{r,j}) = y_{L,j} \oplus \delta_{r,j}$ 的 S 盒. 从而有 $E_r(x_L, x_R) \oplus E_r(x_L \oplus \delta_1, x_R \oplus \delta_0) = (\delta_{r+1}, \delta_r)$ 对任意 (x_L, x_R) 成立.

现在证明第二部分的结论.

由于 $\mathcal{F}_{\mathrm{SP}}$ 的差分 $(\delta_1, \delta_0) \to (\delta_{r+1}, \delta_r)$ 概率不为 0, 故存在一条概率不为 0 的差分路线:

$$(\delta_1, \delta_0) \to \cdots \to (\delta_i, \delta_{i-1}) \to \cdots \to (\delta_{r+1}, \delta_r).$$

在此路线中, 第 i 轮 S 盒 S_i 的输入差分为 δ_i, 记其输出差分为 β_i, 则 $\delta_{i+1} = \delta_{i-1} \oplus \beta_i P$. 注意到对于每一对 $(\delta_{i,j}, \beta_{i,j})$, 总能找到一个 $\mathbb{F}_2$ 上的 $s \times s$ 的可逆矩阵 $M_{i,j}$ 使得 $\beta_{i,j} = \delta_{i,j} M_{i,j}^{\mathrm{T}}$, 从而当 $S_{i,j}(x) = x M_{i,j}$ 时, 我们总有 $\mathrm{Cor}(\beta_{i,j} \cdot x \oplus \delta_{i,j} \cdot S_{i,j}(x)) = 1$.

与刚才类似, 下面利用数学归纳法构造 r 轮的算法 $E_r \in \mathcal{F}_{P^{\mathrm{T}}S}$ 使得 $\mathrm{Cor}((\delta_0, \delta_1) \cdot x \oplus (\delta_r, \delta_{r+1}) \cdot E_r(x)) = 1$. 当 $r = 1$ 时, 对于第 1 轮的每一个 S 盒 $S_{1,j}$, 如果 $\delta_{1,j} = 0$, 则 $S_{1,j}$ 可为 $\mathbb{F}_2^s$ 上的任意线性变换; 否则, 令 $S_{1,j}(x) = x M_{1,j}$, 其中 $M_{1,j}$ 为满足 $\beta_{1,j} = \delta_{1,j} M_{1,j}^{\mathrm{T}}$ 的可逆矩阵. 从而, E_1 中所有操作都是线性的, 因此存在一个 $\mathbb{F}_2$ 上的 $2st \times 2st$ 的二元矩阵 M_1, 使得 $E_1(x) = x M_1$. 因此, 我们有

$\mathrm{Cor}((\delta_0,\delta_1)\cdot x\oplus(\delta_1,\delta_2)\cdot E_1(x))=1$. 假设已经构造出 $r-1$ 轮的算法 E_{r-1} 满足 $E_{r-1}(x)=xM_{r-1}$ 且 $\mathrm{Cor}((\delta_0,\delta_1)\cdot x\oplus(\delta_{r-1},\delta_r)\cdot E_{r-1}(x))=1$, 下面利用 E_{r-1} 构造 r 轮算法 E_r. 对于第 r 轮的 S 盒进行如下的构造: 对于每一个 S 盒 $S_{r,j}$, 如果 $\delta_{r,j}=0$, 则 $S_{r,j}$ 可为 $\mathbb{F}_2^s$ 上的任意线性变换; 否则令 $S_{r,j}(x)=xM_{r,j}$, 其中 $M_{r,j}$ 为满足 $\beta_{r,j}=\delta_{r,j}M_{r,j}^{\mathrm{T}}$ 的可逆矩阵. 从而 r 轮算法 E_r 的所有操作都是线性的, 故我们有 $\mathrm{Cor}((\delta_0,\delta_1)\cdot x\oplus(\delta_r,\delta_{r+1})\cdot E_r(x))=1$. 证明完毕.

利用定理 8.2, 我们有推论 8.1 和推论 8.2 成立.

推论 8.1

如果 P 是可逆的, 那么寻找 $\mathcal{F}_{\mathrm{SP}}$ 的零相关线性壳与寻找 $\mathcal{F}_{\mathrm{SP^T}}$ 的不可能差分区分器是等价的. ♡

推论 8.2

(1) 对于 $\mathcal{F}_{\mathrm{SP}}$ 而言, 如果 P 是可逆的并且 $P^{\mathrm{T}}=P$, 那么其不可能差分区分器与零相关线性壳存在一一对应的关系;

(2) 对于 $\mathcal{E}_{\mathrm{SP}}$ 而言, 如果 $P^{\mathrm{T}}P=I$, $a\to b$ 是一条不可能差分区分器当且仅当其是一条零相关线性区分器. 其中, I 为单位矩阵. ♡

8.3 零相关线性壳与积分区分器的联系

为了给出零相关线性壳与积分区分器的联系, 我们首先给出如下的重要引理.

引理 8.1

令 A 表示 $\mathbb{F}_2^n$ 的子空间, $A^\perp=\{x\in\mathbb{F}_2^n\mid a\cdot x=0,a\in A\}$ 表示 A 的对偶空间, 函数 $F:\mathbb{F}_2^n\to\mathbb{F}_2^n$ 是定义在 $\mathbb{F}_2^n$ 上的函数. 对任意 $\lambda\in\mathbb{F}_2^n$, 函数 $T_\lambda:A^\perp\to\mathbb{F}_2^n$ 定义为 $T_\lambda(x)=F(x\oplus\lambda)$. 那么对任意的 $b\in\mathbb{F}_2^n$, 有

$$\sum_{a\in A}(-1)^{a\cdot\lambda}\mathrm{Cor}(a\cdot x\oplus b\cdot F(x))=\mathrm{Cor}(b\cdot T_\lambda(x)).$$
♡

证明

$$\sum_{a\in A}(-1)^{a\cdot\lambda}\mathrm{Cor}(a\cdot x\oplus b\cdot F(x))=\sum_{a\in A}(-1)^{a\cdot\lambda}\frac{1}{2^n}\sum_{x\in\mathbb{F}_2^n}(-1)^{a\cdot x\oplus b\cdot F(x)}$$
$$=\frac{1}{2^n}\sum_{x\in\mathbb{F}_2^n}(-1)^{b\cdot F(x)}\sum_{a\in A}(-1)^{a\cdot(\lambda\oplus x)}$$

$$= \frac{1}{2^n} \sum_{x \in \mathbb{F}_2^n} (-1)^{b \cdot F(x)} |A| \delta_{A^\perp}(\lambda \oplus x)$$

$$= \frac{1}{|A^\perp|} \sum_{y \in A^\perp} (-1)^{b \cdot T_\lambda(y)}$$

$$= \mathrm{Cor}(b \cdot T_\lambda(x)),$$

其中 $\delta_{A^\perp}(x) = \begin{cases} 1, & x \in A^\perp, \\ 0, & x \notin A^\perp. \end{cases}$ 证明完毕.

根据引理 8.1, 我们有如下的推论.

推论 8.3

令 $F : \mathbb{F}_2^n \to \mathbb{F}_2^n$ 是定义在 $\mathbb{F}_2^n$ 上的函数, A 是 $\mathbb{F}_2^n$ 的子空间, $b \in \mathbb{F}_2^n \setminus \{0\}$. 假设 $A \to b$ 是 F 的一条零相关线性壳, 那么对于任意的 $\lambda \in \mathbb{F}_2^n$, $b \cdot F(x \oplus \lambda)$ 在 $A^\perp$ 上都是平衡的. ♡

根据推论 8.3, 我们可知如果零相关线性壳的输入掩码构成子空间, 则此零相关线性壳对应一条积分区分器. 因此我们有如下定理成立.

定理 8.3　零相关线性壳与积分区分器

记 $\mathcal{E} \in \{\mathcal{F}_{\mathrm{SP}}, \mathcal{E}_{\mathrm{SP}}\}$, 如果 $\mathcal{E}$ 存在一条非平凡的零相关线性壳, 则 $\mathcal{E}$ 一定存在相应轮数的积分区分器. ♡

证明　假设 $A \to B$ 是密码算法 $\mathcal{E}$ 的一条非平凡的零相关线性壳. 然后我们选择 $a \in A$, $b \in B$ 且 a, b 均不为 0, 则 $\{0, a\} \to b$ 也是 $\mathcal{E}$ 的一条零相关线性壳.

由于 $V = \{0, a\}$ 构成 $\mathbb{F}_2^n$ 的一个子空间, 根据推论 8.3, 我们有 $b \cdot \mathcal{E}(x)$ 在空间 $V^\perp$ 上是平衡的. 因此这意味着具有相同轮数的积分区分器的存在性. 证明完毕.

8.4　不可能差分区分器与积分区分器的联系

根据上述两节介绍的不可能差分区分器与零相关线性壳的联系、零相关线性壳与积分区分器的联系, 我们可以建立不可能差分区分器与积分区分器的联系.

定理 8.4　不可能差分区分器与积分区分器

记 $\mathcal{E} \in \{\mathcal{F}_{\mathrm{SP}}, \mathcal{E}_{\mathrm{SP}}\}$, 如果 $\mathcal{E}$ 存在一条不可能差分区分器, 则 $\mathcal{E}^\perp$ 一定存在相应轮数的积分区分器. ♡

证明 根据定理 8.3, 我们可知: $\mathcal{E}^{\perp}$ 的一条零相关线性壳总是意味着 $\mathcal{E}^{\perp}$ 的一条积分路线的存在性. 再根据定理 8.2, 我们有结论: $\mathcal{E}^{\perp}$ 的零相关线性壳与 $\mathcal{E}$ 的不可能差分区分器是等价的. 结合上述两条结论, 定理得证.

当 $\mathcal{E}^{\perp} = A_2 \mathcal{E} A_1$ 时, 其中 A_1, A_2 均为线性变换, 我们可以得到不可能差分区分器与积分区分器的直接的转换关系如下.

推论 8.4

如果 P 是可逆的, 并且存在作用在 t 个元素上的置换 π, 使得对任意 $(x_0, x_1, \cdots, x_{t-1}) \in \mathbb{F}_2^{s \times t}$, 都有

$$P(x_0, x_1, \cdots, x_{t-1}) = \pi^{-1} P^{\mathrm{T}} \pi (x_0, x_1, \cdots, x_{t-1})$$

成立, 则对于 $\mathcal{F}_{\mathrm{SP}}$, 一条不可能差分区分器的存在性总是意味着积分区分器的存在. ♡

推论 8.5

如果 $P^{\mathrm{T}} P$ 为对角矩阵 $\mathrm{diag}(Q_1, Q_2, \cdots, Q_t)$, 其中 $Q_i \in \mathbb{F}_2^{s \times s}$, 则对于 $\mathcal{E}_{\mathrm{SP}}$, 一条不可能差分区分器的存在性总是意味着积分区分器的存在. ♡

推论 8.6

对采用比特置换作为其线性扩散层的 SPN 结构的算法, r 轮不可能差分区分器的存在意味着 r 轮积分区分器的存在. ♡

第 9 章

区分器的自动化搜索

9.1 MILP 自动化求解工具

近年来, 许多自动化搜索技术在差分区分器的搜索上得到越来越多的应用, 如基于混合整数线性规划 (Mixed Integer Linear Programming, MILP)、基于可满足性模理论 (Satisfiability Modulo Theories, SMT) 和基于约束规划 (Constraint Programming, CP) 等. 不同的搜索技术虽然有不同的特点, 但都要对非线性组件和线性组件的差分传播性质进行刻画, 刻画的精确程度也决定了区分器搜索模型的精确程度. 本节与后面涉及自动化搜索技术的章节均主要针对基于 MILP 的搜索技术进行介绍, 其应用范围广泛并且在大部分搜索模型上具有较高的搜索效率.

9.1.1 MILP 简介

MILP 又被称为混合整数线性规划问题, 顾名思义, 其目标函数是线性的, 所有约束也是线性的, 决策变量可以取任何的整数.

举例来说, 现在有两个整数 (x, y), 满足以下条件 $x + 2y > 5$ 和 $x - y > 1$, 要求解在上述条件下 $x + y$ 的最小值. 则上述问题就是一个简单的混合整数线性规划问题. 我们将该问题输入 MILP 自动化求解工具里, 设置两个整数变量 x, y, 增加两个不等式约束 $x + 2y > 5$ 与 $x - y > 1$. 设置优化目标 $\min(x + y)$. 运行自动化求解工具, 求解工具自动建模, 并输出可行解.

9.1.2 差分区分器的搜索

Mouha 等 [94] 与 Wu 和 Wang[95] 率先将计算最小差分活跃 S 盒个数转化为 MILP 问题, 对目标算法构建基于 MILP 的差分模型, 这样就可以利用开源或者商业的 MILP 求解器进行求解, 进而得到最少差分活跃 S 盒个数. 该方法在文献 [96, 97] 中被用来搜寻特定模式的差分特征和线性逼近. 此外, 在文献 [98] 中, 通过加入特定的表示方法, 该技术可被用来计算比特级分组密码算法的最小活跃 S 盒个数. 随着密码分析领域对自动化搜索的研究探索, 基于 MILP 的方法已经发展成一种自动化搜索真实差分特征的通用工具, 在文献 [99] 中, Sun 等通过精准刻画 S 盒的差分传播特性, 首次给出了精确的 S 盒差分传播的 MILP 模型 (同样适用于线性分析). 注意, Sun 等的方法主要适用于包含比特级异或操作, S 盒操作 (S 盒小于 8 比特) 以及比特级线性置换的算法上. 之后对 MILP 模型的改进工作也都是在此基础之上的, 所以接下来我们将着重介绍 Sun 等在文献 [99] 中给出的模型.

- 分支差分传播模型的 MILP 限制条件:

分支操作的差分满足 $a = b = c$, 其中输入差分为 a, b, 输出差分为 c.

- 异或差分传播模型的 MILP 限制条件:

对于比特级的异或操作, 令 $a \oplus b = c$, 其中输入差分为 a, b, 输出差分为 c, 则其可以用如下线性不等式方程组刻画:

$$
\begin{cases}
d_\oplus \geqslant a, \\
d_\oplus \geqslant b, \\
d_\oplus \geqslant c, \\
a + b + c \geqslant 2 \cdot d_\oplus, \\
a + b + c \leqslant 2,
\end{cases}
\tag{9.1}
$$

其中, $d_\oplus$ 为一个额外引入的辅助布尔变量. MILP 混合整数线性规划中的变元类型为整数, 所以为了使用整数来表示布尔类型变量 (分组密码算法中的变元多为布尔向量, 仅有 0, 1 取值), 线性不等式需要通过一系列复杂的限制对整数变元做限制. 通过推导得到的不等式能且仅能使得如 a, b, c 满足差分传播的取值满足不等式限制.

证明 首先, 观察异或操作的差分传播. 不妨设 a, b, c 为单比特变元, 则其所有可能的差分传播为 $(0,0,0), (0,1,1), (1,0,1), (1,1,0)$. 由于不等式 (9.1) 限制 $a + b + c \leqslant 2$, 故排除了不满足差分传播的情况 $(1,1,1)$. 接下来, 由 $a + b + c \geqslant 2 \cdot d_\oplus$ 联合上文提到的不等式易得 $d_\oplus \in \{0,1\}$. 最后, 将不满足差分传播的情况 $(1,0,0), (0,1,0), (0,0,1)$ 代入不等式, 发现其亦不满足不等式限制.

- S 盒差分传播模型的 MILP 限制条件:

在给出如何给出 S 盒差分传播模型的 MILP 限制条件之前, 我们首先介绍凸包 (Convex Hull) 和凸包的 H 表示.

定义 9.1 凸包

对一个有限点集 $P \subseteq \mathbb{R}^n$, P 的凸包 $\mathrm{conv}(P)$ 即为 $\mathbb{R}^n$ 中包含 P 的最小凸包集合. ♣

> **命题 9.1　凸包的 H 表示 (H-Representation)**
>
> 对任意一个包含有限个离散点的集合 $P \subseteq \mathbb{R}^n$, 必然存在一个凸包的 H 表示 $H_{\mathrm{conv}}(P)$, 其对应的解空间为凸包 $\mathrm{conv}(P)$. $H_{\mathrm{conv}}(P)$ 为形式如下的线性不等式方程组:
>
> $$\begin{cases} \lambda_{0,0} \cdot p_0 + \cdots + \lambda_{0,n-1} \cdot p_{n-1} + \lambda_{0,n} \geqslant 0, \\ \quad\quad\cdots\cdots \\ \lambda_{i,0} \cdot p_0 + \cdots + \lambda_{i,n-1} \cdot p_{n-1} + \lambda_{i,n} \geqslant 0, \\ \quad\quad\cdots\cdots \end{cases} \tag{9.2}$$
>
> 其中, $(p_0, \cdots, p_{n-1})$ 为 $\mathrm{conv}(P)$ 中的任意一点, $\lambda_{i,j}$ 为固定实数. ♠

对于一个 $w \times v$ 的 S 盒, 令其输入差分的比特表示为 $(x_0, \cdots, x_{w-1})$, 输出差分的比特表示为 $(y_0, \cdots, y_{v-1})$. 定义一个 $(w+v)$ 维的向量 $(x_0, \cdots, x_{w-1}, y_0, \cdots, y_{v-1}) \in \{0,1\}^{w+v} \subseteq \mathbb{R}^n$, 那么所有可能的差分传播模式和所有不可能的差分传播模式均包含在 $\{0,1\}^{w+v}$ 所表示的向量空间中, 通过计算 S 盒所有可能差分传播模式向量集合所对应凸包的 H 表示, 即得到了能够精确刻画 S 盒差分传播特性的线性不等式方程组.

- 利用贪心算法对刻画 S 盒的不等式进行筛选.

通过上述方法得到的对 S 盒差分传播特性刻画的不等式组往往数量庞大, 如果直接把这些不等式加入需要求解的 MILP 模型中, 往往会导致模型过于复杂而无法高效地求解. 因此, Sun 等[99] 提出了一个贪心算法对这些刻画 S 盒的不等式进行筛选, 如算法 10 所示.

- 目标函数选取.

MILP 模型还需要一个关键的部分就是目标函数, 一般来说, 我们在搜索一定轮数的差分路线时希望路线所包含的活性 S 盒尽量少. 因此, 相应模型的目标函数就应与活性 S 盒或者概率相关联.

对于一般的双射 S 盒来说, 其非零输入差分 $(x_0, \cdots, x_{w-1})$ 必然导致非零输出差分 $(y_0, \cdots, y_{v-1})$, 并且会产生相应的概率, 也称其为活性 S 盒. 所以, 我们引入一个标志变量 A_t 来表示 S 盒的活性状态, 那么仅需要保证 $A_t = 1$ 当且仅当 $(x_0, \cdots, x_{w-1})$ 非零, 限制条件如下:

$$\begin{cases} A_t - x_k \geqslant 0, \quad k \in \{0, \cdots, w-1\}, \\ -A_t + \sum_{j=0}^{w-1} x_j \geqslant 0. \end{cases} \tag{9.3}$$

算法 10	贪心算法

输入:

  $\mathcal{H}$: S 盒凸包的 H 表示, $\mathcal{X}$: S 盒不可能差分传播集合.

输出:

  O: 筛选出的不等式.

1   $\mathcal{L} := \text{None}$;

2   $\mathcal{X}^* := \mathcal{X}$;

3   $\mathcal{H}^* := \mathcal{H}$;

4   $O := \varnothing$;

5   **while** True **do**

6     $\mathcal{L} := \mathcal{H}^*$ 中能够删除 $\mathcal{X}^*$ 中最多不可能差分传播模式的不等式;

7     $\mathcal{X}^* :=$ 经过 $\mathcal{L}$ 筛选后 $\mathcal{X}^*$ 中剩下的不可能差分传播模式;

8     $\mathcal{H}^* := \mathcal{H}^* - \{\mathcal{L}\}$;

9     $O := O \cup \{\mathcal{L}\}$;

10   **if** $\mathcal{X}^* = \varnothing$ **then**

11      $\lfloor$ return O.

此外, 为了保证非零输入差分必然产生非零输出差分, 还需要如下限制条件:

$$\begin{cases} w \cdot y_0 + w \cdot y_1 + \cdots + w \cdot y_{v-1} - (x_0 + \cdots + x_{w-1}) \geqslant 0, \\ v \cdot x_0 + v \cdot x_1 + \cdots + v \cdot x_{w-1} - (y_0 + \cdots + y_{v-1}) \geqslant 0. \end{cases} \tag{9.4}$$

所以, 最终的目标函数设定为 $\sum A_t$, 即可以搜索相应 MILP 模型最小活性 S 盒对应的差分路线.

练习 9.1   如何把 S 盒差分分布表的概率信息通过 MILP 限制条件刻画出来?

例如对于 LBlock 算法[100], 其中的一个 S 盒 S_0 如表 9.1.

表 9.1   LBlock 算法的 S 盒 S_0

x	0	1	2	3	4	5	6	7	8	9	10	11	12	13	14	15
$S_0(x)$	14	9	15	0	13	4	10	11	1	2	8	3	7	6	12	5

首先根据 S_0 可以作出差分分布表, 根据差分分布表得到所有可能的差分传播模式和不可能差分传播模式, 然后通过 SAGE[101] 计算所有可能差分传播模式对应的凸包 H 表示 (包含 205 个线性不等式), 最后利用贪心算法对其进行筛选得到精简的不等式组 (28 个) 如下:

$$
\left\{
\begin{array}{ll}
(2,1,1,1,-3,0,1,2) \cdot x + 0 \geqslant 0, & (-1,2,-2,-1,0,0,-2,-1) \cdot x + 5 \geqslant 0, \\
(0,1,0,0,1,-1,1,0) \cdot x + 0 \geqslant 0, & (-1,-1,1,-3,3,-1,-2,2) \cdot x + 5 \geqslant 0, \\
(3,-1,-1,-1,0,3,2,1) \cdot x + 0 \geqslant 0, & (-1,1,2,0,-1,-1,2,-2) \cdot x + 3 \geqslant 0, \\
(0,-1,0,1,-1,0,-1,1) \cdot x + 2 \geqslant 0, & (0,-1,0,0,1,1,1,0) \cdot x + 0 \geqslant 0, \\
(-1,-1,-1,0,-1,-1,0,-1) \cdot x + 5 \geqslant 0, & (1,2,-2,1,0,0,1,2) \cdot x + 0 \geqslant 0, \\
(1,2,3,-2,1,0,-1,3) \cdot x + 0 \geqslant 0, & (-1,0,0,0,1,0,1,1) \cdot x + 0 \geqslant 0, \\
(1,1,-2,-2,0,-1,-1,-2) \cdot x + 6 \geqslant 0, & (-1,-1,1,0,-1,1,-1,-1) \cdot x + 4 \geqslant 0, \\
(0,-1,-1,1,1,1,0,-1) \cdot x + 2 \geqslant 0, & (-1,0,1,0,1,1,1,0) \cdot x + 0 \geqslant 0, \\
(1,0,1,1,0,-1,-1,-1) \cdot x + 2 \geqslant 0, & (1,-2,1,-1,2,3,1,1) \cdot x + 0 \geqslant 0, \\
(-1,1,0,0,-1,1,1,-1) \cdot x + 2 \geqslant 0, & (2,-1,-1,0,-1,1,1,1) \cdot x + 1 \geqslant 0, \\
(2,3,1,1,0,-3,1,1) \cdot x + 0 \geqslant 0, & (1,-1,-1,0,1,-1,-1,1) \cdot x + 3 \geqslant 0, \\
(3,1,2,1,-3,-1,1,3) \cdot x + 0 \geqslant 0, & (2,-1,-1,1,-2,1,0,1) \cdot x + 2 \geqslant 0, \\
(1,-1,1,-1,0,1,0,-1) \cdot x + 2 \geqslant 0, & (1,1,2,2,0,1,1,-2) \cdot x + 0 \geqslant 0, \\
(-1,-1,-1,-2,2,1,0,1) \cdot x + 3 \geqslant 0, & (0,-1,1,1,1,-1,-1,-1) \cdot x + 3 \geqslant 0.
\end{array}
\right.
\tag{9.5}
$$

练习 9.2　上述对于 S 盒的差分传播仅仅考虑了可行的传播与不可能的传播. 然而, 在一个 S 盒的差分分布表中存在不同概率的传播. 如何考虑这种 S 盒差分传播的不均匀性得到更加准确的区分器并且得到 MILP 的刻画模型呢?

例如对于 LBlock 算法的其中一个 S 盒 S_0, 首先作出差分分布表. 不同于上文中仅考虑所有可能的差分传播模式与不可能的差分传播模式, 这里将每种差分传播的概率使用 $-\log_2 \Pr[\delta_{\mathrm{in}} \to \delta_{\mathrm{out}}]$ 进行表示. 通常, 一个差分性质均匀的 4 比特 S 盒的差分分布表中仅包含 $N_s \in \{0,2,4\}$ 的项. 其相应的概率的指数表示就为 $\dfrac{N_s(\delta_{\mathrm{in}}, \delta_{\mathrm{out}})}{2^4} = 0, 3, 2$. 不失一般性地定义用于记录当前差分传播的精确概率指数表示的变量 $dp_0, \cdots, dp_{u-1}$, 则 S 盒的凸包的 H 表示的节点更改为一个 $(w+v+u)$ 维的向量 $(x_0, \cdots, x_{w-1}, y_0, \cdots, y_{v-1}, dp_0, \cdots, dp_{u-1}) \in \{0,1\}^{w+v+u} \subseteq \mathbb{R}^n$, 那么所有可能的差分传播模式和所有不可能的差分传播模式以及其相应的传播概率均包含在 $\{0,1\}^{w+v+u}$ 所表示的向量空间中, 通过计算 S 盒所有可能差分传播模式向量集合所对应凸包的 H 表示, 即得到了能够精确刻画 S 盒差分传播特性的线性不等式方程组. 相应地我们应该修改目标函数 $\sum A_t \to \sum \mathrm{DP}_t$, 其中 DP_t 为每个 S 盒的概率的指数表示.

9.1.3 线性区分器的搜索

线性分析 [31] 与差分分析被认为是最为基础的密码分析方法, 在许多著名的对称密码算法的分析中被应用. 为了实施差分或线性分析, 第一步也是最重要的一步就是找到一个高概率的差分特征或线性逼近, 这也是差分特征或线性逼近自动化搜索算法被密码分析学家关注的原因. 值得注意的是上文中提到在文献 [99] 中, Sun 等给出的精确的 S 盒差分传播的 MILP 模型同样适用于线性分析. 下面, 我们针对线性分析中掩码传播的特点给出相应的 MILP 模型. 同时, 将 S 盒的差分传播的 MILP 模型扩展到掩码传播模型并给出最优相关度的扩展模型.

- 异或掩码传播模型的 MILP 限制条件.

异或操作的掩码满足 $a = b = c$, 其中输入掩码为 a, b, 输出掩码为 c.

- 分支掩码传播模型的 MILP 限制条件.

分支操作的输入掩码为 a, 输出掩码为 b, c, 则其可以用如下线性不等式方程组刻画:

$$\begin{cases} d_\Gamma \geqslant a, \\ d_\Gamma \geqslant b, \\ d_\Gamma \geqslant c, \\ a + b + c \geqslant 2 \cdot d_\Gamma, \\ a + b + c \leqslant 2, \end{cases} \tag{9.6}$$

其中 d_Γ 为辅助变量.

- S 盒掩码传播模型的 MILP 限制条件.

对于一个 $w \times v$ 的 S 盒, 使用 A_t 来记录其活跃状态, 其输入掩码为 $(x_0, x_1, \cdots, x_{w-1})$, 满足

$$\begin{cases} A_t - x_k \geqslant 0, k \in \{0, \cdots, w-1\}, \\ -A_t + \sum_{j=0}^{w-1} x_j \geqslant 0. \end{cases} \tag{9.7}$$

从以上的掩码传播模型中我们可以发现其与差分传播呈现对偶的性质, 即差分传播的分支模型类比于掩码传播的异或模型; 异或模型类比于分支模型. 许多有关于差分、线性分析的关系的密码研究也被提出 [89], 使人们对于密码算法的性质有了更加深刻的认识. 有关于这方面的知识将在后面的章节进行介绍.

- 最优相关度的 MILP 模型.

类比于差分传播的 S 盒刻画，我们可以使用 $c_0, \cdots, c_{u-1}$，即掩码传播相关度的指数表示对 S 盒的掩码传播进行精确刻画，则 S 盒的凸包的 H 表示的节点更改为一个 $(w + v + u)$ 维的向量 $(x_0, \cdots, x_{w-1}, y_0, \cdots, y_{v-1}, c_0, \cdots, c_{u-1})$ $\in \{0,1\}^{w+v+u} \subseteq \mathbb{R}^n$. 相应地，我们修改目标函数 $\sum A_t \to \sum \mathrm{Cor}_t$，其中 Cor_t 为每个 S 盒相关度的指数表示.

9.1.4　不可能差分/零相关线性路线的搜索

基于 MILP 的不可能差分/零相关线性路线的自动化搜索由文献 [102,103] 等提出，由于不可能差分/零相关线性路线为一条不可能存在的差分/线性路线，因此上述工作主要根据 MILP 模型中是否存在矛盾来寻找不可能差分/零相关线性路线. 在使用 MILP 模型的限制条件来刻画算法差分/线性模型的同时，还需要利用不可能差分/零相关线性路线的搜索算法来寻找相应路线. 我们给出文献 [102] 中所采用的搜索算法加以说明，这里以不可能差分为例，零相关线性路线与其类似.

算法 11　通用不可能差分搜索算法

输入：
　　Δ_{in}: 所选定的输入差分集合，
　　Δ_{out}: 所选定的输出差分集合.
输出：
　　O: 不可能差分路线集合.
1　$O := \varnothing$;
2　**for** $\alpha \in \Delta_{\mathrm{in}}$ **do**
3　　**for** $\beta \in \Delta_{\mathrm{out}}$ **do**
4　　　$\mathcal{M}$: 根据 (α, β) 生成相应算法的差分 MILP 模型;
5　　　**if** $\mathcal{M}$ 不存在解 **then**
6　　　　$O := O \cup \{(\alpha, \beta)\}$;

注　其中所待搜索的不可能差分路线输入输出集合 Δ_{in} 和 Δ_{out} 可以根据算法特点来选取或者遍历. 通常来说，我们选择输入差分一个块活跃，其他块为非活跃；输出差分一个块活跃，其他块非活跃，以拉长不可能差分区分器的轮数. 以 AES-128 为例，遍历输入输出差分单块活跃的所有情况，则我们需要 $16 \times 16 = 256$ 个具有不同输入输出差分的 MILP 模型.

练习 9.3　搜索 CipherFour 最长轮数的不可能差分/零相关线性路线，并给出输入输出差分/掩码与手动验证的路线矛盾.

9.1.5 分离特性的搜索

在 5.2.3 节, 我们介绍了比特级的分离特性的传播规则, 以及分离特性经过密码组件 COPY、XOR 和 AND 的传播规律. 但是在实际攻击中, 密码算法的轮函数往往很复杂, 可以拆分成百上千次的基本操作 (COPY、XOR 和 AND), 光是一轮的分离特性传播路线就可能高达上万条, 更别说我们想要去刻画多轮数的传播过程, 这么庞大的传播路线数量计算起来很费时. 这时候我们就要去借助自动化的求解工具, 它们可以帮我们快速地搜到分离性质的传播路线.

在本节中, 我们介绍怎么用线性不等式来刻画这些传播规律, 并将线性不等式输入到 MILP 求解中去自动化搜索分离性质的传播路线, 从而确定是否存在积分区分器.

* 起始约束.

以二子集比特级分离特性为例, 若输入的多重集 X 具有分离特性 $D_{\mathbb{K}}^n$, $\mathbb{K} = \{(0,1,1,\cdots,1)\}$, 那么在 MILP 自动化求解工具里, 我们可以用 n 个二进制的变量 $x_1, x_2, \cdots, x_n$ 去表示 $\mathbb{K}$ 里对应索引的取值, 上述 $(0,1,1,\cdots,1)$ 就可以用以下线性约束来刻画: $x_1, x_2, \cdots, x_n$ 为二进制, $x_1 = 0, x_2 = 1, \cdots, x_n = 1$.

* 分支 (COPY).

由前文介绍的分离特性经过 COPY 的传播规则可知, 若 f 是一个分支操作, 输入的是 $(m) \in \mathbb{F}_2$, 输出的是 $(m, m) \in \mathbb{F}_2^2$. 令 $\mathbb{X}$ 和 $\mathbb{Y}$ 是 COPY 函数的输入与输出多重集合. $\mathbb{X}$ 的分离特性是 $\mathcal{D}_{\mathbb{K}}^1$, $\mathbb{Y}$ 的分离特性是 $\mathcal{D}_{\mathbb{K}'}^2$, 设 $\mathbb{K}$ 的可能取值为 (x), $\mathbb{K}'$ 的可能取值为 (y_1, y_2), 根据分离特性传播规则, $(x) \to (y_1, y_2)$ 可能的情况有 $(0) \to (0,0)$, $(1) \to (0,1)$, $(1) \to (1,0)$.

对于上述 $(x) \to (y_1, y_2)$ 的传播情况, 我们可以用以下线性约束来刻画: x, y_1, y_2 为二进制, $x = y_1 + y_2$.

* 异或操作 (XOR).

由前文介绍的分离特性经过异或的传播规则可知, 若 f 是一个 XOR 函数, 输入的是 $(m_1, m_2) \in \mathbb{F}_2^2$, 输出的是 $(m_1 \oplus m_2) \in \mathbb{F}_2$. 令 $\mathbb{X}$ 和 $\mathbb{Y}$ 是分支操作的输入与输出多重集合. $\mathbb{X}$ 的分离特性是 $\mathcal{D}_{\mathbb{K}}^2$, $\mathbb{Y}$ 的分离特性是 $\mathcal{D}_{\mathbb{K}'}^1$, 设 $\mathbb{K}$ 的可能取值为 (x_1, x_2), $\mathbb{K}'$ 的可能取值为 (y), 根据分离特性传播规则, $(x_1, x_2) \to (y)$ 可能的情况有 $(0,0) \to (0)$, $(0,1) \to (1)$, $(1,0) \to (1)$.

对于上述 $(x_1, x_2) \to (y)$ 的传播情况, 我们可以用以下线性约束来刻画: x_1, x_2, y 为二进制, $x_1 + x_2 = y$.

* 与操作 (AND).

由前文中介绍的分离特性经过与操作的传播规则可知, 若 f 是一个 AND 操作, 输入的是 $(m_1, m_2) \in \mathbb{F}_2^2$, 输出的是 $(m_1 \wedge m_2) \in \mathbb{F}_2$. 令 $\mathbb{X}$ 和 $\mathbb{Y}$ 是分支函数的输入与输出多重集合. $\mathbb{X}$ 的分离特性是 $\mathcal{D}_{\mathbb{K}}^2$, $\mathbb{Y}$ 的分离特性是 $\mathcal{D}_{\mathbb{K}'}^1$, 设 $\mathbb{K}$ 的可能取

值为 (x_1, x_2), $\mathbb{K}'$ 的可能取值为 (y), 根据分离特性传播规则, $(x_1, x_2) \to (y)$ 可能的情况有 $(0,0) \to (0)$, $(1,1) \to (1)$.

对于上述 $(x_1, x_2) \to (y)$ 的传播情况, 我们可以用以下线性约束来刻画: x_1, x_2, y 为二进制, $y - x_1 \geqslant 0$, $y - x_2 \geqslant 0$, $y - x_1 - x_2 \leqslant 0$.

- 结束约束.

以二子集合的比特级分离特性为例, 若输出的多重集 Z 具有分离特性: $D_{\mathbb{K}'}^n$, 其中 $\mathbb{K}' = (0, 1, 1, \cdots, 1)$. 那么在 MILP 自动化求解工具里, 我们可以用 n 个二进制的变量 $z_0, z_1, \cdots, z_n$ 表示 $\mathbb{K}'$ 里对应索引的取值, 因为要寻找是否存在区分器, 类似 9.2.4 节中描述的那样, 我们要判断是否所有的单位向量都包含在 $\mathbb{K}'$ 里. 因此, 我们可以设置求解目标函数为 $Obj : \min\{z_1 + z_2 + \cdots + z_n\}$. 如果有一个单位向量没有包含, 那么我们就搜到了对应比特的零和积分区分器.

练习 9.4 使用 MILP 求解器建模并搜索, 当输入的多重集 $\mathbb{X}$ 具有分离特性 $D_{\mathbb{K}}^{32}$, $\mathbb{K} = \{(0, 1, 1, 1, \cdots, 1)\}$ 时, SIMON32 的第 12 轮输出的第一比特是否存在积分区分器 (答案请参考文献 [104]).

9.2 SAT 自动化求解工具

SAT 是一个 NPC 问题. 布尔表达式是由布尔变量和运算符所构成的表达式. 为了求解布尔可满足性问题, 可以通过设置某些限制, 将搜索活动限定在一个较小的空间中, 从而更容易求得问题的解. 使用自动化搜索工具 STP[①]可以将密码算法约束为可满足性问题去求解.

9.2.1 差分区分器的搜索

本节基于布尔表达式可满足性理论 (SAT) 进行差分区分器的自动化搜索. 下面介绍在差分特征搜索的实际运用中刻画差分经过不同组件传播时的模型和具体语句.

差分特征搜索的自动化模型

- 复制运算模型.

记 $(\alpha) \xrightarrow{\text{COPY}} (\beta_0, \beta_1)$ 为比特级复制运算的一条差分传播路线, 其中 α, β_0, β_1 的长度都为 n 比特, 则刻画差分在复制运算中传播的限制条件为

$$\begin{cases} \beta_0 = \alpha, \\ \beta_1 = \alpha, \\ \alpha, \beta_0, \beta_1 : \text{BITVECTOR}(n). \end{cases} \tag{9.8}$$

---
① 更多关于 STP 的使用, 请参考 http://stp.github.io/.

- 异或运算模型.

记 $(\alpha_0, \alpha_1) \xrightarrow{\text{XOR}} (\beta)$ 为比特级异或运算的一条差分传播路线, 其中 $\alpha_0, \alpha_1, \beta$ 长度都为 n 比特, 则刻画差分在异或运算中传播的限制条件为

$$\begin{cases} \beta = \text{BVXOR}(\alpha_0, \alpha_1), \\ \alpha_0, \alpha_1, \beta : \text{BITVECTOR}(n). \end{cases} \tag{9.9}$$

- 与运算模型.

记 $(\alpha_0, \alpha_1) \xrightarrow{\text{AND}} (b)$ 为比特级与运算的一条差分传播路线, 可以将其看作一组 S 盒的级联, 使用 S 盒的规则刻画差分的传播.

- S 盒模型.

记 $(\alpha) \xrightarrow{\text{S}} (\beta)$ 为过 S 盒运算的一条差分传播路线, 在刻画 S 盒运算的限制条件时, 首先需要刻画 S 盒的差分分布表, 定义

$$\text{DDT} : \text{ARRAY BITVECTOR}(2n) \text{ OF BITVECTOR}(n). \tag{9.10}$$

对 DDT 每个可能的输入输出差分使用如下方式进行刻画:

$$\text{ASSERT}(\text{DDT}[\alpha||\beta] = p), \tag{9.11}$$

可以得到完整的差分分布表, 从而刻画过 S 盒所有可能的差分传播情况. 同时, 借助下面的限制条件来刻画 S 盒运算中的差分传播概率:

$$\begin{cases} p = \text{DDT}[\alpha||\beta], \\ \alpha, \beta, p : \text{BITVECTOR}(n). \end{cases} \tag{9.12}$$

当 $\alpha = 0$ 时, 必有 $\beta = 0$, 且 $p = \text{DDT}[\alpha||\beta] = 1$.

- 矩阵乘模型.

记 $(\alpha) \xrightarrow{A} (\beta)$ 为过矩阵 A 运算的一条差分传播路线, 进行矩阵乘法运算的刻画时, 需要先刻画对应矩阵, 再利用 $\beta = A \cdot \alpha$ 计算对应差分, 具体限制条件如下:

$$\begin{cases} \text{ASSERT}(\beta = \text{BVXOR}(A_1 \cdot \alpha, \cdots, A_n \cdot \alpha)), \\ \alpha, \beta : \text{BITVECTOR}(n), \end{cases} \tag{9.13}$$

其中, $A_i(i = 1, 2, \cdots, n)$ 表示 A 的第 i 列.

- 左循环移位模型.

记 $(\alpha) \xrightarrow{\lll k} (\beta)$ 为左循环移位运算的一条差分传播路线, k 为循环移位的位数, 刻画差分在左循环移位运算中的传播限制条件如下:

$$\begin{cases} \text{ASSERT}(\beta = (\alpha[n-k-1:0])@(\alpha[n-1:n-k])), \\ \alpha, \beta : \text{BITVECTOR}(n). \end{cases} \tag{9.14}$$

- 右循环移位模型.

记 $(\alpha) \xrightarrow{\ggg k} (\beta)$ 为右循环移位运算的一条差分传播路线, k 为循环移位的位数, 刻画差分在右循环移位运算中的传播限制条件如下:

$$\begin{cases} \text{ASSERT}(\beta = (\alpha[k-1:0])@(\alpha[n-1:k])), \\ \alpha, \beta : \text{BITVECTOR}(n). \end{cases} \tag{9.15}$$

- 左移位模型.

记 $(\alpha) \xrightarrow{\ll k} (\beta)$ 为左移位运算的一条差分传播路线, k 为移位的位数, 使用下面的限制条件来刻画差分在左移位运算中的传播:

$$\begin{cases} \beta = \alpha \ll k, \\ \alpha, \beta : \text{BITVECTOR}(n). \end{cases} \tag{9.16}$$

- 右移位模型.

记 $(\alpha) \xrightarrow{\gg k} (\beta)$ 为右移位运算的一条差分传播路线, k 为移位的位数, 使用下面的限制条件来刻画差分在右移位运算中的传播:

$$\begin{cases} \beta = \alpha \gg k, \\ \alpha, \beta : \text{BITVECTOR}(n). \end{cases} \tag{9.17}$$

✍ **练习 9.5**　如何借助 STP 工具刻画 CipherFour 算法 S 盒 (见附录表 A.1) 的差分分布表和概率传播?

9.2.2　线性区分器的搜索

类似差分区分器的 SAT 自动化搜索, 本节介绍基于 SAT 的线性特征自动化搜索模型如何刻画. 下面介绍在线性特征搜索的实际运用中刻画线性掩码经过不同组件传播时的模型和具体语句.

线性特征搜索的自动化模型

• 复制运算模型.

记 $(\alpha) \xrightarrow{\text{COPY}} (\beta_0, \beta_1)$ 为比特级复制运算的一条线性掩码传播路线, 其中 $\alpha, \beta_0,$ β_1 长度都为 n 比特, 则刻画线性掩码在复制运算中传播的限制条件为

$$\begin{cases} \alpha = \text{BVXOR}(\beta_0, \beta_1), \\ \alpha, \beta_0, \beta_1 : \text{BITVECTOR}(n). \end{cases} \quad (9.18)$$

• 异或运算模型.

记 $(\alpha_0, \alpha_1) \xrightarrow{\text{XOR}} (\beta)$ 为比特级异或运算的一条线性掩码传播路线, 其中 $\alpha_0, \alpha_1,$ β 长度都为 n 比特, 则刻画线性掩码在异或运算中传播的限制条件为

$$\begin{cases} \beta = \alpha_0, \\ \alpha_0 = \alpha_1, \\ \alpha_0, \alpha_1, \beta : \text{BITVECTOR}(n). \end{cases} \quad (9.19)$$

• 与运算模型.

记 $(\alpha_0, \alpha_1) \xrightarrow{\text{AND}} (b)$ 为比特级与运算的一条线性掩码传播路线, 类似差分传播的刻画, 可以将其看作 S 盒进行处理.

• S 盒模型.

记 $(\alpha) \xrightarrow{S} (\beta)$ 为过 S 盒运算的一条线性掩码传播路线, 在刻画 S 盒运算的限制条件时, 首先需要刻画 S 盒的线性近似表, 定义

$$\text{LAT} : \text{ARRAY BITVECTOR}(2n) \text{ OF BITVECTOR}(n), \quad (9.20)$$

对 LAT 每个可能的输入输出掩码使用如下方式进行刻画:

$$\text{ASSERT}(\text{LAT}[\alpha||\beta] = p), \quad (9.21)$$

可以得到完整的线性近似表, 从而刻画过 S 盒所有可能的线性掩码传播情况. 同时, 借助下面的限制条件来刻画 S 盒运算中的线性掩码传播概率:

$$\begin{cases} p = \text{LAT}[\alpha||\beta], \\ \alpha, \beta, p : \text{BITVECTOR}(n). \end{cases} \quad (9.22)$$

当 $\alpha = 0$ 时, 必有 $\beta = 0$, 且 $p = \text{LAT}[\alpha||\beta] = 1$.

• 矩阵乘模型.

记 $(\alpha) \xrightarrow{A} (\beta)$ 为过矩阵 A 运算的一条线性掩码传播路线, 进行矩阵乘法运算的刻画时, 需要先刻画对应矩阵, 再利用 $\alpha = A^{\text{T}} \cdot \beta$ 计算对应掩码, 具体限制条

件如下:

$$
\begin{cases}
\text{ASSERT}(\alpha = \text{BVXOR}(A_1^{\text{T}} \cdot \beta, \cdots, A_n^{\text{T}} \cdot \beta)), \\
\alpha, \beta : \text{BITVECTOR}(n),
\end{cases}
\tag{9.23}
$$

其中, A_i^{T} 表示 A^{T} 的第 i 行.

- 左循环移位模型.

记 $(\alpha) \overset{\lll k}{\longrightarrow} (\beta)$ 为左循环移位运算的一条线性掩码传播路线, k 为循环移位的位数, 刻画线性掩码在左循环移位运算中的传播限制条件如下:

$$
\begin{cases}
\text{ASSERT}(\beta = (\alpha[n-k-1:0])@(\alpha[n-1:n-k])), \\
\alpha, \beta : \text{BITVECTOR}(n).
\end{cases}
\tag{9.24}
$$

- 右循环移位模型.

记 $(\alpha) \overset{\ggg k}{\longrightarrow} (\beta)$ 为右循环移位运算的一条线性掩码传播路线, k 为循环移位的位数, 刻画线性掩码在右循环移位运算中的传播限制条件如下:

$$
\begin{cases}
\text{ASSERT}(\beta = (\alpha[k-1:0])@(\alpha[n-1:k])), \\
\alpha, \beta : \text{BITVECTOR}(n).
\end{cases}
\tag{9.25}
$$

- 左移位模型.

记 $(\alpha) \overset{\ll k}{\longrightarrow} (\beta)$ 为左移位运算的一条线性掩码传播路线, k 为移位的位数, 使用下面的限制条件来刻画线性掩码在左移位运算中的传播:

$$
\begin{cases}
\beta = \alpha \ll k, \\
\alpha, \beta : \text{BITVECTOR}(n).
\end{cases}
\tag{9.26}
$$

- 右移位模型.

记 $(\alpha) \overset{\gg k}{\longrightarrow} (\beta)$ 为右移位运算的一条线性掩码传播路线, k 为移位的位数, 使用下面的限制条件来刻画线性掩码在右移位运算中的传播:

$$
\begin{cases}
\beta = \alpha \gg k, \\
\alpha, \beta : \text{BITVECTOR}(n).
\end{cases}
\tag{9.27}
$$

✐ **练习 9.6**   如何借助 STP 工具刻画 CipherFour 算法 S 盒的线性近似表和相关性的传播?

9.2.3   不可能差分/零相关线性路线的搜索

一条概率为 0 的差分路径即为不可能差分路径. 该模型基于搜索差分路径时的 SAT 模型, 其中对于 S 盒模型需说明转移概率 $p > 0$. 以 ARX 类算法为例, 在构建模型时, 以比特为单位, 对模加操作和其他线性部件分别建立比特级可满足性模型, 通过对路线首尾低汉明重量的输入和输出进行部分遍历, 寻找 R 轮不可能差分路线. 如果在相应条件下, 求解器发现模型无解, 就找到了一条不可能差分路线, 如果有解, 则说明该约束条件下有一条差分路线, 继续遍历下一个条件, 最终判断该条件下是否存在 R 轮不可能差分路线. 类似于 MILP 模型, 不可能差分路线的 SAT 搜索算法为 [102] 算法 12.

算法 12 通用不可能差分搜索算法

输入:
    Δ_{in}: 所选定的输入差分集合,
    Δ_{out}: 所选定的输出差分集合.

输出:
    O: 不可能差分路线集合.

1 $O := \varnothing$;
2 **for** $\alpha \in \Delta_{\text{in}}$ **do**
3   **for** $\beta \in \Delta_{\text{out}}$ **do**
4         $\mathcal{M}$: 根据 (α, β) 生成相应算法的差分 SAT 模型;
5   **if** $\mathcal{M}$ **不存在解 then**
6             $O := O \cup \{(\alpha, \beta)\}$;

类似于不可能差分路径, 在搜索零相关线性路径时, 主要是寻找与密钥取值无关的、相关度为 0 的线性壳 $\alpha \to \beta$. 该模型基于搜索线性路径时的 SAT 模型, 其中对于 S 盒模型要求 $p > 0$. 以 ARX 类算法为例, 同搜索不可能差分路线的过程一致, 区别在于要搜索 R 轮的零相关线性路线. 如果在相应条件下, 求解器发现模型无解, 就找到了一条零相关线性路线, 如果有解, 则说明该约束条件下有一条线性路线, 继续遍历下一个条件, 最终可以判断出 R 轮条件下是否存在零相关线性路线.

练习 9.7 利用 SAT 工具尝试搜索 CipherFour 算法的最长轮数的不可能差分路线, 并给出输入输出差分/掩码与手动验证的路线矛盾.

9.2.4 分离特性的搜索

在本节中, 我们介绍怎么样去用 SAT 求解器自动化搜索分离性质的传播路线, 从而确定是否存在积分区分器.

    ● 起始约束.

以二子集合比特级分离特性为例, 若输入的多重集 $\mathbb{X}$ 具有分离特性 $D_{\mathbb{K}}^{n}$, 其中 $\mathbb{K} = \{(0, 1, 1, 1, \cdots, 1)\}$, 那么在 SAT 自动化求解工具里, 我们可以用 n 个命题变量 $x_1, x_2, \cdots, x_n$ 表示 $\mathbb{K}$ 里对应索引的取值, 上述 $(0, 1, 1, \cdots, 1)$ 可以用 n 个布尔逻辑表达式 $\neg x_1, x_2, \cdots, x_n$ 来表示. 假设经过函数 f 后的多重集 $\mathbb{Y}$ 存在分

离特性 $D_{\mathbb{K}'}^n$, 那么可以用 n 个命题变量 $y_1, y_2, \cdots, y_n$ 表示 $\mathbb{K}'$ 里对应索引的取值. 通过分离性质经过 f 的传播性质, 我们可以用布尔逻辑表达式刻画 $x_1, x_2, \cdots, x_n$ 和 $y_1, y_2, \cdots, y_n$ 的关系.

- 分支操作 (COPY).

若 f 为分支操作, 输入 $(m) \in \mathbb{F}_2$, 输出 $(m, m) \in \mathbb{F}_2^2$. 令 $\mathbb{X}$ 和 $\mathbb{Y}$ 为分支操作的输入与输出多重集合. $\mathbb{X}$ 的分离特性为 $\mathcal{D}_{\mathbb{K}}^1$, $\mathbb{Y}$ 的分离特性为 $\mathcal{D}_{\mathbb{K}}^2$. 设 $\mathbb{K}$ 的可能取值为 (x), $\mathbb{K}'$ 的可能取值为 (y_1, y_2), 根据分离特性传播规则, $(x) \to (y_1, y_2)$ 可能的情况有 $(0) \to (0, 0)$, $(1) \to (0, 1)$, $(1) \to (1, 0)$.

对于上述 $(x) \to (y_1, y_2)$ 的传播情况, 我们在 SAT 中用以下语句来描述: 设置命题变量 x, y_1, y_2, 添加子句 $x \cup \neg y_1$, $x \cup \neg y_2$, $\neg x \cup y_1 \cup y_2$, $\neg x \cup \neg y_1 \cup \neg y_2$.

- 异或操作 (XOR).

设 f 为异或操作, 输入 $(m_1, m_2) \in \mathbb{F}_2^2$, 输出 $(m_1 \oplus m_2) \in \mathbb{F}_2$. 令 $\mathbb{X}$ 和 $\mathbb{Y}$ 是分支操作的输入与输出多重集合. $\mathbb{X}$ 的分离特性是 $\mathcal{D}_{\mathbb{K}}^2$, $\mathbb{Y}$ 的分离特性是 $\mathcal{D}_{\mathbb{K}'}^1$. 设 $\mathbb{K}$ 的可能取值为 (x_1, x_2), $\mathbb{K}'$ 的可能取值为 (y), 根据分离特性传播规则, $(x_1, x_2) \to (y)$ 可能的情况有 $(0, 0) \to (0)$, $(0, 1) \to (1)$, $(1, 0) \to (1)$.

对于上述 $(x_1, x_2) \to (y)$ 的传播情况, 我们在 SAT 中用以下语句来描述: 设置命题变量 x_1, x_2, y, 添加子句 $y \cup \neg x_1$, $y \cup \neg x_2$, $\neg y \cup x_1 \cup x_2$, $\neg y \cup \neg x_1 \cup \neg x_2$.

- 与操作 (AND).

设 f 为 AND 操作, 输入 $(m_1, m_2) \in \mathbb{F}_2^2$, 输出 $(m_1 \wedge m_2) \in \mathbb{F}_2$. 令 $\mathbb{X}$ 和 $\mathbb{Y}$ 是分支操作的输入与输出多重集合. $\mathbb{X}$ 的分离特性是 $\mathcal{D}_{\mathbb{K}}^2$, $\mathbb{Y}$ 的分离特性是 $\mathcal{D}_{\mathbb{K}'}^1$. 设 $\mathbb{K}$ 的可能取值为 (x_1, x_2), $\mathbb{K}'$ 的可能取值为 (y), 根据分离特性传播规则, $(x_1, x_2) \to (y)$ 可能的情况有 $(0, 0) \to (0)$, $(1, 1) \to (1)$.

对于上述 $(x_1, x_2) \to (y)$ 的传播情况, 我们在 SAT 中用以下语句来描述: 设置命题变量 x_1, x_2, y, 添加子句 $y \cup \neg x_1$, $y \cup \neg x_2$, $\neg y \cup x_1$, $\neg y \cup \neg x_2$.

密码算法中, 轮函数可以拆分为若干个分支、异或、与操作的组合. 对每个操作的输入和输出都设置相应的命题变量, 用布尔逻辑语言去刻画它们的关系, 最后在 SAT 求解器中输入多重集的分离性质和输出多重集的分离性质的关系就被建立起来.

$$\mathbb{K}_0 \xrightarrow{f_r} \mathbb{K}_1 \xrightarrow{f_r} \mathbb{K}_2 \xrightarrow{f_r} \cdots \longrightarrow \mathbb{K}_n.$$

- 结束约束.

若一个多重集具有分离性质 $D_{\mathbb{K}}^n$, 其中 $\mathbb{K}$ 不包括所有单位向量, 那么就称得到一个积分区分器, 如果其包括所有单位向量, 那么就没有找到积分区分器.

例 9.1 以一个输出多重集 $\mathbb{Y}$ 为例, 如果 $\mathbb{Y}$ 具有分离特性 $D_{\mathbb{K}}^4$, $\mathbb{K} = \{(0, 0, 0, 1), (0, 0, 1, 0), (0, 1, 0, 0), (1, 0, 0, 0)\}$, 那么当 $\boldsymbol{u} \geqslant \boldsymbol{k}_i, \boldsymbol{k}_i \in \mathbb{K}$ 时, $\sum_{\boldsymbol{x} \in \mathbb{X}} \pi_{\boldsymbol{u}}(\boldsymbol{x}) =$

unknown. 此时我们无法从中获得零和区分器的信息. 但是如果 $\mathbb{Y}$ 具有分离特性 $D_{\mathbb{K}'}^4$, $\mathbb{K}'$ 中未包含所有的单位向量, 例如 $\mathbb{K}' = \{(0,0,0,1),(0,0,1,0), (0,1,0,0)\}$, 因为 $(0,0,0,1) \notin \mathbb{K}'$, 所以 $\sum_{\boldsymbol{x}\in\mathbb{X}} \pi_{(0,0,0,1)}(\boldsymbol{x}) = 0$, 我们就得到了一个零和区分器.

因此我们在 SAT 求解器中对第 r 轮输出的命题变量进行约束, 假设 r 轮加密输出多重集为 $\mathbb{Z}$, 具有分离特性 $D_{\mathbb{K}'}^n$, 其分离性质对应的命题变量为 $z_1, z_2, \cdots, z_n$, 如果我们想判断输出的第一比特上是否有零和区分器, 就可以在 SAT 求解器上加一条语句 $z_1 \cup \neg z_2 \cup \neg z_3 \cup \cdots \cup \neg z_n$. 如果 SAT 求解器输出无解, 那么证明, $(1,0,0,\cdots,0) \notin \mathbb{K}'$, 即 $\sum_{\boldsymbol{x}\in\mathbb{X}} \pi_{(1,0,\cdots,0)}(\boldsymbol{x}) = 0$.

练习 9.8 使用 SAT 求解器建模并搜索当输入多重集 $\mathbb{X}$ 具有分离特性 $D_{\mathbb{K}}^{32}$, $\mathbb{K} = \{(0,1,1,1,\cdots,1)\}$ 时, SIMON32 的第 12 轮输出的第一比特是否存在积分区分器.

9.2.5 $\mathcal{DS}$ 中间相遇攻击的搜索

对称密码算法通常通过轮函数的迭代来保证算法的安全性, 而轮函数是由若干个密码学组件函数有序组合而成的. 所以, 对于 $\mathcal{DS}$ 中间相遇攻击, 我们只需要刻画出每个密码学组件函数中需要施加的约束, 即可构造出整个密码算法的模型. 具体来讲, 对于 $\mathcal{DS}$ 中间相遇区分器, 我们需要刻画组件函数前向差分的后向确定性关系的传播; 对于 $\mathcal{DS}$ 中间相遇密钥恢复, 我们需要在此基础上增加刻画组件函数的后向差分和前向确定性关系的传播. 本小节按照组件函数传播规则的刻画, 进而按模型刻画的顺序来进行叙述 [105].

首先, 我们给出以下符号说明. 我们用 T 表示不同类型的模板变量, 可以替换表示为下文的 X, Y, Z 等类型的变量. $\mathrm{Vars}^{(i)}(T) = \{T_i[j] \mid 0 \leqslant j < n_c\}$ 表示 state_i 引入的一组 T 变量. $\mathrm{Vars}_{(r)}(T)$ 表示第 r 轮的一组 T 变量, 其中若每轮有 k 个 state, 则 $\mathrm{Vars}_{(r)}(T) = \{\mathrm{Vars}^{(k\times r)}(T), \mathrm{Vars}^{(k\times r)+1}(T), \cdots, \mathrm{Vars}^{(k\times r-1)}(T)\}$.

9.2.5.1 基于 SAT 的 $\mathcal{DS}$ 中间相遇区分器搜索模型

为了刻画前向差分, 我们为区分器中的每个 state_i 引入 X 型变量 $\mathrm{Vars}^{(i)}(X) = \{X_i[j] \mid 0 \leqslant j < n_c\}$. 为了刻画后向确定性关系, 我们为区分器中的每个 state_i 引入 Y 型变量 $\mathrm{Vars}^{(i)}(Y) = \{Y_i[j] \mid 0 \leqslant j < n_c\}$. 为了刻画前向差分和后向确定性关系的交, 我们为区分器中的每个 state_i 引入 Z 型变量 $\mathrm{Vars}^{(i)}(Z) = \{Z_i[j] \mid 0 \leqslant j < n_c\}$, 其中 state_i 为第 i 轮的内部状态.

1. 密码学组件函数的前向差分的传播规则

• 规则 1: S 盒前向差分的刻画.

假设 $X_i[j]$ 和 $X_{i+1}[j]$ 分别表示 S 盒的输入和输出变量. 我们只需限制 $X_{i+1}[j] = X_i[j]$, 并在 SAT 模型中添加如下约束:

$$\text{ASSERT}(X_{i+1}[j] = X_i[j]). \tag{9.28}$$

- 规则 2: 字级置换前向差分的刻画.

假设 $\{X_i[j] \mid 0 \leqslant j < n_c\}$ 和 $\{X_{i+1}[j] \mid 0 \leqslant j < n_c\}$ 分别表示字级置换 P 的输入变量和输出变量, 其中 $0 \leqslant j < n_c$. 我们只需限制 $X_{i+1}[j] = X_i[P[j]]$, 其中 $0 \leqslant j < n_c$, 并在 SAT 模型中添加如下约束:

$$\text{ASSERT}(X_{i+1}[j] = X_i[P[j]]). \tag{9.29}$$

- 规则 3: 列混淆矩阵 (MC 矩阵) 前向差分的刻画.

令 $\{X_i[s_0], X_i[s_1], \cdots, X_i[s_{l-1}]\}$ 和 $\{X_{i+1}[s_0], X_{i+1}[s_1], \cdots, X_{i+1}[s_{l-1}]\}$ 分别表示 MC 矩阵的一列输入和输出变量, 其中 l 表示 MC 矩阵变量的个数, 我们有 $0 \leqslant s_0 < \cdots < s_{l-1} < n_c$. 对于 $0 \leqslant a < l$, $X_{i+1}[s_a] = 1$ 当且仅当 $Q = \{X_i[s_j] \mid \text{MC}[a][j] \neq 0, 0 \leqslant j < l\}$ 中的元素不全为 0 时成立. 故对于 $0 \leqslant a < l$, 我们需要在 SAT 模型中添加如下约束:

$$\text{ASSERT}(\text{orTerm}(Q) = X_{i+1}[s_a]), \tag{9.30}$$

其中 $\text{orTerm}(Q)$ 表示将 Q 中所有的变量经过或运算得到的辅助变量.

- 规则 4: 分支操作前向差分的刻画.

假设 $X_i[j]$ 表示分支操作的输入变量, $X_{i+1}[m]$ 和 $X_{i+1}[l]$ 分别表示分支操作相应的输出变量. 我们只需限制 $X_{i+1}[m] = X_i[j]$, 并且 $X_{i+1}[l] = X_i[j]$. 在 SAT 模型中添加如下约束:

$$\text{ASSERT}(X_{i+1}[m] = X_i[j]), \tag{9.31}$$

$$\text{ASSERT}(X_{i+1}[l] = X_i[j]). \tag{9.32}$$

- 规则 5: 异或操作前向差分的刻画.

假设 $X_i[m]$ 和 $X_i[l]$ 分别表示异或操作的两个输入变量, $X_{i+1}[j]$ 表示异或操作的输出变量. 那么当 $X_i[m]$ 和 $X_i[l]$ 中有一个为 1 时, 令 $X_{i+1}[j]$ 为 1, 否则令 $X_{i+1}[j]$ 为 0. 在 SAT 模型中添加如下约束:

$$\text{ASSERT}(X_i[m] | X_i[l] = X_{i+1}[j]). \tag{9.33}$$

2. 密码学组件函数后向确定性关系的传播规则

- 规则 6: S 盒后向确定关系的刻画.

假设 $Y_i[j]$ 和 $Y_{i+1}[j]$ 分别表示某个 S 盒的输入和输出变量, 只需令 $Y_i[j] = Y_{i+1}[j]$. 在 SAT 模型中添加如下约束:

$$\text{ASSERT}(Y_{i+1}[j] = Y_i[j]). \tag{9.34}$$

- 规则 7: 字级置换后向确定性关系的刻画.

假设 $\{Y_i[j] \mid 0 \leqslant j < n_c\}$ 和 $\{Y_{i+1}[j] \mid 0 \leqslant j < n_c\}$ 分别表示字置换 P 的输入变量和输出变量. 对于 $0 \leqslant j < n_c$, 我们只需令 $Y_i[P[j]] = Y_{i+1}[j]$. 对于 $0 \leqslant j < n_c$, 在 SAT 模型中添加如下约束:

$$\text{ASSERT}(Y_i[P[j]] = Y_{i+1}[j]). \tag{9.35}$$

- 规则 8: 列混淆矩阵 (MC 矩阵) 后向确定性关系的刻画.

假设 $\{Y_i[s_0], Y_i[s_1], \cdots, Y_i[s_{l-1}]\}$ 和 $\{Y_{i+1}[s_0], Y_{i+1}[s_1], \cdots, Y_{i+1}[s_{l-1}]\}$ 分别表示 MC 矩阵的一列输入变量和相应输出变量, 其中 l 表示 MC 矩阵的输入和输出变量的个数, $0 \leqslant s_0 < s_1 < \cdots < s_{l-1} < n_c$. 对于 $0 \leqslant a < l$, $Y_i[s_a] = 1$ 当且仅当集合

$$Q = \{Y_{i+1}[s_j] \mid \text{MC}^{\text{T}}[a][j] \neq 0, 0 \leqslant j < l\}$$

中的元素不全为 0. 对于 $0 \leqslant a < l$, 在 SAT 模型中添加如下约束:

$$\text{ASSERT}(\text{orTerm}(Q) = Y_i[s_a]), \tag{9.36}$$

其中 $\text{orTerm}(Q)$ 是将 Q 中所有的变量用符号 "|" 或起来所得到的辅助变量.

- 规则 9: 分支操作后向确定关系的刻画.

假设 $Y_i[j]$ 表示分支操作的输入变量, $Y_{i+1}[m]$ 和 $Y_{i+1}[l]$ 分别表示分支操作相应的输出变量. 令 $Y_i[j] = 0$, 当且仅当 $Y_{i+1}[m]$ 和 $Y_{i+1}[l]$ 全为 0. 在 SAT 模型中添加如下约束:

$$\text{ASSERT}(Y_i[j] = Y_{i+1}[m] \mid Y_{i+1}[l]). \tag{9.37}$$

- 规则 10: 异或操作后向确定关系的刻画.

假设 $Y_i[m]$ 和 $Y_i[l]$ 分别表示异或操作的两个输入变量, $Y_{i+1}[j]$ 表示异或操作的输出变量, 只需令 $Y_i[m] = Y_{i+1}[j]$, $Y_i[l] = Y_{i+1}[j]$. 在 SAT 模型中添加如下约束:

$$\text{ASSERT}(Y_i[m] = Y_{i+1}[j]), \tag{9.38}$$

$$\text{ASSERT}(Y_i[l] = Y_{i+1}[j]). \tag{9.39}$$

3. 其他约束条件的刻画规则

- 规则 11: 前向差分和后向确定性关系的交的刻画.

对于区分器中任意一个变量 $X_i[j]$ 和相应的 $Y_i[j]$, $Z_i[j]$, 令 $Z_i[j] = 1$, 当且仅当 $Y_i[j]$ 和 $Z_i[j]$ 均为 1. 在 SAT 模型中添加如下约束:

$$\text{ASSERT}(X_i[j] \,\&\, Y_i[j] = Z_i[j]). \tag{9.40}$$

- 规则 12: 必要约束.

为了得到非平凡解, 我们需要区分器头部的 X 型变量 $\{X_0[0],\ X_0[1],\cdots,$ $X_0[n_c-1]\}$ 不全为 0, 同时保证区分器尾部的 Y 型变量 $\{Y_l[0], Y_l[1],\cdots, Y[n_c-1]\}$ 不全为 0. 为了区分器的有效性, 我们需要设置 S 盒输入位置的 Z 型变量 ZVars 的非零个数 d 不能超过密钥字数 KW. 在 SAT 模型中添加如下约束:

$$\text{ASSERT}(X_0[0] \mid X_0[1] \mid \cdots \mid X_0[n_c - 1] = 0\text{bin1}), \tag{9.41}$$

$$\text{ASSERT}(Y_l[0] \mid Y_l[1] \mid \cdots \mid Y_l[n_c - 1] = 0\text{bin1}), \tag{9.42}$$

$$\text{ASSERT}(\text{plusTerm}(\text{ZVars}) = \text{degree}), \tag{9.43}$$

$$\text{ASSERT}(\text{BVLT}(\text{degree}, \text{KW})), \tag{9.44}$$

其中 plusTerm(ZVars) 表示将 ZVars 中的变量代数相加.

- 规则 13: 额外约束.

对于有些密码算法, 我们可以结合密码的特性, 给出一些合适的约束来减少公式 (9.43)中 degree 的值.

4. 刻画 $\mathcal{DS}$ 中间相遇区分器模型

首先, 我们根据密码算法用到的特定组件函数使用规则 1~5 刻画出 $\mathcal{DS}$ 中间相遇区分器中前向差分的传播; 其次使用规则 6~10 刻画出 $\mathcal{DS}$ 中间相遇区分器中后向确定性关系; 再次使用规则 11 刻画出前向差分和后向确定性关系的交, 接着使用规则 12 将区分器的必要约束刻画进模型中; 最后使用规则 13 将额外约束刻画进模型中. 经过上面的处理我们便得到了基于 SAT 的 $\mathcal{DS}$ 中间相遇区分器搜索模型, 然后可以使用开源求解器 STP 进行搜索. 在分析过程中, 我们可以根据模型的搜索结果不断减少公式 (9.44) 中 KW 的值, 并重新搜索, 直到区分器模型无解, 我们就得到了度数最小的 $\mathcal{DS}$ 中间相遇区分器. 然后, 我们可以根据 Z 型变量的取值将区分器提取出来. 基于 SAT 的 $\mathcal{DS}$ 中间相遇区分器搜索模型见算法 13.

9.2.5.2　基于 SAT 的 $\mathcal{DS}$ 中间相遇自动化密钥恢复模型

假设我们将完整的加密函数 E 分为三个部分 $E = E_2 \circ E_1 \circ E_0$, 其中 E_0, E_1, E_2 的轮数分别为 r_0, r_1, r_2.

1. 刻画区分器尾部

我们为 E_2 的每个 state_i 引入 W 型变量 $\text{Vars}^{(i)}(W) = \{W_i[j] \mid 0 \leqslant j < n_c\}$, 来刻画区分器尾部前向确定性关系的传播.

- 规则 14:

S 盒和字置换的前向确定性关系和后向确定性关系的刻画是相同的.

- 规则 15:

分支操作的前向确定性关系与异或的后向确定性关系的刻画是相同的.

- 规则 16:

异或的前向确定性关系和分支的后向确定关系的刻画是相同的.

- 规则 17:

MC 矩阵的前向确定性关系和 MC 矩阵的前向差分的刻画相同, 只需要将 MC 矩阵, 替换为 $(\mathrm{MC}^{-1})^{\mathrm{T}}$. 为了获取区分器尾部的需要猜测值的位置, 我们只需要利用规则 14 ~ 规则 17 来刻画区分器尾部前向确定性关系的传播, 这样我们便可以知道 E_2 中需要猜测值的位置, 即 S 盒的 W 型输入变量中非零的位置.

算法 13 $\mathcal{DS}$ 中间相遇的区分器搜索模型

Input: 密码算法 E, 轮数 R, 密钥字数 KW

Output: 区分器的度数 d

1 **while** TRUE **do**
2   CVC ← **Initial**
3   **for** i from 0 to $(R-1)$ **do**
4   Vars ← **Initial**{$\mathrm{Vars}_{(i)}(X),\mathrm{Vars}_{(i)}(Y),\mathrm{Vars}_{(i)}(Z)$}
         // 说明 E 在第 r 轮用到变量 $\mathrm{Vars}_{(i)}(X),\mathrm{Vars}_{(i)}(Y),\mathrm{Vars}_{(i)}(Z)$
5   Diff_For ← **规则 1**~ **规则 5**// 在 $\mathrm{Vars}_{(i)}(X)$ 上施加前向差分的约束
6   Det_Back ← **规则 6**~ **规则 10**// 在 $\mathrm{Vars}_{(i)}(Y)$ 上施加后向确定性关系的约束
7   Relation_XYZ ← **规则 11**// 添加相应 X、Y、Z 型变量间的约束
8   Objective ← **规则 12**// 添加必要约束
9   Additional ← **规则 13**// 添加额外约束
10   CVC ← **Add**(Vars, Diff_For, Det_Back, Relation_XYZ, Objective, Additional)
11   .Sol 文件 ← STP 运行 CVC, 得到结果文件
12   Flag ← .Sol 文件 is empty or not
        // .Sol 文件存在解, 返回 degree 变量的值, 否则返回 0
13   **if** Flag == 0 **then**
14   break
15   **else**
16   KW ← Flag
17 d ← KW
18 **return** d

---

2. 刻画区分器头部

我们为 E_0 的每个 state_i 引入 M 型变量 $\mathrm{Vars}^{(i)}(M) = \{M_i[j] \mid 0 \leqslant j < n_c\}$, 来刻画区分器头部后向差分的传播.

- 规则 18:

S 盒和字置换的后向差分和前向差分的刻画是相同的.

- 规则 19:

分支操作的后向差分与异或的前向差分的刻画是相同的.

- 规则 20:

异或的后向差分和分支的前向差分的刻画是相同的.

- 规则 21:

MC 矩阵的后向差分和 MC 矩阵的前向差分的刻画相同, 只需要将 MC 矩阵, 替换为 MC^{-1}.

为了获取区分器头部的需要猜测值的位置, 我们首先利用规则 18 ~ 规则 21 刻画区分器头部后向差分的传播, 然后在 E_0 的 S 盒的输入位置引入 Z 型变量, 并且设置 Z 型变量的值等于相同位置的 M 型变量的值. 接着对 E_0 的每一轮添加如下规则进行约束.

- 规则 22: Z 型变量线性层后向确定性关系的刻画.

对 S 盒刻画分支操作的后向确定性关系, 其中 S 盒输入的 M 型变量和 S 盒输出的 Z 型变量作为分支操作的输出变量, S 盒输入的 Z 型变量作为分支操作的输入变量.

使用规则 18 ~ 规则 22 刻画区分器头部的约束, 我们便可以知道 E_0 中需要猜测值的位置, 即 S 盒的 Z 型输入变量中非零的位置.

3. 刻画 $\mathcal{DS}$ 中间相遇自动化密钥恢复模型

- 规则 23: 提取 E_0 和 E_2 中需要猜测的密钥.

我们引入 SK 型变量 Vars(SK) 以提取密钥猜测位置. 在 E_0 处, SK 型变量的值等于异或密钥后 Z 型变量的值. 在 E_2 处, SK 型变量的值等于异或密钥前 W 型变量的值. 然后, 在 SAT 模型中添加如下约束:

$$\mathrm{ASSERT}(\mathrm{BVLT}(\mathrm{plusTerm}(\mathrm{Vars}(\mathrm{SK})), \mathrm{UpBound})), \tag{9.45}$$

其中, plusTerm(Vars(SK)) 表示将所有的 SK 型变量代数相加, UpBound 是一个预先给定的比密钥字数大的值.

我们使用规则 18 ~ 规则 22 刻画区分器头部的约束, 使用规则 14 ~ 规则 17 刻画区分器尾部的约束, 使用规则 13 提取区分器头部和区分器尾部猜测的密钥信息, 使用规则 1 到规则 12 进行区分器的刻画. 这样我们便得到了基于 SAT 的 $\mathcal{DS}$ 中间相遇自动化密钥恢复模型. 使用 STP 运行该模型之后, 我们便得到了 SK 型变量的值. 最后, 我们使用文献 [64] 中的密钥桥接 (Key Bridging) 技术来缩减密钥的个数. 如果缩减后需要猜测的密钥字数小于算法的密钥字数, 则我们认为该密钥恢复是有效的. 基于 SAT 的 $\mathcal{DS}$ 中间相遇自动化密钥恢复模型的伪代码见算法 14.

算法 14 $\mathcal{DS}$ 中间相遇攻击的自动化密钥恢复模型

Input: 密码算法 $E = E_2 \circ E_1 \circ E_0$, 相应轮数 r_0, r_1, r_2, 区分器度数 d, 密钥字数上界 UpBound

Output: 需猜测的密钥字数 Guess_Key

1   CVC ← **Initial**

2   **for** i from 0 to $(r_0 - 1)$ **do**

3   Vars ← **Initial**{ Vars$_{(i)}(M)$, Vars$_{(i)}(Z)$ }

     // 声明 E_0 在第 i 轮用到的变量 Vars$_{(i)}(M)$ 以及 Vars$_{(i)}(Z)$

4   Diff_Back ← **规则 18**~ **规则 20**, 在 Vars$_{(i)}(M)$ 上施加后向差分的约束

5   Det_Back ← **规则 22**, 在 Vars$_{(i)}(Z)$ 上施加后向确定性的约束

6   CVC ← **Add**(Vars, Diff_Back, Det_Back)

7   **for** j from r_0 to $(r_0 + r_1 - 1)$ **do**

8   Vars ← **Initial**{Vars$_{(j)}(X)$, Vars$_{(j)}(Y)$, Vars$_{(j)}(Z)$}

9   Diff_For ← **规则 1**~ **规则 5**, 在 Vars$_{(j)}(X)$ 上施加前向差分的约束

10   Det_Back ← **规则 6**~ **规则 10**, 在 Vars$_{(j)}(Y)$ 上施加后向确定性的约束

11   Relation_XYZ ← **规则 11**, 施加相应 X, Y, Z 型变量间的约束

12   Obj_Con ← **规则 12**, 添加必要约束, 令 KW 的值为 d

13   Additional ← **规则 13**, 施加额外约束

14   CVC ← **Add**(Vars, Diff_For, Det_Back, Relation_XYZ, Obj_Con, Additional)

15   **for** l from $r_0 + r_1$ to $(r_0 + r_1 + r_2 - 1)$ **do**

16   Vars ← **Initial**{Vars$_{(l)}(W)$}

17   Det_For ← **规则 14**~ **规则 17**, 在 Vars$_{(l)}(W)$ 上施加前向确定的约束

18   CVC ← **Add**(Vars, Det_For)

19   Vars ← **Initial**{Vars(SK)}

20   SK_Con ← **规则 23**, 添加 Vars(SK) 的约束, 设置目标 UpBound

21   CVC ← **Add**(Vars, SK_Con)

22   Guess ← STP 运行 CVC, 根据结果中的 SK 型变量得到需要猜测的密钥

23   Guess_Key ← 密钥桥接技术缩减 Guess 中的密钥量

24   **return** Guess_Key

第9章程序参考资料

第 10 章

分组密码工作模式的攻击概述

分组密码的功能是高度简单的, 它只根据一个 7 字节 (DES) 或 16~32 字节 (AES) 密钥, 将 8 字节 (DES) 或 16 字节 (AES) 明文转化为 "不易识别的" 密文. 这也是分组密码安全性较易评估、在标准化道路上首当其冲的原因. 但日常所需的密码功能是复杂的, 例如, 加密方案 (Encryption Scheme) 将任意长度 (数百上千字节) 明文转为 "不易识别的" 密文, 消息认证码根据任意长度明文产生一个与之唯一对应的 "摘要". 实现复杂的密码功能自然更困难, 一个常用的思路是依赖安全性久经考验的分组密码标准 (如 AES), 通过一个基于分组密码的 "结构"(Construction) 建构起所需的复杂功能, 寄望于结构本身能够保持密码标准的可靠性. 这样的结构称为分组密码的工作模式 (Mode of Operation), 它们的安全性含义与攻击方法将是本章的主题. 这些结构的工作原理通常与所使用的分组密码内部细节无关. 换言之, 一般可以将一个工作模式中的分组密码替换成任何安全的分组密码[①]. 因此, 以下我们用 E 表示一个分组密码, 用带有下标 K 的记号 E_K 表示装定了密钥 K 的分组密码 E. 若 E 的分组长度为 n 比特、密钥长度为 k 比特, 则称之为(k, n)-分组密码.

上述不同的密码功能显然需要不同的模式来实现, 所以分组密码工作模式是庞大的知识体系, 试图用一章或一节的内容进行全面介绍是不切实际的. 因此, 本章只简要介绍经典加密模式. 具体地, 以下 10.1 节、10.2 节、10.3 节、10.4 节依次讨论美国国家标准与技术研究院建议的 ECB、CBC、OFB、CTR 等加密模式[106].

10.1 电码本模式

先考虑待加密明文 m 长度 (以比特数计量)$|m|$ 为 n 的整数倍的情形, 即 $m = m_1 \| m_2 \| \cdots \| m_\ell$ 包含 $\ell \geqslant 1$ 个 n 比特明文分组. 用 (k, n)-分组密码 E_K 加密这样的明文, 最容易想到的方式一定是用 E_K 逐个加密每一个 n 比特分组, 即计算密文 $c = \mathrm{ECB}[E]_K(m) := E_K(m_1) \| E_K(m_2) \| \cdots \| E_K(m_\ell)$, 如图 10.1 所示.

[①] 具体的安全性往往由所用分组密码的密钥长度和分组长度决定.

解密时同样逐分组运用 E_K^{-1} 解密. 详见定义 10.1. 这个过程有些类似将 E_K 当作一个 "电码本" (Electronic Codebook, EC), 按照电码本的内容逐个查找、确定每个明文分组所对应的密文分组, 因此得名.

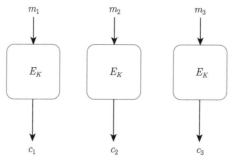

图 10.1 电码本模式

定义 10.1 电码本 ECB$[E]_K$ 加密模式

加密 $\mathrm{ECB}[E]_K(m)$, $|m| = \ell n$, $\ell \in \mathbb{N}^*$:

1. 切分明文 $m = m_1\|m_2\|\cdots\|m_\ell$, 其中 $m_i \in \{0,1\}^n$ 表示第 i 个 n 比特明文分组.

2. **for** $i = 1, 2, \cdots, \ell$ **do**
$$c_i := E_K(m_i).$$

3. 输出密文 $c := c_1\|c_2\|\cdots\|c_\ell$.

解密 $\mathrm{ECB}[E]_K^{-1}(c)$, $|c| = \ell n$, $\ell \in \mathbb{N}^*$:

1. 切分密文 $c = c_1\|c_2\|\cdots\|c_\ell$, 其中 $c_i \in \{0,1\}^n$ 表示第 i 个 n 比特密文分组.

2. **For** $i = 1, 2, \cdots, \ell$ **do**
$$m_i := E_K^{-1}(c_i).$$

3. 输出明文 $m := m_1\|m_2\|\cdots\|m_\ell$.

电码本模式显然会把相同的明文分组 $m_i = m_j$ 加密为相同的密文分组 $E_K(m_i) = E_K(m_j)$, 因此会暴露明文分组间的相等关系, 如图 10.2 所示. 这对实际运用是危险的. 例如, 很多用户在编辑电子邮件时, 会在邮件末尾附加一段祝福语 (有时是通过设置, 令电子邮件系统自动附加的): 同一个用户通过同一个邮件客户端发送的邮件祝福语一般相同, 而其他情况下 (不同用户, 或不同客户端发送) 祝福语一般不同. 假使这样的电子邮件是通过电码本模式加密后传输的[①], 则

① 当然, 当前实际运用的网络安全协议不太可能仍在使用电码本模式.

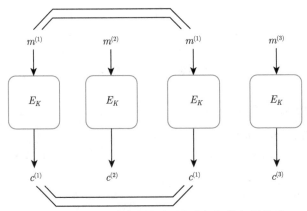 文本在此处前后

相同的祝福语很可能被加密为相同的密文分组, 网络数据包窃听者从而可以根据数据包末尾某些字节的取值来将收集到的加密邮件数据包分类, 进而判断出哪些邮件是来自同一用户、同一客户端的. 注意这一攻击思路完全没有考虑电码本模式中究竟在使用何种分组密码. 这种不考虑具体使用的密码函数内部的细节, 只利用模式结构本身的弱点实施的攻击称为通用攻击 (Generic Attack). 另外, 注意窃听者完全可能通过归纳邮件密文的统计特征来破解更多的邮件信息, 这个原理与通过统计特征破解移位密码是类似的 (只是 "字母表" 从移位密码的 26 字母换成了 DES 的 8 字节或 AES 的 16 字节数据分组).

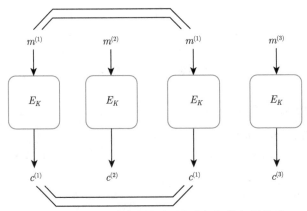

图 10.2　电码本模式会暴露明文分组间的相等关系

当处理的明文是随机比特串时, 电码本模式可以保证隐藏明文的内容, 从而保证一定程度的安全性. 这种非常有限的安全性在某些特殊场景中可以得到应用. 例如, 若一个密码系统在每次会话前, 希望通过系统 "主密钥" MK 与一个随机初始向量 (Initialization Vector, IV) 导出一个 "会话密钥" SK, 而后依赖该 "会话密钥" 完成后续处理, 则可以使用电码本模式 $\mathrm{ECB}[E]_K(\mathrm{MK} \oplus \mathrm{IV})$. 但是, 一般情况下不应再使用电码本模式加密数据.

10.2　密文分组链接模式

如前所述, 一般不适合用电码本模式加密数据. 电码本模式的致命弱点在于第 i 个密文分组 c_i 仅取决于第 i 个明文分组 m_i, 与其他明文分组无关. 于是一个自然的补救思路就是定义一个 c_i 由多个明文分组决定的模式, 这就催生了密文分组链接 (CBC) 模式.

具体地, $\mathrm{CBC}[E]_K$ 模式的思路是利用 m_1 的密文 c_1 去计算 m_2 的密文 c_2, 从而使 m_1, m_2 同时影响 c_2; 利用 m_2 的密文 c_2 去计算 m_3 的密文 c_3, 从而使 m_1,

m_2, m_3 同时影响 c_3; 以此类推. 具体加密过程见定义 10.1, 亦参见图 10.3.

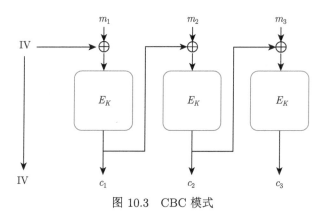

图 10.3 CBC 模式

加密 CBC[E]$_K(m)$, $|m| = \ell n$, $\ell \in \mathbb{N}^*$:

1. 切分明文 $m = m_1\|m_2\|\cdots\|m_\ell$, 其中 $m_i \in \{0,1\}^n$ 表示第 i 个 n 比特明文分组;

2. 随机选取 n 比特初始向量 IV;

3. $c_0 := $ IV, 即将 IV 视作 "第 0 个" 密文分组;

4. **For** $i = 1, 2, \cdots, \ell$ **do**

$$c_i := E_K(c_{i-1} \oplus m_i)$$

5. 输出密文 $c := $ IV$\|c_1\|c_2\|\cdots\|c_\ell$.

解密 CBC[E]$_K^{-1}(c)$, $|c| = (\ell+1)n$, $\ell \in \mathbb{N}^*$:

1. 切分密文 $c = $ IV$\|c_1\|c_2\|\cdots\|c_\ell$, 其中 IV $\in \{0,1\}^n$ 为随密文传输的初始向量, $c_i \in \{0,1\}^n$ 表示第 i 个 n 比特密文分组;

2. $c_0 := $ IV, 即将 IV 视作 "第 0 个" 密文分组;

3. **For** $i = 1, 2, \cdots, \ell$ **do**

$$m_i := c_{i-1} \oplus E_K^{-1}(c_i);$$

4. 输出明文 $m := m_1\|m_2\|\cdots\|m_\ell$.

注意到, 解密过程必须使用 $c_0 = $ IV, 所以初始向量 IV 必须作为密文的一部分传输给接收方, 这就是加密过程输出密文 IV$\|c_1\|c_2\|\cdots\|c_\ell$ 而不只是 $c_1\|c_2\|\cdots\|c_\ell$ 的原因.

不难看出, 由于此前全部的 $i-1$ 个明文分组 $m_1, m_2, \cdots, m_{i-1}$ 都会影响第

i 个密文分组 c_i 的计算过程, 相同的明文分组 $m_i = m_j$ 不一定导致相同的密文分组 $c_i = c_j$, 如图 10.4 所示, 这样就避免了电码本模式的致命弱点. 此外, 最后一个密文分组 c_ℓ 取决于全部 ℓ 个明文分组 $m_1, m_2, \cdots, m_\ell$ 的信息, 任何一个明文分组的改变都会导致 c_ℓ 改变, 这意味着 c_ℓ 可以作为整个明文 m 在某种意义下的 "摘要". 事实上, 基于 CBC 的思路, 确实可以设计消息认证码 MAC 模式, 称为 CBC-MAC, 这也是重要国际标准 [107]. 限于篇幅, 本章不对此进行详细介绍, 只强调:

(1) 密文分组链接 CBC 模式的思路既可以用于加密长明文, 也可以用于为长明文生成消息认证码, 读者须对此有所意识并能够区分这两种用途. 本章专注于讨论用于加密的 CBC 模式.

(2) CBC 模式用于加密时, 需要为待加密明文选取随机初始向量 IV, 见 10.2.1 节.①

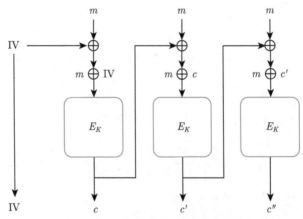

图 10.4　CBC 中相同的明文分组 m 导致不同的密文分组 c, c', c''

物皆一体两面, CBC 模式最大的缺点是不能利用并行计算加速不同明文分组的处理过程. 原因是, 根据计算过程 $c_{i+1} := E_K(c_i \oplus m_{i+1})$, 加密第 $i + 1$ 个明文分组的过程需要第 i 个密文分组参与, 而计算第 i 个密文分组又需要第 $i - 1$ 个密文分组参与……因此只能逐分组加密. 所以如果系统环境允许并行计算, CBC 模式可能就不是最快的.

10.2.1　初始向量的作用与注意事项

对初始向量 IV, 有两种理解方式.

第一种理解方式与定义 10.2 描述的一致, 是将随机选取 IV 看作 $\mathrm{CBC}[E]_K$ 密码函数内部的一个步骤, 并集成在其软硬件实现中, 如图 10.5(a) 所示. 这样,

---

① CBC 模式的思路用于生成消息认证码时, 是不需要初始向量的.

从用户/密码函数调用者的视角来看, 整个过程就成了 $\mathrm{CBC}[E]_K$ 密码函数在内部选取一个随机 IV、完成加密、并最终输出了包含 IV 的密文. 因此, $\mathrm{CBC}[E]_K$ 被归为概率性加密 (Probabilistic Encryption) 方案, $\mathrm{ECB}[E]_K$ 则是确定性加密 (Deterministic Encryption) 方案[①].

第二种理解方式是 Phillip Rogaway 提出的[108], 它将 IV 看作 $\mathrm{CBC}[E]_K$ 加密函数的另一个参数, 看作由用户/密码函数调用者在加密前随机选取的参数, 如图 10.5(b) 所示. 这种理解方式有利于深入分析 IV 的性质对 $\mathrm{CBC}[E]_K$ 安全性的影响. 两种理解方式实质是等价的, 选择哪一种方式并不重要但需要保持行文一致性, 因此本节将坚持第一种理解方式.

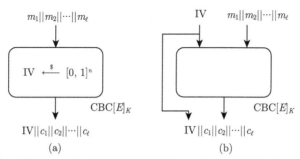

图 10.5 加密机使用初始向量 IV 的两种理解方式

需要加密多个明文 $m^{(1)}, m^{(2)}, \cdots$ 时, 必须对每个明文都随机选取新的 $\mathrm{IV}^{(1)}$, $\mathrm{IV}^{(2)}, \cdots$ 用于启动加密过程. 注意到, IV 的随机选取保证了 $\mathrm{IV}^{(1)}, \mathrm{IV}^{(2)}, \cdots$ (大概率) 互不相同. 因此, 读者可能会想到, 直接用不同的 IV 来加密多个明文或许也是安全的. 例如, 采用一列 "计数器" 值, 即令 $\mathrm{IV}^{(1)} = \mathrm{str}(1)$, $\mathrm{IV}^{(2)} = \mathrm{str}(2)$, $\mathrm{IV}^{(3)} = \mathrm{str}(3)$, 以此类推, 其中 $\mathrm{str}(c)$ 为编码整数 c 的 n 比特串. 但这样是会导致攻击的.

更一般地, 我们强调:
- 加密多个明文时, 随机 IV 被重复使用时, 明文的机密性会被破坏;
- 加密多个明文时, 每次选取的 IV 值都必须是攻击者不能预测的, 否则就会导致攻击. 这意味着随机 IV 不能用任何形式的计数器数值替代.

我们以下讨论初始向量重用所导致的机密性损失, 而初始向量被预测所导致的攻击留作课后练习 10.1. 具体地, 注意到, 在加密两个明文 m, m' 时, 如果所用的初始向量发生了碰撞, 即 $\mathrm{IV} = \mathrm{IV}'$, 则通过比较 c_1 与 c_1' 相等与否, 可以推断出 $\mathrm{IV} \oplus m_1$ 与 $\mathrm{IV}' \oplus m_1'$ 是否相等. 基于此, 考虑一个加密、传输试题答案的应用场景, 其中 N 个判断题的答案编码为 N 个明文, 每个明文仅包含一个分组, 其值表

---

① 这两个概念最早是针对公钥加密方案定义的, 但其含义可以直接推广到对称加密中.

示 "是" 或 "非", 用 $\mathrm{CBC}[E]_K$ 进行加密. 在这种情形下, 根据 $\mathrm{IV} = \mathrm{IV}'$ 可以推断出 $m = m'$ 或 $m \neq m'$, 从而推断出两道判断题的答案是否一致, 就能显著缩小猜测试题答案的范围. 这就是一个 IV 重用会显著损害安全性的实例场景.

我们以下还将在 10.3 节和 10.4 节介绍另外两种需要使用初始向量的模式 OFB 与 CTR, 届时会讨论初始向量重用对它们导致的损害.

10.2.2　明文填充: 处理明文长度非 n 整数倍的情形

实际运用中, 当待加密明文 m 的长度不是 n 的整数倍时, 就会存在不能被一个分组密码调用处理的 "尾". 可以引入 "填充方案" (Padding) pad 解决这一问题, 将待加密明文 m 填充为所谓的 "填充明文"(Padded Message) $m^* := \mathrm{pad}(m)$, 使得获得的 "填充明文" 的长度为 n 的整数倍, 然后再用 $\mathrm{CBC}[E]_K$ 加密所得的填充明文 m^*, 得 $c = \mathrm{CBC}[E]_K(m^*)$. 解密密文 c 时, 自然先用 $\mathrm{CBC}[E]_K$ 的解密算法对 c 进行解密, 求得填充明文 m^*, 再根据指定的填充规则, 判断 m^* 是不是正确的填充形式, 并从 m^* 中恢复出正确的明文. 整体过程参见定义 10.3.

定义 10.3 (带明文填充的)　密文分组链接 $\mathrm{CBC}[E, \mathrm{pad}]_K$ 加密模式

加密 $\mathrm{CBC}[E, \mathrm{pad}]_K(m)$, $n \nmid |m|$:

(1) 按指定的填充规则 pad, 对明文 m 进行填充, 得到填充明文 $m^* := \mathrm{pad}(m)$;

(2) 根据定义 10.2, 计算 $c := \mathrm{CBC}[E]_K(m^*)$;

(3) 输出密文 c.

解密 $\mathrm{CBC}[E, \mathrm{pad}]_K^{-1}(c)$(注意 $|c|$ 必为 n 的整数倍)

(1) 根据定义 10.2, 计算 $m^* := \mathrm{CBC}[E]_K^{-1}(c)$;

(2) 根据指定的填充规则 pad, 确定 m 使 $m^* = \mathrm{pad}(m)$:

(a) 如果存在 m 使 $m^* = \mathrm{pad}(m)$, 则输出明文 m;

(b) 如果不存在 m 使 $m^* = \mathrm{pad}(m)$, 则终止解密, 不输出任何信息.

填充方案需要保证不同的明文 m_1, m_2 填充后所得的 "填充明文"m_1^*, m_2^* 也不同, 以避免不同的明文被加密为相同的密文, 造成歧义, 同时也保证解密时能够定位到唯一合法的明文. 为了辅助理解, 我们将在 10.2.2.1 节介绍一个填充方案的例子. 现在一个问题是, 接收方应该如何应对定义 10.3 解密过程的情形 (b). 考虑到解密有问题的 c 有可能是攻击者捏造的虚假密文, 接收方是不应该将错误信息知会发送方的, 正如定义 10.3 所强调. 但如果处理不当, 就可能导致所谓的选择密文攻击. 我们将在 10.2.4 节详述.

10.2.2.1 RFC 2040 标准填充方案 CBC-PAD

RFC 2040 标准描述了加密算法 RC5-CBC-PAD, 它使用基于分组密码 RC5 的 CBC 加密模式, 为此, 定义了明文填充方案 CBC-PAD. 在 CBC-PAD 的描述中, 每个字节被看作一个所谓的 "字" (Word), 每个分组由 $b = 8$ 个字组成. 具体的填充规则为: 将待加密明文看作由字组成的序列, 在其之后填充由 r 个字构成的 "尾", 每一个所填充的字都是整数 r 的编码表示, r 满足 $1 \leqslant r \leqslant b$ (即至少填充 1 个字, 最多填充 b 个字), 并使得填充所得的序列中字的个数为 b 的整数倍. 具体而言,

- 明文的最后一个分组不完整、仅包含 λ 个字时, 令 $r := b - \lambda$, 并填充 r 个 $[r]$: $m = m_1 \| \cdots \| m_{\ell-1} \| m_\ell$, 则填充所得 $m^* = m_1 \| \cdots \| m_{\ell-1} \| m_\ell^*$, $m_\ell^* = m_\ell \| \underbrace{[r] \| [r] \| \cdots \| [r]}_{r \text{个字} [r]}$, 其中 $[r]$ 是表示正整数 r 的字.

- 明文的最后一个分组是包含 b 个字的完整分组时, 填充 b 个 $[b]$(注意此时不能不填充): $m = m_1 \| \cdots \| m_\ell$, 则填充所得 $m^* = m_1 \| \cdots \| m_\ell \| m_{\ell+1}^*$, $m_{\ell+1}^* = \underbrace{[b] \| [b] \| \cdots \| [b]}_{b \text{个字} [b]}$, 其中 $[b]$ 是表示正整数 b 的字.

上述方案 CBC-PAD 保证了不同的明文 $m^{(1)}$, $m^{(2)}$ 填充后所得的 "填充明文" $m^{(1)*}$、$m^{(2)*}$ 也不同 (前文所述性质), 我们简单讨论如下:

- 如果 $|m^{(1)}| \leqslant |m^{(2)}|$, 但 $m^{(1)}$ 不是 $m^{(2)}$ 的前缀, 则必然存在下标 i, 满足 $m_i^{(1)} \neq m_i^{(2)}$, 即二者的第 i 个分组不同. 填充方案不会改变这两个分组, 因此 $m_i^{(1)*} = m_i^{(1)} \neq m_i^{(2)} = m_i^{(2)*}$, 表明 $m^{(1)*} \neq m^{(2)*}$.

- 如果 $|m^{(1)}| < |m^{(2)}|$, 且 $m^{(1)}$ 是 $m^{(2)}$ 的前缀, 但 $m^{(1)}, m^{(2)}$ 的最后一个分组所包含的字个数不同. 则二者填充的 "尾" 显然不同. 设 $m^{(1)}$ 最后一个分组包含 $b - r_1$ 个字, $m^{(2)}$ 最后一个分组包含 $b - r_2$ 个字, $r_1 \neq r_2$, 则二者填充的 "尾" 分别是 $\underbrace{[r_1] \| \cdots \| [r_1]}_{r_1 \text{个字} [r_1]}$ 和 $\underbrace{[r_2] \| \cdots \| [r_2]}_{r_2 \text{个字} [r_2]}$, 表明 $m^{(1)*}$, $m^{(2)*}$ 最后一个字分别是 $[r_1]$ 与 $[r_2]$, 显然是不同的.

- 如果 $|m^{(1)}| < |m^{(2)}|$, 且 $m^{(1)}$ 是 $m^{(2)}$ 的前缀, $m^{(1)}$ 与 $m^{(2)}$ 的最后一个分组所包含的字个数相同, 则 $m^{(2)}$ 包含的分组个数必然比 $m^{(1)}$ 更多. 由于最后一个分组所包含的字个数相同, 填充的 "尾" 内容和长度也是相同的, 于是填充的 "尾" 不可能导致 $|m^{(1)*}| = |m^{(2)*}|$, 进而, 不满足 $m^{(1)*} = m^{(2)*}$.

- 如果 $|m^{(1)}| \geqslant |m^{(2)}|$, 则分析过程与 $|m^{(1)}| \leqslant |m^{(2)}|$ 的情形是对称的.

10.2.3　CBC 的安全性

如前所述, 工作模式的设计思路是从安全性久经考验的密码标准 (如 AES) 建构起所需的复杂功能, 希望模式本身能够保持密码标准的可靠性. 分析工作模式安全性的一种标准手段便是在可证明安全 (Provable Security) 理论框架中论证这种可靠性, 即证明, 任何针对工作模式 $CBC[E]_K$ 的攻击都可以转化为针对模式所使用分组密码 E_K 的攻击[1]. 可证明安全最初是针对基于数论困难假设的公钥密码的理论框架, 20 世纪 90 年代, Mihir Bellare, Phillip Rogaway 等在大量实践经验的启发下, 将该框架迁移到对称密码工作模式领域 [109-111].

本书重点关注密码分析, 因此不可能详细介绍对称密码的可证明安全, 只简要介绍已为 CBC 证明的结论及其实际含义. 具体而言, 假设

* $CBC[E]_K$ 中的分组密码 E 是输入输出长度均为 n 比特、密钥长度为 k 比特的伪随机函数 (Pseudorandom Function);
* $CBC[E]_K$ 加密每个明文所用的 IV 都是在 $\{0,1\}^n$ 中随机均匀选取的;
* 攻击者针对一个密文 c 实施选择明文攻击, 即可以令 $CBC[E]_K$ 加密多个由他自由选取的明文 $m_1, m_2, \cdots$, 并获得相应的密文 $c_1, c_2, \cdots$;
* 攻击者的计算复杂度为 $T \ll 2^k$, 选择明文 $m_1, m_2, \cdots$, 共计包含 σ 个 n 比特分组, 则攻击者破解 c 对应的明文 m 的概率约为

$$O\left(\frac{T}{2^k}\right) + O\left(\frac{\sigma^2}{2^n}\right).$$

更确切地说, 攻击者破解 c 对应明文 m 的任何信息 (例如 m 中的若干字节、m 的校验和等) 的概率均约为 $O(T/2^k) + O(\sigma^2/2^n)$. 注意好的加密方案不能只保护明文本身, 而 "泄露" 它的校验和等其他信息, 否则在实际运用中仍可能显著缩小明文可能的取值范围.

上述表达式中的分式 $O\left(\frac{T}{2^k}\right)$ 不难理解. 考虑穷举搜索 E_K 密钥的攻击, 其计算复杂度为 $O(2^k)$, 显然可以通过搜出的密钥直接求解 c 对应的明文. 因此, 攻击者计算复杂度为 $O(2^k)$ 时, 攻击成功概率接近 1, 这正与上述表达式所预测的结果一致. 理解分式 $O\left(\frac{\sigma^2}{2^n}\right)$ 则较为困难, 我们待到 10.2.5 节再进行详细讨论.

需要强调的是, $CBC[E]_K$ 的 "可证明安全性" 不是无条件的: 它对攻击者目标有清晰的定义 (恢复被保护的明文的部分信息), 对 $CBC[E]_K$ 的运用方式有明确的限制 (IV 随机), 对攻击者的能力也做了一定的限制 (选择明文、计算与数据复杂

---

① 注意这和分组密码的安全性分析有显著差别: 目前还没有能够直接证明实用分组密码安全性的技术, 因此只能寄望于穷尽已知攻击手段, 论证它们的无效性.

度有限). 实际运用时, 往往通过上层安全协议的设计来保证攻击者能力不超出限制, 但攻击者能力超限时, 仍能成功攻击. 以下我们先通过 10.2.4 节认识 "选择明文" 限制失败造成的攻击, 再通过 10.2.5 节认识获取数据能力超限造成的攻击.

10.2.4 CBC 的选择密文攻击

如上所述, $CBC[E]_K$ 面对 "选择明文" 攻击时的安全性是可以通过数学证明严密确立的. 但如果攻击者可以 "选择密文"c、并获得其明文 $CBC[E]_K^{-1}(IV, c)$ 呢? 这种攻击对应的实际场景是, 攻击者选择密文, 编制成合法的数据包, 发送给安全协议系统中的接收方解密. 正常情况下, 攻击者应该是不能观测到接收方解密出的明文的. 但如 10.2.2 节所述, 如果解密所得的填充明文 m^* 不是任何明文的正确填充形式, 则不恰当的应对方式可能导致攻击. 具体地, 考虑到解密有问题的 c 有可能是攻击者捏造的虚假密文, 接收方是不应该将错误信息知会发送方的. 但是接收方会不会对解密所得的明文进行进一步处理、相关处理会否造成时延等, 这本身就是 c 是否有问题的特征. 通过选择不同的密文 c, 观察相关特征, 推测 c 解密正确与否, 即可实施一个选择密文攻击[112].

为便于理解, 以下在 10.2.4.1 节中, 我们先考虑 10.2.2.1 节描述的 CBC-PAD 填充方案, 针对 $CBC[E, CBC\text{-}PAD]_K$ 描述此 "选择密文" 攻击. 之后, 在 10.2.4.2 节中, 我们介绍并简要讨论其余 3 个重要填充方案, 并在 10.2.4.3 节中对 "选择密文" 攻击进行总结.

10.2.4.1 使用 CBC-PAD 填充的 CBC 模式的选择密文攻击

我们与 CBC-PAD 的视角保持一致, 仍然以 "字" 为信息的单位, 并假设每个分组由 b 个字组成, 字的总数则为 W. 假设 $W \geqslant b$, 以便集合 $[1, \cdots, b]$ 中所有的整数都可以用一个字编码 (否则 CBC-PAD 填充方案没有意义).

为方便起见, 我们引入一个术语: 给定一个数据分组构成的序列 $x = x_1 \| x_2 \| \cdots \| x_\ell$, 如果最后一个分组 x_ℓ 是以 $\underbrace{[r] \| [r] \| \cdots \| [r]}_{r \text{个字} [r]}$ 的形式结束、$r > 0$ (例如, $[1]$ 或 $[2] \| [2]$ 或 $[3] \| [3] \| [3]$ 等), 则称序列 x 为一个正确的填充形式. 反之, 则是不正确的, 例如 x_ℓ 末尾三个字如果是 $[2] \| [3] \| [3]$, 则它不是正确的填充形式, 不可能是任何明文经 CBC-PAD 填充得来的.

注意到, 如果 x_ℓ 最后一个字是 $[1]$, 则无论此前的字是什么, 它都是正确的填充形式. 下文的讨论需要考虑到这一特性.

10.2.4.1.1 求解填充明文的最后一个字

给定密文分组 y, 现在介绍如何利用上述 "解密成败信息" 求解其对应明文分组 $E_K^{-1}(y)$ 的最后一个字. 为此, 考虑 b 个随机的字 $\nu_1, \cdots, \nu_b$, 令 $\nu = \nu_1 \| \cdots \| \nu_b$.

将 ν 与 y 连起来所得的 $\nu\|y$ 当作一个密文, 传输给接收方解密, 并观察解密后的反映:

• 如果观察的结果表明, 解密所得的填充明文是正确的填充形式, 则可以看出, 分组 $E_K^{-1}(y) \oplus \nu$ 以 $\underbrace{[r]\|[r]\|\cdots\|[r]}_{r\text{个字}[r]}$ 结尾, $r > 1$. 现在最有可能出现的合法填充形式是 $r = 1$, 即一个字 [1] 收尾, 这样就可以反推出来 $E_K^{-1}(y)$ 最后一个字最有可能是 $r_b \oplus [1]$. 以下我们再进行更详细的分析.

• 如果观察的结果表明, 解密所得的填充明文不是正确的填充形式, 则填充明文最后一个字一定不是 [1](参见前文讨论). 此时改变 ν_b 值即可改变 $E_K^{-1}(y) \oplus \nu$ 的最后一个字——也许改变以后就等于 [1] 了 (当然, 也可能导致 $E_K^{-1}(y) \oplus \nu$ 的最后几个字变成 $\underbrace{[r]\|[r]\|\cdots\|[r]}_{r\text{个字}[r]}$, 以下我们再进行更详细的分析). 因此, 更换一个 ν_b 值, 重新令接收方解密 $\nu_1\|\cdots\|\nu_b\|y$, 进行另一次尝试.

ν 是随机选取的, 所以 $E_K^{-1}(y) \oplus \nu$ 也是均匀分布的, 进而 $E_K^{-1}(y) \oplus \nu = \star\|\underbrace{[r]\|[r]\|\cdots\|[r]}_{r\text{个字}[r]}$ 的概率为 $1/W^r$. 显然, 概率最高的情形是 $r = 1$, 且第一次尝试就成功观察到 $\nu\|y$ 解密出正确填充形式的概率为

$$\frac{1}{W} + \frac{1}{W^2} + \cdots + \frac{1}{W^b} \approx \frac{1}{W},$$

即约为 $1/W$ (此处讨论不需要更精确的数值), 否则就要换别的 ν_b 来尝试. 于是平均进行 $W/2$ 次这种尝试即可观察到 $\nu\|y$ 解密出正确填充形式 (它的证明留作练习 10.3).

观察到 $\nu\|y$ 解密出正确填充形式, 意味着分组 $E_K^{-1}(y) \oplus \nu$ 以 $\underbrace{[r]\|[r]\|\cdots\|[r]}_{r\text{个字}[r]}$ 收尾, $r > 1$. 注意 r 也可能大于 1, 例如 $\underbrace{[r]\|[r]\|\cdots\|[r]}_{r\text{个字}[r]} = [2]\|[2]$, $\underbrace{[r]\|[r]\|\cdots\|[r]}_{r\text{个字}[r]} = [3]\|[3]\|[3]$ 等. 我们可以通过 "破坏" 位置更靠前的字的方法来确定 r 的具体取值. 例如, 如果 $E_K^{-1}(y)\oplus \nu$ 以 $[2]\|[2]$ 收尾, 则我们更改 ν_{b-1} 的值就可以导致 $E_K^{-1}(y)\oplus \nu$ 末尾两个字变成 $\star\|[2]$, $\star \neq [2]$: 这就不是正确的填充形式了. 当 $E_K^{-1}(y) \oplus \nu$ 以 $\underbrace{[r]\|[r]\|\cdots\|[r]}_{r\text{个字}[r]}$ 收尾, $r \geqslant 3$ 时, 更改 ν_{b-1} 同样可以导致解密所得填充形式出错. 但如果 $E_K^{-1}(y) \oplus \nu$ 以 [1] 收尾, 则更改 ν_{b-1} 后, $E_K^{-1}(y)\oplus \nu$ 仍以 [1] 收尾, 仍是正确的填充形式. 于是, 通过更改 ν_{b-1} 的值、判断更改后解密所得填充明文是否为正确的填充形式, 即可区分以下两类情形:

- $E_K^{-1}(y) \oplus \nu$ 以 $\underbrace{[r]\|[r]\|\cdots\|[r]}_{r\text{个字}[r]}$ 收尾, $r \geqslant 2$;

- $E_K^{-1}(y) \oplus \nu$ 以 $[1]$ 收尾. 以此类推, 依次调整 $\nu_{b-2}, \nu_{b-3}, \cdots$ 的值、判断更改后解密所得填充明文是否为正确的填充形式, 最终必可确定填充形式 $\underbrace{[r]\|[r]\|\cdots\|[r]}_{r\text{个字}[r]}$ 中 r 的具体取值.

基于上述思想, 我们可以通过以下步骤破解 y 的最后一个字 (如果运气好的话, 能破解 y 的最后若干个字).

(1) 随机选取 b 个字 $\nu_1, \cdots, \nu_b$, 令 $i = 0$;

(2) 令 $\nu := \nu_1\|\nu_2\|\cdots\|\nu_{b-1}\|(\nu_b \oplus [i])$, 即在上述 b 个随机字中的最后一个字上异或 $[i]$ 值, 然后将它们连起来, 赋值给 ν;

(3) 如果密文 $\nu\|y$ 解密所得的填充明文不是正确的填充形式, 则令 i 加 1, 并回退到上一步;

(4) 令 $\nu_b := \nu_b \oplus [i]$;

(5) 注意此时, 根据以上过程, 我们知道 $\nu_1\|\nu_2\|\cdots\|\nu_{b-1}\|(\nu_b \oplus [i])\|y$ 解密所得的填充明文必以 $\underbrace{[r]\|[r]\|\cdots\|[r]}_{r\text{个字}[r]}, r > 0$ 收尾. 以下, 我们按照此前所述 "破坏" 的思路确定 r 的取值: 对 $j = b, b-1, b-2, \cdots, 2$, 执行

(a) 令 $\nu := \nu_1\|\nu_2\|\cdots\|\nu_{b-j}\|(\nu_{b-j+1} \oplus [1])\|\nu_{b-j+2}\|\cdots\|\nu_b$;

(b) 如果密文 $\nu\|y$ 解密所得的填充明文不是正确的填充形式, 则终止, 并输出 $(\nu_{b-j+1} \oplus [j])\|\cdots\|(\nu_b \oplus [j])$.

(6) 输出 $\nu_b \oplus [1]$.

10.2.4.1.2 破解任意密文分组

基于 10.2.4.1.1 节描述的算法, 可以破解任意密文分组 y 所对应的明文 $E_K^{-1}(y)$. 具体地, 设 $E_K^{-1}(y) = a = a_1\|\cdots\|a_b$ 为 y, $a_1, \cdots, a_b$ 是待破解的 b 个字. 如前所述, 可以用 10.2.4.1.1 节描述的算法破解最后一个字 a_b. 基于此, 可以用递归的方式依次破解 $a_{b-1}, a_{b-2}, \cdots$, 直到 a_1. 简而言之, 思路是: 首先通过调整 $\nu = \nu_1\|\cdots\|\nu_{b-2}\|\nu_{b-1}\|\nu_b$ 中 ν_{b-1} 的值, 并利用填充形式校验进行检验, 使得 $\nu\|y$ 解密所得填充明文的填充尾凑成双字填充形式 $[2]\|[2]$, 从而反推出 a_{b-2} 的值; 再调整 ν_{b-1} 的值, 使得 $\nu\|y$ 解密所得填充明文的填充尾凑成三字填充形式 $[3]\|[3]\|[3]$, 从而反推出 a_{b-3} 的值; 以此类推, 直到推导出全部 $a_1, a_2, \cdots, a_{b-1}$.

用一个递归/迭代的形式, 将具体过程描述如下: 在此递归过程的第 t 轮迭代中 $(1 \leqslant \ell \leqslant b-1)$, 我们已经破解了 $a_b, \cdots, a_j$, $j = b-t+1$, 通过以下步骤破解 a_{j-1}:

(1) 令 $\nu_j = a_j \oplus [t+1], \cdots, \nu_b = a_b \oplus [t+1]$;

(2) 随机选取 $j-1$ 个字 $\nu_1,\cdots,\nu_{j-1}$, 令 $i=0$;

(3) 令 $\nu=\nu_1\|\cdots\|\nu_{j-2}\|(\nu_{j-1}\oplus[i])\|\nu_j\|\cdots\|\nu_b$, 即在上述 b 个随机字中的 $j-1$ 位置上的字上异或 $[i]$ 值, 然后将它们连起来, 赋值给 ν;

(4) 如果密文 $\nu\|y$ 解密所得的填充明文不是正确的填充形式, 则令 i 加 1, 并回退到上一步;

(5) 输出 $\nu_{j-1}\oplus[i]\oplus[b-j+2]$.

平均进行 $W/2$ 次尝试就可以破解 a_{j-1}. 因此, 破解任意分组 y 的明文 $E_K^{-1}(y)$ 平均需要 $bW/2$ 次尝试.

10.2.4.1.3　破解完整的明文

给定密文 $y_1\|\cdots\|y_\ell$, 用 10.2.4.1.2 节描述的攻击依次解密每个分组, 就可以破解完整的明文了, 平均需要进行 $\ell bW/2$ 次填充形式校验, 攻击复杂度因而是 $O(\ell bW)$. 例如, $b=8$, $W=256$ 时 (即每个字包含一个字节时), 平均进行 1024ℓ 次解密机调用即可解密包含 ℓ 个分组的密文, 复杂度因此是很低的.

10.2.4.2　其他填充方案

Bruce Schneier 在其著作 *Applied Cryptography* [113] 中 (9.1 节) 提出了一个类似的填充规则填充的 "尾" 形式为 $\underbrace{[0]\|\cdots\|[0]\|[r]}_{r\text{个字}}$, 即同样将待加密明文看作由字组成的序列, 在其之后填充 $r-1$ 个字 $[0]$ 和一个 $[r]$. IPSec 协议中的 ESP (IPSec Encapsulating Security Payload) 机制使用的是另一种填充, 填充的 "尾" 形式为 $\underbrace{[1]\|[2]\|\cdots\|[r]}_{r\text{个字}}$. NIST 建议的填充方式填充的 "尾" 形式则为 $\underbrace{[1]\|[0]\|\cdots\|[0]}_{r\text{个字}}$ 的填充. 不难看出, 本节介绍的选择密文攻击稍作调整即可用于使用这些填充规则的 CBC 模式.

10.2.4.3　小结

CBC 加密的一个性质是, 对密文 $\mathrm{IV}\|c_1\|\cdots\|c_{\ell-1}\|c_\ell$, 可以通过修改密文分组 $c_{\ell-1}$ 来对解密所得的最后一个 (填充) 明文分组 m_ℓ^* 造成可控、可预测的影响. 这一性质称为可延展性 (Malleability), 本节介绍的 "选择密文" 攻击利用的正是这一弱点. 限于篇幅与重点, 本书不对如何设计模式、克服可延展性、实现针对 "选择密文" 攻击的安全性进行展开介绍.

10.2.5　数据复杂度为 $2^{n/2}$ 的 CBC 通用攻击

如 10.2.3 节所述, 攻击者破解 c 对应明文 m 的任何信息的概率均约为 $O(T/2^k)+O(\sigma^2/2^n)$, 其中 T 为攻击者计算复杂度, σ 为攻击者选择明文中包含的 n 比特分组总数. 不难看出, 加密数据量 σ 接近 $2^{n/2}$ 时, 攻击成功概率 $\sigma^2/2^n$

将接近 1. 在这种情形下, Karthikeyan Bhargavan、Gaëtan Leurent 指出了破解明文信息乃至破解完整明文的方法 [114], 本节将对此进行介绍.

10.2.5.1 加密数据量达到 $2^{n/2}$ 后的明文信息泄露

考虑加密多个明文 $m^{(1)} = m_1^{(1)} \| m_2^{(1)} \| \cdots, m^{(2)} = m_1^{(2)} \| m_2^{(2)} \| \cdots, \cdots$ 的情形. 假设待加密明文每个明文分组 $m_j^{(i)}$ 都是在 $\{0,1\}^n$ 中均匀分布的. 则 $\mathrm{CBC}[E]_K$ 用同一个密钥累计加密约 $2^{n/2}$ 个明文分组后, 出现一对上标下标组合 $((i,j), (i',j'))$ 满足 $c_{j-1}^{(i)} \oplus m_j^{(i)} = c_{j'-1}^{(i')} \oplus m_{j'}^{(i')}$, 即两个不同 E_K 调用的输入相同, 一般称为 "碰撞"——的概率将会接近 $\binom{2^{n/2}}{2} \cdot \frac{1}{2^n} \approx \frac{1}{2}$. 对于实际运用而言这概率已经很高了. 我们将在 10.2.5.1.1 节详细讨论碰撞的确切概率, 现在先讨论碰撞的后果. 由于 $c_{j-1}^{(i)} \oplus m_j^{(i)} = c_{j'-1}^{(i')} \oplus m_{j'}^{(i')}$, 我们可以观察到

$$c_j^{(i)} = E_K(c_{j-1}^{(i)} \oplus m_j^{(i)}) = c_{j'}^{(i')} = E_K(c_{j'-1}^{(i')} \oplus m_{j'}^{(i')}).$$

进一步地, 由于 E_K 是一一映射, 故 $c_j^{(i)} = c_{j'}^{(i')}$ 与 $c_{j-1}^{(i)} \oplus m_j^{(i)} = c_{j'-1}^{(i')} \oplus m_{j'}^{(i')}$ 实际上是等价的. 因此

- 当 $\mathrm{CBC}[E]_K$ 用同一个密钥累计加密约 $2^{n/2}$ 个明文分组后, 便有可观的概率观测到取值相同的密文分组 $c_j^{(i)} = c_{j'}^{(i')}$;
- 一旦观测到这样的密文分组, 即可反推出 $c_{j-1}^{(i)} \oplus m_j^{(i)} = c_{j'-1}^{(i')} \oplus m_{j'}^{(i')}$, 即

$$m_j^{(i)} \oplus m_{j'}^{(i')} = c_{j-1}^{(i)} \oplus c_{j'-1}^{(i')}.$$

等式右侧的 $c_{j-1}^{(i)}$ 与 $c_{j'-1}^{(i')}$ 也是密文分组, 可以从密文中观测到. 这样, 就解出了一对明文分组的异或值 $m_j^{(i)} \oplus m_{j'}^{(i')}$.

泄露一对明文分组的异或值 $m_j^{(i)} \oplus m_{j'}^{(i')}$ 乍看起来没有太大危害. 但其实不然. 从信息论的角度来说, 一对相互独立的明文分组 $(m_j^{(i)}, m_{j'}^{(i')})$ 包含 $2n$ 个未知比特, 其熵最高可为 $2n$ 比特. 但攻击者获得 n 比特异或值 $m_j^{(i)} \oplus m_{j'}^{(i')}$ 后, $(m_j^{(i)}, m_{j'}^{(i')})$ 的熵便减少了 n 比特, 从而大大增加了猜中它们具体取值的概率.

此外, 很多实际应用加密的明文可能满足以下条件:

(1) 明文中的某些内容是已知的. 例如, 本节篇首提及的邮件末尾附加固定内容祝福语的情形.

(2) 对某些高价值绝密数据进行多次加密传输.

在这些情形下, 碰撞造成的上述信息泄露就可能是某个有价值的机密明文分组与某个已知内容的明文分组的异或值, 于是就能把前者破解出来了. 以下, 我们首先在 10.2.5.1.1 节中解决碰撞确切概率的问题. 然后在 10.2.5.2 节讨论上述情形 1, 在 10.2.5.3 节讨论上述情形 2. 最后, 在 10.2.5.4 节, 我们讨论此攻击思路在实际场景中的可用性.

10.2.5.2　碰撞的确切概率

一般地, 考虑 2^d 个明文分组, 它们的可能取值总数为 $\left(2^n\right)^{2^d}$. 但如果要求它们没有 "碰撞", 即两两互异, 则根据排列的定义, 可知可能取值总数减少到

$$\left(2^n\right)\left(2^n-1\right)\cdots\left(2^n-2^d+1\right)=\prod_{i=1}^{2^d}\left(2^n-i+1\right).$$

因此, 如果已经加密了 2^d 个均匀分布对明文分组, 则这些分组不存在碰撞的概率为

$$\frac{\prod_{i=1}^{2^d}\left(2^n-i+1\right)}{\left(2^n\right)^{2^d}}.$$

反过来, 遭遇 (至少一个) 碰撞的概率是

$$p=1-\prod_{i=0}^{2^d-1}\frac{2^n-i}{2^n}$$

$$\geqslant 1-\prod_{i=0}^{2^d-1}\mathrm{e}^{-i/2^n}$$

$$=1-\mathrm{e}^{-2^d(2^d-1)/2^{n+1}}.$$

为整理这个结论, 我们分类讨论. 当 $d>n/2$ 时, 有 $p\geqslant 1-\mathrm{e}^{-1/2}\approx 0.39$, 且

$$p\geqslant 1-\frac{2^{n+1}}{2^d(2^d-1)+2^{n+1}}\geqslant 1-2^{n-2d+1}.$$

于是 d 越大, 遭遇碰撞的概率越接近 1.

而当 $d<n/2$ 时, 有

$$p\geqslant 1-\frac{2^d(2^d-1)}{2^{n+2}}\approx 2^{2d-n-2}$$

且 (加密约 $2^{n/2}$ 个明文分组后) 遭遇碰撞个数的期望约为 2^{2d-n-1}.

10.2.5.3　从信息泄露到破解明文: 利用已知的明文分组

在本节, 我们考虑已知明文中部分内容的情形. 此时, 上述碰撞造成的信息泄露就可能是某个有价值的机密明文分组与某个已知内容的明文分组的异或值, 于是就能把前者破解出来了. 具体地, 在 $\mathrm{CBC}[E]_K$ 用同一个密钥累计加密 2^s 个机

密明文分组、2^t 个已知明文分组后, 在机密明文分组与已知明文分组间出现碰撞的概率约为

$$\frac{2^s \times 2^t}{2^n}.$$

于是当 $s + t \approx n$ 时, 这个攻击思路有可观的成功概率.

要在现实场景中实施这个攻击, 攻击者需要收集所有的通信信息并存下来, 然后将密文分组排序, 以便找到碰撞. 假如攻击者知道机密明文分组和已知明文分组在明文流中的位置, 他就可以忽视无用的碰撞, 只保留机密明文分组和已知明文分组之间的碰撞, 然后将碰撞涉及的已知明文分组与泄露出的异或值进行异或就得到机密明文分组.

10.2.5.4 攻击复杂度的讨论

假设在明文分组中, 已知明文分组所占的比例为 α, 有价值的、想要破解的机密明文分组的比例为 β(余下比例为 $1 - \alpha - \beta$ 的明文分组既不是已知的, 也不是有用值得破解的). 在加密的数据中, 必须在机密明文分组和已知明文分组之间出现碰撞, 才能为攻击者所用. 这样在加密了 2^d 个明文分组之后, 其中碰撞的个数期望大约是 $2^d(2^d - 1)/2^{n+1} \approx 2^{2d}/2^{n+1}$, 而其中在机密明文分组和已知明文分组之间的、有用的碰撞的个数期望大约是 $\alpha 2^d \cdot \beta 2^d / 2^n$. 所以攻击者必须收集大约 $1/(2\alpha\beta)$ 个碰撞, 才能遭遇一个在机密明文分组和已知明文分组之间的碰撞. 结合 10.2.5.1.1 节的分析可知, 处理大约 $\sqrt{1/(\alpha\beta)} \cdot 2^{n/2}$ 个明文分组后, 可以达到这个条件.

具体地, 考虑 $n = 64$ 的情形. 假设明文分组中有一半是攻击者已知的, 而另外一半是想要破解的机密分组 (也就是说, $\alpha = \beta = 1/2$). 显然, 在此假设下, 攻击者的成功概率最高. 此时, 碰撞攻击需要的明文分组个数为

$$\sqrt{1/(\alpha\beta)} \cdot 2^{n/2} = 2 \cdot 2^{n/2} = 2^{33},$$

这不过是 64GB 的明文数据.

考虑一个更现实一些、具体一些的场景, 假设加密的明文是 HTTP 查询, 包含 512 个字节, 其中有一个机密的 8 字节数据 (即一个分组的数据), 其他内容则是已知的 (参见 10.2.5.4 节). 也就是说, $\alpha = 63/64 \approx 1$, $\beta = 1/64$. 此时, 碰撞攻击需要的明文分组个数为

$$\sqrt{1/(\alpha\beta)} \cdot 2^{n/2} = 8 \cdot 2^{n/2} = 2^{35},$$

也就是 256GB 的明文数据. 在现实网络通信过程中收集 64GB 或 256GB 的加密数据是有可能办得到的.

10.2.5.5　从信息泄露到破解明文: 利用重复传输的明文

在本节里, 我们讨论如何利用重复出现的明文分组数据. 具体地, 假设多次加密传输一个固定 (但未知) 的、包含 2^u 个分组的明文, 攻击者知道其中 $\alpha \cdot 2^u$ 个分组, 攻击目标是恢复整个明文 (见 10.2.5.4 节介绍的实例). 根据要求 (见 10.2.1 节), 虽然加密的明文相同, 但每次都会选取一个新的随机 IV 来加密, 产生的后续密文分组因而也都近似于均匀分布的数据.

为清晰起见, 我们考虑两种情形.

• 情形 1: 只有一个未知明文分组. 此时, 可以沿用前一情形的分析结论, 只需取 $\alpha \approx 1$, $\beta = 2^{-u}$: 攻击者约需收集 $\sqrt{1/(\alpha\beta)} \cdot 2^{n/2} \approx 2^{(n+u)/2}$ 数目的密文分组. 依照这样的数据量, 产生碰撞的数目约为

$$\binom{2^{(n+u)/2}}{2} \times \frac{1}{2^n} \approx 2^{u-1},$$

而有很大的概率, 其中会有机密明文分组和已知明文分组之间的 (有价值) 碰撞, 使攻击成功.

• 情形 2: 未知明文分组不止一个, 但仍较少时. 假设未知明文分组个数为 $k = (1-\alpha) \cdot 2^u = \beta \cdot 2^u$. 则我们对它们进行逐分组破解: $\alpha \leqslant 1$.

首先, 试图破解第一个未知明文分组时, 有 $\beta = k/2^u$. 依此前分析结果, 此时需收集的密文分组总数约为

$$\sqrt{\frac{1}{\alpha\beta}} \cdot 2^{n/2} \approx \frac{1}{\sqrt{k}} \cdot 2^{\frac{u+n}{2}}.$$

注意由于碰撞的位置不能控制, 能够破解的第一个未知明文分组具体位置也是不能控制的, 不过这不影响后续推进.

然后, 试图破解第二个未知明文分组时, 未知明文分组总数已减少到了 $k-1$ 个, 因此 $\beta = (k-1)/2^u$. 此时需收集的密文分组总数约为

$$\sqrt{\frac{1}{\alpha\beta}} \cdot 2^{n/2} \approx \frac{1}{\sqrt{k-1}} \cdot 2^{\frac{u+n}{2}}.$$

以此类推, 最终, 试图破解最后一个未知明文分组时, 有 $\beta = 2^{-u}$, 需收集的密文分组总数约为 $2^{\frac{u+n}{2}}$.

于是, 为了恢复这 k 个未知分组, 所需收集的密文分组总数约为

$$2^{\frac{u+n}{2}} \sum_{i=1}^{k} \frac{1}{\sqrt{i}}.$$

注意到, $\sum_{i=1}^{k} \frac{1}{\sqrt{i}}$ 是广义调和数 $H_{k,1/2}$.

10.2.5.6　实际可行性

常用的网页 HTTPS 协议往往是用 TLS 或 OpenVPN 安全协议保护的. 在有些场景下, 浏览器每次请求网页内容都会加密传输一个机密的认证凭据, 这刚好符合上述攻击所期望的条件.

例如, RFC 6265 标准 [115] 定义了一种供 HTTPS 网站管理与客户端建立的认证会话的方法, 可能是目前最流行的方法. 该方法使用所谓的 "安全 cookie" (Secure cookies): 当一个用户登录时, 服务器从用户浏览器处获得一个保密值, 并设定一个 cookie, 其内容包括了这个保密值. 在这之后, 用户浏览器每次从网站请求内容时, 都 (加密) 传输这个 cookie, 于是这个 cookie 证实了这个用户的身份. 例如, 如果站点 domain.com 已经设置了 cookie C=XXXX, 则一个后续的浏览器 HTTPS 请求内容格式将会是

$$\text{GET/path/to/fileHTTP/1.1}$$
$$\text{User-Agent} : \text{Mozilla/4.0} \cdots$$
$$\text{Host} : \text{domain.com}$$
$$\text{Cookie} : \text{C} = \text{XXXX}$$
$$\text{Accept-Language} : \text{en-us}$$
$$\text{Accept-Encoding} : \text{gzip, deflate}$$
$$\text{Connection} : \text{Keep-Alive}$$

攻击者一旦获得了一个会话的 cookie, 就能在另一个浏览器上假冒这个用户的身份登录 HTTPS 服务器. 所以, cookie 是需要小心保密的. 实际上, 除了生存期比较短以外, cookie 和口令 (password) 密级是相当的. 然而, 包括 Facebook 在内的站点, 会长时间使用同一个 cookie 而不更新, 这正符合 10.2.5.5 节分析的假设. 因此, 10.2.5.5 节描述的思路可以用于攻击这一场景, 从传输的密文中恢复出这些 cookie, 进而实现身份伪造等效果, 造成严重的损害.

从这个实例也可以看出, 在设计与部署加密方案时, 一定不能假设攻击者对明文一无所知. 如前所述, 在上述示例中, 攻击者根据安全协议的设计可以判读出明文的数十个字节, 从而在一定程度上接近已知明文攻击场景.

10.3　输出反馈模式

本章要介绍输出反馈 (Output Feedback, OFB), 如图 10.6 所示. OFB 的加密过程可以看作两部分: 首先根据 IV 计算一系列随机数据分组 $y_1, \cdots, y_\ell$, 然

后将这些数据分组依次与明文分组进行异或, 得到密文 $c = c_1\|\cdots\|c_\ell$. 详见定义 10.4.

定义 10.4　输出反馈 $\mathrm{OFB}[E]_K$ 加密模式

加密 $\mathrm{OFB}[E]_K(m)$:

(1) 切分明文 $m = m_1\|m_2\|\cdots\|m_{\ell-1}\|m_\ell^*$, 其中明文分组 $m_1, m_2, \cdots,$ $m_{\ell-1} \in \{0,1\}^n$, 明文分组 $m_\ell^* \in \{0,1\}^\lambda, 1 \leqslant \lambda \leqslant n$;

(2) 随机选取 n 比特初始向量 IV;

(3) $y_0 := \mathrm{IV}$

(4) **For** $i = 1, 2, \cdots, \ell-1$ **do**

- $y_i := E_K(y_{i-1})$,

- $c_i := y_i \oplus m_i$;

(5) $y_\ell^* := \mathrm{msb}_\lambda\big(E_K(y_{\ell-1})\big)$, 其中 $\mathrm{msb}_\lambda\big(E_K(y_{\ell-1})\big)$ 为 $E_K(y_{\ell-1})$ 最高有效位 λ 比特;

(6) $c_\ell^* := y_\ell^* \oplus m_\ell^*$;

(7) 输出密文 $\mathrm{IV}\|c_1\|c_2\|\cdots\|c_\ell$.

解密 $\mathrm{OFB}[E]_K^{-1}(c)$:

(1) 切分密文 $c = \mathrm{IV}\|c_1\|c_2\|\cdots\|c_{\ell-1}\|c_\ell^*$, 其中密文分组 $c_1, c_2, \cdots, c_{\ell-1} \in \{0,1\}^n$, 密文分组 $c_\ell^* \in \{0,1\}^\lambda, 1 \leqslant \lambda \leqslant n$;

(2) $y_0 := \mathrm{IV}$

(3) **For** $i = 1, 2, \cdots, \ell-1$ **do**

- $y_i := E_K(y_{i-1})$,

- $m_i := y_i \oplus c_i$;

(4) $y_\ell^* := \mathrm{msb}_\lambda\big(E_K(y_{\ell-1})\big)$;

(5) $m_\ell^* := y_\ell^* \oplus c_\ell^*$;

(6) 输出明文 $m_1\|m_2\|\cdots\|m_{\ell-1}\|m_\ell^*$.

注意到, 这实际上构成了一个流密码: 先生成密钥流 $y_1\|\cdots\|y_\ell$, 再通过密钥流与明文异或的方式生成密文. 注意从宏观视角来看, 流密码 (通过与密钥流异或的方式) 将任意长度的明文加密为等长的密文, 事实上是对称加密方案的一类, 因此费尽心机设计分组密码, 而后又转换为流密码并不奇怪.

与 $\mathrm{CBC}[E]_K$ 相同, $\mathrm{OFB}[E]_K$ 加密时选取的 IV 也要作为密文的一部分传输, 以便接收方可以进行解密. 如果假设 E 是伪随机函数, 则也可以证明 $\mathrm{OFB}[E]_K$ 面对选择明文攻击时的安全性, 这一结论与 $\mathrm{CBC}[E]_K$ 是相似的.

$\mathrm{OFB}[E]_K$ 的优势包括以下三点:

(1) 如定义 10.4 所示, 当待加密明文 m 的长度不是 n 的倍数时, $\mathrm{OFB}[E]_K$ 不需要填充 m. 具体地, 定义 10.4 加密过程第 5 步 $y_\ell^* := \mathrm{msb}_t\big(E_K(y_{\ell-1})\big)$ 将 n 比特数据 $E_K(y_{\ell-1})$"截短" 到了与 m_ℓ^* 等长的程度. 这避免了消息填充造成的安全隐患与额外的密文传输开销. 注意在这个 "截短" 过程中, 截取最低有效位 $\mathrm{lsb}_t\big(E_K(y_{\ell-1})\big)$ 也是可以的.

(2) 如定义 10.4 所示, $\mathrm{OFB}[E]_K$ 解密时不需要计算分组密码 E 的解密函数 E_K^{-1}. 因此, 使用 $\mathrm{OFB}[E]_K$ 的系统只需要实现 E 的加密函数, 这可以缩小软件实现的代码量和硬件实现的电路规模.

(3) $\mathrm{OFB}[E]_K$ 加密机在收到完整的明文 $m_1\|m_2\|\cdots\|m_\ell$ 之前, 可以用 "离线" 的方式预先计算密钥流 $y_1 := E_K(\mathrm{IV}), y_2 := E_K(y_1), \cdots, y_\ell := E_k(y_{\ell-1})$(并存下来待用). 于是加密的 "在线" 过程会极快, 这是 $\mathrm{OFB}[E]_K$ 相对 $\mathrm{CBC}[E]_K$ 的优势.

与优势 (3) 相对, $\mathrm{OFB}[E]_K$ 产生的密文 c_ℓ 显然与前 $\ell-1$ 个明文分组无关, 因此不能直接产生消息认证码.

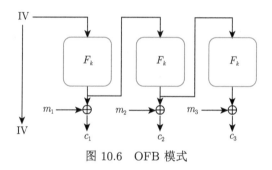

图 10.6　OFB 模式

10.4　计数器模式

计数器 (CTR) 模式 $\mathrm{CTR}[E]_K$ 也是将分组密码转化为流密码的加密模式, 如图 10.7 所示. 详细过程参见定义 10.5.

定义 10.5　计数器 $\mathrm{CTR}[E]_K$ 加密模式

加密 $\mathrm{CTR}[E]_K(m)$:

(1) 切分明文 $m = m_1\|m_2\|\cdots\|m_{\ell-1}\|m_\ell^*$, 其中明文分组 $m_1, m_2, \cdots$, $m_{\ell-1} \in \{0,1\}^n$, 明文分组 $m_\ell^* \in \{0,1\}^\lambda, 1 \leqslant \lambda \leqslant n$;

(2) 随机选取 n 比特初始向量 IV;

(3) **For** $i = 1, 2, \cdots, \ell-1$ **do**

• $y_i := E_K\big(\mathrm{str}(\mathrm{Num}(\mathrm{IV}) + i)\big),$

- $c_i := y_i \oplus m_i$;

(4) $y_\ell^* := \mathrm{msb}_\lambda\big(E_K(\mathrm{str}(\mathrm{Num}(\mathrm{IV}) + \ell))\big)$, 其中 $\mathrm{msb}_\lambda\big(E_K(y_{\ell-1})\big)$ 为 $E_K(y_{\ell-1})$ 最高有效位 λ 比特;

(5) $c_\ell^* := y_\ell^* \oplus m_\ell^*$;

(6) 输出密文 $\mathrm{IV}\|c_1\|c_2\|\cdots\|c_{\ell-1}\|c_\ell$.

解密 $\mathrm{CTR}[E]_K^{-1}(c)$:

(1) 切分密文 $c = \mathrm{IV}\|c_1\|c_2\|\cdots\|c_{\ell-1}\|c_\ell^*$, 其中密文分组 $c_1, c_2, \cdots, c_{\ell-1} \in \{0,1\}^n$, 密文分组 $c_\ell^* \in \{0,1\}^\lambda, 1 \leqslant \lambda \leqslant n$;

(2) **For** $i = 1, 2, \cdots, \ell$ **do**

- $y_i := E_K\big(\mathrm{str}(\mathrm{Num}(\mathrm{IV}) + i)\big)$,

- $m_i := y_i \oplus c_i$;

(3) $y_\ell^* := \mathrm{msb}_\lambda\big(E_K(\mathrm{str}(\mathrm{Num}(\mathrm{IV}) + \ell))\big)$;

(4) $m_\ell^* := y_\ell^* \oplus c_\ell^*$;

(5) 输出明文 $m_1\|m_2\|\cdots\|m_{\ell-1}\|m_\ell^*$.

这个过程类似于, 为一个计数器设定随机初始值 IV, 而后不断地令计数器增值、加密计数器产生 "下一个" 密钥流分组, 此即 "计数器" 模式得名由来. 初始向量 IV 同样随密文 $c_1\|\cdots\|c_\ell$ 传输给接收方, 以便解密.

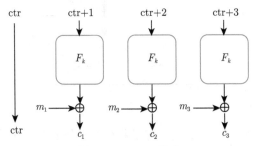

图 10.7　CTR 模式

与 $\mathrm{OFB}[E]_K$ 类似, $\mathrm{CTR}[E]_K$ 模式同样有以下优点:

(1) 不要求实现分组密码 E 的逆函数 E^{-1}, 且支持截短最后一个密钥流分组 y_ℓ, 从而免除填充最后一个明文分组 m_ℓ^* 的麻烦;

(2) 密钥流的计算过程与待加密明文无关, 因而可以预计算.

$\mathrm{CTR}[E]_K$ 模式的独有优势是加密与解密过程中产生的不同密钥流分组 $y_i = E_K\big(\mathrm{str}(\mathrm{Num}(\mathrm{IV}) + i)\big)$, $y_j = E_K\big(\mathrm{str}(\mathrm{Num}(\mathrm{IV}) + j)\big)$ 相互没有关联, 因此加密与解密过程均可完全并行化. 此外, 给定密文 $\mathrm{IV}\|c_1\|\cdots\|c_\ell^*$, 解密第 i 个密文分组仅需一次 E_K 调用, 即 $m_i := E_K\big(\mathrm{str}(\mathrm{Num}(\mathrm{IV}) + i)\big) \oplus c_i$. $\mathrm{CTR}[E]_K$ 模式因此更受欢

迎, 并被集成在 CCM 和 GCM 等认证加密模式标准中.

10.4.1 初始向量重用对 OFB 与 CTR 的损害

在 10.2.1 节中, 我们已经讨论了初始向量重用对 CBC 模式安全性的损害. 在 OFB 和 CTR 这类 "流密码" 模式中, 不难看出, 由于整个密钥流都是完全由初始向量决定的, 因此相同的初始向量 $IV = IV'$ 会产生完全相同的密钥流 $y = y_1 \| y_2 \| \cdots = y' = y_1' \| y_2' \| \cdots$, 通过计算

$$c \oplus c' = m \oplus y \oplus m' \oplus y' = m \oplus m'$$

即可求得两个明文的异或值 $m \oplus m'$, 获得大量信息. 此时, 根据任何已知的明文分组 m_i 都可以直接解出 m' 对应位置的明文分组 m_i'. 这与一次一密方案密钥流重用所导致的后果是类似的. 因此, 初始向量重用对 OFB 和 CTR 这类 "流密码" 模式的损害远高于 CBC, 实际运用中需要极力避免.

练习 10.1　回顾 10.2.1 节内容. 如果可以预测 $CBC[E_K]$ 加密下一个明文 m 所用的初始向量 IV, 则可以如何破解 m 的信息? 针对 $CTR[E_K]$, 结论又是什么?

练习 10.2　回顾 10.3 节内容. 如果可以选择 $OFB[E_K]$ 加密下一个明文 m 所用的初始向量 IV, 则可以如何破解 m?

练习 10.3　我们在 10.2.4.1.1 节讨论过, 第一次尝试就成功观察到 $r \| b$ 解密出正确填充形式的概率是 $1/W$, 否则就要换别的 r_b 来尝试, 而所需进行的尝试次数期望是 $W/2$. 用排列组合与概率论的方法证明这一结论.

练习 10.4　为了改善电码本模式 ECB 的安全性, 考虑引入 n 比特随机初始向量 IV, 定义变体方案 $ECBIV[E]_K(IV, m)$, $|m| = \ell n$, $\ell \in \mathbb{N}^*$:

(1) 切分明文 $m = m_1 \| m_2 \| \cdots \| m_\ell$, 其中 $m_i \in \{0, 1\}^n$ 表示第 i 个 n 比特明文分组;

(2) 随机选取 n 比特初始向量 IV;

(3) **For** $i = 1, 2, \cdots, \ell$ **do**

(3.1) $c_i := E_K(IV \oplus m_i)$,

(3.2) $IV \leftarrow IV + 1$　// 将 IV 看作 n 比特整数, 进行模 2^n 加法运算;

(4) 输出密文 $c := IV \| c_1 \| c_2 \| \cdots \| c_\ell$.

此方案可以将相同明文分组加密为不同密文分组. 此方案安全吗? 为什么? (提示: 借鉴 10.1 节中对 ECB 的分析思路.)

第10章课件
参考资料

第 11 章

序列密码的经典安全性分析技术

　　序列密码, 又称流密码, 是最早使用的密码学技术之一, 广泛应用在军事、外交和政府等关键应用的保密通信中. 序列密码是一种对数据流进行加密的对称密码, 一般说的序列密码加密算法指的是密钥流生成算法. 许多序列密码算法具有简单的逻辑实现, 占用面积较少, 速度更快, 尤其适用于硬件资源受限的环境中, 从而得到了学术界和产业界的广泛关注. 序列密码主要包括 5 类: 表驱动型、线性反馈移位寄存器驱动型、非线性反馈移位寄存器驱动型、类分组型和字驱动型. 当前, 序列密码主要以线性反馈移位寄存器 (LFSR) 和非线性反馈移位寄存器 (NFSR) 驱动为主.

　　尽管序列密码很早就在军事中得到应用, 其标准化却比分组密码和公钥密码晚得多. 欧洲启动的两大密码算法征集计划 NESSIE 和 eSTREAM 极大地促进了序列密码以及基于序列密码的认证加密算法的设计和分析工作, 尤其是 eSTREAM 计划 7 个胜出算法的安全性分析仍然是当前密码学界研究的热点和重点.

11.1 序列密码概述

　　序列密码的历史比较悠久, 最早可以追溯到凯撒密码. 凯撒密码是一种单表代替密码, 明文、密钥和密文在英文字母的符号集合 $z_{26} = \{0, 1, \cdots, 25\}$. 给定明文 m 和密钥 k, 则对应的密文为

$$c = (m + k) \mod 26.$$

已知密文 c 和密钥 k, 对应的解密算法为

$$m = (c - k) \mod 26.$$

　　凯撒密码可以扩展密钥长度, 则可以转化为多表代替密码. 给定长度为 d 的密钥 $k = (k_1, k_2, \cdots, k_d)$ 和长度为 n 的明文 $m = (m_1, m_2, \cdots, m_n)$, 则对应的加密密文为

$$c_i = (m_i + k_i) \mod 26, \quad i = 1, 2, \cdots, n.$$

当 $i > d$ 时, 将密码 k 循环使用即可. 凯撒密码采用的加解密运算是模 26 操作, 为了更好地适应软硬件实现, 现代序列密码多采用模 2 操作.

若密钥 k 的长度扩展为无穷, 即是 "一次一密" 的密码体制. "一次一密" 密码体制是 Mauborgne 和 Vernam 于 1917 年发明的. Shannon 于 1949 年证明 "一次一密" 密码体制可以抵抗无限计算能力的唯密文攻击 [116].

"一次一密" 所需要的密钥长度与明文长度相同, 其生成、存储和使用都不现实, 因此密码设计者设想使用尽量少的真随机序列来生成尽量长的伪随机序列, 从而达到可以用较少密钥来加密大量明文的目的. 所以, 序列密码的设计思想脱胎于 "一次一密" 体制.

20 世纪初产生的线性反馈移位寄存器 (Linear Feedback Shift Register, LFSR) 为序列密码设计提供了很好的驱动部件. 由于 n 级的 LFSR 可以产生最长为 $2^n - 1$ 的序列, 因此具有较好的密码学性质. 到了 60 年代, B-M 算法的提出使得将 LFSR 输出直接作为密钥流的密码体制不再安全, 非线性改造加入到流密码设计中. 主要的改造方式包括前馈模型和钟控模型, 代表密码包括蓝牙中用于数据加密的 E_0 算法和用于 2G 中语音与数据加密的 A5 系列算法.

尽管序列密码很早就使用在军事中, 但其标准化却比较晚, 其研究也没有分组密码成熟.

欧洲 2000 年启动了 NESSIE 计划, 征集签名、完整性和加密的密码算法, 截至 2004 年, 共征集到 42 个密码算法, 其中 6 个序列密码 (LEVIATHAN、LILI-128[117]、BMGL、SOBER-t32[118]、SNOW、SOBER-t16[118]) 进入第二轮评估. 但由于存在安全弱点, 6 个序列密码算法最终都被淘汰.

日本 2000—2003 年开展了 CRYPTREC (Cryptography Research and Evaluation Committees) 密码征集计划, 最终给出了 3 个序列密码推荐算法: MUGI、MULTI-S01 和 RC4-128.

欧洲 ECRYPT 组织于 2004 年启动了 eSTREAM 计划, 专门征集序列密码算法. 最终有 7 个加密算法胜出, 其中 3 个是面向硬件实现的, 即 Grain v1[119]、MICKEY v2[120] 和 Trivium[121], 4 个是面向软件实现的, 即 HC-128[122]、Rabbit[123]、Salsa20/12[124] 和 SOSEMANUK[125]. 当前, 针对入围 eSTREAM 计划胜出密码算法的安全性分析, 仍然是密码学界的热点问题.

针对序列密码的攻击主要分为两种: 唯密文攻击和已知明文攻击. 在已知明文情况下, 密文与明文相加 (模 2 加) 得到了密钥流序列, 本书只考虑已知明文攻击.

11.2　B-M 算法

早期的密码算法大多采用线性反馈移位寄存器. 线性反馈移位寄存器, 简称线性移存器, 可以由 n 个寄存器 $s_{n-1}, \cdots, s_0$ 和 n 个反馈系数 $c_{n-1}, \cdots, c_0$ 组成, 其中, 每个寄存器存储一个比特, n 称作线性移存器的级数. 图 11.1 所示的是一个

7 级的线性移存器.

线性移存器的更新是通过移位完成的, 即下一个时刻的寄存器的值是当前移存器右移得到的, 最左边的寄存器的值是当前寄存器值的线性组合, 该线性组合由反馈系数决定. 记当前时刻 t 的状态为 $s_{n-1}^{(t)}, \cdots, s_0^{(t)}$, 则下一个时刻 $t+1$ 的状态 $s_{n-1}^{(t+1)}, \cdots, s_0^{(t+1)}$ 为

$$s_i^{(t+1)} := s_{i+1}^{(t)}, \quad i = 0, \cdots, n-2, \tag{11.1}$$

$$s_{n-1}^{(t+1)} := \bigoplus_{i=0}^{n-1} c_i s_i^{(t)}. \tag{11.2}$$

n 级 LFSR 最多有 2^n 个状态, 除去全 0 状态外还剩下 $2^n - 1$ 种状态, 因此它能产生的输出序列的最大周期为 $2^n - 1$, 这种达到最大周期的输出序列被称为 m 序列. 在 m 序列中, 除去全 0 状态的所有状态出现的概率相同. m 序列中共有 2^{n-1} 个 1 和 $2^{n-1} - 1$ 个 0.1 比 0 的个数多 1 个, 在 n 较大的时候这种非平衡性可以忽略不计. 因此, LFSR 生成的 m 序列具有较好的平衡性.

其中, $f(x) = x^n + \sum_{i=0}^{n-1} c_i x^i$ 称作该移存器的反馈多项式, 其共轭多项式 $g(x) = x^n f(x^{-1}) = \sum_{i=1}^{n} c_{n-i} x^i + 1$ 称作特征多项式. 线性移存器生成的输出序列为线性反馈移位寄存器线性序列, 又叫线性序列. 记输出序列为 $\mathbf{a}$, 若 $f(x)$ 是生成 $\mathbf{a}$ 的多项式中级数最小的, 则称 $f(x)$ 是极小反馈多项式. 若 $f(x)$ 是本原多项式, 则生成的线性序列具有最大周期 $2^n - 1$, 即为 m 序列. 通常将 $\langle f(x), n \rangle$ 称作 $\mathbf{a}$ 的线性反馈移位寄存器.

如图 11.1 所示, 其输出序列 $\mathbf{a}$ 满足 $a_k = a_{k-4} + a_{k-7}$, 因此其反馈多项式为 $x^7 + x^3 + 1$, 特征多项式为 $x^7 + x^4 + 1$.

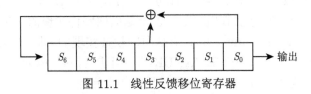

图 11.1　线性反馈移位寄存器

移位寄存器的输出直接存在线性关系, 其输出直接作为密钥流的流密码体制是不安全的. 若已知其生成的线性反馈移位寄存器的级数 n 和输出密钥流序列 $\mathbf{a}$, 则输出密钥流直接存在如下线性关系:

$$a_{n+1} = c_{n-1} a_n \oplus \cdots \oplus c_0 a_1,$$

$$\cdots \cdots$$

$$a_{2n} = c_{n-1} a_{2n-1} \oplus \cdots \oplus c_0 a_n.$$

通过求解线性方程组可以得到反馈系数, 并恢复密钥流序列的所有比特.

因此, 已知 $2n$ 个连续输出比特, 就可以恢复 n 级线性反馈移位寄存器的反馈多项式. 该攻击过程需要已知反馈多项式的级数, 若级数未知, 则如下的 B-M 算法已知至多连续 $2n$ 比特就可以恢复线性移存器的反馈多项式及对应的初态.

给定长度为 N 的二元序列 $\mathbf{a}$, B-M 算法的主要思想是不断生成前 k 个比特的最小生成多项式. 记 $\langle f_k(x), l_k \rangle$ 为前 k 个比特的最小生成多项式和对应的级数, 执行如下过程:

(1) 取初始值 $f_0(x) = 1, l_0 = 0$.

(2) 假设 $\langle f_0(x), l_0 \rangle, \langle f_1(x), l_1 \rangle, \cdots, \langle f_k(x), l_k \rangle$ 已经求得, 且满足 $l_0 \leqslant l_1 \leqslant \cdots \leqslant l_k$. 记 $f_k(x) = 1 + c_1^{(k)} x + \cdots + c_{l_k}^{(k)} x^{l_k}$, 计算差值

$$d_k = a_k + c_1 a_{k-1} + \cdots + c_{l_k} a_{k-l_k}.$$

然后分两种情况.

(1) $d_k = 0$, 则令 $f_{k+1}(x) = f_k(x), l_{k+1} = l_k$.

(2) 若 $d_k \neq 0$, 分以下两种情况:

(i) 当 $l_0 = l_1 = \cdots = l_k = 0$ 时, 令 $f_{k+1}(x) = 1 + x^{k+1}, l_{k+1} = k + 1$.

(ii) 设 m $(0 \leqslant m < n)$ 使得 $l_m < l_{m+1} = l_{m+2} = \cdots = l_k$, 令 $f_{k+1}(x) = f_k + x^{k-m} f_m(x), l_{k+1} = \max(l_k, k + 1 - l_k)$.

最后得到的 $\langle f_N(x), l_N \rangle$ 便是产生序列 $\mathbf{a}$ 的 LFSR.

下面用一个实例来介绍 B-M 算法的过程.

例 11.1 假设序列 $a_0 a_1 a_2 a_3 a_4 a_5 a_6 = 0011101$, 求解其最短线性反馈移位寄存器.

解 (1) 根据 B-M 算法, 首先取初始值 $f_0(x) = 1, l_0 = 0$.

(2) 由于 $a_0 = 0$, 则 $d_0 = 1 \cdot a_0 = 0$, 所以 $f_1(x) = 1, l_1 = 0$. 同理可得 $d_1 = 1 \cdot a_1 = 0$, 从而 $f_2(x) = 1, l_2 = 0$.

(3) 由 $a_2 = 1$ 得 $d_2 = 1 \cdot a_2 = 1$, 又根据 $l_0 = l_1 = l_2 = 0$ 得

$$f_3(x) = 1 + x^3, \quad l_3 = 3.$$

(4) 计算 $d_3 = 1 \cdot a_3 + 1 \cdot a_0 = 1$. 由于 $l_2 < l_3$, 所以 $m = 2$, 从而可得

$$f_4(x) = f_3(x) + x^{3-2} f_2(x) = 1 + x + x^3, \quad l_4 = \max(3, 3 + 1 - 3) = 3.$$

(5) 计算 $d_4 = 1 \cdot a_4 + 1 \cdot a_3 + 1 \cdot a_1 = 0$, 从而

$$f_5(x) = f_4(x) = 1 + x + x^3, \quad l_5 = l_4 = 3.$$

(6) 计算 $d_5 = 1 \cdot a_5 + 1 \cdot a_4 + 1 \cdot a_2 = 0$, 从而

$$f_6(x) = f_5(x) = 1 + x + x^3, \quad l_6 = l_5 = 3.$$

(7) 计算 $d_6 = 1 \cdot a_6 + 1 \cdot a_5 + 1 \cdot a_3 = 0$, 从而

$$f_7(x) = f_6(x) = 1 + x + x^3, \quad l_7 = l_6 = 3.$$

所以最终得到的最短线性移位寄存器为 $\langle 1 + x + x^3, 3 \rangle$. 由于序列长度为 $7 = 2^3 - 1$, 该序列为 m 序列, $1 + x + x^3$ 为本原多项式.

在序列密码中, 若直接将 n 级线性移位寄存器生成的序列作为密钥流, 在已知连续 $2n$ 比特情况下就可以恢复 LFSR, 从而可以得到所有的密钥流比特. 因此, 需要引入非线性变换, 打破线性移位寄存器输出之间的线性关系.

练习 11.1　已知序列 $a_0 a_1 \cdots a_{10} = 00100011101$, 试利用 B-M 算法通过编程或者手动推导计算其最短线性反馈移位寄存器.

11.3　相关攻击

相关攻击主要应用在线性反馈移位寄存器驱动的密码算法的分析中, 主要原理是利用密钥流序列与 LFSR 生成的线性序列的相关偏差. 关于相关攻击和快速相关攻击的理论和方法, 可以参考文献 [126]. 关于相关攻击在 A5/1 和 SNOW 等密码分析中的应用, 可以参考文献 [127, 128].

两个序列 $\mathbf{a} = (a_1, \cdots, a_N)$ 和 $\mathbf{b} = (b_1, \cdots, b_N)$ 的相关性定义为

$$\mathrm{cor}(\mathbf{a}, \mathbf{b}) = \frac{\sum_{i=1}^{N}(a_i \oplus b_i \oplus 1)}{N}. \tag{11.3}$$

则对应的相关偏差为

$$\epsilon = \mathrm{cor}(\mathbf{a}, \mathbf{b}) - \frac{1}{2} = \frac{\sum_{i=1}^{N}(a_i \oplus b_i \oplus 1) - N/2}{N}. \tag{11.4}$$

若相关偏差为负数 (即相关性小于 1/2), 则将其中一个序列的所有比特取反后, 两个序列的相关偏差为正. 相关偏差的绝对值越大, 意味着两个序列的相关性越好. 在本书中, 若无特殊说明, 相关偏差大指的是其绝对值大.

若密码输出序列与任意线性序列的相关性为 $\frac{1}{2}$ (或相关偏差为 0), 则称该密码是相关免疫的.

11.3.1 布尔函数的线性相关性

n 个变元的布尔函数 $f(x)$ 与线性函数 $L(x)$ 的相关性定义为

$$\mathrm{cor}(f(x), L(x)) = \frac{\sum_{x=0}^{2^n-1} f(x) \oplus L(x) \oplus 1}{2^n}, \tag{11.5}$$

此处 $x = (x_1, x_2, \cdots, x_n)$ 代表 n 个变元, 亦可以看作是一个 n 比特的整数, 即 $\sum_{i=0}^{n-1} x_{i+1} \cdot 2^i$. 则对应的相关偏差为

$$\epsilon(f(x), L(x)) = \mathrm{cor}(f(x), L(x)) - \frac{1}{2} = \frac{\sum_{x=0}^{2^n-1} f(x) \oplus L(x) \oplus 1}{2^n} - \frac{1}{2}. \tag{11.6}$$

则相关偏差最大值对应的相关性定义为该布尔函数的线性相关性, 简称相关性.

布尔函数的线性相关性可以通过枚举线性函数的表达式、统计所有输入对应输出相同比特的个数来得到. 但这种方法的计算量较大, 可以通过 Walsh 谱变换的方法来得到.

11.3.2 Walsh-Hadamard 变换

Walsh-Hadamard 变换, 又叫 Walsh 谱变换或 Hadamard 变换, 给定一个布尔函数, 可以得到其与所有可能线性函数的线性偏差. 给定 n 个变元的布尔函数 $f(x)$, 则其对应的 Walsh-Hadamard 变换为

$$S_f(w) = \frac{1}{2^n} \sum_{x=0}^{2^n-1} (-1)^{w \cdot x + f(x)}. \tag{11.7}$$

Walsh 变换的结果又叫 Walsh 谱, 表示的是 $f(x)$ 与线性函数 $w \cdot x$ 的逼近程度. 记 $P(f(x) = w \cdot x)$ 为函数 $f(x)$ 与线性函数 $w \cdot x$ 相等的概率, 则存在如下的关系:

$$P(f(x) = w \cdot x) = \mathrm{cor}(f(x), w \cdot x) = \frac{1 + S_f(w)}{2}.$$

从而可以得到如下定理.

> **定理 11.1 平衡函数**
> 布尔函数 $f(x)$ 是平衡函数当且仅当 $S_f(0) = 0$. ♡

通过观察式 (11.7) 可以发现, $(-1)^{w \cdot x + f(x)} = (-1)^{w \cdot x} \cdot (-1)^{f(x)}$. 若将真值表 $f(x)$ 变换为 $(-1)^{f(x)}$, 即将 0 变为 1, 将 1 变为 -1, 则 Walsh 变换相当于对变换后的真值表作 Fourier 变换, 从而可以利用快速 Fourier 变换得到, 具体算法流程如下:

(1) 首先对真值表作变换 $z[i] = (-1)^{z[i]}$. 对于变量 k 从 1 到 n, 执行步骤 (2)～(5).

(2) 对于变量 i 从 1 到 2^{k-1}, 执行步骤 (3)~(5).

(3) 对于变量 j 从 1 到 2^{n-k}, 执行步骤 (4)~(5).

(4) $t_1 = z[(i-1) \cdot 2^{n-k+1} + j] + z[(i-1) \cdot 2^{n-k+1} + 2^{n-k} + j]$, $t_2 = z[(i-1) \cdot 2^{n-k+1} + j] - z[(i-1) \cdot 2^{n-k+1} + 2^{n-k} + j]$.

(5) $z[(i-1) \cdot 2^{n-k+1} + j] = t_1$, $z[(i-1) \cdot 2^{n-k+1} + 2^{n-k} + j] = t_2$.

(6) $z[i] = z[i]/2^n$.

最终得到的 $z[i]$ $(0 \leqslant i < 2^n)$ 即为 Walsh 谱, 其中 Walsh 谱中的非 0 项代表有效的线性逼近. 该算法的复杂度为 $O(n \cdot 2^{k-1} \cdot 2^{n-k} \cdot 2) = O(n \cdot 2^n)$.

表 11.1 所示为 Walsh 谱变换的一个例子.

表 11.1　Walsh 谱变换示例

$x_1 x_2 x_3$	$f(x_1, x_2, x_3)$	$(-1)^f$	$k=1$	$k=2$	$k=3$	S_f
000	0	1	2	2	0	0
001	0	1	0	-2	4	1/2
010	0	1	0	2	4	1/2
011	1	-1	-2	2	0	0
100	0	1	0	2	4	1/2
101	1	-1	2	2	0	0
110	1	-1	2	-2	0	0
111	1	-1	0	2	-4	$-1/2$

由 Walsh 谱变换的结果可得

$$\Pr(f(x_1, x_2, x_3) = x_1) = \frac{1 + 1/2}{2} = \frac{3}{4},$$

$$\Pr(f(x_1, x_2, x_3) = x_2) = \frac{1 + 1/2}{2} = \frac{3}{4},$$

$$\Pr(f(x_1, x_2, x_3) = x_3) = \frac{1 + 1/2}{2} = \frac{3}{4},$$

$$\Pr(f(x_1, x_2, x_3) = x_1 + x_2 + x_3) = \frac{1 - 1/2}{2} = \frac{1}{4}.$$

布尔函数的 Walsh 谱决定了相关攻击能否成功, 只有相关偏差不为 0 的线性逼近才能用来做密码攻击, 如下定理保证了这样的线性逼近一定是存在的.

定理 11.2　能量守恒定律

给定 n 个变元布尔函数 $f(x)$ 的 Walsh 谱 $S_f(w)$, 有如下等式:

$$\sum_{w=0}^{2^n - 1} |S_f(w)|^2 = 1.$$

♡

✐ **练习 11.2** 假设 $f(x) = x_0x_1x_2 + x_2x_3$ 是一个 4 元布尔函数, 试根据 Walsh-Hadamard 变换通过编程或者手动推导找到所有与其相关偏差不为 0 的线性函数.

✐ **练习 11.3** 试给出定理 11.2 能量守恒定律的数学证明.

11.3.3 LFSR 驱动的序列密码的相关攻击

由于线性序列比特之间存在线性关系, 线性移位寄存器的输出直接作为密钥流很容易受到攻击. 为了破坏输出序列的线性关系, 需要引入非线性因素. 一种引入非线性的办法是将一个或者多个线性移位寄存器的抽头经过非线性函数 (通常也叫滤波函数) 得到密钥流序列. 这种加密体制也叫前馈逻辑.

采用相关攻击, 首先找到输出序列与线性移存器某些抽头线性组合的相关偏差. 穷举线性移存器的初态, 得到其生成序列, 比较生成序列与密钥流序列的相关性. 若猜测正确, 则具有明显的相关偏差; 若猜测错误, 则随机耦合, 无明显相关性. 设正确猜测下对应的相关偏差为 ϵ, 密钥流长度为 N, 一般在 $t = \epsilon\sqrt{N} \geqslant 3$ 时, 有较高的置信度认为猜测的值是正确解, 从而可以得到所需要的数据复杂度为 $N = \dfrac{9}{\epsilon^2}$. 具体 t 的取值需要根据实际密码分析中的置信度来确定.

例 11.2 假设给定的密码算法如图 11.2 所示, 两个移位寄存器的反馈多项式分别是 $x^7 + x^4 + 1$ 和 $x^7 + x^3 + 1$. 其中, 3 个抽头作为输入经过非线性函数 $z(x_1, x_2, x_3) = x_1x_2 + x_1x_3 + x_2x_3$, 非线性函数的输出为密钥流.

首先考察 $z(x_1, x_2, x_3)$ 与输入 x_1, x_2, x_3 的相关关系. 对 $z(x_1, x_2, x_3)$ 作 Walsh 谱变换, 可以推出 $\mathrm{cor}(z(x_1, x_2, x_3), x_1) = \dfrac{3}{4}$, 即第一个线性移位寄存器正确的初态产生的序列与密钥流对应比特相等的概率为 $\dfrac{3}{4}$. 穷举一个移位寄存器的所有 2^7 种可能, 将得到的对应 S_4 的序列与密钥流序列比较, 如果相等的概率接近 $\dfrac{3}{4}$, 则对应的猜测为正确的初态. 若猜测错误, 则对应的比特相等的概率近似为 $\dfrac{1}{2}$. 从而, 可以恢复第一个移位寄存器的初态. 得到第一个移位寄存器的初态后, 可以得到对应的输出序列 x_1.

第二个移位寄存器的初态可以用类似的办法恢复, 针对这个密码有一种更加高效的办法. 观察这个非线性函数, 可以发现: 当 $x_1 = 0, z(x_1, x_2, x_3) = 1$ 时, $x_2 = x_3 = 1$. 同理, 当 $x_1 = 1, z(x_1, x_2, x_3) = 0$ 时, $x_2 = x_3 = 0$, 即当 $x_1 \neq z$ 时, x_2 和 x_3 可以直接得到. 恢复第一个移位寄存器的初态后, 将初态代入, 从而可以得到其 S_4 对应的序列. 将密钥流与 x_1 比对, 若不相等, 则可以得到对应 x_2 和 x_3, 即可以得到第二个移位寄存器的输出间断序列. 该序列的每个比特可以表示成初始状态位的线性方程组, 通过求解线性方程组可以解得初态.

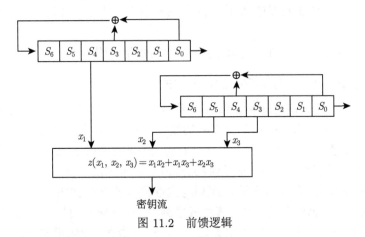

图 11.2　前馈逻辑

✎　**练习 11.4**　若将例 11.2 中的非线性函数 $z(x_1, x_2, x_3)$ 的表达式改为 $x_1x_2 + x_1x_3 + x_2x_3 + x_2 + x_3$, 试仿照例 11.2 给出相应的相关攻击步骤说明.

第 12 章

序列密码的立方攻击

在第 11 章中, 我们介绍了在线性反馈移位寄存器的基础上增加非线性滤波函数来引入非线性的办法. 另外一种引入非线性的办法是将线性移位寄存器的反馈函数改为非线性函数, 这样的移位寄存器叫做非线性反馈移位寄存器, 简称非线性移位寄存器. 经过多轮非线性迭代后, 输出的是关于输入的高次非线性方程, 直接求解很困难. 立方攻击 (Cube Attack) 通过对高次变量集合求和, 获取密钥的低次 (如线性) 方程关系, 从而恢复密钥信息.

12.1 布尔函数

12.1.1 代数标准型

定义集合 $[n] = \{1, 2, \cdots, n\}$. 对于集合 $I \subseteq [n]$, 令 $x^I = \prod_{i \in I} x_i$. 对于 n 个变量 $x_1, x_2, \cdots, x_n$ 的布尔函数 F, 其代数标准型 (ANF) 如下:

$$F = \sum_{I \subseteq [n]} a_I x^I, \tag{12.1}$$

其中加法为模 2 操作, a_I 是一个布尔值 (0 或者 1), I 中元素的个数被称为项 x^I 的代数次数, 所有项的最大代数次数被称为该布尔函数的代数次数.

布尔函数的另一种表示方法是真值表表示, 即将所有的输入与其对应的输出列出来. 若已知布尔函数的代数标准型, 则将所有可能的输入代入表达式即可得到真值表. 由于真值表列出了所有可能输入对应的输出, 所以 n 个变量的真值表大小为 2^n, 如三元择多函数 $f(x) = x_1 x_2 + x_1 x_3 + x_2 x_3$ 对应的真值表如表 12.1 所示.

真值表到代数标准型的转换可以由莫比乌斯变换来实现. 由于莫比乌斯变换为可逆变换, 且其逆变换仍然是莫比乌斯变换, 因此将变换后得到的代数标准型再作一次莫比乌斯变换即可得到真值表.

除了代数标准型和真值表, 还可以将布尔函数表示成逻辑门 (与、或、非). 这种表示方法在密码分析中比较少见, 在本书中不做详细讨论.

表 12.1 三元择多函数的真值表

$x_1x_2x_3$	真值
000	0
100	0
010	0
110	1
001	0
101	1
011	1
111	1

12.1.2 莫比乌斯变换

由以上章节可知, 布尔函数的代数标准型与真值表可以通过莫比乌斯变换进行相互转换. 在部分文献中, 莫比乌斯变换又叫杨辉三角变换.

给定 n 个变元的布尔函数 $f(x)$ 的真值表 $z[i]$ $(0 \leqslant i < 2^n)$, 莫比乌斯变换的过程如算法 15 所示.

算法 15 莫比乌斯变换

1 **Procedure** 莫比乌斯变换 ($f(x)$ 的真值表 z):
2   **for** $t = 1$ to n **do**
3   **for** $j = 0$ to $2^{n-t} - 1$ **do**
4   **for** $k = 0$ to $2^{t-1} - 1$ **do**
5             $z[2^t j + 2^{t-1} + k] = z[2^t j + 2^{t-1} + k] \oplus z[2^t j + k]$

6   **return** z

莫比乌斯变换执行完之后, 将所有结果为 1 对应的项加在一起即为所得的代数标准型, 其中每一项为 1 对应的变量的乘积. 为了更加清楚地展示莫比乌斯变换的过程, 我们以三元择多函数 $f(x)$ 的真值表为例, 说明如何利用莫比乌斯变换将 $f(x)$ 的真值表转换为其代数标准型, 过程如表 12.2 所示. 具体来说,

(1) 第一步, $t = 1$, 此时执行 $z[1] = z[1] \oplus z[0]$, $z[3] = z[3] \oplus z[2]$, $z[5] = z[5] \oplus z[4]$, $z[7] = z[7] \oplus z[6]$.

(2) 第二步, $t = 2$, 此时执行 $z[2] = z[2] \oplus z[0]$, $z[3] = z[3] \oplus z[1]$, $z[6] = z[6] \oplus z[4]$, $z[7] = z[7] \oplus z[5]$.

(3) 第三步, $t = 3$, 此时执行 $z[4] = z[4] \oplus z[0]$, $z[5] = z[5] \oplus z[1]$, $z[6] = z[6] \oplus z[2]$, $z[7] = z[7] \oplus z[3]$.

最后, $z[3]$, $z[5]$, $z[6]$ 的结果为 1, 表中对应的行为 110, 101 和 011, 对应的项为 x_1x_2, x_1x_3 和 x_2x_3, 所以该真值表对应的代数标准型为 $f(x) = x_2x_3 + x_1x_3 + x_1x_2$, 即为三元择多函数. 注意, 在该例中, 000 代表的是常数 1. 与 Hadamard 变换类

似, 莫比乌斯变换的计算复杂度为 $O(n \cdot 2^n)$.

表 12.2　莫比乌斯变换

$x_1x_2x_3$	真值	$t=1$	$t=2$	代数标准型 $t=3$
000	0	0	0	0
100	0	0	0	0
010	0	0	0	0
110	1	1	1	1
001	0	0	0	0
101	1	1	1	1
011	1	1	1	1
111	1	0	1	0

练习 12.1　令 $f(x) = x_1x_2x_3 + x_3x_4 + x_2x_4 + x_3$ 是一个 4 变元的布尔函数, 试根据莫比乌斯变换推导出其真值表.

12.2　立方攻击原理

在 EUROCRYPT 2009 上, Dinur 和 Shamir 提出了立方攻击, 该攻击方法基于如下定理.

> **定理 12.1　立方攻击**
>
> 令 $p(x)$ 是关于 n 个变量 $x_1, x_2, \cdots, x_n$ 的布尔函数. 选择一个集合 $I = \{i_1, \cdots, i_{|I|}\} \subseteq [n]$, 令 $t_I = \prod_{i \in I} x_i$, 则 p 总可以表示成 $p = t_I p_1 + p_2$ 的形式, 其中 p_1 和 p_2 均为表达式, 且 p_1 不与任意一个 x_i $(i \in I)$ 相关, 而 p_2 中的每一项都不能被 t_I 整除 (即 p_2 至少不包含一个 $x_i(i \in I)$), 则 p 在 $|I|$ 个变量 $x_{i_1}, \cdots, x_{i_{|I|}}$ 的所有可能取值下求和的结果恰好等于 p_1, 即
>
> $$\sum_{(x_{i_1}, \cdots, x_{i_{|I|}})=(0,\cdots,0)}^{(1,\cdots,1)} p = \sum_{(x_{i_1}, \cdots, x_{i_{|I|}})=(0,\cdots,0)}^{(1,\cdots,1)} t_I p_1 + p_2 = p_1.$$
>

一个密码算法往往以 m 比特密钥 $k = (k_1, \cdots, k_m)$ 和 n 比特明文 (也可以是 IV 或者 Nonce) $v = (v_1, \cdots, v_n)$ 作为输入, 因此其任意一个输出比特均可以表示成 k 和 v 的布尔函数, 对应于定理 12.1 中的 p. 在立方攻击的实际应用中, t_I 通常被选为 v 中一部分比特的乘积, 而 v 中剩下的比特被固定为常数, 这使得 p_1 成为只与密钥比特 k 相关的一个表达式. 密钥一般被当作 (未知) 常数, 所以 p 的代数次数只由 p 中每一项的明文比特决定. 比如, $p = k_1k_2v_4v_5 + k_1v_1v_2v_3$, 则 p 的代数次数为 3, 因为 p 的每个项最多有 3 个明文比特. 集合 I 的大小 $|I|$ 称作维数. 在定理 12.1 的实际应用中, 可能会遇到两种情况:

● 若 p_1 是关于密钥的简单函数, 如线性方程, 则可以通过定理 12.1 得到关于密钥的简单方程, 从而获取密钥的一部分信息.

● 若 p_1 是非平衡的 (如常数), 则可以用来构造区分器. 特别地, 如果 p 的代数次数是 d, 则选取任意 $d+1$ 维的 I, 其对应的 p_1 均为 0, 这意味着 p 在 $|I|$ 个明文比特的所有取值下求和为 0.

Dinur 和 Shamir 等提出的立方攻击就是利用了第一个性质, 通过他们选择, 其中, I 中变量为公开变量 (如明文或者 IV). I 中对应比特的乘积作为 t_I, 且保证由此 t_I 推出的 p_1 是关于密钥比特的一个线性方程, 再根据定理 12.1 对集合 I 中对应的变量求和, 构建出关于密钥的线性方程. 他们选取了多个这样的 t_I, 并最终通过解线性方程组的形式恢复出了密钥的大部分比特, 而剩下未知密钥比特的真实值可以通过穷举搜索获得.

集合 I 又称作立方索引, 它决定了 t_I 是哪些变量的乘积. 我们将由 I 确定的变量称作立方变量, t_I 称作极大项, p_1 称作超级多项式, 在实际应用中 p_1 是关于密钥的一个表达式 (多项式), 每一项均为密钥的线性项. 立方攻击分成两个阶段, 即预计算阶段和在线攻击阶段:

● 在预计算阶段, 攻击者对密码算法具有完全的控制权限, 也就是说, 他可以随意操纵密钥比特和明文比特. 在这个阶段, 攻击者的目标是选取尽可能多的 t_I, 并恢复出它们对应的 p_1 的具体表达式. 当然, 选取的 t_I 对应的 p_1 应该越简单越好, 比如是关于密钥的线性表达式.

● 在在线攻击阶段, 密码算法实际使用的密钥对攻击者来说是未知的, 但是攻击者可以将任意明文作为输入, 获取到对应的密文. 在这个阶段, 依据定理 12.1, 对 t_I 求和, 攻击者可以获取到 p_1 的真实值, 由此可以建立关于密钥的方程组, 从而恢复出密钥的一部分信息.

下面以一个例子来介绍立方攻击的使用过程.

例 12.1 假设密钥流输出比特 z 可以表示为 5 个 IV 比特 v_0, v_1, v_2, v_3, v_4 和 5 个密钥比特 k_0, k_1, k_2, k_3, k_4 的布尔函数如下:

$$z = v_0 v_1 k_2 k_4 + v_0 v_1 v_3 k_2 + v_0 v_1 v_2 v_3 + v_2 v_4 k_0 k_2 k_3$$
$$+ v_1 v_3 k_0 k_1 + v_1 v_4 k_1 k_2 k_3 + v_1 v_2 v_4 k_2 + v_2 v_3 v_4 k_0 + v_1 + k_0.$$

在预计算阶段, 选择极大项 $t_I = v_1 v_2 v_4$, 并推出其对应的超级多项式 $p_1 = k_2$. 在在线攻击阶段, 固定 $v_0 = v_3 = 0$, 对 v_1, v_2, v_4 的每一个可能的取值, 获取对应的输出比特 z 的取值, 并把这 8 个 z 的取值相加, 结果即为 p_1 的真实值. 不妨记相加结果为 a, 于是可以建立一个关于密钥的方程 $k_2 = a$, 恢复出 k_2 的值, 这一步需要的计算复杂度是 $2^3 = 8$ 次异或 (XOR) 操作. 同理, 选取 $t_I = v_2 v_3 v_4$, 则对应的 $p_1 = k_0$, 固定 $v_0 = v_1 = 0$, 将 z 在 v_2, v_3, v_4 所有可能的取值下求和, 就可以建立

方程恢复出 k_0 的值, 这一步需要的计算复杂度也是 $2^3 = 8$ 次异或 (XOR) 操作.

在如上的例子中, 已知输出比特关于 IV 和密钥的布尔表达式, 可以针对性地选择 t_I 来使 p_1 尽可能简单且有效. 在实际的流密码中, 密钥流比特关于 IV 和密钥的关系往往很复杂, 无法写出输出关于 IV 和密钥的具体表达式, 也无法知道一个极大项及其对应的超级多项式, 此时可以通过立方测试的办法来获得极大项及其对应的超级多项式.

立方测试的主要思想基于如下引理.

> **引理 12.1   立方测试**
>
> 记输出比特关于 n 比特初始向量 v 和 m 比特密钥 k 的表达式为 $z(v, k)$, 其中 $v = (v_1, \cdots, v_n)$, $k = (k_1, \cdots, k_m)$. 令立方索引 $I = \{i_1, \cdots, i_{|I|}\} \subseteq [n]$, t_I 为由 I 决定的一个极大项, 对应的超级多项式为 p_1. 某个密钥比特 k_i 在超级多项式 p_1 中当且仅当 $\forall (k_1, \cdots, k_{i-1}, k_{i+1}, \cdots, k_m) \in \{0, 1\}^{m-1}$,
> $$\sum_{(v_{i_1}, \cdots, v_{i_{|I|}}) = (0, \cdots, 0)}^{(1, \cdots, 1)} z|_{k_i = 0} = \sum_{(v_{i_1}, \cdots, v_{i_{|I|}}) = (0, \cdots, 0)}^{(1, \cdots, 1)} z|_{k_i = 1} \oplus 1.$$
> $\heartsuit$

由引理 12.1 可知, 选择一个 IV 变量集合, 固定 $m - 1$ 比特密钥为任意值, 将剩余的一比特密钥分别置为 0 和 1, 并计算相应输出比特在 t_I 上的立方和, 若无论 $m - 1$ 比特密钥取什么值, 立方和始终不同, 则可以判断该密钥比特为一个线性比特. 若立方和始终相同, 则可以判断该密钥比特不在 p_1 中. 其他情况可以判断为非线性项. 对每个密钥比特都执行相同的操作, 若每个密钥比特均为线性项 (或者不在超级多项式中), 此时的变量集合为极大项, 则可以确定超级多项式的表达式. 特别地, 如果该多项式不含任意一个密钥变量, 则该多项式为常数.

✎ **练习 12.2**   令 $f(k, v) = k_1 k_2 v_1 v_2 + k_3 k_4 v_1 v_2 v_3 + v_2 v_3 + k_4 v_4$ 是关于 4 比特初始向量 v 和 4 比特密钥 k 的布尔函数, 试指出 f 的代数次数, 并写出极大项 $t_I = v_1 v_2$ 的超级多项式.

思考   事实上, 立方攻击也可以利用那些非线性的超级多项式. 思考一下, 如果在例 12.1中选取极大项 $t_I = v_0 v_1$, 如何利用其超级多项式提取出密钥比特的信息?

12.3 动态立方攻击

一般情况下, 序列密码在经过一定轮数的初始化后, 输出密钥流是关于 IV 和密钥的高次稠密布尔函数, 这意味着我们对选择的立方变量集合求和后的结果仍然是关于密钥的高次非线性方程, 直接求解很困难. 在基于线性移存器和非线性移存器的流密码中, 输出比特可以表示成移存器状态比特的布尔多项式, 通过控制某些状态比特可以使得输出布尔函数简化. 在文献 [129, 130] 中, Dinur 等提出了动态立方攻击技术, 结合立方测试得到的区分器可以恢复密钥信息, 并将这一攻击技术应用到 Grain-128 中.

在动态立方攻击中, 一般控制比特的方法是零化技术, 即选择 IV 比特使得中间部分状态比特的取值为 0, 进而简化布尔函数.

下面以缩减轮的 Grain-128 密码 (参见附录 A.5) 的分析为例来介绍动态立方攻击的主要过程.

本节考虑 Grain-128 密码的缩减轮版本, 初始化运动 128 轮之后, 开始产生密钥流输出, 第一个输出比特是 z_{129}, 在密钥流产生阶段 z_i 不参与反馈.

动态立方攻击 [129, 130] 的一项关键技术是零化技术, 即通过选择部分 IV 比特使得中间部分状态比特为 0, 从而约减输出.

12.3.1   零化技术

Grain-128 密码的第一个输出比特 z_{129} 可以用状态比特表示为

$$z_{129} = b_{141}b_{224}s_{224} + b_{224}s_{171} + s_{189}s_{208} + s_{142}s_{149} + b_{141}s_{137} + s_{222} + b_{218}$$
$$+ b_{202} + b_{193} + b_{174} + b_{165} + b_{144} + b_{131}.$$

首先, 我们计算得到每个状态比特关于初始向量的代数次数.

因为 $b_{141}b_{224}s_{224}$ 次数最高, 可以产生更多的高次项, 所以该项是最显著项, 考虑通过零化 b_{141} 来零化这个显著项. 由迭代关系可得

$$b_{141} = v_{13} + k_{13} + k_{39} + k_{69} + k_{104} + k_{109} + k_{16}k_{80} + k_{24}k_{26} + k_{30}k_{31} + k_{40}k_{72}$$
$$+ k_{53}k_{61} + k_{74}k_{78} + k_{81}k_{97} + k_{15} + k_{28} + k_{49} + k_{58} + k_{77} + k_{86} + k_{102}$$
$$+ k_{25}v_{21} + v_{26}v_{33} + k_{108}v_{55} + v_{73}v_{92} + k_{25}k_{108}.$$

选择 $v_{26} = v_{73} = 0$, 则 b_{141} 降为 1 次, 选择

$$v_{13} = k_{13} + k_{39} + k_{69} + k_{104} + k_{109} + k_{16}k_{80} + k_{24}k_{26} + k_{30}k_{31} + k_{40}k_{72}$$
$$+ k_{53}k_{61} + k_{74}k_{78} + k_{81}k_{97} + k_{15} + k_{28} + k_{49} + k_{58} + k_{77} + k_{86} + k_{102}$$
$$+ k_{25}v_{21} + k_{108}v_{55} + k_{25}k_{108},$$

则可以使得 $b_{141} = 0$. 在上述等式中, 密钥比特的值是未知的, 在实际攻击中进行猜测. 根据猜测的密钥值, 选择 v_{13} 使得上式成立. 需要猜测的密钥比特包括 k_{25}, k_{108} 和表达式

$$k_{13} + k_{39} + k_{69} + k_{104} + k_{109} + k_{16}k_{80} + k_{24}k_{26} + k_{30}k_{31} + k_{40}k_{72} + k_{53}k_{61} +$$

$k_{74}k_{78} + k_{81}k_{97} + k_{15} + k_{28} + k_{49} + k_{58} + k_{77} + k_{86} + k_{102} + k_{25}k_{108}.$

通过选择 v_{13} 零化 b_{141} 之后, z_{129} 的表达式可以简化为 $z_{129} = b_{224}s_{171} + s_{189}s_{208} + s_{142}s_{149} + s_{222} + b_{218} + b_{202} + b_{193} + b_{174} + b_{165} + b_{144} + b_{131}$. 涉及的状态比特的代数次数如表 12.3 所示.

表 12.3 部分状态比特的代数次数

状态比特	b_{224}	s_{224}	s_{171}	s_{189}	s_{208}	s_{142}	s_{149}	s_{222}
次数	7	7	3	3	5	2	2	7
状态比特	b_{218}	b_{202}	b_{193}	b_{174}	b_{165}	b_{144}	b_{131}	
次数	5	5	3	3	2	2	2	

其他状态比特的次数满足

$$\deg(s_i) \leqslant \begin{cases} 1, & 0 \leqslant i < 96, \\ 0, & 96 \leqslant i < 128, \\ 2, & 128 \leqslant i < 161, \\ 3, & 161 \leqslant i < 194, \end{cases}$$

$$\deg(b_i) \leqslant \begin{cases} 0, & 0 \leqslant i < 128, \\ 2, & 128 \leqslant i < 161, \\ 3, & 161 \leqslant i < 188, \\ 4, & 188 \leqslant i < 194. \end{cases}$$

因此, 在正确的密钥猜测并选择 v_{13} 零化 b_{141} 后, 输出的代数次数 $d \leqslant \deg(b_{224}) + \deg(s_{171})$, 因此 z_{129} 在任意 11 维立方下求和为 0. 在错误的密钥猜测下, 此时由于 b_{141} 不能被零化, 且 $\deg(b_{141}) = 1$, 因此输出的最大项为 $b_{141}b_{224}s_{224}$, 此时 z_{129} 在某些 11 维立方下的求和不为 0. 也就是说, 可以通过研究 z_{129} 在 11 维立方下的和来区分正确密钥和错误密钥. 在立方攻击中, 我们介绍了一种立方测试的办法来检测超级多项式是否涉及某个密钥比特. 我们可以随机取 11 维的立方, 并用立方测试的方法检测超级多项式是否为 0, 测试得到的 11 维立方变量就可以作为正确密钥和错误密钥的区分器.

练习 12.3 试根据 Grain-128 算法通过编程或者手动推导, 计算出表 12.3 中状态比特的次数.

第 13 章

杂凑函数的安全性分析概述

本章主要讨论杂凑函数 (Hash Function) 的安全性. 杂凑函数的用途非常广泛, 如各种各样的安全应用、网络协议、应用软件的完整性保护等, 甚至区块链中的工作量证明也需要杂凑函数的参与. 与对称加密算法不同, 杂凑函数没有密钥, 所有算法细节都是公开的, 因此对其进行安全性分析的攻击目标与加密算法不同, 没有密钥恢复攻击, 而主要以找到原像、第二原像、碰撞和进行长度扩展攻击为目的. 但杂凑函数的设计受到了对称密码的启发, 所以, 在分析方法上二者有相通之处. 例如, 差分分析、中间相遇攻击等, 对杂凑函数也取得了较好的攻击结果.

本章先介绍通用的碰撞攻击——生日攻击, 并在此基础上讨论广义生日攻击. 然后介绍几类典型的原像、第二原像和碰撞攻击.

13.1 杂凑函数的通用攻击

对一个杂凑函数 $h = H(x)$, 我们称 H 为杂凑函数, x 为输入消息, h 为杂凑值. 由于 x 是任意长度, h 为固定长度, 所以总会存在两个原像 x 与 x' 使得 $h(x) = h(x')$, 这叫做杂凑函数的一个碰撞, 很显然, 我们并不希望这种情况发生. 假设数据块 x 的长度为 m 位, 杂凑值 h 的长度为 n 位, 注意此处定义 $m \geqslant n$. 全部数据块的取值为 2^m, 全部杂凑值的取值为 2^n, 因此每个杂凑值平均对应的数据块数量为 2^{m-n}.

杂凑函数是一种压缩函数, 不是置换, 因此一定存在多到一的映射关系, 即一定 "存在" 碰撞. 那么, 关键就是把碰撞找出来的复杂度有多少. 对碰撞攻击, 杂凑函数也存在与强力攻击类似的, 与算法结构及实现细节无关的通用的攻击——生日攻击. 生日攻击给出了杂凑函数碰撞攻击的安全性上界, 即 $2^{\frac{n}{2}}$, 其中, n 为杂凑值的长度, 这种攻击为杂凑值长度的选取提供了依据, 即杂凑值必须足够长以抵抗这种通用的碰撞攻击. 为了抵抗生日攻击, 通常建议杂凑值的长度至少为 160 比特.

生日攻击可看作两个相互独立的函数之和为零的问题, 在生日攻击的启发之下, 若某问题可以转换为多个相互独立的函数之和为零, 那么可借助广义生日攻击来解决. 生日攻击和广义生日攻击不仅对杂凑函数的安全性分析起到重要作用, 也影响了消息认证码、数字签名等算法的安全性.

13.1.1 生日攻击原理

生日攻击是一种基于生日悖论的安全性分析技术, 常用于杂凑函数的碰撞攻击. 生日悖论是概率论中的一个有趣的问题.

例 13.1 生日问题: 假设有 m $(m < 365)$ 个人, 这 m 个人的生日在一年 (365 天) 中均匀分布, 为保证这 m 个人中至少有两人生日相同的概率大于 $\frac{1}{2}$, 求 m 的取值.

解 为便于计算, 先考虑 m 个人生日都不同的概率 $\overline{p(m)}$:

$$\overline{p(m)} = 1 \cdot \left(1 - \frac{1}{365}\right) \cdot \left(1 - \frac{2}{365}\right) \cdots \left(1 - \frac{m-1}{365}\right),$$

根据 Taylor (泰勒) 展开式 $\mathrm{e}^{-x} = 1 - x + \frac{x^2}{2!} + \cdots$, 可得 $\mathrm{e}^{-x} \geqslant 1 - x$.

因此, $\overline{p(m)}$ 可用下式逼近:

$$\overline{p(m)} \leqslant 1 \cdot \mathrm{e}^{-\frac{1}{365}} \cdot \mathrm{e}^{-\frac{2}{365}} \cdots \mathrm{e}^{-\frac{m-1}{365}} = \mathrm{e}^{-\frac{m(m-1)/2}{365}}.$$

因为事件 "至少两人生日相同" 为事件 "m 个人生日都不同" 的补, 所以

$$p(m) = 1 - \overline{p(m)} \geqslant 1 - \mathrm{e}^{-\frac{m(m-1)/2}{365}}.$$

从而, 要使得 $p(m) > \frac{1}{2}$, 则

$$m \geqslant \sqrt{2\ln 2 \cdot 365} \approx 1.18\sqrt{365}. \tag{13.1}$$

当 $m = 23$ 时, 上式约为 0.507. 由于 23 比人们的直观感觉小得多, 该问题又被称为 "生日悖论".

基于这一悖论, Gideon Yuval[131] 在 1979 年提出生日攻击, 用于杂凑函数的碰撞攻击, 进一步可用于分析基于杂凑函数的数字签名等算法的安全性.

将生日问题与碰撞攻击类比, 生日问题是要找到两个人具有相同的生日, 而碰撞攻击的目的是找到两个消息具有相同的哈希值. 因此, 对碰撞攻击来说, 把消息看作 "人", 消息的杂凑值看作 "人的生日". 设杂凑值的长度为 n 比特, 则将式 (13.1) 中的 365 用 2^n 代替, 可得对于杂凑函数通用的生日攻击.

定理 13.1　生日攻击及复杂度

设任一杂凑函数 h 的杂凑值长度为 n 比特, 随机选择约 $O(2^{\frac{n}{2}})^a$ 个消息构成的集合 S, 构建哈希表, 则可找到一对 $(x, x') \in S$, 满足 $h(x) = h(x')$. 鉴于较为理想的杂凑函数实现的哈希表, 查找速度为常数级, 生日攻击相应的时间复杂度为构造哈希表的时间, 约 $2^{\frac{n}{2}}$ 次杂凑函数的计算; 存储复杂度为哈希表的大小, 约 $2^{\frac{n}{2}}$.

---
　　a. 通过分析可得, 系数约为 1.18 时即满足要求, 因此在后文的讨论中, 常省略 O.　　　　♡

例如, 假设杂凑值长度为 64 比特, 则根据生日攻击, 随机选取 2^{32} 个消息, 即可以约 $\frac{1}{2}$ 的概率找到一对碰撞.

可见, 以上攻击的存储复杂度较高, 且缺乏对碰撞消息的控制.

对存储复杂度, 可采用类似 Pollard's Rho 算法的思路, 在保证时间复杂度不变的情况下, 将存储复杂度降为常数, 具体算法如下 [132]:

算法 16　存储复杂度为常数的生日攻击

1　随机选取 x_0;
2　**for** $i > 0$ **do**
3　　　计算 $x_i = h(x_{i-1})$, $x_{2i} = h(h(x_{2(i-1)}))$;
4　　　**if** $x_i = x_{2i}$ **then**
5　　　　　输出碰撞对: $(x_{i-1}, h(x_{2(i-1)}))$;

生日攻击不但可以在一个集合里找碰撞, 也可以考虑两个相互独立的集合中找碰撞的问题, 即 2-sum 问题.

定义 13.1　2-sum 问题

　　输入: 2 个列表 L_1, L_2, 每个列表中的元素均为 n 比特, 均匀随机地从 S 中选取, 两个列表相互独立. 输出 $x_1 \in L_1, x_2 \in L_2$, 满足 $x_1 \oplus x_2 = 0$.　♣

　　练习 13.1　为保证找到 (x_1, x_2) 的概率大于 $\frac{1}{2}$, 求列表 L_1, L_2 的大小及求解 2-sum 问题的复杂度.

类似生日攻击的分析, 可得到上述问题的答案也为 $O(2^{\frac{n}{2}})$.

从另一个角度看, 在 2-sum 问题中, 若两个列表各有约 $O(2^{\frac{n}{2}})$ 个元素, 则从两两组合的角度考虑, 可组成 $O(2^n)$ 个对. 计算每个对的异或值, 假设异或值服从均匀分布, 则以随机概率 2^{-n} 取 0, 因此 $O(2^n)$ 个对中期望存在一个满足条件的 (x_1, x_2). 这说明, 两个列表各有约 $O(2^{\frac{n}{2}})$ 个元素时, "存在" 一个 2-sum 问题的解. 而借助生日攻击, 又在 $O(2^{\frac{n}{2}})$ 的复杂度内, "找到" 解.

2-sum 问题可用于解决下述问题.

对碰撞的消息对, 尽管碰撞攻击中并未要求找到的碰撞对是 "有意义的", 但要想找到有意义的碰撞对并没有想象得那么困难. 例如, 攻击者想找到一对碰撞, 其中一个消息是借条, 另一个消息是欠条. 那么, 根据生日攻击, 攻击者可以构造两个大小为 $2^{n/2}$ 个消息的集合, 其中一个集合中的消息都是借条, 而另一个集合中的消息都是欠条, 那么这两个集合中将存在一个碰撞. 而消息集合的构造可利用一些近义词或标点来生成大量含义相近的消息.

例如, 兹/今因治病/投资/买房/买车, 急需资金周转, 特向张三借款/贷款: 100/1000/10000/50000 元整 (大写: ……)…….

可见, 每个粗体处都可有多种说法, 而上例中一句话就有 $2 \times 4 \times 2 \times 4 = 2^6$ 种说法, 因此, 如果需要的话, 可类似构造 $2^{n/2}$ 个意思相近的消息, 来找到有意义的碰撞.

13.1.2 广义生日攻击原理

2002 年, David Wagner 提出广义生日攻击[133], 将 2-sum 问题推广到更一般的情况, 也在杂凑函数、消息认证码、数字签名等密码算法的安全性分析方面取得很好的效果.

> **定义 13.2 k-sum 问题**
>
> 输入: k 个列表 $L_1, L_2, \cdots, L_k$, 每个列表中的元素均为 n 比特, 均匀随机地从 S 中选取, k 个列表相互独立. 输出: $x_1 \in L_1, x_2 \in L_2, \cdots, x_k \in L_k$, 满足 $x_1 + x_2 + \cdots + x_k = c$. ♣

可见, 若 k 个列表各有约 $O(2^{\frac{n}{k}})$ 个元素时, "存在" 一个 k-sum 问题的解. 下面, 我们来看 "找到" 解的复杂度.

为便于讨论, 先考虑 $k = 4, c = 0, +$ 为 $\oplus$ 时的情况.

一个直接的解法就是对列表 (L_1, L_2) 和 (L_3, L_4) 分别进行生日攻击, 分别找到 (x_1, x_2) 满足 $x_1 \oplus x_2 = 0$; (x_3, x_4) 满足 $x_3 \oplus x_4 = 0$, 则 (x_1, x_2, x_3, x_4) 满足 $x_1 \oplus x_2 \oplus x_3 \oplus x_4 = 0$. 此时攻击的复杂度为 $O(2^{\frac{n}{2}})$.

下面, 来看一种更有效的解法. 首先给出定义.

> **定义 13.3 低 l 比特的合并运算 $\bowtie_l$**
>
> 2 个列表 L_1, L_2 相互独立, 每个列表中的元素均为 n 比特, 均匀随机地从 S 中选取. 定义 2 个列表 L_1, L_2 的低 l 比特的合并运算 $\bowtie_l$ 为 $L_1 \bowtie_l L_2 = \{(x_1, x_2) \mid \text{low}_l(x_1) = \text{low}_l(x_2), x_1 \in L_1, x_2 \in L_2\}$, 其中, $\text{low}_l(x)$ 表示 x 的低 l 比特. ♣

根据 $\bowtie_l$ 的定义, 易得

命题 13.1

给定列表 L_1, L_2, 基于生日攻击, 易得所有满足 $L_1 \bowtie_l L_2$ 的 (x_1, x_2). 而且, $(x_1, x_2) \in L_1 \bowtie_l L_2$, 等价于 $\mathrm{low}_l(x_1 \oplus x_2) = 0$. ♠

命题 13.2

若 $(x_1, x_2) \in L_1 \bowtie_l L_2$ 且 $(x_3, x_4) \in L_3 \bowtie_l L_4$, 则 $\Pr(x_1 \oplus x_2 \oplus x_3 \oplus x_4 = 0) = \dfrac{2^l}{2^n}$. ♠

下面, 给出 4-sum 问题的一种解法 4-tree 算法 (图 13.1).

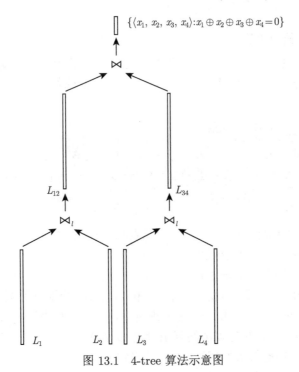

图 13.1　4-tree 算法示意图

(1) 生成 4 个列表 L_1, L_2, L_3, L_4, 每个列表包含 2^x 个元素, 每个元素均为 n 比特, 均匀随机地从 S 中选取, 4 个列表相互独立.

(2) 分别得到所有满足 $L_1 \bowtie_l L_2$ 和 $L_3 \bowtie_l L_4$ 的元素, 并计算集合 L_{12} 和 L_{34}:

$$L_{12} = \{x_1 \oplus x_2 | (x_1, x_2) \in L_1 \bowtie_l L_2\},$$
$$L_{34} = \{x_3 \oplus x_4 | (x_3, x_4) \in L_3 \bowtie_l L_4\}.$$

可见, $\text{low}_l(x_1 \oplus x_2 \oplus x_3 \oplus x_4) = 0$.

(3) 计算 $L_{1234} = L_{12} \bowtie_n L_{34}$. 则 L_{1234} 中的元素即为 4-sum 问题的一个解.

我们来分析一下 4-tree 算法的复杂度.

• 第 1 步, 建表并存储 4 个列表, 时间复杂度 (T) 和存储复杂度 (M) 约为 $O(2^x)$.

• 第 2 步, 得到集合 L_{12} 和 L_{34} 并存储. 根据命题 13.1, 时间复杂度约为 $T = O(2^x)$, 且期望 L_{12} 和 L_{34} 中各存在 $2^x \cdot 2^x \cdot \dfrac{1}{2^l} = 2^{2x-l}$ 个元素, 因此, 存储复杂度为 $M = O(2^{2x-l})$.

• 第 3 步, 得到集合 L_{1234}, 基于生日攻击, $T = O(2^{2x-l})$. 可见, 算法复杂度的主项为 $\max(2^x, 2^{2x-l})$.

要想以不低于 $\dfrac{1}{2}$ 的概率找到一个解, 即 L_{1234} 中至少存在一个元素, 根据命题 13.2, 要求

$$2^{2x-l} \cdot 2^{2x-l} \cdot \frac{2^l}{2^n} \geqslant 1,$$

即 $2^{4x-l-n} \geqslant 1$. 因此, 参数 x 和 l 需满足

$$\begin{cases} 2^{4x-l-n} \geqslant 1, \\ \max(2^x, 2^{2x-l}) \text{ 尽可能小}. \end{cases}$$

从而, $x = l = \dfrac{n}{3}$, 即 4-tree 算法可找到 4-sum 问题的一个解, 复杂度为 $O(2^{\frac{n}{3}})$.

在 4-tree 算法中也体现了密码分析的 "分割" 思想, 将 4 个列表两两分别进行生日攻击, 找整体 n 比特的碰撞对, 分割为先找满足低 l 比特的碰撞对, 得到新的列表, 在此基础上, 再利用生日攻击找高 $(n-l)$ 比特的碰撞. 通过分割, 降低了复杂度.

接下来, 我们将 4-tree 算法推广到更一般的情况 (这里仅给出部分示例, 更详细的讨论请参考文献 [133]).

• $c \neq 0$.

可通过构造新表 $L_4' = L_4 \oplus c = \{x_4 \oplus c \mid x_4 \in L_4\}$, 然后找到 (x_1, x_2, x_3, x_4') 满足 $x_1 \oplus x_2 \oplus x_3 \oplus x_4' = 0$ 即可.

• $k \neq 4$.

此时, 若 $k = 2^i$, 则可采用类似的方法, 将 n 比特依次分割为若干 $\dfrac{n}{1 + \log_2 k}$ 比特, 构造深度为 $\log_2 k$ 的完全二叉树. 对深度为 h 的中间节点, 采用合并运算 $\bowtie_{l_h}$, 其中, $l_h = hn/(1 + \lg k)$, 对根节点, 采用合并运算 $\bowtie_n$. 若 $2^{i+1} > k > 2^i$, 则可将 $x_{2^i+1}, \cdots, x_k$ 取任意值, 并记 $c = x_{2^i+1} \oplus \cdots \oplus x_k$, 从而, 利用 2^i-tree

算法找到满足 $x_1 \oplus \cdots \oplus x_{2^i} = c$ 的解即可. 因此, 对任意值 k, k-sum 问题可在 $O(k2^{\frac{n}{1+\lfloor \log_2 k \rfloor}})$ 的复杂度内找到一个解.

> **注**　特别地, 当 $k = 2^{\sqrt{n}}$ 时, 复杂度为 $2^{2\sqrt{n}}$. 若某算法存在广义生日攻击, 则要达到 80 比特的安全性, n 至少应取 1600 比特.

  ● $\oplus$ 运算为模加.

例如, 定义在 $\mathbb{Z}/2^n\mathbb{Z}$ 上的 $+$.

练习 13.2　输入: 4 个列表 L_1, L_2, L_3, L_4, 每个列表中的元素均为 n 比特, 均匀随机地从 S 中选取, 4 个列表相互独立. 输出: $x_1 \in L_1, x_2 \in L_2, x_3 \in L_3, x_4 \in L_4$, 满足 $x_1 + x_2 + x_3 + x_4 \equiv 0(\bmod\ 2^n)$. 请给出该问题的一种解法[①].

综上, 若一个算法的安全性可归结为 k-sum 问题, 则可考虑用 k-tree 算法进行求解. 广义生日攻击在 AdHash、NASD 中采用的杂凑算法, 基于 ROS 问题的盲签名算法等的安全性分析中起到重要作用.

13.2　杂凑函数的常见结构

  Merkle[134] 和 Damgard[135] 在 CRYPTO 1989 上独立给出了构造杂凑算法的迭代结构, 即 MD 结构 (Merkle-Damgard Construction). MD 结构是基于压缩函数的迭代, 在此结构下, 任意抗碰撞的压缩函数都能拓展为抗碰撞的杂凑算法, 从而将构造抗碰撞杂凑算法的问题转化成构造抗碰撞压缩函数的问题. 在 CRYPTO 1990 上, Rivest[136] 设计了第一个基于 MD 结构的专用的杂凑算法 MD4. 此后又出现了一系列基于 MD 结构的杂凑算法, 如 MD5[137]、HAVAL[138]、SHA-1[139]、SHA-2 系列 [140]、RIPEMD 系列 [141] 以及我国商用杂凑标准 SM3[142] 等. MD 结构杂凑算法如图 13.2 所示.

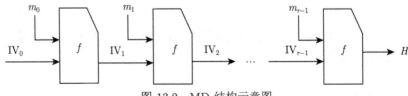

图 13.2　MD 结构示意图

  随着杂凑算法分析方法的发展, MD 结构算法暴露出了一些典型的问题, 比如长度扩展攻击、二次碰撞攻击、多碰撞攻击 [143] 和长消息第二原像攻击等. 为了解决 MD 结构带来的问题, 一些改进的 MD 结构随之出现, 比如, Liskov[144] 在 SAC 2006 上提出了 Zipper 结构等. 但这些改进通常比较复杂, 实现效率低. 同

---

① 提示: 记 $-L = \{-x\ \bmod\ 2^n | x \in L\}$, $L_{12} = L_1 \bowtie_l -L_2$.

时, 为了抵抗生日攻击和多碰撞攻击, Lucks[145] 在 ASIACRYPT 2005 上提出了宽管道和双管道的结构, 该结构可能导致压缩函数扩散变慢. RIPEMD 系列算法即为典型的双管道结构杂凑算法, 这些算法并联使用两个尺寸相同的窄管道杂凑算法, 对每个消息分组并行压缩两次, 再对最终的压缩结果进行组合得到杂凑值. 在 EUROCRYPT 2015 上, Leurent 和 Wang[146] 证明了通过这种方法构造的杂凑算法抵抗原像攻击的能力有所减弱. 双管道和宽管道结构杂凑算法如图 13.3 和图 13.4 所示.

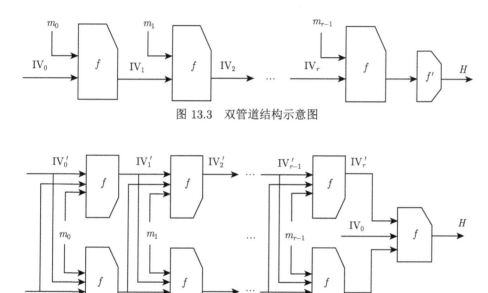

图 13.3　双管道结构示意图

图 13.4　宽管道结构示意图

针对 MD 结构杂凑算法易受第二原像攻击的弱点, Biham 和 Dunkelman[147] 在 2006 年的杂凑算法研讨会上提出了 HAIFA 结构, 在压缩函数的输入中增加随机盐值 (salt) 和已压缩比特 (bh). 进入 SHA-3 征集活动最后一轮的 BLAKE[148] 算法即是典型的 HAIFA 结构杂凑算法.HAIFA 结构杂凑算法如图 13.5 所示.

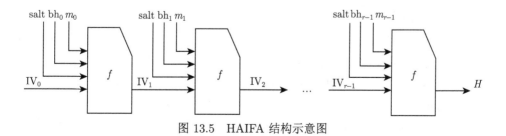

图 13.5　HAIFA 结构示意图

在 ECRYPT 2007 上, 由 Bertoni 等 [149] 提出了基于大状态置换的海绵体结构 (Sponge Structure) 的杂凑算法, 海绵体结构杂凑算法通常包含吸收 (Absorbing) 和挤压 (Squeezing) 两个过程, 如图 13.6 所示. 目前, 海绵体结构已经成为继 MD 结构使用最广泛的结构, 如 SHA-3 标准 KECCAK 采用海绵体结构.

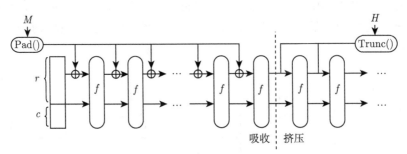

图 13.6　海绵体结构示意图

文献 [150] 对海绵体结构的不可分离性 (Indifferentiablity) 进行了分析, 在内部置换 f 是随机置换的前提下, 如果对 f 的访问不超过 $2^{c/2}$ 次, 那么海绵体结构与随机预言机 (Random Oracle) 是不可分离的 (Indifferentiable). 记杂凑值的长度为 n, 海绵体结构抗碰撞攻击、抗原像攻击和抗第二原像攻击的性质如下: 碰撞攻击的复杂度为 $\min\{2^{n/2}, 2^{c/2}\}$, 第二原像攻击的复杂度为 $\min\{2^n, 2^{c/2}\}$, 原像攻击的复杂度为 $\min\{2^n, 2^c, \max\{2^{n-r}, 2^{c/2}\}\}$. 对采用海绵体结构的杂凑算法来说, 要成功实施长度扩展攻击, 必须完整地得到挤出阶段最后状态的容量部分 (即图 13.6 里输出的值中长度为 c 比特的部分) 比特, 而能够成功构造出新杂凑值的概率可以忽略不计, 因此长度扩展攻击成功的概率为 2^{-c}.

13.3　杂凑函数的原像攻击

抗原像攻击保证了杂凑函数的单向性, 它是杂凑函数的三大安全属性之一. 本章重点介绍 DM 结构 (Davies-Meyer Construction) 的杂凑函数的原像攻击的一般方法及 Keccak 算法的原像攻击.

13.3.1　中间相遇攻击

中间相遇攻击是原像攻击的基本方法之一. 2008 年, Aoki 和 Sasaki 将中间相遇攻击引入杂凑函数的分析中, 给出了基于中间相遇的原像攻击 [62]. Knellwolf 和 Khovratovich 使用差分的观点解释中间相遇攻击, 提出了差分中间相遇攻击 [151]. 差分中间相遇攻击能和已有的改进技术兼容, 对轮函数较弱或者弱线性消息拓展的杂凑函数攻击效果较好. 随后, Espitau 等又将差分中间相遇攻击推广到高阶形式, 提出了高阶差分中间相遇攻击 [152]. 高阶差分中间相遇攻击需要的消息划分较多, 攻击受限条件多, 仅对极少数杂凑函数有效.

对杂凑函数进行原像攻击时, 首先使用中间相遇攻击构造压缩函数的原像, 再将压缩函数的原像拓展成杂凑函数的原像. 对压缩函数 CF 和消息分组 W 而言, 基于中间相遇的原像攻击过程可以概括如下 (图 13.7).

- 选择独立的消息比特 W_1 和 W_2, 使 $W_1 \cap W_2 = \varnothing$, $W_c = W/(W_1 \cup W_2)$. 将 CF 分成两部分 (也被称为独立分块), $CF = CF_2 \cdot CF_1$, 使 CF_1 独立于 W_2, CF_2 独立于 W_1.
- 随机选择 CF_1 和 CF_2 连接处的链接变量 CV 和 W_c.
- 对所有的 W_1, 使用 CF_1^{-1} 计算列表 $L_1 = CF_1^{-1}(CV, W_1) \oplus H$.
- 对所有的 W_2, 使用 CF_2 计算列表 $L_2 = CF_2(CV, W_2)$.
- 寻找 L_1 和 L_2 的匹配. 如果匹配成功, 则相应的消息 W 即为 CF 的一个原像.

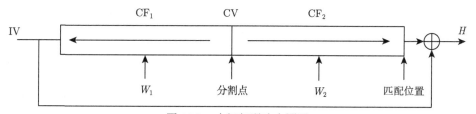

图 13.7　中间相遇攻击图示

13.3.2 差分中间相遇攻击

差分中间相遇攻击 [151] 是使用差分的观点解释中间相遇攻击, 将搜索独立分块的过程转化成搜索高概率差分路线的过程. 基本的差分中间相遇攻击的一般过程可以描述如下①:

- 将压缩函数 CF 分成两部分, $CF = CF_2 \cdot CF_1$, 寻找两个独立的线性空间 LS_1 和 LS_2, 使 $LS_1 \cap LS_2 = \varnothing$.
- 随机选择消息 M. 对任意 $\delta_1 \in LS_1$, 寻找 Δ_f, 使 $\Delta_f = CF_1(M, IV) \oplus CF_1(M \oplus \delta_1, IV)$ 成立概率为 1.
- 随机选择消息 M. 对任意 $\delta_2 \in LS_2$, 寻找 Δ_b, 使 $\Delta_b = CF_2^{-1}(M, H \oplus IV) \oplus CF_2^{-1}(M \oplus \delta_2, H \oplus IV)$ 成立概率为 1.
- 对所有的 $\delta_1 \in LS_1$, 使用 CF_2^{-1} 计算列表 $L_1[\delta_1] = CF_2^{-1}(M \oplus \delta_1, H \oplus IV) \oplus \Delta_f$.

---

① 进行具体安全性分析时, 可以对基本的差分中间相遇攻击过程进行扩展, 即可以让第 2 步和第 3 步成立的概率小于 1, 并且第 2 步的 Δ_f 可以只取 $CF_1(M, IV) \oplus CF_1(M \oplus \delta_1, IV)$ 的部分比特, 第 3 步的 Δ_b, 类似地, 也可以只取部分比特.

- 对所有的 $\delta_2 \in \mathrm{LS}_2$, 使用 CF_1 计算列表 $L_2[\delta_2] = \mathrm{CF}_1(M \oplus \delta_2, \mathrm{IV}) \oplus \Delta_b$.
- 寻找 L_1 和 L_2 的匹配. 如果匹配成功, 则相应的 $M \oplus \delta_1 \oplus \delta_2$ 即为 CF 的一个原像.

13.3.3　完全二分结构体技术

完全二分结构体技术 [153] 由 Khovratovich 等提出, 被广泛应用于杂凑函数的原像攻击中. 该技术还被应用于分组密码的分析中. 完全二分结构体技术来源于图论中的完全二分图, 主要思想是将图中的点用压缩函数的链接变量的实际值来代替, 边用压缩函数的若干轮的计算来表示. 点与点之间的连线表明从压缩函数的一个链接变量到另一个链接变量的计算是成立的. 完全二分结构体技术可以交换消息比特在压缩函数中的影响位置.

在对压缩函数 CF 进行中间相遇攻击时, 首先将 CF 分成三部分, $\mathrm{CF} = \mathrm{CF}_3 \cdot \mathrm{CF}_2 \cdot \mathrm{CF}_1$. 完全二分结构体位于 CF_3 上, 用链接变量的集合 P 来代替连接处的单个链接变量作为 CF_1 的输入, 相应地用链接变量的集合 Q 来代替连接处的单个链接变量作为 CF_2^{-1} 的输入. 用 CF_3 连接 Q 和 P 中的所有链接变量. 这样 CF_3 上的完全二分结构体是一个对于任意的 $(\delta_1, \delta_2) \in \mathrm{LS}_1 \times \mathrm{LS}_2$ 等式 $P[\delta_2] = \mathrm{CF}_3(M \oplus \delta_1 \oplus \delta_2, Q[\delta_1])$ 都成立的五元组 $\{M, \mathrm{LS}_1, \mathrm{LS}_2, Q, P\}$. 将 CF_3 线性化为 $\overline{\mathrm{CF}_3}$, CF_3 上的完全二分结构体搜索算法可以描述如下.

- 将 $\overline{\mathrm{CF}_3}$ 分成两部分, $\overline{\mathrm{CF}_3} = \overline{\mathrm{CF}_3^2} \cdot \overline{\mathrm{CF}_3^1}$. 假定 $\mathrm{FT}(\delta_2)$ 是和 δ_2 相关的 $\overline{\mathrm{CF}_3^1}$ 的输出差分, $\mathrm{BT}(\delta_1)$ 是和 δ_1 相关的 $\overline{(\mathrm{CF}_3^2)^{-1}}$ 的输出差分.
- 对任意的 $\delta_1 \in \mathrm{LS}_1$ 和 $\delta_2 \in \mathrm{LS}_2$ 分别计算 $\mathrm{BT}(\delta_1)$ 和 $\mathrm{FT}(\delta_2)$, 使 $\mathrm{BT}(\delta_1) = \overline{(\mathrm{CF}_3^2)^{-1}}(\delta_1, 0)$ 和 $\mathrm{FT}(\delta_2) = \overline{\mathrm{CF}_3^1}(\delta_2, 0)$ 成立, 推导出使对应的非线性布尔函数的输出差分为 0 的充分条件.
- 假定 CVS 是连接 CF_3^1 和 CF_3^2 的中间变量. 随机选择消息 M 和 CVS, 使尽可能多的充分条件成立, 进行如下搜索:

对每一个 $\delta_1 \in \mathrm{LS}_1$ 计算 $Q[\delta_1]$, 使得 $Q[\delta_1] = (\mathrm{CF}_3^1)^{-1}(M \oplus \delta_2, \mathrm{CVS} \oplus \mathrm{FT}(\delta_2) \oplus \mathrm{BT}(\delta_1))$ 对任意的 $\delta_2 \in \mathrm{LS}_2$ 都成立.

对每一个 $\delta_2 \in \mathrm{LS}_2$ 计算 $P[\delta_2]$, 使得 $P[\delta_2] = \mathrm{CF}_3^2(M \oplus \delta_1, \mathrm{CVS} \oplus \mathrm{FT}(\delta_2) \oplus \mathrm{BT}(\delta_1))$ 对任意的 $\delta_1 \in \mathrm{LS}_1$ 都成立.

如果 $\{M, \mathrm{LS}_1, \mathrm{LS}_2, Q, P\}$ 能构成一个完全二分结构体, 返回 $(M, Q[0])$. 否则重复上述过程直到得到一个完全二分结构体.

13.3.4　Keccak 算法的原像攻击

本小节以 2 轮 Keccak-512 (算法描述见附录 A.6) 的原像攻击 [154] 为例进行说明. 2 轮 Keccak-512 算法包含一轮线性结构和一轮 S 盒的逆, 主要采用了中间相遇攻击技术及构造线性结构的思想. 如图 13.8 所示, 具体过程如下:

• 首先对所有切片输出状态的第一行进行 64 个 S 盒的逆运算, 即通过 χ^{-1}。ι^{-1} 对给定 Hash 值的前 320 比特求逆, 则对应的输入 a_i 能够完全由输出 b_i 来确定. 求逆公式定义如下:

$$a_i = b_i \oplus (b_{i+1} \oplus 1) \cdot (b_{i+2} \oplus (b_{i+3} \oplus 1) \cdot b_{i+4}), \quad 0 \leqslant i \leqslant 4.$$

• 第一轮的输入状态定义为 $I_{x,y,z}$. 首先将输入状态全置为 "0", 并与第一块消息异或. 将 $I_{3,1,z}$ 设置为 "1", 灰色标记位置的值, 共 $16 \times 64 = 1024$ 比特设置为 0.

• 对于 I 中白色位置的每个猜测的值, 设置以下两个线性方程, 其中 α_0 和 α_2 为两个随机的常量:

$$I_{0,1,z} = I_{0,0,z} + \alpha_0, \quad I_{2,1,z} = I_{2,0,z} + \alpha_2.$$

• 第二轮的输出的第一行通过 χ^{-1} 与 B^2 的第一行建立的 $5 \times 64 = 320$ 个线性方程与第三步建立的线性方程共同构成了一个可解的线性系统.

• 求解该系统, 来验证输出值是否正确.

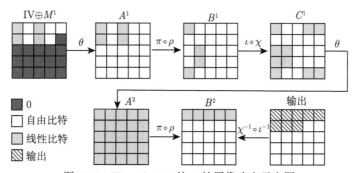

图 13.8 Keccak-512 的 2 轮原像攻击示意图

以上过程具有充足的自由度来寻找第一块消息 (即第一块原像). 除了 $I_{0,0,z}$ 和 $I_{2,0,z}$, 以及 α_0 和 α_2 提供的 128 比特的自由度, 输入状态中遍历的白色位置的值提供 319 个线性独立的自由度, 足以覆盖求解的 512 个比特. 通过以上分析, $I_{0,1,z}$ 和 $I_{2,1,z}$ 能够分别表示为与 $I_{0,0,z}$ 和 $I_{2,0,z}$ 相关的线性多项式, 对比穷举攻击来说能够获得 2^{128} 的复杂度优势, 则最终复杂度为 $2^{512-128} = 2^{384}$. 至此, 就完成了对 Keccak-512 的 2 轮原像攻击.

接下来介绍另外一种原像攻击的思想, 即分配方法 [155], 是目前 Keccak 原像攻击中常用的方法之一. 根据轮置换操作的定义可得 θ 会扩散未知比特, 而 χ 会提高代数结构的次数. 而该方法主要的目标是在中间状态添加合理的限制, 使得在两轮后获得一个全线性的状态. 具体步骤如下:

如图 13.9, 第一轮 χ 的输入模式需要满足以下三个条件: 输入包含尽可能多的线性比特; 输出包含尽可能少的非常量比特; 输出不包含线性比特, 即代数次数在 2 及以上. 假设输入模式 "x0x01", 能够获得 B^1 和 C^1 描述的状态.

为了避免未知量的扩散, 对第一轮的 θ 的输入状态添加限制. 首先在 $I_{x,0,z}$ 和 $I_{x,2,z}$ 中共设置 $10 \times 64 = 640$ 个未知量. 假设 $\bigoplus\limits_{y=0}^{4} I_{x-1,y,z} \oplus \bigoplus\limits_{y=0}^{4} I_{x+1,y,z-1}$ 为常数, 其中 $0 \leqslant x \leqslant 4$, 那么 A^1 中的常量位置与未知量的位置能与输入状态保持一致. 由假设可得共添加 $5 \times 64 = 320$ 个限制

$$a_{x-1,0,z} \oplus a_{x-1,2,z} \oplus a_{x+1,0,z-1} \oplus a_{x+1,2,z-1} = 0, \quad 0 \leqslant x < 5, 0 \leqslant z < 64,$$

其中有 319 个线性独立的方程 (具体推导过程可参考文献 [155]), 最终剩下 640−319 = 321 个自由度.

同样地, 为了使两轮后的输出为全线性的状态, 且不扩散未知量, 在第二轮 θ 的输入状态中添加限制

$$\bigoplus_{y=0}^{4} C^1_{0,y,z} = 0, \quad \bigoplus_{y=0}^{4} C^1_{2,y,z} = 0,$$

这里共需要添加 $64 \times 2 = 128$ 个限制, 其中有 127 个线性独立的方程, 最终剩下 321−127=194 个自由度.

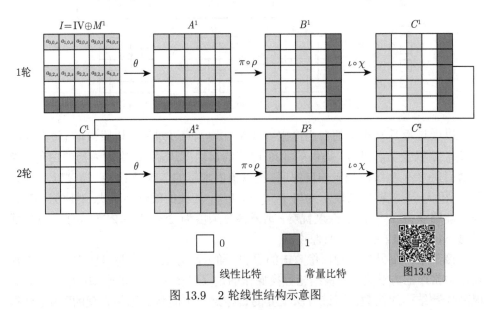

图 13.9　2 轮线性结构示意图

> **定理 13.2　2 轮线性结构**
>
> 假设给定一个输入状态 I: 第 0 行和第 2 行设置为未知量, 第 1 行和第 3 行设置为常数 "0", 第 4 行设置为常数 "1", 则 Keccak-f[1600] 可以在保证剩余 194 个自由度的前提下保持两轮线性结构. ♡

图 13.10 中 I 这种输入结构对常数的选取有严格的要求, 在实际中很难满足, 因此考虑更一般的情况, 如图 13.10 中 I_1' 所示. 分别将 I_1' 第 1 行、第 3 行和第 4 行设置为随机的常数, 并添加如下限制:

$$a_{x,1,z} = a_{x,3,z} = a_{x,4,z} \oplus 1, \qquad \bigoplus_{x,z} a_{x,4,0} = 0,$$

经过 θ 后同样能够得到状态 A^1, 同理, Keccak-f[1600] 可以在剩余 194 个自由度的前提下线性化至 2 轮.

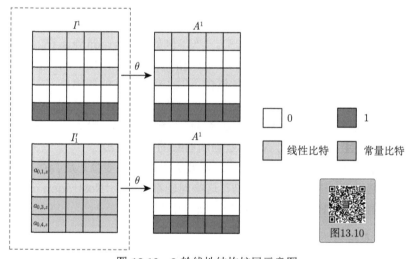

图 13.10　2 轮线性结构扩展示意图

13.3.5　伪原像攻击转化原像攻击技术

在对压缩函数进行原像攻击时, 使用的初始值不一定是杂凑算法的标准初始值, 压缩函数的原像也称为杂凑函数的伪原像. 假定杂凑函数 H 的链接变量和杂凑值长度均为 n 比特, 计算出压缩函数 CF 的一个原像 (IV_1, M_1) 所需的复杂度为 2^k. 构造 H 的原像的方法如下:

- 计算 $2^{\frac{n-k}{2}}$ 个压缩函数的原像, 并用列表 L_1 保存对应的初始值和消息, 该步骤的复杂度为 $2^{\frac{n+k}{2}} = 2^{\frac{n-k}{2}} \times 2^k$.

- 随机选择消息 M_0, 计算 $H_1 = \mathrm{CF}(CV, M_0)$, 其中 CV 是杂凑函数的标准初始值. 在 L_1 查找是否存在 $IV_1 = H_1$ 的项. 如果存在, 取出对应的 M_1, 消息 $M_0||M_1$ 即为 H 的一个原像. 否则选择不同的 M_0, 直到条件满足, 该步骤的复杂度为 $2^{\frac{n+k}{2}} = \dfrac{2^n}{2^{(n-k)/2}}$.

- 构造 H 的原像的总复杂度为 $2^{\frac{n+k}{2}+1} = 2^{\frac{n+k}{2}} + 2^{\frac{n+k}{2}}$.

如果 M_1 不能满足消息填充, 无法转化成两个消息分组的原像. 可以在 $M_0||M_1$ 后增加一个带消息填充的分组 M_2, 来构造 $M_0||M_1||M_2$ 的第二原像.

13.3.6　强制前缀的原像攻击

强制前缀的原像攻击 (Chosen Target Forced Prefix Preimage Attack) 是指, 在原像攻击中求得的原像包含一部分事先固定好的消息. 杂凑值可以作为消息的指纹, 具有唯一性, 在已知杂凑值的情况下, 根据抗原像特性, 推导出相应的消息需要的复杂度为 2^n. 因此, 如果一个人想要证明自己知道一个特定的消息而又暂时不想泄露消息的内容, 就可以用一个安全的杂凑函数将该消息进行处理, 公开对应的杂凑值, 在需要证明时再将消息公开, 以证明自己确实拥有该消息, 同时还可以在消息公开前保证消息不被第三方得知. 例如, Nostradamus 在《纽约时报》上称自己可以预测三天后所有股票的收盘价格, 记为 M. 作为证明, 他事先公开一个 n 比特杂凑值 h, 并声称 h 是一条包含 M 的消息 M' 的压缩值. 三天后, 当 M 已被大家所知后, Nostradamus 再公布消息 M' (例如, $M' = M \parallel N$), 获取大家的信任. 那么, 给定杂凑值 h 和消息前缀 M, 找到消息 N, 构造 $M' = M \parallel N$, 满足 $H(M') = h$ 且 $M' = M \parallel N$, 就是强制前缀的原像攻击.

那么构造一个满足杂凑值 h 的消息需要的复杂度是多少? 是否存在短消息的攻击方法? 复杂度一定不小于 2^n 吗? 这些问题都可以用 Nostradamus 攻击或杂凑函数的集群攻击 (Herding Attack)[156] 来给出答案.

13.3.6.1　钻石结构

在介绍集群攻击前, 先讨论杂凑函数 H 的钻石结构 (Diamond Structure). 钻石结构是一个由碰撞构成的完全二叉树, 宽度为 2^k 的钻石结构如图 13.11 所示. 其中, H_i^j 是链接变量, $H_i^j = H(H_{i-1}^{2^j-1}, M_{2j-1}) = H(H_{i-1}^{2^j}, M_{2j})$, 此时 $(H_{i-1}^{2^j-1}, M_{2j-1})$ 和 $(H_{i-1}^{2^j}, M_{2j})$ 是一个伪碰撞.

钻石结构的构造需要先解决如何构造 2^{k-1} 个碰撞将 2^k 个状态压缩到 2^{k-1} 个状态, 也就是图 13.11 中的第一层. 如果每一个状态都随机选取 $2^{n/2+k/2+1/2-k}$ 个单消息分组的消息, 那么任意两个状态能产生一个碰撞的概率为 $(2^{n/2+k/2+1/2-k})^2 \times 2^{-n} = 2^{-k+1}$. 此时, 对于任意的状态都会存在一个碰撞. 全部状态一共压缩 $(2^{n/2+k/2+1/2-k}) \times 2^k = 2^{n/2+k/2+1/2}$ 个消息. 全部状态最多可以压缩 2^{n+k} 个不同的消息, 而一个 3-碰撞的成立概率为 $2^{-3n/2}$, n 通常不小于 160, k 不超过 $n/2$. 因此, 很难出现三个状态构成一个碰撞. 因此, 构造一个宽度为 2^k 的钻石结构的复杂度约为 $2^{n/2+k/2+2}$.

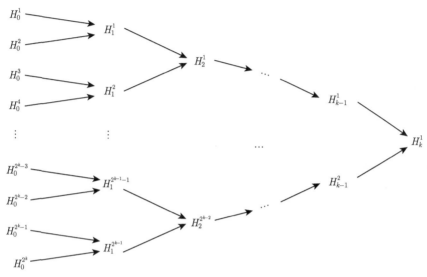

图 13.11　钻石结构示意图

13.3.6.2　集群攻击

可以将任意的事先固定的消息 M 连接到钻石结构的第一层状态上, 从而构造出一个前缀为 M 的集群攻击. 显然, 找到一个消息 M_{link}, 使 $H(M||M_{\text{link}})$ 与第一层的 2^k 个链接变量 H_0^i 中的某一个相等的复杂度为 2^{n-k}. 假定钻石结构对应的消息为 S, 那么 $H(M||M_{\text{link}}||S) = H_k^1$, 复杂度为 $2^{n-k} + 2^{n/2+k/2+2}$. 例如, 对于 SHA-256, 构造一个宽度为 2^{84} 的钻石结构的复杂度为 $2^{256-84} + 2^{256/2+84/2+2}$ $= 2^{173}$.

同时, 钻石结构还可以连接上一个 $(1,t)$-扩展消息, 将钻石结构中的 $2^k - 2$ 个状态全部用于连接的备选状态, 攻击的复杂度为 $2^{n-k-1} + 2^{n/2+k/2+2} + k \times 2^{2/n+1}$. 当 $k = (n-5)/3$, 前缀消息长度为 $\lg(k) + k + 1$ 时, 攻击的复杂度最低, 其值为 $2^{n-k-1} + 2^{n/2+k/2+2} + k \times 2^{2/n+1} \approx 2^{n-k}$. 如在 RIPEMD-160 中, $n = 160$, $k = 52$, 当消息前缀长度为 59 时, 攻击复杂度为 2^{108}. 带扩展消息的钻石结构如图 13.12 所示.

可以使用杂凑函数的低复杂度碰撞攻击加速钻石结构的构造过程, 但值得注意的是

- (半自由起始) 碰撞攻击不能改进钻石结构的构造复杂度.

- 初始值存在差分的伪碰撞攻击可以改进钻石结构的复杂度.

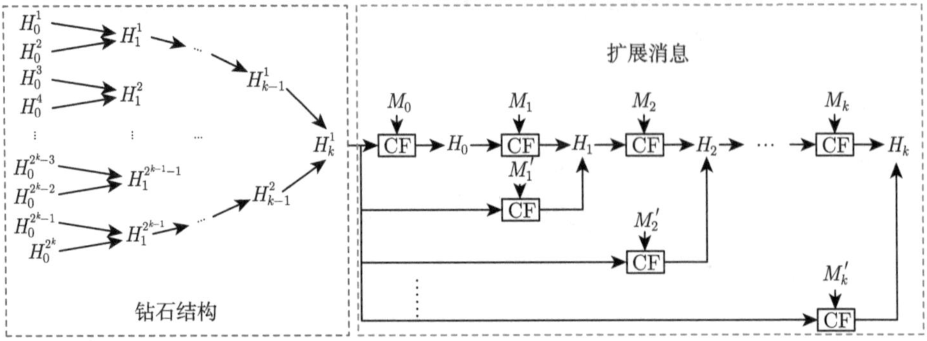

图 13.12　钻石结构示意图

13.4　杂凑函数的第二原像攻击

本节主要介绍基于扩展消息的第二原像攻击, 该方法对 MD 结构的杂凑函数非常有效, 并且不依赖于具体的杂凑函数算法.

13.4.1　基础知识

- 对于函数 F, 如果输入 x 满足 $x = F(x)$, 则称 x 为函数 F 的固定点 (Fixed-Point).
- 对于 DM 结构 (Davies-Meyer Construction) 的压缩函数 $\mathrm{CF} = \mathrm{IV} \oplus F(\mathrm{IV}, M)$, 在消息 M 固定的情况下, F 函数是一个置换.
- 搜索 CF 的一个固定点所需的复杂度为 1 次压缩运算. 对任意的消息 M, 计算 $\mathrm{IV} = F^{-1}(0, M)$, 二元组 (IV, M) 即为 CF 的一个固定点.
- 构造不同消息长度的碰撞时, 需要考虑消息长度对碰撞攻击的影响. 一般地, $H(M_1) = H(M_1')$, $\mathrm{len}(M_1) \neq \mathrm{len}(M_1')$, 则 $H(M_1\|\mathrm{padding}(M_1)\|M_2) = H(M_1'\|\mathrm{padding}(M_1')\|M_2)$ 的概率为 2^{-n}(n为杂凑值长度).
- $\mathrm{len}(M)$ 表示消息 M 的长度, M^i 表示 i 个消息 M 的连接.
- 长消息的第二原像攻击: 对于长度为 $2^R + 1$ 个消息分组的消息 M, 在不考虑消息填充的情况下, 寻找 M 的第二原像的复杂度为 2^{n-R}.
- 多碰撞 (Multicollision)[143]: 如果 k 个消息 $M_i(1 \neq i \neq k)$ 的杂凑值 $H(M_i)$ 满足 $H(M_1) = H(M_2) = \cdots = H(M_k)$, 则称 $M_i(1 \neq i \neq k)$ 是杂凑函数 H 的一个 k 碰撞.

13.4.2　基于拓展消息的第二原像攻击

针对长消息的第二原像攻击不能解决消息填充的问题, John Kelsey 和 Bruce Schneier 在 EUROCRYPT2005 上提出了基于扩展消息 (Expandable Messages)

的第二原像攻击[157]. 该方法对 MD 结构的杂凑函数非常有效. 扩展消息是杂凑函数的一种多碰撞[143], 其要点是使用不同消息长度的碰撞将搜索杂凑函数第二原像的过程转化成搜索杂凑函数伪碰撞的过程, 使用生日攻击降低搜索第二原像的复杂度. 碰撞消息长度介于 a 和 b 之间的扩展消息称为 (a,b)-扩展消息, 图 13.13 为一个 $(1,k)$-扩展消息, 其中 $\text{len}(M_i)$ 和 $\text{len}(M_i')$ 均为 1. 这就给出了从 IV 开始的长度分别为 1 到 k 的一个 k 碰撞, 记碰撞的杂凑值为 H_k, 将一个 $(1,k)$-扩展消息连到一个长消息中, 可以得到相同杂凑值的 k 个不同长度的消息, 从而解决消息填充问题. 基于 (a,b)-扩展消息的消息 M 的第二原像攻击方法 (要求消息长度 t $(t \geqslant a+1)$, 经过第 i 次压缩之后的状态记为 h_i) 如下:

(1) 随机选择消息 M_{link}, 计算 $H = \text{CF}(H_k, M_{\text{link}})$, 直到 $h_i = H$ $(i \geqslant a+1)$.

(2) 从扩展消息中取出长度为 $i-1$ 的消息 M', 消息 $M'||M_{\text{link}}||M_{i+1}||\cdots||M_t$ 即为所求的第二原像.

这样可以通过调节 M' 的长度使消息长度和 M 的长度相等. 在不考虑扩展消息构造复杂度的情况下, 上述攻击的复杂度为 $2^n/(t-a-1)$. 特别地, 当 $a=1$, $t=2^k+1(t \leqslant b)$ 时, 复杂度约为 2^{n-k}, 以下章节将给出几种扩展消息的构造方法.

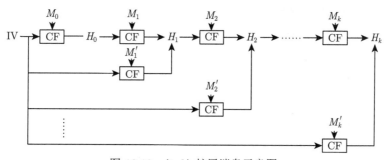

图 13.13 $(1,k)$-扩展消息示意图

13.4.2.1 基于固定点的扩展消息

对于任意的 t, 基于固定点的 $(1,t)$-扩展消息的构造方法如下: 随机搜索 $2^{n/2}$ 个固定点, 将 (iv_i, M_i) 存到表 L 中. 随机选取 M_0, 计算 $H_0 = \text{CF}(\text{IV}, M_0)$, 查找表 L, 如果存在 $iv_j = H_0$, 则 $M_0||M_j$, $M_0||M_j||M_j$, $\cdots$, $M_0||M_j||M_j||\cdots||M_j$(即 t 个 $||M_j||$ 级联) 组成一个扩展消息, 复杂度为 $2^{n/2+1}$, 该复杂度不受 t 的影响. 固定点是一种特殊的扩展消息.

对于长度为 $t = 2^k + 1$ 的消息 M, 基于固定点的第二原像攻击的复杂度 $2^{n/2+1} + 2^{n-k}$. 该方法对任何 MD 结构的杂凑函数均成立.

13.4.2.2　$(k, k+2^k-1)$-扩展消息

$(k, k+2^k-1)$-扩展消息的构造方法如下: 首先, 构造第一个碰撞, 该碰撞的消息长度为 1 和 $2^{k-1}+1$; 再构造第二个碰撞, 该碰撞的消息长度为 1 和 $2^{k-2}+1$, $\cdots$, 直至最后一个碰撞, 该碰撞的消息长度为 1 和 2. 所需复杂度为 $k \times 2^{n/2+1} + 2^{n-k} \approx k \times 2^{n/2+1}$, 结构如图 13.14 所示, 其中 $\operatorname{len}(M_i) = 1$, $\operatorname{len}(M_i') = 2^{i-1}+1$.

假定 H 的最大输入长度为 2^{55} 个消息分组 (消息长度 64 比特), 杂凑值为 160 比特. 对于长度为 $t = 2^{54} + 54 + 1$ 的消息 M, 构造 $(1, 2^{54})$-扩展消息需要的复杂度为 54×2^{81}, 搜索 M_{link} 的复杂度为 $2^{106} = 2^{160-54}$, 总复杂度为 $2^{106} + 54 \times 2^{81} \approx 2^{106}$.

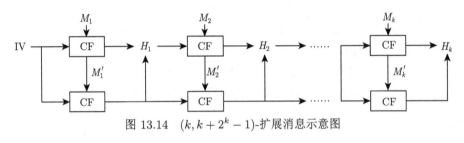

图 13.14　$(k, k+2^k-1)$-扩展消息示意图

13.5　杂凑函数的碰撞攻击

最早对杂凑算法 MD4 和 MD5 进行分析的有 den Boer 等[158,159], Vaudenay[160] 等. 随后 Dobbertin[161] 提出了一种新的分析方法, 并于 1996 年成功破解了 MD4、于 1998 年证明了前两轮 MD4 算法不是单向的[162]、于 1996 年给出了自由初始值下的 MD5 算法的碰撞实例[163], 也就是说在初始值可以自由选择的情况下, 能够找到 2 个不同的消息具有相同的杂凑值. 1998 年, Chabaud 和 Joux[164] 给出了 SHA-0 全算法的理论分析结果. 王小云[165] 提出了使用多个明文分组构造碰撞的理论, 给出了 MD5 的实际的碰撞攻击. Biham 等[166] 在同一时间独立提出的多明文分组碰撞理论提高了 SHA-0 的攻击效率.

1997 年, 王小云通过建立 SHA-0 的代数分析模型, 首次破解了 SHA-0. 由于 SHA-1 的所有可能的碰撞路线中均存在不可能差分现象, 王小云等[167] 学者通过先扩散雪崩然后再控制雪崩的技术, 将不可能差分转化成了可能差分, 从而首次给出了完整 SHA-1 算法的理论碰撞攻击结果, 复杂度为 2^{69} 次运算. 文献 [168] 又找到了一条新的差分路线, 将碰撞攻击的复杂度改进到 2^{63} 次运算. 该结果被很多密码学家进一步改进, 其中 Stevens 等[169] 给出的碰撞攻击结果复杂度为 2^{61} 次运算. 文献 [170] 给出了对 76 轮 SHA-1 的实际碰撞攻击. 文献 [171] 给出了完整 SHA-1 算法的自由起始实际碰撞攻击. 文献 [172] 给出了完整 SHA-1 的实际碰撞攻击. 文献 [173] 给出了完整 SHA-1 算法的选择前缀碰撞攻击. 文献 [174-183]

给出了对于双管道结构杂凑函数 RIPEMD-128 和 RIPEMD-160 的一系列分析结果. 针对 MD5 等算法的轮函数的第 i 比特输出不只依赖于低 $(i-1)$-比特的特点, 文献 [179,180,184] 讨论了碰撞路线中模减差分成立的问题. 消息修改技术是提高碰撞路线成立概率的重要方法[185], 中立比特技术也是提高碰撞路线概率的另一种方法[186]. [187] 提出了首个针对杂凑算法 MD4 的新的第二原像攻击方法, 该方法直接导致国际密码领域开展基于 MD4、HAVAL、SHA-0 等杂凑算法的消息认证码的分析.

文献 [165,167,185,188] 中的碰撞路线是由手工推导得到的, 文献 [172,189-193] 等给出了 SHA-1、SHA-2、SM3 等 MD 系列杂凑函数碰撞路线的自动化搜索方法.

为了应对 MD5 与 SHA-1 的破解, NIST 于 2007 年至 2012 年开展了公开征集新一代杂凑算法标准 SHA-3[194] 的活动. 进入 SHA-3 最终轮的 5 个候选算法为 Keccak、Blake、Skein、Grøstl 和 J. H. Keccak 最终胜出成为 SHA-3 标准, 文献 [154,195-203] 等给出了对于 Keccak 算法的一系列分析结果. 我国国家密码管理局于 2010 年 12 月发布我国杂凑函数标准 SM3 算法 [142]. 文献 [193,204-209] 等给出了对于 SM3 算法的一系列分析结果.

13.5.1 反弹攻击

13.5.1.1 反弹攻击原理

反弹攻击 (Rebound 攻击) 是由 Mendel 等在 FSE 2009 上提出的 [210], 其提出的最初目的是高效地寻找两个消息, 使之构成杂凑函数的碰撞. 反弹攻击的主要思想是充分利用大状态的高自由度来快速寻找满足一种截断差分的状态对, 从而反解出消息, 最终是以比穷举攻击更低的复杂度找到某一预设截断差分路线的一对值, 从而得到区分器或者得到一对 (近似) 碰撞. 反弹攻击包含 Inbound 阶段和 Outbound 阶段, 如图 13.15, W 被划分为三部分 $W = W_{\text{fw}} \circ W_{\text{in}} \circ W_{\text{bw}}$(其中, W_{fw} 表示前向运算部分, W_{in} 表示中间相遇阶段, W_{bw} 表示后向运算部分). 反弹攻击的核心之一就是寻找恰当的截断差分路线.

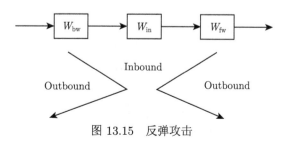

图 13.15 反弹攻击

• Inbound 过程

该过程是发生在 W_{in} 上的一个中间相遇的过程. 利用密码分析中的自由度, 结合 S 盒的差分匹配性质和自由度开发技术, 攻击者可以快速找到很多满足 W_{in} 的截断差分形式的状态对, 这些状态被记为 Outbound 阶段的起点.

• Outbound 过程

在该过程中, Inbound 阶段产生的状态对被向前向后解出 W_{fw} 的输出和 W_{bw} 的输入. 进而得到满足整条截断差分路线的数据对.

13.5.1.2　Whirlpool 算法的反弹攻击

反弹攻击与差分分析、飞来去器攻击、截断差分等密码分析方法息息相关. 反弹攻击最早是被应用到杂凑函数算法 Whirlpool(参见附录 A.7) 的安全性分析中.

2009 年, Florian Mendel 等提出了反弹攻击, 并给出了 4.5 轮 Whirlpool 算法的碰撞攻击, 其时间复杂度为 $2^{120[210]}$, 碰撞的差分路径 (活跃 S 盒个数) 为

$$1 \xrightarrow{1r} 8 \xrightarrow{2r} 64 \xrightarrow{3r} 8 \xrightarrow{4r} 1 \xrightarrow{4.5r} 1.$$

图 13.16 中的第一步和第二步为反弹攻击的 Inbound 阶段, 根据 S 盒的差分匹配性质, Inbound 阶段可以为 Outbound 阶段提供足够的起点. 第三步称为 Outbound 阶段, 该阶段在得到足够的起点后, 运用行混淆的截断差分扩散性质, 合理地控制差分扩散, 可以增加分析的轮数, 得到半自由起始碰撞. 对于 S 盒, 任意给定输入和输出差分, 可预计算出相应的输入值. 对于 4.5 轮 Whirlpool 算法的碰撞攻击过程如下.

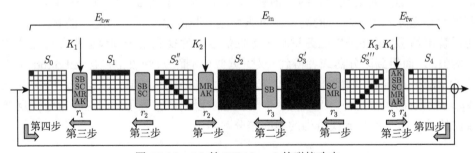

图 13.16　4.5 轮 Whirlpool 的碰撞攻击

第一步, 任取状态 S_2'' 中 8 个活跃字节 (黑色的字节) 的差分值, 做前向运算, 经 MR 运算后, S 盒的输入状态全部为活跃字节. 任取状态 S_3''' 中 8 个活跃字节 (黑色字节) 的差分值, 做后向运算至 S 盒的输出状态.

第二步, 在中间相遇阶段, 根据 S 盒的差分匹配性质, 可知输入/输出差分与 S 盒匹配的概率约为 1/2, 且对于每个有效的输入/输出差分, 至少存在两个解. 由于每个字节找到匹配差分的概率均为 1/2, 则在全部 64 个活跃字节中找到匹配差

分的概率为 2^{-64}. 从而执行第一步 2^{64} 次, 可让 64 个字节都匹配成功. 又因为对于每个有效的输入/输出差分, 至少存在两个解, 所以一旦匹配成功, 则可得到 2^{64} 个解, 即 2^{64} 个起点. 该部分的计算复杂度为 2^{64}, 且进行 2^{64} 次运算后可以得到 2^{64} 个起点.

第三步, 在 Outbound 阶段, S_2'' 向前运算, 生成如图 13.16 所示的 S_0 差分的概率为 2^{-56}; S_3''' 向后运算, 生成如图 13.16 所示的 S_4 差分的概率为 2^{-56}.

第四步, 为了构造 4 轮 Whirlpool 的碰撞, 要让图 13.16 中的 S_0 差分和 S_4 差分的异或值为 0, 其成立的概率为 2^{-8}. 所以 Inbound 阶段需要构造 $2^{56+56+8} = 2^{120}$ 个起点, 4 轮算法碰撞攻击的时间复杂度为 2^{120}. 另外, SB, SC 运算不影响差分扩散, 因此 4 轮碰撞攻击可以扩展半轮, 得到 4.5 轮 Whirlpool 的碰撞攻击, 时间复杂度为 2^{120}.

在 2009 年的亚密会上, Lamberger 等对反弹攻击进行改进, 利用 Whirlpool 基于的分组密码密钥上的信息量对原始反弹攻击进行扩展, 从而得到 9.5 轮 Whirlpool 算法的几乎碰撞. 同时, 基于该结果他们还构造了全轮 Whirlpool 压缩函数的区分器. 随后, Gilbert 等在 FSE 2010 上针对 AES 类置换提出大 S 盒技术 (Super-Sbox), 推动了反弹攻击的发展. 在后续工作中反弹攻击也被用于攻击其他结构的杂凑算法, 如 MD 结构的 Skein、Sponge 结构的 Keccak 等. 在 EU-ROCRYPT2013 上, Derbez 等利用反弹攻击技术改进了 Dunkelman 等的中间相遇区分器, 给出 AES-128, AES-192 和 AES-256 新的攻击结果.

13.5.2 比特追踪法和消息修改技术

1997 年, 王小云通过建立 SHA-0 算法的代数分析模型, 首次破解了 SHA-0. 在 CRYPTO 2004 上, 王小云等 [211] 首次公布了 MD4, MD5, HAVAL-128 和 RIPEMD 的碰撞实例. 后来, 又破解了 MD5 和 SHA-1 杂凑函数算法, 让整个密码界为之震惊.

13.5.2.1 攻击原理

传统的差分分析采用异或差分, 只关注一个输入对的异或值经过密码算法传播得到的输出异或值的非随机特性. 而 MD5 和 SHA-1 等杂凑函数均有模加运算, 为了针对它们开展有效的分析, 必须提出新的分析方法. 王小云等创造性地提出基于比特追踪法 (符号差分) 和明文消息修改技术的新型分析方法 [165,167,185,188,211]. 该方法也可用于杂凑函数的第二原像攻击和消息认证码的安全性分析等. 符号差分既考虑两个值的模减差分, 也考虑两个值的异或差分. 在寻找碰撞路线时, 既通过模减差分来表达杂凑函数的两个链接变量在宏观上的关系, 又通过异或差分来表达两个链接变量在细微处的关系, 从而使得由符号差分刻画的两个链接变量之间的关系能够一步步传播下去, 直到找到碰撞路线以及保证路线成立的充分条件.

这个过程需要独具匠心地一步步控制好. 为了构造好的碰撞路线, 比如让碰撞路线在某些位置有差分或者没有差分, 就需要选择合适的消息差分, 这需要从全局出发、综合考虑杂凑函数算法的特点来决定, 尤其是对于消息扩展比较复杂的杂凑算法, 更需要慎重地选择消息差分. 消息修改方法是另一个创举, 它把如何控制链接变量的取值转化为了如何控制消息字, 而消息字恰恰是真正碰撞过程中自由度的唯一来源.

具体来讲, 通过研究杂凑函数的数学特征, 结合比特进位与多种控制技术, 寻找碰撞路线. 利用具体输入取值的信息, 将消息按比特分割, 通过引入比特进位生成差分抵消因子以控制或消除差分, 通过提炼算法的数学特征, 结合轮函数的布尔函数特性, 将高次非线性方程组转化为带概率优势的线性方程组, 构成找到杂凑函数碰撞解的充分条件. 结合明文修改技术, 通过修改一个或几个明文比特以纠正一个不成立的比特条件方程, 同时不破坏其他大量已成立的方程, 提高找到碰撞解的概率. 同时, 一个明文比特还可以结合其他不同明文比特进行多次修改, 实现比特信息的重复利用.

使用比特追踪法和消息修改技术 [185] 对杂凑函数进行碰撞攻击包含以下五步.

(1) 选择明文差分: 选择一对明文消息 M 和 M', 其差分是 $\Delta M = M' - M$. 为了提高攻击的成功率, 明文对的差分要选得合适. 一般来说, 当我们想得到某杂凑函数的碰撞 (或者几乎碰撞) 时, 合适的明文对的差分要使得保证碰撞路线成立的充分条件, 尤其是后几圈的充分条件尽可能少. 当我们想找到杂凑函数的第二原像或者想攻击基于杂凑函数的 MAC 时, 合适的明文差分应该使得所有的充分条件尽可能得少, 这样才能保证不经过消息修改过程, 碰撞路线也以高概率成立.

(2) 寻找碰撞路线: 在寻找碰撞路线时, 采用从前向后推导、从后向前推导、在中间对接的方法. 为了对接成功, 会要求有一些必须出现的比特差分和一些不需出现的比特差分. 根据轮函数的性质, 我们可以生成必需的比特差分, 抵消不需出现的比特差分. 另一个非常有效的方法是通过比特进位来实现的. 可以采用手动推导或自动化搜索算法来寻找杂凑函数的碰撞路线.

(3) 推导链接变量满足的关系: 根据轮函数的性质, 在寻找碰撞路线的过程中, 可以推导出链接变量应该满足的条件. 显然地, 如果链接变量之间的条件互相矛盾, 那么相应的碰撞路线肯定不成立. 如果明文消息 M 满足了所有的链接变量条件, 那么消息 M 和 $M' = \Delta M + M(\Delta M$ 是选定的明文差分) 就有相同的压缩值. 因此, 这些链接变量里的条件是保证碰撞路线成立的充分条件.

(4) 消息修改: 假设保证碰撞路线成立的充分条件的个数为 x, 则 M 和 $M' = \Delta M + M$ 构成碰撞的概率为 2^{-x}. 如果 2^x 大于杂凑函数生日攻击的复杂度, 则相应的碰撞攻击不成立. 为了提高找到碰撞的概率, 可使用多种消息修改技术来修改消息, 使得尽可能多的充分条件成立. 基本消息修改技术可以通过修改消息, 来保证第一轮的充分条件都满足; 高级消息修改技术通过修改消息, 使得第二轮前几步的条件都满足.

(5) 穷举搜索: 随机选择一个消息, 使用消息修改技术修改该消息, 记修改后的消息为 M, 测试 M 和 $M' = \Delta M + M$ 是否是一对碰撞. 重复以上过程, 直到找到碰撞.

在寻找到碰撞路线并且推导出充分条件之后, 要确保这些充分条件互相不矛盾, 否则, 相应的碰撞路线不成立. 第一轮和第二轮前几步的充分条件可以通过消息修改技术来满足, 其他的充分条件很难通过消息修改来满足, 因此要确保这些条件的个数尽可能少, 这样才能提高找到碰撞的概率.

13.5.2.2 MD4 算法的碰撞攻击

本节将介绍 MD4 算法 (参见附录 A.8) 的碰撞攻击 [185].

13.5.2.2.1 符号说明

为了方便描述碰撞攻击的过程, 先给出一些符号说明.

(1) $M = (m_0, m_1, \cdots, m_{15})$ 和 $M' = (m_0', m_1', \cdots, m_{15}')$ 分别表示长为 512 比特的消息块. $\Delta M = (\Delta m_0, \Delta m_1, \cdots, \Delta m_{15})$ 表示 M 和 M' 的差分, 其中 $\Delta m_i = m_i' - m_i$ 表示消息字 m_i 和 m_i' 的模减差分.

(2) a_i, d_i, c_i, b_i 分别表示在压缩消息分组 M 时, 第 $4i - 3$ 步, 第 $4i - 2$ 步, 第 $4i - 1$ 步, 第 $4i$ 步的输出, 其中 $i = 1, 2, \cdots, 12$.

(3) a_i', d_i', c_i', b_i' 分别表示在压缩消息分组 M' 时, 第 $4i - 3$ 步, 第 $4i - 2$ 步, 第 $4i - 1$ 步, 第 $4i$ 步的输出, 其中 $i = 1, 2, \cdots, 12$.

(4) $a_{i,j}, d_{i,j}, c_{i,j}, b_{i,j}$ 分别表示 a_i, d_i, c_i, b_i 的第 j 比特, 其中最低位记为第 1 比特, 最高位记为第 32 比特.

(5) $x_i[j]$ (x 可以是 a, b, c, d) 表示把 x_i 的第 j 比特由 0 变为 1、其他比特保持不变得到的值. $x_i[-j]$ 表示把 x_i 的第 j 比特由 1 变为 0、其他比特保持不变得到的值.

(6) $x_i[\pm j_1, \pm j_2, \cdots, \pm j_l]$ 表示只改变 x_i 的第 $j_1, j_2, \cdots, j_l$ 比特, 且 "+" 表示该比特由 0 变为 1, "−" 表示该比特由 1 变为 0.

模差分是整数模减差分和异或差分的组合, 下面举例说明模减差分与异或差分的关系.

例 13.2 假设长为 32 比特的字 $X = x_{32}x_{31}\cdots x_1$ 和 $X' = x_{32}'x_{31}'\cdots x_1'$ 的模减差分为 $X' - X = 2^3$, 这里 32 比特字记为第 1 位到第 32 位, 最右边是第 1 位.

(1) 若 X 和 X' 只有一个比特不一样, 则

$$X' = x_{32}\ x_{31}\ \cdots\ x_5\ 1\ x_3\ x_2\ x_1,$$

$$X = x_{32}\ x_{31}\ \cdots\ x_5\ 0\ x_3\ x_2\ x_1.$$

此时用如下符号表示 X 和 X' 的关系:

$$X' = X[4].$$

(2) 若 X 和 X' 有两个比特不一样, 则

$$X' = x_{32}\ x_{31}\ \cdots\ x_6\ 1\ 0\ x_3\ x_2\ x_1,$$

$$X = x_{32}\ x_{31}\ \cdots\ x_6\ 0\ 1\ x_3\ x_2\ x_1.$$

此时用如下符号表示 X 和 X' 的关系:

$$X' = X[-4, 5].$$

(3) 以此类推, 若 X 和 X' 有 29 个比特不一样, 则

$$X' = 1\ 0\ \cdots\ 0\ x_3\ x_2\ x_1,$$

$$X = 0\ 1\ \cdots\ 1\ x_3\ x_2\ x_1.$$

此时用如下符号表示 X 和 X' 的关系:

$$X' = X[-4, -5, \cdots, -31, 32].$$

例 13.3　已知 $X' - X = 2^{30}$, $Y' = X' + K$, $Y = X + K$, X', X, Y', Y, K 均为 32 比特字, 则 Y' 与 Y 可能的关系如下.

(1) Y' 与 Y 的关系如下:

$$Y' = y_{32}\ 1\ y_{30}\ \cdots\ y_1,$$

$$Y = y_{32}\ 0\ y_{30}\ \cdots\ y_1,$$

此时

$$Y' = Y[31].$$

(2) Y' 与 Y 的关系如下:

$$Y' = 1\ 0\ y_{30} \cdots\ y_1,$$

$$Y = 0\ 1\ y_{30} \cdots y_1,$$

此时

$$Y' = Y[-31, 32].$$

(3) Y' 与 Y 的关系如下:

$$Y' = 0\ 0\ y_{30}\ \cdots\ y_1,$$

$$Y = 1\ 1\ y_{30} \cdots y_1,$$

此时

$$Y' = Y[-31, -32].$$

例 13.4 已知 $X' - X = 2^{29}$, 求 $(X' \lll 2) - (X \lll 2)$.

(1) 若

$$X' = X[30],$$

记

$$X' = x_{32}\ x_{31}\ 1\ x_{29}\ \cdots\ x_1,$$

$$X = x_{32}\ x_{31}\ 0\ x_{29}\ \cdots\ x_1,$$

则

$$X' \lll 2 = 1\ x_{29}\ \cdots\ x_1\ x_{32}\ x_{31},$$

$$X \lll 2 = 0\ x_{29}\ \cdots\ x_1\ x_{32}\ x_{31},$$

从而

$$(X' \lll 2) - (X \lll 2) = 2^{31}.$$

(2) 若

$$X' = X[-30, 31],$$

记

$$X' = x_{32}\ 1\ 0\ x_{29}\ \cdots\ x_1,$$

$$X = x_{32}\ 0\ 1\ x_{29}\ \cdots\ x_1,$$

则

$$X' \lll 2 = 0\ x_{29}\ \cdots\ x_1\ x_{32}\ 1,$$

$$X \lll 2 = 1\ x_{29}\ \cdots\ x_1\ x_{32}\ 0,$$

从而

$$(X' \lll 2) - (X \lll 2) = -2^{31} + 1.$$

(3) 若

$$X' = X[-30, -31, 32],$$

记

$$X' = 1\ 0\ 0\ x_{29}\ \cdots\ x_1,$$
$$X\ = 0\ 1\ 1\ x_{29}\ \cdots\ x_1,$$

则

$$X' \lll 2 = 0\ x_{29} \cdots x_1\ 1\ 0,$$
$$X \lll 2\ = 1\ x_{29}\ \cdots\ x_1\ 0\ 1,$$

从而

$$(X' \lll 2) - (X \lll 2) = -2^{31} + 1.$$

在构造差分路线时, 要考虑进位的影响, 比如对于表 13.4 的第 7 步, 其模减差分为

$$\Delta c_2 = c_2' - c_2 = -2^{18} + 2^{21}.$$

由于构造差分路线的需要, 我们将第 19 位的差分扩展为第 19, 20, 21 位的差分, 因此, 输出 c_2' 表示为

$$c_2' = c_2[19, 20, -21, 22].$$

13.5.2.2.2　布尔函数的性质

碰撞攻击中需要使用布尔函数的性质, 总结如下.

性质 13.1　第一轮中的布尔函数 $F(X, Y, Z) = (X \wedge Y) \vee (\neg X \wedge Z)$ 有以下性质:

(1) $F(x, y, z) = F(\neg x, y, z)$ 当且仅当 $y = z$.

(2) $F(x, y, z) = F(x, \neg y, z)$ 当且仅当 $x = 0$.

(3) $F(x, y, z) = F(x, y, \neg z)$ 当且仅当 $x = 1$.

性质 13.2　第二轮中的布尔函数 $G(X, Y, Z) = (X \wedge Y) \vee (X \wedge Z) \vee (Y \wedge Z)$ 有以下性质:

(1) $G(x, y, z) = G(\neg x, y, z)$ 当且仅当 $y = z$.

(2) $G(x, y, z) = G(x, \neg y, z)$ 当且仅当 $x = z$.

(3) $G(x, y, z) = G(x, y, \neg z)$ 当且仅当 $x = y$.

性质 13.3 第三轮中的布尔函数 $H(X, Y, Z) = X \oplus Y \oplus Z$ 有以下性质:

(1) $H(x, y, z) = \neg H(\neg x, y, z) = \neg H(x, \neg y, z) = \neg H(x, y, \neg z)$.

(2) $H(x, y, z) = H(\neg x, \neg y, z) = H(x, \neg y, \neg z) = H(\neg x, y, \neg z)$.

13.5.2.2.3 寻找 MD4 碰撞的过程

本节介绍如何找到 MD4 的碰撞 (M, M'), 其中 M 和 M' 的长度都是 512 比特. 碰撞差分路线可以形象地表示为

$$\Delta \mathrm{CV}_0 = 0 \xrightarrow{\ (M, M')\ } \Delta H = 0.$$

记

$$\Delta M = M' - M = (\Delta m_0, \Delta m_1, \cdots, \Delta m_{15}),$$

在本节介绍的 MD4 的碰撞攻击中, 取

$$\Delta m_1 = 2^{31}, \quad \Delta m_2 = 2^{31} - 2^{28}, \quad \Delta m_{12} = -2^{16},$$
$$\Delta m_i = 0 \ (0 \leqslant i \leqslant 15, i \neq 1, 2, 12).$$

差分路线 表 13.4 是 MD4 的碰撞差分路线, 其中第 1 列表示 MD4 算法的第几步, 第 2 列是压缩消息分组 M 得到的链接变量 a_i, b_i, c_i, d_i, 第 3 列表示 MD4 的步操作用到的消息字, 第 4 列是步操作里的循环移位数, 第 5 列是消息字 m_i' 与 m_i 的模减差分, 第 6 列是 $a_i' - a_i$, $b_i' - b_i$, $c_i' - c_i$, $d_i' - d_i$ 的值, 第 7 列是压缩消息分组 M' 得到的链接变量 a_i', b_i', c_i', d_i'. 表 13.4 的第 5 列和第 6 列的空白处代表差分为 0. 表 13.4 里没有列出第 26 步到第 35 步、第 42 步到第 48 步, 这代表这些步的消息字差分和链接变量差分均为 0.

表 13.4 的第 2 步到第 25 步构成一个局部碰撞, 第 36 步到第 41 步也构成一个局部碰撞. 这里, 第 a 步到第 b 步构成一个局部碰撞是指, 第 a 步之前的若干步和第 b 步之后的若干步的消息字差分和链接变量差分均为 0. MD4 算法的碰撞差分路线可以由手动推导得到, 也可以用自动化搜索算法找到.

推导保证差分路线成立的一组充分条件 表 13.5 给出了保证表 13.4 里 MD4 差分路线成立的一组充分条件. 这意味着, 如果消息字 M 对应的链接变量满足表 13.5 里的条件, 那么 M 与 $M' = M + \Delta M$ 就是 MD4 的碰撞.

下面以推导表 13.4 中第 9 步的充分条件为例来说明如何得到表 13.5 里的条件. 第 9 步的差分路线为

$$(b_2[-13, -14, 15], c_2[19, 20, -21, 22], d_2[14], a_2)$$
$$\longrightarrow (a_3[17], b_2[-13, -14, 15], c_2[19, 20, -21, 22], d_2[14]).$$
$$a_3 = (a_2 + F(b_2, c_2, d_2) + m_8 + t_5) \lll 3.$$

(1) 根据性质 13.1(1) 知, 条件 $c_{2,13} = d_{2,13}$ 和 $c_{2,15} = d_{2,15}$ 确保了 b_2 中第 13 位和第 15 位的变化不会导致 a_3 的变化.

(2) 根据性质 13.1(2) 知, 条件 $b_{2,19} = 0, b_{2,20} = 0, b_{2,21} = 0, b_{2,22} = 0$ 确保了 c_2 中第 19, 20, 21, 22 位的变化不会导致 a_3 的变化.

(3) 根据 F 函数的定义知, 由条件 $b_{2,14} = 1, d_{2,14} = 0, c_{2,14} = 0$ 可以得到 $F(b_{2,14}, c_{2,14}, d_{2,14}) = 0$ 和 $F(\neg b_{2,14}, c_{2,14}, \neg d_{2,14}) = 1$, 从而 $\Delta a_3 = 2^{16}$.

(4) 条件 $a_{3,17} = 0$ 确保了差分没有向高位传播, 所以有 $a_3' = a_3[17]$.

因此上述 10 个条件是保证第 9 步差分路线成立的一组充分条件.

消息修改　表 13.5 一共有 122 个条件, 所以 (M, M') 是 MD4 碰撞的概率为 2^{-122}, 远小于生日攻击的概率 2^{-64}. 我们可以通过两种消息修改技术将碰撞发生的概率提高到 $2^{-6} \sim 2^{-2}$, 这两种技术分别称作单步消息修改技术和多步消息修改技术.

单步消息修改技术　可以通过修改消息 M, 使得表 13.5 中第一轮 (前 16 步) 的条件都成立, 称这种修改消息 M 的技术为单步消息修改技术, 例如, 通过修改消息字 m_1 使得链接变量 d_1 的条件 $(d_{1,7} = 0, d_{1,8} = a_{1,8}, d_{1,11} = a_{1,11})$ 成立的过程如下:

$$d_1 \leftarrow d_1 \oplus (d_{1,7} \lll 6) \oplus ((d_{1,8} \oplus a_{1,8}) \lll 7) \oplus ((d_{1,11} \oplus a_{1,11}) \lll 10),$$

$$m_1 \leftarrow (d_1 \ggg 7) - d_0 - F(a_1, b_0, c_0).$$

使用单步消息修改后, 表 13.5 中还有 26 个条件不成立, 所以这时 (M, M') 是 MD4 碰撞的概率为 2^{-26}.

多步消息修改技术　经过单步消息修改后, 可以很容易搜索到 MD4 的碰撞, 不过为了进一步提高碰撞发生的概率, 我们引入多步消息修改技术, 使得第二轮前几步的条件都成立. 多步消息修改技术对于寻找 MD5、SHA-0、SHA-1 等杂凑函数的碰撞非常重要.

多步消息修改时, 在让第二轮条件成立的同时, 也要保证不破坏表 13.5 里第一轮的条件. 我们通过在第一轮构造局部碰撞, 使得第一轮的条件不被破坏. 下面举例来说明多步消息修改的过程.

例 13.5　通过修改 m_0, m_1, m_2, m_3, m_4 使得 a_5 的 5 个条件成立. 如果 $a_{5,19} = \overline{c_{4,19}}$, 则修改 m_0 使得 a_1 只改变第 19 比特, 此时 a_5 的第 19 比特一定改变, 并且 a_5 的第 i $(i > 19)$ 比特也有可能改变. 而 $a_{1,19}$ 的改变并没有破坏表 13.5 里的充分条件. 接下来通过修改 m_1, m_2, m_3, m_4 使得 d_1, c_1, b_1, a_2 的值不变, 所以不会破坏碰撞差分路线. 具体过程如表 13.1 所示. 为了避免在修改 a_5 的条件

时破坏之前已经修改过的 a_5 中的条件, 我们要从低位到高位来修改, 顺序如下:

$$a_{5,19} \to a_{5,26} \to a_{5,27} \to a_{5,29} \to a_{5,32}.$$

表 13.1 修改条件 $a_{5,i}$ ($i = 19, 26, 27, 29, 32$)

步数	消息字	循环移位数	修改 m_i	修改后的链接变量
1	m_0	3	$m_0 \longleftarrow m_0 \pm 2^{i-4}$	$a_1^{\text{new}} = a_1[\pm i], b_0, c_0, d_0$
2	m_1	7	$m_1 \longleftarrow (d_1 \ggg 7) - d_0 - F(a_1^{\text{new}}, b_0, c_0)$	$d_1, a_1^{\text{new}}, b_0, c_0$
3	m_2	11	$m_2 \longleftarrow (c_1 \ggg 11) - c_0 - F(d_1, a_1^{\text{new}}, b_0)$	$c_1, d_1, a_1^{\text{new}}, b_0$
4	m_3	19	$m_3 \longleftarrow (b_1 \ggg 19) - b_0 - F(c_1, d_1, a_1^{\text{new}})$	$b_1, c_1, d_1, a_1^{\text{new}}$
5	m_4	3	$m_4 \longleftarrow (a_2 \ggg 3) - a_1^{\text{new}} - F(b_1, c_0, d_0)$	a_2, b_1, c_1, d_1

例 13.6 表 13.2 展示了如何修改 $c_{5,i}$ ($i = 26, 27, 29, 32$) 的条件. 比如如果 $c_{5,26}$ 的条件不成立, 则修改 m_8 使之成立, 同时要保证表 13.5 里第一轮的条件不被破坏. 如表 13.2 所示, 在第一轮里, 通过修改 m_5 使得 $d_{2,17}$ 取反, 为了让 c_2 保持不变, 需要增加条件 $a_{2,17} = b_{1,17}$; 为了让 b_2 保持不变, 需要增加条件 $c_{2,17} = 0$. 修改 m_8 使得 a_3 不变, 修改 m_9 使得 d_3 不变. 所以整个过程中, 只有 $d_{2,17}$ 改变了, 而表 13.5 中 $d_{2,17}$ 上没有条件. 所以修改 $c_{5,26}$ 不会破坏差分路线. 同理可修改 c_5 的其他条件.

表 13.2 修改条件 $c_{5,i}$ ($i = 26, 27, 29, 32$)

				修改 m_i	修改后的链接变量	第一轮里加的额外条件
6	d_2	m_5	7	$m_5 \leftarrow m_5 + 2^{i-17}$	$d_2[i-9], a_2, b_1, c_1$	$d_{2,i-9} = 0$
7	c_2	m_6	11		$c_2, d_2[i-9], a_2, b_1$	$a_{2,i-9} = b_{1,i-9}$
8	b_2	m_7	19		$b_2, c_2, d_2[i-9], a_2$	$c_{2,i-9} = 0$
9	a_3	m_8	3	$m_8 \leftarrow m_8 - 2^{i-10}$	$a_3, b_3, c_2, d_2[i-9]$	$b_{2,i-9} = 0$
10	d_3	m_9	11	$m_9 \leftarrow m_9 - 2^{i-10}$	d_3, a_3, b_2, c_2	

需要先确定第二轮消息修改的方法, 并随之确定在第一轮里额外增加哪些条件, 且这些额外增加的条件不能和表 13.5 里的条件矛盾. 然后再进行单步消息修改.

还有许多其他多步消息修改的技巧. 第一轮里的条件和第二轮前几步的条件都可以用消息修改技术使之成立. 所以在构造差分路线时, 要保证在第二轮后面部分及其以后的操作里的差分路线尽可能地稀疏, 从而使得在消息修改之后, 剩下的没有被修改掉的条件个数尽可能少, 从而提高碰撞发生的概率.

在消息修改之后, 除了第三轮的两个条件外, 第一轮和第二轮的条件几乎都能成立. 最后找到碰撞的概率在 $2^{-6} \sim 2^{-2}$ 内. 考虑到消息修改耗费的时间, 可知找到 MD4 碰撞的时间复杂度不超过 2^8 次 MD4 运算. 表 13.3 给出了 MD4 算法的碰撞实例.

表 13.3　MD4 算法的两个碰撞

M_1	4d7a9c83 56cb927a b9d5a578 57a7a5ee de748a3c dcc366b3 b683a020 3b2a5d9f c69d71b3 f9e99198 d79f805e a63bb2e8 45dd8e31 97e31fe5 2794bf08 b9e8c3e9
M_1'	4d7a9c83 d6cb927a 29d5a578 57a7a5ee de748a3c dcc366b3 b683a020 3b2a5d9f c69d71b3 f9e99198 d79f805e a63bb2e8 45dc8e31 97e31fe5 2794bf08 b9e8c3e9
H	5f5c1a0d 71b36046 1b5435da 9b0d807a
H^*	4d7e6a1d efa93d2d de05b45d 864c429b
M_2	4d7a9c83 56cb927a b9d5a578 57a7a5ee de748a3c dcc366b3 b683a020 3b2a5d9f c69d71b3 f9e99198 d79f805e a63bb2e8 45dd8e31 97e31fe5 f713c240 a7b8cf69
M_2'	4d7a9c83 d6cb927a 29d5a578 57a7a5ee de748a3c dcc366b3 b683a020 3b2a5d9f c69d71b3 f9e99198 d79f805e a63bb2e8 45dc8e31 97e31fe5 f713c240 a7b8cf69
H	e0f76122 c429c56c ebb5e256 b809793
H^*	c6f3b3fe 1f4833e0 697340fb 214fb9ea

注　不进行消息填充、采用小端排序的输出值记为 H. 进行消息填充、采用大端排序的输出值记为 H^*.

表 13.4　MD4 的碰撞差分路线

步数	链接变量	消息字	循环移位数	消息字差分	第 i 步输出的模减差分	M' 的第 i 步输出
1	a_1	m_0	3			a_1
2	d_1	m_1	7	2^{31}	-2^6	$d_1[7]$
3	c_1	m_2	11		$-2^7 + 2^{10}$	$c_1[-8, 11]$
4	b_1	m_3	19		2^{25}	$b_1[26]$
5	a_2	m_4	3			a_2
6	d_2	m_5	7		2^{13}	$d_2[14]$
7	c_2	m_6	11		$-2^{18} + 2^{21}$	$c_2[19, 20, -21, 22]$
8	b_2	m_7	19		2^{12}	$b_2[-13, -14, 15]$
9	a_3	m_8	3		2^{16}	$a_3[17]$
10	d_3	m_9	7		$2^{19} + 2^{20} - 2^{25}$	$d_3[20, -21, -22, 23, -26]$
11	c_3	m_{10}	11		-2^{29}	$c_3[-30]$
12	b_3	m_{11}	19		2^{31}	$b_3[32]$
13	a_4	m_{12}	3	-2^{16}	$2^{22} + 2^{25}$	$a_4[23, 26]$
14	d_4	m_{13}	7		$-2^{26} + 2^{28}$	$d_4[-27, -29, 30]$
15	c_4	m_{14}	11			c_4
16	b_4	m_{15}	19		2^{18}	$b_4[19]$
17	a_5	m_0	3		$2^{25} - 2^{28} - 2^{31}$	$a_5[-26, 27, -29, -32]$
18	d_5	m_4	5			d_5
19	c_5	m_8	9			c_5
20	b_5	m_{12}	13	-2^{16}	$-2^{29} + 2^{31}$	$b_5[-30, 32]$
21	a_6	m_2	3	2^{31}	$2^{28} - 2^{31}$	$a_6[-29, 30, -32]$
22	d_6	m_5	5			d_6
23	c_6	m_9	9			c_6
24	b_6	m_{13}	13			b_6

续表

步数	链接变量	消息字	循环移位数	消息字差分	第 i 步输出的模减差分	M' 的第 i 步输出
25	a_7	m_2	3	$-2^{28}+2^{31}$		a_7
$\cdots$	$\cdots$	$\cdots$	$\cdots$	$\cdots$	$\cdots$	$\cdots$
36	b_9	m_{12}	15	-2^{16}	2^{31}	$b_9[-32]$
37	a_{10}	m_2	3	$-2^{28}+2^{31}$	2^{31}	$a_{10}[-32]$
38	d_{10}	m_{10}	9			d_{10}
39	c_{10}	m_6	11			c_{10}
40	b_{10}	m_{14}	15			b_{10}
41	a_{11}	m_2	3	2^{31}		a_{11}

表 13.5　保证 MD4 差分路线成立的一组充分条件

a_1	$a_{1,7}=b_{0,7}$
d_1	$d_{1,7}=0, d_{1,8}=a_{1,8}, d_{1,11}=a_{1,11}$
c_1	$c_{1,7}=1, c_{1,8}=1, c_{1,11}=0, c_{1,26}=d_{1,26}$
b_1	$b_{1,7}=1, b_{1,8}=0, b_{1,11}=0, b_{1,26}=0$
a_2	$a_{2,8}=1, a_{2,11}=1, a_{2,26}=0, a_{2,14}=b_{1,14}$
d_2	$d_{2,14}=0, d_{2,19}=a_{2,19}, d_{2,20}=a_{2,20}, d_{2,21}=a_{2,21}, d_{2,22}=a_{2,22}, d_{2,26}=0$
c_2	$c_{2,13}=d_{2,13}, c_{2,14}=0, c_{2,15}=d_{2,15}, c_{2,19}=0, c_{2,20}=0, c_{2,21}=1, c_{2,22}=0$
b_2	$b_{2,13}=1, b_{2,14}=1, b_{2,15}=0, b_{2,17}=c_{2,17}, b_{2,19}=0, b_{2,20}=0, b_{2,21}=0$
	$b_{2,22}=0$
a_3	$a_{3,13}=1, a_{3,14}=1, a_{3,15}=1, a_{3,17}=0, a_{3,19}=0, a_{3,20}=0, a_{3,21}=0,$
	$a_{3,23}=b_{3,23}, a_{3,22}=1, a_{3,26}=b_{3,26}$
d_3	$d_{3,13}=1, d_{3,14}=1, d_{3,15}=1, d_{3,17}=0, d_{3,20}=0, d_{3,21}=1, d_{3,22}=1, d_{3,23}=0,$
	$d_{3,26}=1, d_{3,30}=a_{3,30}$
c_3	$c_{3,17}=1, c_{3,20}=0, c_{3,21}=0, c_{3,22}=0, c_{3,23}=0, c_{3,26}=0, c_{3,30}=1, c_{3,32}=d_{3,32}$
b_3	$b_{3,20}=0, b_{3,21}=1, b_{3,22}=1, b_{3,23}=c_{3,23}, b_{3,26}=1, b_{3,30}=0, b_{3,32}=0$
a_4	$a_{4,23}=0, a_{4,26}=0, a_{4,27}=b_{3,27}, a_{4,29}=b_{3,29}, a_{4,30}=1, a_{4,32}=0$
d_4	$d_{4,23}=0, d_{4,26}=0, d_{4,27}=1, d_{4,29}=1, d_{4,30}=0, d_{4,32}=1$
c_4	$c_{4,19}=d_{4,19}, c_{4,23}=1, c_{4,26}=1, c_{4,27}=0, c_{4,29}=0, c_{4,30}=0$
b_4	$b_{4,19}=0, b_{4,26}=c_{4,26}=1, b_{4,27}=1, b_{4,29}=1, b_{4,30}=0$
a_5	$a_{5,19}=c_{4,19}, a_{5,26}=1, a_{5,27}=0, a_{5,29}=1, a_{5,32}=1$
d_5	$d_{5,19}=a_{5,19}, d_{5,26}=b_{4,26}, d_{5,27}=b_{4,27}, d_{5,29}=b_{4,29}, d_{5,32}=b_{4,32}$
c_5	$c_{5,26}=d_{5,26}, c_{5,27}=d_{5,27}, c_{5,29}=d_{5,29}, c_{5,30}=d_{5,30}, c_{5,32}=d_{5,32}$
b_5	$b_{5,29}=c_{5,29}, b_{5,30}=1, b_{5,32}=0$
a_6	$a_{6,29}=1, a_{6,32}=1$
d_6	$d_{6,29}=b_{5,29}$
c_6	$c_{6,29}=d_{6,29}, c_{6,30}=d_{6,30}+1, c_{6,32}=d_{6,32}+1$
b_9	$b_{9,32}=1$
a_{10}	$a_{10,32}=1$

13.5.2.3　MD5 算法的碰撞攻击 *

本节将介绍比特追踪法对 MD5 算法 (参见附录 A.9) 的碰撞攻击 [165].

13.5.2.3.1　MD5 算法的碰撞攻击

由于 MD5 具有强雪崩效应, 王小云等 [165] 使用更复杂的比特进位控制和高级的消息修改技术来控制雪崩, 找到了 MD5 算法一个明文分组的高概率的几乎碰撞路线. 进而结合 MD 迭代结构的特点, 提出使用多个明文分组构造碰撞的理论, 从而给出了 MD5 算法的碰撞攻击. 文献 [165] 首次给出了 MD5 算法的碰撞. 本节的符号沿用 MD4 碰撞攻击里用到的符号.

文献 [165] 给出的 MD5 算法的碰撞包含两个长为 512 比特的消息块 $M_0 \| M_1$ 和 $M_0' \| M_1'$, 即 $M_0 \| M_1$ 和 $M_0' \| M_1'$ 的杂凑值相等.

M_0 经压缩函数变换得到的输出记为 $H_1 = \mathrm{CF}(\mathrm{IV}, M_0)$, M_0' 经压缩函数变换得到的输出记为 $H_1' = \mathrm{CF}(\mathrm{IV}, M_0')$, 记 $\Delta H_1 = H_1' - H_1$. M_1 和 M_1' 经压缩函数变换得到的输出记为 $H = \mathrm{CF}(H_1, M_1) = \mathrm{CF}(H_1', M_1')$. 碰撞路线可以形象地描述为

$$0 \to \Delta H_1 \to 0.$$

通过深入观察轮函数的性质、仔细分析消息字的顺序以及循环移位数, 选择消息分组 M_0 和 M_0' 的差分如下:

$$\Delta M_0 = M_0' - M_0 = (0, 0, 0, 0, 2^{31}, 0, 0, 0, 0, 0, 0, 2^{15}, 0, 0, 2^{31}, 0).$$

选择消息分组 M_1 和 M_1' 的差分如下:

$$\Delta M_1 = M_1' - M_1 = (0, 0, 0, 0, 2^{31}, 0, 0, 0, 0, 0, 0, -2^{15}, 0, 0, 2^{31}, 0).$$

由下面介绍的碰撞路线可知

$$\Delta H_1 = (2^{31}, 2^{31} + 2^{25}, 2^{31} + 2^{25}, 2^{31} + 2^{25}).$$

消息分组 M_0 和 M_0' 经压缩函数变换生成 H_1 和 H_1' 的几乎碰撞路线见表 13.6, 保证该路线成立的一组充分条件见表 13.7. 消息分组 M_1 和 M_1' 经压缩函数变换生成 H 的碰撞路线见表 13.8, 保证该路线成立的一组充分条件见表 13.9. (几乎) 碰撞路线可由手动推导或自动化程序搜索得到.

表 13.6 的第一列表示步数, 第二列表示压缩消息分组 M_0 得到的链接变量的值, 第三列表示每步操作使用的消息字, 第四列表示每步操作使用的循环左移移位数, 第五列表示消息字的差分, 第六列表示在压缩 M_0 和 M_0' 时, 得到的链接变量的模减差分, 第七列表示压缩消息分组 M_0' 得到的链接变量的值.

下面以表 13.6 碰撞路线中的第 8 步为例, 说明如何推导出一组充分条件来保证碰撞路线成立. 第 8 步的路线为

$$(\Delta c_2, \Delta d_2, \Delta a_2, \Delta b_1) \to \Delta b_2.$$

表 13.6 MD5 算法第一个消息分组对应的几乎碰撞路线

步数	消息分组 M_0 对应的第 i 步的输出	w_i	s_i	Δw_i	第 i 步的输出差分	消息分组 M_0' 对应的第 i 步的输出
4	b_1	m_3	22			
5	a_2	m_4	7	2^{31}	-2^6	$a_2[7, \cdots, 22, -23]$
6	d_2	m_5	12		$-2^6 + 2^{23} + 2^{31}$	$d_2[-7, 24, 32]$
7	c_2	m_6	17		$-1 - 2^6 + 2^{23} - 2^{27}$	$c_2[7, 8, 9, 10, 11, -12, -24, -25, -26,$ $27, 28, 29, 30, 31, 32, 1, 2, 3, 4, 5, -6]$
8	b_2	m_7	22		$1 - 2^{15} - 2^{17} - 2^{23}$	$b_2[1, 16, -17, 18, 19, 20, -21, -24]$
9	a_3	m_8	7		$1 - 2^6 + 2^{31}$	$a_3[-1, 2, 7, 8, -9, -32]$
10	d_3	m_9	12		$2^{12} + 2^{31}$	$d_3[-13, 14, 32]$
11	c_3	m_{10}	17		$2^{30} + 2^{31}$	$c_3[31, 32]$
12	b_3	m_{11}	22	2^{15}	$-2^7 - 2^{13} + 2^{31}$	$b_3[8, -9, 14, \cdots, 19, -20, 32]$
13	a_4	m_{12}	7		$2^{24} + 2^{31}$	$a_4[-25, 26, 32]$
14	d_4	m_{13}	12		2^{31}	$d_4[32]$
15	c_4	m_{14}	17	2^{31}	$2^3 - 2^{15} + 2^{31}$	$c_4[4, -16, 32]$
16	b_4	m_{15}	22		$-2^{29} + 2^{31}$	$b_4[-30, 32]$
17	a_5	m_1	5		2^{31}	$a_5[32]$
18	d_5	m_6	9		2^{31}	$d_5[32]$
19	c_5	m_{11}	14	2^{15}	$2^{17} + 2^{31}$	$c_5[18, 32]$
20	b_5	m_0	20		2^{31}	$b_5[32]$
21	a_6	m_5	5		2^{31}	$a_6[32]$
22	d_6	m_{10}	9		2^{31}	$d_6[32]$
23	c_6	m_{15}	14			c_6
24	b_6	m_4	20	2^{31}		b_6
25	a_7	m_9	5			a_7
26	d_7	m_{14}	9	2^{31}		d_7
27	c_7	m_3	14			c_7
$\cdots$	$\cdots$	$\cdots$	$\cdots$	$\cdots$	$\cdots$	$\cdots$
34	d_9	m_8	11			d_9
35	c_9	m_{11}	16	2^{15}	2^{31}	$c_9[*32]$
36	b_9	m_{14}	23	2^{31}	2^{31}	$b_9[*32]$
37	a_{10}	m_1	4		2^{31}	$a_{10}[*32]$
38	d_{10}	m_4	11	2^{31}	2^{31}	$d_{10}[*32]$
39	c_{10}	m_7	16		2^{31}	$c_{10}[*32]$
$\cdots$	$\cdots$	$\cdots$	$\cdots$	$\cdots$	$\cdots$	$\cdots$
45	a_{12}	m_9	4		2^{31}	$a_{12}[*32]$
46	d_{12}	m_{12}	11		2^{31}	$d_{12}[32]$
47	c_{12}	m_{15}	16		2^{31}	$c_{12}[32]$
48	b_{12}	m_2	23		2^{31}	$b_{12}[32]$
49	a_{13}	m_0	6		2^{31}	$a_{13}[32]$
50	d_{13}	m_7	10		2^{31}	$d_{13}[-32]$
51	c_{13}	m_{14}	15	2^{31}	2^{31}	$c_{13}[32]$
52	b_{13}	m_5	21		2^{31}	$b_{13}[-32]$
$\cdots$	$\cdots$	$\cdots$	$\cdots$	$\cdots$	$\cdots$	$\cdots$
58	d_{15}	m_{15}	10		2^{31}	$d_{15}[-32]$

续表

步数	消息分组 M_0 对应的第 i 步的输出	w_i	s_i	Δw_i	第 i 步的输出差分	消息分组 M_0' 对应的第 i 步的输出
59	c_{15}	m_6	15		2^{31}	$c_{15}[32]$
60	b_{15}	m_{13}	21		2^{31}	$b_{15}[32]$
61	$aa_0 = a_{16} + a_0$	m_4	6	2^{31}	2^{31}	$aa_0' = aa_0[32]$
62	$dd_0 = d_{16} + d_0$	m_{11}	10	2^{15}	2^{31}	$dd_0' = dd_0[26, 32]$
63	$cc_0 = c_{16} + c_0$	m_2	15		2^{31}	$cc_0' = cc_0[-26, 27, 32]$
64	$bb_0 = b_{16} + b_0$	m_9	21		2^{31}	$bb_0' = bb_0[26, -32]$

表 13.7 保证表 13.6 中差分路线成立的一组充分条件

c_1	$c_{1,7} = 0, c_{1,12} = 0, c_{1,20} = 0$
b_1	$b_{1,7} = 0, b_{1,8} = c_{1,8}, b_{1,9} = c_{1,9}, b_{1,10} = c_{1,10}, b_{1,11} = c_{1,11}, b_{1,12} = 1, b_{1,13} = c_{1,13},$ $b_{1,14} = c_{1,14}, b_{1,15} = c_{1,15}, b_{1,16} = c_{1,16}, b_{1,17} = c_{1,17}, b_{1,18} = c_{1,18}, b_{1,19} = c_{1,19},$ $b_{1,20} = 1, b_{1,21} = c_{1,21}, b_{1,22} = c_{1,22}, b_{1,23} = c_{1,23}, b_{1,24} = 0, b_{1,32} = 1$
a_2	$a_{2,1} = 1, a_{2,3} = 1, a_{2,6} = 1, a_{2,7} = 0, a_{2,8} = 0, a_{2,9} = 0, a_{2,10} = 0, a_{2,11} = 0,$ $a_{2,12} = 0, a_{2,13} = 0, a_{2,14} = 0, a_{2,15} = 0, a_{2,16} = 0, a_{2,17} = 0, a_{2,18} = 0, a_{2,19} = 0,$ $a_{2,20} = 0, a_{2,21} = 0, a_{2,22} = 0, a_{2,23} = 1, a_{2,24} = 0, a_{2,26} = 0, a_{2,28} = 1, a_{2,32} = 1$
d_2	$d_{2,1} = 1, d_{2,2} = a_{2,2}, d_{2,3} = 0, d_{2,4} = a_{2,4}, d_{2,5} = a_{2,5}, d_{2,6} = 0, d_{2,7} = 1, d_{2,8} = 0$ $d_{2,9} = 0, d_{2,10} = 0, d_{2,11} = 1, d_{2,12} = 1, d_{2,13} = 1, d_{2,14} = 1, d_{2,15} = 0, d_{2,16} = 1,$ $d_{2,17} = 1, d_{2,18} = 1, d_{2,19} = 1, d_{2,20} = 1, d_{2,21} = 1, d_{2,22} = 1, d_{2,23} = 1, d_{2,24} = 0,$ $d_{2,25} = a_{2,25}, d_{2,26} = 1, d_{2,27} = a_{2,27}, d_{2,28} = 0, d_{2,29} = a_{2,29}, d_{2,30} = a_{2,30},$ $d_{2,31} = a_{2,31}, d_{2,32} = 0$
c_2	$c_{2,1} = 0, c_{2,2} = 0, c_{2,3} = 0, c_{2,4} = 0, c_{2,5} = 0, c_{2,6} = 1, c_{2,7} = 0, c_{2,8} = 0, c_{2,9} = 0,$ $c_{2,10} = 0, c_{2,11} = 1, c_{2,12} = 1, c_{2,13} = 1, c_{2,14} = 1, c_{2,15} = 1, c_{2,16} = 1, c_{2,17} = 0,$ $c_{2,18} = 1, c_{2,19} = 1, c_{2,20} = 1, c_{2,21} = 1, c_{2,22} = 1, c_{2,23} = 1, c_{2,24} = 1, c_{2,25} = 1,$ $c_{2,26} = 1, c_{2,27} = 0, c_{2,28} = 0, c_{2,29} = 0, c_{2,30} = 0, c_{2,31} = 0, c_{2,32} = 0$
b_2	$b_{2,1} = 0, b_{2,2} = 0, b_{2,3} = 0, b_{2,4} = 0, b_{2,5} = 0, b_{2,6} = 1, b_{2,7} = 0, b_{2,8} = 0, b_{2,9} = 1,$ $b_{2,10} = 0, b_{2,11} = 1, b_{2,12} = 0, b_{2,14} = 1, b_{2,15} = 0, b_{2,16} = 0, b_{2,17} = 1, b_{2,18} = 0,$ $b_{2,19} = 0, b_{2,20} = 0, b_{2,21} = 1, b_{2,24} = 1, b_{2,25} = 1, b_{2,26} = 0, b_{2,27} = 0, b_{2,28} = 0,$ $b_{2,29} = 0, b_{2,30} = 0, b_{2,31} = 0, b_{2,32} = 0$
a_3	$a_{3,1} = 1, a_{3,2} = 0, a_{3,3} = 1, a_{3,4} = 1, a_{3,5} = 1, a_{3,6} = 1, a_{3,7} = 0, a_{3,8} = 0, a_{3,9} = 1,$ $a_{3,10} = 1, a_{3,11} = 1, a_{3,12} = 1, a_{3,13} = b_{2,13}, a_{3,14} = 1, a_{3,16} = 0, a_{3,17} = 0, a_{3,18} = 0,$ $a_{3,19} = 0, a_{3,20} = 0, a_{3,21} = 1, a_{3,25} = 1, a_{3,26} = 1, a_{3,27} = 0, a_{3,28} = 1, a_{3,29} = 1,$ $a_{3,30} = 1, a_{3,31} = 1, a_{3,32} = 1$
d_3	$d_{3,1} = 0, d_{3,2} = 0, d_{3,7} = 1, d_{3,8} = 0, d_{3,9} = 0, d_{3,13} = 1, d_{3,14} = 0, d_{3,16} = 1,$ $d_{3,17} = 1, d_{3,18} = 1, d_{3,19} = 1, d_{3,20} = 1, d_{3,21} = 1, d_{3,24} = 0, d_{3,31} = 1, d_{3,32} = 0$
c_3	$c_{3,1} = 0, c_{3,2} = 1, c_{3,7} = 1, c_{3,8} = 1, c_{3,9} = 0, c_{3,13} = 0, c_{3,14} = 0, c_{3,15} = d_{3,15},$ $c_{3,17} = 1, c_{3,18} = 0, c_{3,19} = 0, c_{3,20} = 0, c_{3,16} = 1, c_{3,31} = 0, c_{3,32} = 0$
b_3	$b_{3,8} = 0, b_{3,9} = 1, b_{3,13} = 1, b_{3,14} = 0, b_{3,15} = 0, b_{3,16} = 0, b_{3,17} = 0, b_{3,18} = 0,$ $b_{3,20} = 1, b_{3,25} = c_{3,25}, b_{3,26} = c_{3,26}, b_{3,19} = 0, b_{3,31} = 0, b_{3,32} = 0$
a_4	$a_{4,4} = 1, a_{4,8} = 0, a_{4,9} = 0, a_{4,14} = 1, a_{4,15} = 1, a_{4,16} = 1, a_{4,17} = 1, a_{4,18} = 1,$ $a_{4,20} = 1, a_{4,25} = 1, a_{4,26} = 0, a_{4,31} = 1, a_{4,19} = 1, a_{4,32} = 0$
d_4	$d_{4,4} = 1, d_{4,8} = 1, d_{4,9} = 1, d_{4,14} = 1, d_{4,16} = 1, d_{4,17} = 1, d_{4,18} = 1,$ $d_{4,19} = 0, d_{4,20} = 1, d_{4,25} = 0, d_{4,26} = 0, d_{4,30} = 1, d_{4,32} = 0$
c_4	$c_{4,4} = 0, c_{4,16} = 1, c_{4,25} = 1, c_{4,26} = 0, c_{4,30} = 1, c_{4,32} = 0$

续表

c_1	$c_{1,7}=0, c_{1,12}=0, c_{1,20}=0$
b_4	$b_{4,30}=1, b_{4,32}=0$
a_5	$a_{5,4}=b_{4,4}, a_{5,16}=b_{4,16}, a_{5,18}=0, a_{5,32}=0$
d_5	$d_{5,18}=1, d_{5,30}=a_{5,30}, a_{5,32}=0$
c_5	$c_{5,18}=0, c_{5,32}=0$
b_5	$b_{5,32}=0$
a_6-b_6	$a_{6,18}=b_{5,18}, a_{6,32}=0, d_{6,32}=0, c_{6,32}=0, b_{6,32}=c_{6,32}+1$
c_9, b_{12}	$\phi_{34,32}=0, b_{12,32}=d_{12,32}$
$a_{13}-b_{13}$	$a_{13,32}=c_{12,32}, d_{13,32}=b_{12,32}+1, c_{13,32}=a_{13,32}, b_{13,32}=d_{13,32}$
$a_{14}-b_{14}$	$a_{14,32}=c_{13,32}, d_{14,32}=b_{13,32}+1, c_{14,32}=a_{14,32}, b_{14,32}=d_{14,32}$
a_{15}	$a_{15,32}=c_{14,32}$
d_{15}	$d_{15,32}=b_{14,32}$
c_{15}	$c_{15,32}=a_{14,32}$
b_{15}	$b_{15,26}=0, b_{15,32}+d_{15,32}+1$
$aa_0=a_{16}+a_0$	$a_{16,26}=1, a_{16,27}=0, a_{16,32}=c_{15,32}$
$dd_0=d_{16}+d_0$	$dd_{0,26}=0, d_{16,32}=b_{15,32}$
$cc_0=c_{16}+c_0$	$cc_{0,26}=1, cc_{0,27}=0, cc_{0,32}=dd_{0,32}, c_{16,32}=d_{16,32}$
$bb_0=b_{16}+b_0$	$bb_{0,26}=0, bb_{0,27}=0, bb_{0,6}=0, bb_{0,32}=c_{0,32}$

表 13.8 MD5 算法第二个消息分组对应的几乎碰撞路线

步数	消息分组 M_1 对应的第 i 步的输出	w_i	s_i	Δw_i	第 i 步的输出差分	消息分组 M_1' 对应的第 i 步的输出
IV	aa_0, dd_0					$aa_0[32], dd_0[26,32]$
	cc_0, bb_0					$cc_0[-26,27,32], bb_0[26,-32]$
1	a_1	m_0	7		$2^{25}+2^{31}$	$a_1[26,-32]$
2	d_1	m_1	12		$2^5+2^{25}+2^{31}$	$d_1[6,26,-32]$
3	c_1	m_2	17		$2^5+2^{11}+2^{16}+2^{25}+2^{31}$	$c_1[-6,-7,8,-12,13,-17,\cdots,-21,22,-26,27,-32]$
4	b_1	m_3	22		$-2+2^5+2^{25}+2^{31}$	$b_1[2,3,4,-5,-26,27,-32]$
5	a_2	m_4	7	2^{31}	$1+2^6+2^8+2^9+2^{31}$	$a_2[1,-7,8,9,-10,-11,-12,13,32]$
6	d_2	m_5	12		$-2^{16}-2^{20}+2^{31}$	$d_2[17,-18,21,-22,32]$
7	c_2	m_6	17		$-2^6-2^{17}+2^{31}$	$c_2[7,8,9,-10,28,-29,-32]$
8	b_2	m_7	22		$2^{15}-2^{17}-2^{23}+2^{31}$	$b_2[-16,17,-18,24,25,26,-27,-32]$
9	a_3	m_8	7		$1+2^6+2^{31}$	$a_3[-1,2,-7,-8,-9,10,-32]$
10	d_3	m_9	12		$2^{12}+2^{31}$	$d_3[-13,32]$
11	c_3	m_{10}	17		2^{31}	$c_3[-32]$
12	b_3	m_{11}	22	-2^{15}	$-2^7-2^{13}+2^{31}$	$b_3[-8,14,15,16,17,18,19,-20,-32]$
13	a_4	m_{12}	7		$2^{24}+2^{31}$	$a_4[-25,\cdots,-30,31,32]$
14	d_4	m_{13}	12		2^{31}	$d_4[32]$
15	c_4	m_{14}	17	2^{31}	$2^3+2^{15}+2^{31}$	$c_4[4,16,32]$
16	b_4	m_{15}	22		$-2^{29}+2^{31}$	$b_4[-30,32]$
17	a_5	m_1	5		2^{31}	$a_5[32]$
18	d_5	m_6	9		2^{31}	$d_5[32]$
19	c_5	m_{11}	14	-2^{15}	$2^{17}+2^{31}$	$c_5[18,32]$
20	b_5	m_0	20		2^{31}	$b_5[32]$

步数	消息分组 M_1 对应的第 i 步的输出	w_i	s_i	Δw_i	第 i 步的输出差分	消息分组 M_1' 对应的第 i 步的输出
21	a_6	m_5	5		2^{31}	$a_6[32]$
22	d_6	m_{10}	9		2^{31}	$d_6[32]$
23	c_6	m_{15}	14			$c_6[32]$
24	b_6	m_4	20	2^{31}		$b_6[62]$
25	a_7	m_9	5			a_7
26	d_7	m_{14}	9	2^{31}		d_7
27	c_7	m_3	14			c_7
...	...	...	...	...	...	...
34	d_9	m_8	11			d_9
35	c_9	m_{11}	16	-2^{15}	2^{31}	$c_9[*32]$
36	b_9	m_{14}	23	2^{31}	2^{31}	$d_9[*32]$
37	a_{10}	m_1	4		2^{31}	$a_{10}[*32]$
38	d_{10}	m_4	11	2^{31}	2^{31}	$d_{10}[*32]$
39	c_{10}	m_7	16		2^{31}	$c_{10}[*32]$
...	...	...	...	...	...	...
49	a_{13}	m_0	6		2^{31}	$a_{13}[32]$
50	d_{13}	m_7	10		2^{31}	$d_{13}[-32]$
51	c_{13}	m_{14}	15	2^{31}	2^{31}	$c_{13}[32]$
52	b_{13}	m_5	21		2^{31}	$b_{13}[-32]$
...	...	...	...	...	...	...
59	c_{15}	m_6	15		2^{31}	$c_{15}[32]$
60	b_{15}	m_{13}	21		2^{31}	$b_{15}[32]$
61	$a_{16} + aa_0$	m_4	6	2^{31}		$a_{16} + aa_0 = a_{16}' + aa_0'$
62	$d_{16} + dd_0$	m_{11}	10	-2^{15}		$d_{16} + dd_0 = d_{16}' + dd_0'$
63	$c_{16} + cc_0$	m_2	15			$c_{16} + cc_0 = c_{16}' + cc_0'$
64	$b_{16} + bb_0$	m_9	21			$b_{16} + bb_0 = b_{16}' + bb_0'$

表 13.9　保证表 13.8 中差分路线成立的一组充分条件

a_1	$a_{1,6} = 0, a_{1,12} = 0, a_{1,22} = 1, a_{1,27} = 1, a_{1,28} = 0, a_{1,32} = 1$
d_1	$d_{1,2} = 0, d_{1,3} = 0, d_{1,6} = 0, d_{1,7} = a_{1,7}, d_{1,18} = a_{1,18}, d_{1,12} = 1, d_{1,13} = a_{1,13}, d_{1,16} = 0,$ $d_{1,17} = a_{1,17}, d_{1,18} = a_{1,18}, d_{1,19} = a_{1,19}, d_{1,20} = a_{1,20}, d_{1,21} = a_{1,21}, d_{1,22} = 0,$ $d_{1,26} = 0, d_{1,27} = 1, b_{1,28} = 1, d_{1,29} = a_{1,29}, d_{1,30} = a_{1,30}, d_{1,31} = a_{1,31}, d_{1,32} = 1$
c_1	$c_{1,2} = 1, c_{1,3} = 1, c_{1,14} = d_{1,4}, c_{1,15} = d_{1,5}, c_{1,16} = 1, c_{1,7} = 1, c_{1,8} = 0, c_{1,9} = 1, c_{1,12} = 1,$ $c_{1,2} = 1, c_{1,3} = 1, c_{1,14} = d_{1,4}, c_{1,15} = d_{1,5}, c_{1,16} = 1, c_{1,7} = 1, c_{1,8} = 0, c_{1,9} = 1, c_{1,27} = 1,$ $c_{1,28} = 1, c_{1,29} = 1, c_{1,30} = 1, c_{1,31} = 0, c_{1,32} = 1$
b_1	$b_{1,1} = c_{1,1}, b_{1,2} = 0, b_{1,3} = 0, b_{1,4} = 0, b_{1,5} = 1, b_{1,6} = 0, b_{1,7} = 0, b_{1,8} = 0, b_{1,9} = 0,$ $b_{1,10} = c_{1,10}, b_{1,11} = c_{1,11}, b_{1,12} = 0, b_{1,13} = 0, b_{1,17} = 0, b_{1,18} = 0, b_{1,19} = 1, b_{1,20} = 0,$ $b_{1,21} = 0, b_{1,22} = 0, b_{1,26} = 1, b_{1,27} = 0, b_{1,28} = 1, b_{1,29} = 1, b_{1,30} = 1, b_{1,31} = 0, b_{1,32} = 1$
a_2	$a_{2,1} = 0, a_{2,2} = 0, a_{2,3} = 1, a_{2,4} = 0, a_{2,5} = 1, a_{2,6} = 0, a_{2,7} = 1, a_{2,8} = 0, a_{2,9} = 0,$ $a_{2,10} = 0, a_{2,11} = 1, a_{2,12} = 1, a_{2,13} = 0, a_{2,17} = 1, a_{2,18} = 1, a_{2,19} = 0, a_{2,20} = 1,$ $a_{2,21} = 0, a_{2,22} = 1, a_{2,27} = 0, a_{2,28} = 1, a_{2,29} = 0, a_{2,30} = 0, a_{2,31} = 1, a_{2,32} = 0$
d_2	$d_{2,1} = 0, d_{2,2} = 1, d_{2,3} = 1, d_{2,4} = 0, d_{2,5} = 1, d_{2,6} = 0, d_{2,7} = 1, d_{2,8} = 0, d_{2,9} = 0,$ $d_{2,10} = 0, d_{2,11} = 1, d_{2,12} = 1, d_{2,13} = 1, d_{2,17} = 0, d_{2,18} = 1, d_{2,21} = 0, d_{2,22} = 1,$

a_1	$a_{1,6}=0, a_{1,12}=0, a_{1,22}=1, a_{1,27}=1, a_{1,28}=0, a_{1,32}=1$
d_2	$d_{2,26}=0, d_{2,27}=1, d_{2,28}=0, d_{2,29}=0, d_{2,32}=0$
c_2	$c_{2,1}=0, c_{2,7}=0, c_{2,8}=0, c_{2,9}=0, c_{2,10}=1, c_{2,11}=1, c_{2,12}=1, c_{2,13}=1,$ $c_{2,16}=d_{2,16}, c_{2,17}=1, c_{2,18}=0, c_{2,21}=0, c_{2,22}=0, c_{2,24}=d_{2,24}, c_{2,25}=d_{2,25},$ $c_{2,26}=1, c_{2,27}=1, c_{2,28}=0, c_{2,29}=1, c_{2,32}=1$
b_2	$b_{2,1}=0, b_{2,2}=c_{2,2}, b_{2,7}=1, b_{2,8}=1, b_{2,9}=1, b_{2,10}=1, b_{2,16}=1, b_{2,17}=0, b_{2,18}=1,$ $b_{2,21}=1, b_{2,22}=1, b_{2,24}=0, b_{2,25}=0, b_{2,26}=0, b_{2,27}=1, b_{2,28}=0, b_{2,29}=0, b_{2,32}=0$
a_3	$a_{3,1}=1, a_{3,2}=0, a_{3,7}=1, a_{3,8}=1, a_{3,9}=1, a_{3,10}=0, a_{3,13}=b_{2,13}, a_{3,16}=0,$ $a_{3,17}=1, a_{3,18}=0, a_{3,24}=0, a_{3,25}=0, a_{3,26}=0, a_{3,27}=1, a_{3,28}=1, a_{3,29}=1,$ $a_{3,32}=1$
d_3	$d_{3,1}=0, d_{3,2}=0, d_{3,7}=1, d_{3,8}=0, d_{3,9}=1, d_{3,10}=1, d_{3,13}=0, d_{3,16}=1, d_{3,17}=1,$ $d_{3,18}=1, d_{3,19}=0, d_{3,24}=1, d_{3,25}=1, d_{3,26}=1, d_{3,27}=1, d_{3,32}=1$
c_3	$c_{3,1}=1, c_{3,2}=1, c_{3,7}=1, c_{3,8}=1, c_{3,9}=1, c_{3,10}=1, c_{3,13}=0, c_{3,14}=d_{3,14},$ $c_{3,15}=d_{3,15}, c_{3,16}=1, c_{3,17}=1, c_{3,18}=0, c_{3,19}=1, c_{3,20}=d_{3,20}, c_{3,32}=1$
b_3	$b_{3,8}=1, b_{3,13}=1, b_{3,14}=0, b_{3,15}=0, b_{3,16}=0, b_{3,17}=0, b_{3,18}=0, b_{3,19}=0,$ $b_{3,20}=1, b_{3,25}=c_{3,25}, b_{3,26}=c_{3,26}, b_{3,27}=c_{3,27}, b_{3,28}=c_{3,28}, b_{3,29}=c_{3,29},$ $b_{3,30}=c_{3,30}, b_{3,31}=c_{3,31}, b_{3,32}=1$
a_4	$a_{4,4}=1, a_{4,8}=0, a_{4,14}=1, a_{4,15}=1, a_{4,16}=1, a_{4,17}=1, a_{4,18}=1, a_{4,19}=1, a_{4,20}=1,$ $a_{4,25}=0, a_{4,26}=1, a_{4,27}=0, a_{4,26}=1, a_{4,28}=1, a_{4,29}=1, a_{4,30}=1, a_{4,31}=0, a_{4,32}=0$
d_4	$d_{4,4}=1, d_{4,8}=1, d_{4,14}=1, d_{4,15}=1, d_{4,16}=1, d_{4,17}=1, d_{4,18}=1, d_{4,19}=1, d_{4,20}=1,$ $d_{4,25}=1, d_{4,26}=1, d_{4,27}=1, d_{4,28}=1, d_{4,29}=1, d_{4,30}=1, d_{4,31}=0, d_{4,32}=0$
c_4	$c_{4,4}=0, c_{4,16}=0, c_{4,25}=1, c_{4,26}=0, c_{4,27}=1, c_{4,28}=1, c_{4,29}=1, c_{4,30}=1,$ $c_{4,31}=1, c_{4,32}=0$
b_4	$b_{4,30}=1, b_{4,32}=0$
a_5	$a_{5,4}=b_{4,4}, a_{5,16}=b_{4,16}, a_{5,18}=0, a_{5,32}=0$
d_5	$d_{5,18}=1, d_{5,30}=a_{5,30}, a_{5,32}=0$
c_5	$c_{5,18}=0, c_{5,32}=0$
b_5	$b_{5,32}=0$
$a_6 - b_6$	$a_{6,18}=b_{5,18}, a_{6,32}=0, c_{6,32}=0, b_{6,32}=c_{6,32}+1$
c_9, b_{12}	$b_{12,32}=d_{12,32}$
$a_{13} - b_{13}$	$a_{13,32}=c_{12,32}, d_{13,32}=b_{12,32}+1, c_{13,32}=a_{13,32}, b_{13,32}=d_{13,32}$
$a_{14} - b_{14}$	$a_{14,32}=c_{13,32}, d_{14,32}=b_{13,32}, c_{14,32}=a_{14,32}, b_{14,32}=d_{14,32}$
$a_{15} - b_{15}$	$a_{15,32}=c_{14,32}, d_{15,32}=b_{14,32}, c_{15,32}=a_{15,32}, b_{15,32}=d_{15,32}+1$
a_{16}	$a_{16,26}=1, a_{16,32}=c_{15,32}$
d_{16}	$d_{16,26}=1, d_{16,32}=b_{15,32}$
c_{16}	$c_{16,26}=1, c_{16,32}=a_{16,32}$
b_{16}	$b_{16,26}=1$

其中链接变量满足如下关系:

$$b_1' = b_1,$$
$$a_2' = a_2[7, \cdots, 22, -23],$$
$$d_2' = d_2[-7, 24, 32],$$
$$c_2' = c_2[7, \cdots, 11, -12, -24, -25, -26, 27, \cdots, 32, 1, \cdots, 5, -6],$$
$$b_2' = b_2[1, 16, -17, 18, 19, 20, -21, -24].$$

结合 MD5 算法的步操作可知

$$b_2 = c_2 + (b_1 + \Phi_1(c_2, d_2, a_2) + m_7 + t_7) \lll 22,$$
$$b_2' = c_2' + (b_1 + \Phi_1(c_2', d_2', a_2') + m_7 + t_7) \lll 22,$$
$$\Phi_1(c_2, d_2, a_2) = (c_2 \wedge d_2) \vee (\neg c_2 \wedge a_2).$$

为了方便描述分析过程, 记

$$T = b_1 + \Phi_1(c_2, d_2, a_2) + m_7 + t_7,$$
$$T' = b_1 + \Phi_1(c_2', d_2', a_2') + m_7 + t_7.$$

推导条件的过程如下.

(1) 已知 $a_{2,7} = 0$, $d_{2,7} = 1$, $c_{2,7} = 0$, 根据布尔函数 Φ_1 的性质知, $a_{2,7}$, $d_{2,7}$, $c_{2,7}$ 同时取反, 不会改变 T 的取值.

(2) 已知 $a_{2,i} = c_{2,i} = 0$ ($i = 8, 9, 10, 11$), 根据布尔函数 Φ_1 的性质知, 条件 $d_{2,i} = 0$ 保证当 $a_{2,i}$ 和 $c_{2,i}$ ($i = 8, 9, 10, 11$) 同时取反时, 不会改变 T 的取值.

(3) 已知 $a_{2,12} = 0$, $c_{2,12} = 1$, 根据布尔函数 Φ_1 的性质知, 条件 $d_{2,12} = 0$ 保证当 $a_{2,12}$ 和 $c_{2,12}$ 同时取反时, $\Phi_1(c_2, d_2, a_2)$ 的第 12 比特的值取 0, $\Phi_1(c_2', d_2', a_2')$ 的第 12 比特的值取 1.

(4) 根据布尔函数 Φ_1 的性质知, 条件 $c_{2,i} = 1$ 保证当 $a_{2,i}$ ($i = 13, 14, 15, 16, 18, \cdots, 23$) 取反时, 不会改变 T 的取值.

(5) 已知 $a_{2,17} = 0$, 根据布尔函数 Φ_1 的性质知, 条件 $c_{2,17} = 0$ 保证当 $a_{2,17}$ 取反时, $\Phi_1(c_2, d_2, a_2)$ 的第 17 比特的值取 0, $\Phi_1(c_2', d_2', a_2')$ 的第 17 比特的值取 1.

(6) 已知 $d_{2,24} = 0$, $c_{2,24} = 1$, 根据布尔函数 Φ_1 的性质知, 条件 $a_{2,24} = 0$ 保证当 $d_{2,24}$ 和 $c_{2,24}$ 同时取反时, 不会改变 T 的取值.

(7) 根据布尔函数 Φ_1 的性质知, 条件 $d_{2,i} = a_{2,i}$ 保证当 $c_{2,i}$ ($i = 1, 2, 4, 5, 25, 27, 29, 30, 31$) 取反时, 不会改变 T 的取值.

(8) 已知 $c_{2,26} = 1$, 根据布尔函数 Φ_1 的性质知, 条件 $d_{2,26} = 1$, $a_{2,26} = 0$ 保证当 $c_{2,26}$ 取反时, $\Phi_1(c_2, d_2, a_2)$ 的第 26 比特的值取 1, $\Phi_1(c_2', d_2', a_2')$ 的第 26 比特的值取 0.

(9) 已知 $c_{2,28} = 0$, 根据布尔函数 Φ_1 的性质知, 条件 $d_{2,28} = 0$, $a_{2,28} = 1$ 保证当 $c_{2,28}$ 取反时, $\Phi_1(c_2, d_2, a_2)$ 的第 28 比特的值取 1, $\Phi_1(c_2', d_2', a_2')$ 的第 28 比特的值取 0.

(10) 已知 $c_{2,3} = 0$, 根据布尔函数 Φ_1 的性质知, 条件 $d_{2,3} = 0$, $a_{2,3} = 1$ 保证当 $c_{2,3}$ 取反时, $\Phi_1(c_2, d_2, a_2)$ 的第 3 比特的值取 1, $\Phi_1(c_2', d_2', a_2')$ 的第 3 比特的值取 0.

(11) 已知 $c_{2,6} = 1$, 根据布尔函数 Φ_1 的性质知, 条件 $d_{2,6} = 0$, $a_{2,6} = 1$ 保证当 $c_{2,6}$ 取反时, $\Phi_1(c_2, d_2, a_2)$ 的第 6 比特的值取 0, $\Phi_1(c_2', d_2', a_2')$ 的第 6 比特的值取 1.

(12) 已知 $d_{2,32} = 0$, $c_{2,32} = 0$, 根据布尔函数 Φ_1 的性质知, 条件 $a_{2,32} = 1$ 保证当 $d_{2,32}$ 和 $c_{2,32}$ 同时取反时, 不会改变 T 的取值.

综上可知, 在加了上面的条件之后, 我们可以得到

$$\Delta T = T' - T = -2^2 + 2^5 + 2^{11} + 2^{16} - 2^{25} - 2^{27}.$$

又因为已知

$$c' - c = -1 - 2^6 + 2^{23} - 2^{27},$$

若假设

$$(T' \lll 22) - (T \lll 22) = (-2^2 + 2^5 + 2^{11} + 2^{16} - 2^{25} - 2^{27}) \lll 22$$
$$= -2^{24} + 2^{27} + 2 + 2^6 - 2^{15} - 2^{17},$$

则可得到

$$b_2' - b_2 = (c_2' - c_2) + (-2^{24} + 2^{27} + 2 + 2^6 - 2^{15} - 2^{17}) = 1 - 2^{15} - 2^{17} - 2^{23}.$$

从而结合条件 $b_{2,i} = 1$ $(i = 17, 21, 24)$, $b_{2,i} = 0$ $(i = 1, 16, 18, 19, 20)$, 可得

$$b_2' = b_2[1, 16, -17, 18, 19, 20, -21, -24].$$

记 $C_1 = -2^{24} + 2^{27} + 2 + 2^6 - 2^{15} - 2^{17}$, 接下来讨论上面的假设 $(T' \lll 22) - (T \lll 22) = C_1$ 成立的充分条件. 记 $C_0 = \Delta T = -2^2 + 2^5 + 2^{11} + 2^{16} - 2^{25} - 2^{27}$, 则问题转化为求 $(T + C_0) \lll 22 = (T \lll 22) + C_1$ 成立的充分条件.

令 $T_{[j\sim i]}$ $([C_0]_{[j\sim i]}, [C_1]_{[j\sim i]})$ 表示取出 T (C_0, C_1) 的第 i 比特到第 j $(j > i)$ 比特组成的数. 记

$$R_0 = T_{[32\sim 11]} + [C_0]_{[32\sim 11]} + \text{carry}_0,$$

$$R_1 = T_{[10\sim 1]} + [C_0]_{[10\sim 1]},$$

其中 carry_0 表示计算 $(T + C_0) \lll 22$ 时, 第 10 位向第 11 位的进位, $\text{carry}_0 = 0$ 表示无进位, $\text{carry}_0 = 1$ 表示有进位, 则

$$(T + C_0) \lll 22 = R_1 || R_0,$$

即 $(T + C_0) \lll 22$ 由 R_1 和 R_0 级联而成.

记

$$R_0' = T_{[32\sim 11]} + [C_1]_{[23\sim 1]},$$

$$R'_1 = T_{[10\sim 1]} + [C_1]_{[32\sim 23]} + \mathrm{carry}_1,$$

其中 carry_1 表示计算 $(T \lll 22) + C_1$ 时, 第 22 位向第 23 位的进位, $\mathrm{carry}_1 = 0$ 表示无进位, $\mathrm{carry}_1 = 1$ 表示有进位, 则

$$(T \lll 22) + C_1 = R'_1 \| R'_0.$$

从而 $(T + C_0) \lll 22 = (T \lll 22) + C_1$ 等价于 $R'_0 = R_0$ 且 $R'_1 = R_1$, 即

$$T_{[32\sim 11]} + [C_0]_{[32\sim 11]} + \mathrm{carry}_0 = T_{[32\sim 11]} + [C_1]_{[23\sim 1]},$$

且

$$T_{[10\sim 1]} + [C_0]_{[10\sim 1]} = T_{[10\sim 1]} + [C_1]_{[32\sim 23]} + \mathrm{carry}_1.$$

因为 C_0 和 C_1 都是已知的数, 所以可以分类讨论如下.

(1) 若 $[C_0]_{[32\sim 11]} = [C_1]_{[23\sim 1]}$ 且 $[C_0]_{[10\sim 1]} = [C_1]_{[32\sim 23]}$, 则 T 取合适的值, 使得 $\mathrm{carry}_0 = 0$ 且 $\mathrm{carry}_1 = 0$.

(2) 若 $[C_0]_{[32\sim 11]} + 1 = [C_1]_{[23\sim 1]}$ 且 $[C_0]_{[10\sim 1]} = [C_1]_{[32\sim 23]}$, 则 T 取合适的值, 使得 $\mathrm{carry}_0 = 1$ 且 $\mathrm{carry}_1 = 0$.

(3) 若 $[C_0]_{[32\sim 11]} = [C_1]_{[23\sim 1]}$ 且 $[C_0]_{[10\sim 1]} = [C_1]_{[32\sim 23]} + 1$, 则 T 取合适的值, 使得 $\mathrm{carry}_0 = 0$ 且 $\mathrm{carry}_1 = 1$.

(4) 若 $[C_0]_{[32\sim 11]} + 1 = [C_1]_{[23\sim 1]}$ 且 $[C_0]_{[10\sim 1]} = [C_1]_{[32\sim 23]} + 1$, 则 T 取合适的值, 使得 $\mathrm{carry}_0 = 1$ 且 $\mathrm{carry}_1 = 1$.

(5) 若 C_0 和 C_1 不满足上面任何一种关系, 则说明 $(T + C_0) \lll 22 = (T \lll 22) + C_1$ 不成立, 需要重新选择 $C_1 = (T' \lll 22) - (T \lll 22)$ 的值, 即调整碰撞路线中 Δb_2 的取值.

在上面的第 1 种到第 4 种情况中, 对 T 取值的要求可通过选择合适的消息字 m_7 来满足.

综上, 我们推导出了一组保证碰撞路线的第 8 步成立的充分条件, 这些条件可以保证 b_2 和 b'_2 的模减差分和异或差分均成立.

表 13.10 给出了 MD5 算法的一组碰撞.

13.5.2.4　MD5 等算法的碰撞攻击在实际中的影响

基于王小云对 MD5 的碰撞攻击方法, Stevens[212] 于 2007 年给出了对 MD5 算法在选择前缀下的实际碰撞攻击. 2009 年, Stevens 等 [213] 又将选择前缀的 MD5 碰撞攻击结果用于伪造 X.509 数字证书, 该伪造的中间节点证书能够通过合法服务器的认证, 这对实际应用安全造成了直接的威胁. 2012 年 5 月, 被俄罗斯专家发现的火焰病毒就是基于王小云的 MD5 的碰撞差分路线伪造的数字证书. 火焰病毒的出现并且在实际应用中伪造了相同签名的两个不同证书, 说明了 MD5 碰撞攻击已经开始实际应用, 宣告了 MD5 算法已经彻底不安全了.

表 13.10 MD5 算法的两个碰撞

M_0	2dd31d1 c4eee6c5 69a3d69 5cf9af98 87b5ca2f ab7e4612 3e580440 897ffbb8
	634ad55 2b3f409 8388e483 5a417125 e8255108 9fc9cdf7 f2bd1dd9 5b3c3780
M_1	d11d0b96 9c7b41dc f497d8e4 d555655a c79a7335 cfdef0 66f12930 8fb109d1
	797f2775 eb5cd530 baade822 5c15cc79 ddcb74ed 6dd355f d80a9bb1 e3a7cc35
M_0'	2dd31d1 c4eee6c5 69a3d69 5cf9af98 7b5ca2f ab7e4612 3e580440 897ffbb8
	634ad55 2b3f409 8388e483 5a41f125 e8255108 9fc9cdf7 72bd1dd9 5b3c3780
M_1'	d11d0b96 9c7b41dc f497d8e4 d555655a 479a7335 cfdebf0 66f12930 8fb109d1
	797f2775 eb5cd530 baade822 5c154c79 ddcb74ed 6dd3c55f 580a9bb1 e3a7cc35
H	9603161f a30f9dbf 9f65ffbc f41fc7ef
H^*	a4c0d35c 95a63a80 5915367d cfe6b751
M_0	2dd31d1 c4eee6c5 69a3d69 5cf9af98 87b5ca2f ab7e4612 3e580440 897ffbb8
	634ad55 2b3f409 8388e483 5a417125 e8255108 9fc9cdf7 f2bd1dd9 5b3c3780
M_1	313e82d8 5b8f3456 d4ac6dae c619c936 b4e253dd fd03da87 6633902 a0cd48d2
	42339fe9 e87e570f 70b654ce 1e0da880 bc2198c6 9383a8b6 2b65f996 702af76f
M_0'	2dd31d1 c4eee6c5 69a3d69 5cf9af98 7b5ca2f ab7e4612 3e580440 897ffbb8
	634ad55 2b3f409 8388e483 5a41f125 e8255108 9fc9cdf7 72bd1dd9 5b3c3780
M_1'	313e82d8 5b8f3456 d4ac6dae c619c936 34e253dd fd03da87 6633902 a0cd48d2
	42339fe9 e87e570f 70b654ce 1e0d2880 bc2198c6 9383a8b6 ab65f996 702af76f
H	8d5e7019 61804e08 715d6b58 6324c015
H^*	79054025 255fb1a2 6e4bc422 aef54eb4

注 不进行消息填充、采用小端排序的输出值记为 H. 进行消息填充、采用大端排序的输出值记为 H^*.

X.509 证书以及伪造 X.509 证书的过程简述如下. X.509 证书, 也称为公钥证书, 是 SSL/TLS 握手协议进行身份认证依赖的通用实体. 只有当身份认证成功时才会协商密钥并进行应用数据加密传输. X.509 证书标准包含在 X.509 标准中, 并且由 ITU-T(国际电信联盟) 来制定. 当我们进行 SSL 身份认证时使用的是 X.509 公钥证书. 下面是一个 X.509 证书:

版本号
序列号
签名算法标识符
发布者
有效期
主体名称
主体公钥信息
CA 签名

一个可信的证书机关 (CA) 给每个用户分配一个唯一的名字并签发一个包含名字和用户公开密钥的 X.509 证书. 其中版本字段用于识别证书格式. 序列号在 CA 中是唯一的. 签名算法标识符标识了用来对证书签名的算法及其所需的参数.

发布者为 CA 的名称. 有效期是一对日期, 证书在这段日期内有效. 主体为用户名. 主体公钥信息包括算法名称、需要的参数和公开密钥. 最后一个字段为 CA 的签名.

研究者可以构造出不同公开密钥的、CA 签名相同的 X.509 证书, 这样构造的两个数字证书的公开密钥的前面字段 (包括主题名称) 必须是相同的, 这意味着在实际应用中, 这对数字证书带来的威胁是有限的. 王小云等学者提出来利用生日攻击与比特追踪法相结合的方法, 来构造各域 (包括主体域) 不同且 CA 签名相同的 X.509 数字证书, 这给基于 MD5 的数字证书带来致命威胁. 构造思路是: 首先使用生日攻击的方法, 找到一对明文, 在标准初始值 CV_0 下, 得到一对符合特殊条件的输出值, 输出差分满足 $\Delta a = 0$, $\Delta b = \Delta c = \Delta d$, 这对输出值作为下一个消息分组的输入, 最后使用比特追踪法可以生成碰撞. 随后, Marc Stevens 等采用了王小云教授的思路, 并且在 "HashClash" 项目中找出了实际碰撞, 得到了一个具有重要意义的结果, 接下来我们来简要阐述一下该攻击的思路:

首先考虑任意两个消息 M_1 和 M_2, 且 $M_1 \neq M_2$, 把这两个消息作为输入分别经过 MD5 运算, 很显然得到的输出值是以接近 1 的概率不相等的, 即 $\mathrm{MD}_5(\mathrm{CV}_0, M_1) \neq \mathrm{MD}_5(\mathrm{CV}_0, M_2)$, 也就是说输出值不会产生碰撞. 令 $\mathrm{CV}_1 = \mathrm{MD}_5(\mathrm{CV}_0, M_1)$, $\mathrm{CV}_2 = \mathrm{MD}_5(\mathrm{CV}_0, M_2)$ 作为下一个消息分组的输入.

接下来利用生日攻击寻找 M_3, M_4, 使得

$$(a_1, b_1, c_1, d_1) = \mathrm{MD}_5(\mathrm{CV}_1, M_3),$$

$$(a_2, b_2, c_2, d_2) = \mathrm{MD}_5(\mathrm{CV}_2, M_4),$$

$$(\Delta a, \Delta b, \Delta c, \Delta d) = (a_1 - a_2, b_1 - b_2, c_1 - c_2, d_1 - d_2),$$

$$\Delta a = 0, \qquad \Delta b = \Delta c = \Delta d.$$

使用比特追踪法, 根据上一步的结果 $\Delta a = 0$, $\Delta b = \Delta c = \Delta d$, 不妨设

$$\Delta b = x + 2^2 - 2^{24} + 2^{26}, \quad \Delta c = x + 2^2 - 2^{24} + 2^{26}, \quad \Delta d = x + 2^2 - 2^{24} + 2^{26},$$

选择 $\Delta M = (0,0,0,0,0,0,0,0,0,0,0,-2^{16},0,0,0,0)$, 根据 MD5 的算法描述可以知道, 在第 36 步到第 61 步不会出现 m_{11}, 其中间隔达到了 25 步, 并且避开了第 3 轮. 最为重要的是 m_{11} 的差分在最后三步中不会造成较大的扩散, 并且只要少数的条件就可以保证 $\Delta d_{16}, \Delta c_{16}, \Delta b_{16}$ 的值为 -2^{26}, 从而输出差分 (下一个消息分组的输入差分) 为

$$\Delta a^{'} = 0,$$
$$\Delta b^{'} = \Delta b + \Delta b_{16} = x + 2^2 - 2^{24} + 2^{26} - 2^{26} = x + 2^2 - 2^{24},$$
$$\Delta c^{'} = \Delta c + \Delta c_{16} = x + 2^2 - 2^{24} + 2^{26} - 2^{26} = x + 2^2 - 2^{24},$$
$$\Delta d^{'} = \Delta d + \Delta d_{16} = x + 2^2 - 2^{24} + 2^{26} - 2^{26} = x + 2^2 - 2^{24}.$$

可以很明显地观察出经过这个消息分组得到的输出差分比原来的结果更向碰撞近了一步, 这样压缩 8 个消息分组后就可以得到最终的碰撞.

第13章课件
参考资料

第13章视频
参考资料

第 14 章

消息认证码的安全性分析概述

本章主要讨论消息认证码 (Message Authentication Code, MAC) 的安全性. 消息认证码与对称加密算法的相似之处是, 消息的接收方和发送方共享同一个密钥; 不同之处是, 二者的安全属性不同, 消息认证码主要为消息来源和消息内容提供认证, 不保障消息的机密性, 即消息内容是公开的. 消息认证码的安全性分析也受到了对称加密算法的影响, 本章将简要介绍几种伪造攻击, 并以缩减轮的 Keccak-MAC 为例, 介绍密钥恢复攻击.

14.1 消息认证码概述

消息认证码又称为消息鉴别码, 用来对数据源进行认证以及对消息进行完整性校验. 其中, 对数据源进行认证是指认证消息确实是由所声明的用户生成并发送的; 而对消息进行完整性校验是指验证消息在传送或存储过程中未被篡改.

消息认证码一般包括以下三个算法:

(1) 密钥生成算法 Gen (Key Generation Algorithm): 产生一个均匀随机的 k 比特的密钥, $K \leftarrow \text{Gen}(\{0,1\}^k)$;

(2) 标签生成算法 MAC (Tag Generation Algorithm): 以密钥 K 和消息 M 为输入, 产生消息的标签 $t = \text{MAC}(K, M)$;

(3) 标签验证算法 Verf (Tag Verifying Algorithm): 以密钥 K、消息 M 以及标签 t 为输入, 若 $\text{Verf}(K, M, t) = 1$, 则判定该消息是由共享密钥的持有者发送的, 且在传输过程中没有被篡改.

图 14.1 给出了一种常见的消息认证码形式:

(i) 发送方和接收方由密钥生成算法生成共享密钥 K;

(ii) 发送方 A 利用 K 计算消息 M 的标签 $t = \text{MAC}(K, M)$, 并将 (M, t) 通过公开信道发送给接收方 B;

(iii) 接收方 B 收到后, 用事先共享的密钥 K, 自行计算出消息 M 的标签 t', 若 $t = t'$, 则认为 M 是由 A 发送的, 且在传输过程中没有被篡改.

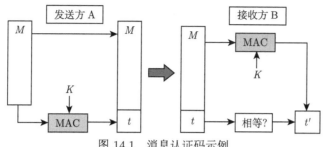

图 14.1 消息认证码示例

可见, 为保证认证性, 对消息认证码的最基本安全要求为: 已知密钥 K 和消息 M, 可以有效地计算标签值 t, 但对于不知道密钥 K 的人, 无法生成满足 $\mathrm{Verf}(K, M, t) = 1$ 的 (M, t). 消息认证码可以通过其他基础密码算法来构造, 比如基于密码杂凑函数构造的 HMAC[214] 等, 基于分组密码构造的 CMAC[107] 等. 还有一些非常高效的消息认证码是基于 Universal Hashing 来构造的, 如 UMAC[215] 等.

14.2 消息认证码的伪造攻击

本节通过几个例子来简要介绍 1.2 节提到的三种伪造攻击.

14.2.1 R-型区分攻击和存在性伪造

我们以基于 MD 结构的杂凑函数的密钥前缀的消息认证码为例, 说明生日攻击和长度扩展攻击对 R-型区分攻击及存在性伪造的影响.

此节假设密钥前缀的消息认证码的标签值按如下方式进行计算:

对共享密钥 K 和某 MD 结构的杂凑函数 H, $\mathrm{MAC}(K, M) = H(K \parallel M)$, 即直接将密钥填充在消息的前面作为杂凑函数的输入, 得到的杂凑值作为标签 t.

设杂凑值的长度为 n 比特, 密钥前缀的消息认证码的 R-型区分攻击 (判断 MAC 算法不论是随机函数还是 $H(K \parallel M)$ 可按如下步骤进行:

(1) 随机选取 $O(2^{\frac{n}{2}})$ 个 M, 并获得相应的 $O(2^{\frac{n}{2}})$ 个标签值. 根据生日攻击, 标签值中以高概率找到一对碰撞 $\mathrm{MAC}(K, M_i) = \mathrm{MAC}(K, M_j)$.

(2) 随机选取消息 P, 并获得消息 $M_i \parallel \mathrm{pad}_{M_i} \parallel P$ 和 $M_j \parallel \mathrm{pad}_{M_j} \parallel P$ 对应的标签值 t_i 和 t_j. 其中, pad_M 为计算 $H(K \parallel M)$ 时的填充信息.

(3) 若 $t_i = t_j$, 则判定为密钥前缀的消息认证码; 否则, 判定为随机函数.

在以上过程中, 进行区分的关键即利用了 MD 结构的杂凑函数 H 易于进行长度扩展或构造二次碰撞的特性, 若在中间链接变量 $H(K \parallel M)$ 处发生碰撞, 则后面再级联相同的消息仍保持碰撞. 很多迭代型的消息认证码算法也具有类似属性, 如 HMAC 算法. 该 R-型区分攻击与具体杂凑函数的选取无关, 从而, 对该类 MAC 算法 R-型区分攻击的复杂度上界为 $2^{n/2}$.

类似地, 标签值的计算可在中间链接变量的取值的基础上进行, 断开与密钥 K 的联系. 例如, 密钥前缀的消息认证码的存在性伪造可按如下步骤进行:

(1) 随机选取 $O(2^{\frac{n}{2}})$ 个 M, 并获得相应的 $O(2^{\frac{n}{2}})$ 个标签值 $H(K \parallel M)$. 根据生日攻击, 标签值中以高概率找到一对碰撞 $H(K \parallel M_i) = H(K \parallel M_j)$.

(2) 随机选取消息 P, 并获得消息 $M_i \parallel \mathrm{pad}_{M_i} \parallel P$ 对应的标签值 t_i.

(3) 输出 $(M_j \parallel \mathrm{pad}_{M_j} \parallel P, t_i)$.

根据

$$t_j = H(K \parallel M_j \parallel \mathrm{pad}_{M_j} \parallel P) = H(K \parallel M_i \parallel \mathrm{pad}_{M_i} \parallel P) = t_i,$$

可得 $\mathrm{Verf}(K, M_j \parallel \mathrm{pad}_{M_j} \parallel P, t_i) = 1$, 伪造成功.

练习 14.1　若将消息的比特长度 L_M 填充在消息前面, 即 $\mathrm{MAC}(K, M) = H(K \parallel L_M \parallel M)$, 对以上攻击有何影响? (提示: 最终标签值的碰撞是由中间链接变量的碰撞导致的.)

14.2.2　选择性伪造

在存在性伪造中, 敌手输出的 (M, t) 中的消息 M 是根据生日攻击得出的, 不能事先确定. 若对一个事先定好的消息 M, 敌手能够构造 (M, t), 满足 $\mathrm{Verf}(M, t) = 1$, 则是选择性伪造, 即在与 MAC 算法交互之前, 要伪造的消息已经定好了.

以基于分组密码算法 DES 的 CBC 工作模式构造的数据认证算法 (DAA) 为例, 说明选择性伪造. 标签 $\mathrm{DAA}(K, M)$ 的计算如图 14.2 所示, 将输入消息 M 按 64 比特进行分组, 最后的分组若不满 64 比特, 则用 0 填充, 得到 N 个消息块 $(D_1, \cdots, D_N)$, 每个消息块按 CBC 工作模式, 在密钥 K 的作用下, 依次得到 $(O_1, \cdots, O_N)$, 截取 O_N 的 l $(16 \leqslant l \leqslant 64)$ 比特作为标签值 t 输出. 需要注意的是, 与 CBC 工作模式不同, 消息认证码计算过程的中间结果 $(O_1, \cdots, O_{N-1})$ 不输出.

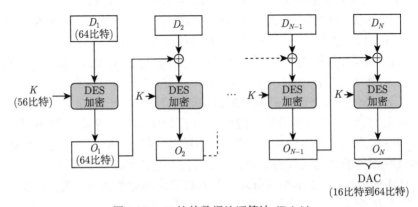

图 14.2　64 比特数据认证算法 (DAA)

若 DAA 算法可以处理可变长度的消息, 则可进行选择性伪造. 以直接将 64 比特的 O_N 作为标签为例, 说明选择性伪造的具体过程:

(1) 事先固定 128 比特的消息 $D_1 \parallel D_2$;

(2) 选取消息 D_1, 并获得对应的标签值 $t_1 = \mathrm{DAA}(K, D_1) = O_1$;

(3) 随机选取消息 D_1', 并获得对应的标签值 $t_1' = \mathrm{DAA}(K, D_1') = O_1'$;

(4) 选取消息 $D_2' = O_1 \oplus O_1' \oplus D_2$, 并获得对应的标签值 $t_2' = \mathrm{DAA}(K, D_1' \parallel D_2') = O_2'$;

(5) 输出 $(D_1 \parallel D_2, O_2')$.

根据

$$\mathrm{DAA}(K, D_1 \parallel D_2) = \mathrm{DES}(K, D_2 \oplus \mathrm{DES}(K, D_1))$$
$$= \mathrm{DES}(K, D_2 \oplus O_1) = \mathrm{DES}(K, D_2' \oplus O_1') = O_2',$$

可得 $\mathrm{Verf}(K, D_1 \parallel D_2, O_2') = 1$, 伪造成功.

因此, 采用 DAA 算法时, 只能处理固定长度的消息, 即消息长度不能变化, 现在该算法已被 CMAC 算法所取代.

练习 14.2 设 H 为某一输出长度是 n 比特的杂凑函数, E 为分组长度是 n 比特的分组加密算法, 构造消息认证码算法 $\mathrm{MAC}(K, M) = E(K, H(M))$. 请尝试对该算法进行伪造攻击, 并分析复杂度.

14.2.3 通用性伪造

仍以 14.2.1 节所述的密钥前缀的消息认证码 $\mathrm{MAC}(K, M) = H_{\mathrm{IV}}(K \parallel M)$ (IV 为杂凑函数的初始链接变量) 为例, 简要说明通用性伪造.

设杂凑函数 H 的压缩函数处理的消息分块的长度为 n 比特, 即将任意长度的消息按 n 比特分块后, 再进行压缩, 且用于 $\mathrm{MAC}(K, M)$ 时, 先将密钥 K 填充为 n 比特, 再级联消息 M, 那么我们可尝试恢复等价密钥 $\tilde{K} = H(K)$, 即得到中间链接变量的值, 则无需知道 K, 即可计算任意消息 M 的杂凑值 $H_{\tilde{K}}(M)$, 且

$$\mathrm{MAC}(K, M) = H_{\mathrm{IV}}(K \parallel M) = H_{\tilde{K}}(M).$$

通过验证, 从而伪造成功.

练习 14.3 设压缩函数 $f : \{0,1\}^{2n} \to \{0,1\}^n$ 满足抗碰撞性. 对任意长度的消息 m, 基于压缩函数 f 构造杂凑函数 $H : \{0,1\}^* \to \{0,1\}^n$ 如下:

(1) 在 m 后填充 1 比特 "1", 然后填充足够多的 "0", 使得填充后的消息 m' 的长度为 n 的 l 倍, 即 $m' = m_0 \parallel m_1 \parallel \cdots \parallel m_{l-1}$.

(2) 令 b 为填充后消息分块数 l 的 n 比特的二进制表示.

(3) 计算 $H_1 = f(m_0, 0)$, $H_{i+1} = f(m_i, H_i)(1 \leqslant i \leqslant l-1)$, $H(m) = f(b, H_l)$.

设 k 为 n 比特的密钥, 请分析以下三种 MAC 算法的安全性:

(i) $\mathrm{MAC}_k(m) = H(k \parallel m) \oplus H(m)$;

(ii) $\mathrm{MAC}_k(m) = H(m \parallel k) \oplus k$;

(iii) $\mathrm{MAC}_k(m) = H(k \parallel m) \oplus k$.

14.3　消息认证码的密钥恢复攻击 *

密钥恢复攻击是攻击者试图恢复消息认证码的密钥. 通常, 这意味着攻击者拥有一对或多对的消息和相应的消息摘要 (MAC 码). Keccak-MAC 是基于 Keccak 置换函数构造的 MAC 算法, 对该算法的密钥恢复攻击结果主要利用条件立方攻击技术 [216-218]. 该技术首次在 EUROCRYPT 2017 上由王小云院士团队提出 [216], 在 ASIACRYPT 2017 和 ASIACRYPT 2018 上密码学者基于混合整数线性规划模型对条件立方攻击进行自动化分析建模 [218, 219], 显著提升了条件立方攻击的效率.

针对缩减轮的 Keccak-MAC 的密钥恢复攻击, 条件立方攻击是利用比特条件控制消息认证码 Keccak-MAC 输出代数表达式的代数次数. 首先, 将 Keccak-MAC 的输入变量划分为两类.

(1) 条件立方变量: 该变量在 Keccak-MAC 第二轮运算后不与任何变量相乘.

(2) 普通立方变量: 该变量在 Keccak-MAC 第一轮运算后不与任何变量相乘, 在第二轮运算后不与条件立方变量相乘.

由于 Keccak-MAC 轮函数是 Keccak 轮函数, 其次数是 2, 因此可以得到如下结论: 对于 $n+2$ 轮的 Keccak, 如果有 p 个条件立方变量 $v_1, \cdots, v_p$ 和 $q = 2^{n+1} - 2p + 1$ 个普通立方变量 $u_1, \cdots, u_q$ (当 $q = 0$ 时, 令 $p = 2^n + 1$), 那么单项式 $v_1 v_2 \cdots v_p u_1 \cdots u_q$ 将不会出现在 $n+2$ 轮 Keccak 输出多项式中.

该结论的证明也比较简单, 令 $X_1, \cdots, X_s$ 是第二轮的输出多项式中的单项式, 并且均包含 v_i $(i = 1, \cdots, p)$. 根据条件立方变量的定义, X_j 的次数是 1. 类似地, 令 $Y_1, \cdots, Y_t$ 是第二轮输出多项式中的单项式, 其均包含 u_i $(i = 1, \cdots, q)$. 那么, 根据普通立方变量的定义, Y_j 的次数至多为 2, 且跟 v_i $(i = 1, \cdots, p)$ 无关. 对于 n 轮 Keccak 的输出多项式, 其中次数最高的单项式具有如下形式:

$$T_{n+2} = X_{i_1} X_{i_2} \cdots X_{i_k} Y_{j_1} Y_{j_2} \cdots Y_{j_h},$$

其中, $k + h = 2^n$. 这意味着, 至多有 k 个不同的 v_i 和 $2h$ 个不同的 u_j 可以出现在 T_{n+2} 中. 当 T_{n+2} 被 $v_1 v_2 \cdots v_p u_1 \cdots u_q$ 整除时, 我们将得到 $k \geqslant p$, $2h \geqslant q+1$ (由于 q 是奇数), 进而得到

$$k + h \geqslant p + \frac{q+1}{2} = p + 2^n - p + 1 > 2^n,$$

显然这是不可能成立的, 因为 n 轮的 Keccak, 其输出多项式次数至多为 2^n.

14.3.1 5 轮 Keccak-MAC-512 的密钥恢复

Keccak 置换函数是基于 1600 比特的状态, 并排列成 3 维立体数组, 用 $A[x][y][z]$ 表示状态 A 中位于坐标 x, y, z 上的比特, 其中 $0 \leqslant x \leqslant 4$, $0 \leqslant y \leqslant 4$, $0 \leqslant z \leqslant 63$. 对于 Keccak-MAC-512 来说, 消息只能放置在 $1600 - 2 \times 512 = 576$ 比特位置上. 如表 14.1, 一个条件立方变量和 15 个普通立方变量, 另外还有 4 个比特条件. 当比特条件成立的时候, 第二轮普通立方变量将与条件立方变量不相乘; 但是如果比特条件不满足, 那么第二轮两种变量将相乘. 根据上面的分析, 当条件满足时, 5 轮的输出表达式代数次数将只有 15 次; 而当条件不满足时, 5 轮的输出表达式代数次数将可能是 16 次, 即 $v_0 v_1 \cdots v_{15}$ 将以高概率出现在输出表达式中. 而 4 个比特条件涉及了 2 个密钥比特 $(k_{60}, k_5 + k_{69})$, 因此只有当密钥猜测正确的时候, 比特条件才能设置正确, 进而导致 5 输出次数为 15, 否则将以很高的概率是 16 次. 针对每次猜测密钥, 而检验这个项 $v_0 v_1 \cdots v_{15}$ 存不存在只需要对其计算立方和集合 (Cube Sum), 即

$$\sum_{(v_0, v_1, \cdots, v_{15}) \in \mathbb{F}_2^{16}} \text{Keccak-MAC}(v_0, v_1, \cdots, v_{15}),$$

其复杂度为 2^{16}. 由于需要猜测 2 比特密钥, 总的复杂度为 2^{18} 来恢复这 2 比特密钥. 其他密钥也可以通过构造类似的攻击来恢复.

表 14.1 五轮 Keccak-MAC-512 的攻击参数

普通立方变量
$A[2][0][8] = A[2][1][8] = v_1, A[2][0][12] = A[2][1][12] = v_2, A[2][0][20] = A[2][1][20] = v_3,$
$A[2][0][28] = A[2][1][28] = v_4, A[2][0][41] = A[2][1][41] = v_5, A[2][0][43] = A[2][1][43] = v_6,$
$A[2][0][45] = A[2][1][45] = v_7, A[2][0][53] = A[2][1][53] = v_8, A[2][0][62] = A[2][1][62] = v_9,$
$A[3][0][3] = A[3][1][3] = v_{10}, A[3][0][4] = A[3][1][4] = v_{11}, A[3][0][9] = A[3][1][9] = v_{12},$
$A[3][0][13] = A[3][1][13] = v_{13}, A[3][0][23] = A[3][1][23] = v_{14}, A[3][0][30] = A[3][1][30] = v_{15}$
条件立方变量
$A[2][0][0] = A[2][1][0] = v_0$
比特条件
$A[4][0][44] = 0, A[2][0][4] = k_5 + k_{69} + A[0][1][5] + A[2][1][4] + 1,$
$A[2][0][59] = k_{60} + A[0][1][60] + A[2][1][59] + 1,$
$A[2][0][7] = A[4][0][6] + A[2][1][7] + A[3][1][7]$
密钥猜测
$k_{60}, \ k_5 + k_{69}$

第 15 章

侧信道分析概述

　　传统的密码分析方法将密码算法视为一种理想而抽象的数学变换, 并假设除明密文和密码算法外, 攻击者不能获取其他信息. 传统的密码分析方法, 主要关注密码算法的设计安全, 通过分析密码算法的输入与输出, 利用强力攻击和数学分析等方法进行密码分析. 而现实场景中, 密码算法的实现依赖于物理设备平台, 即密码芯片. 密码算法的数学模型转换到现实的密码芯片物理实体模型时, 密码系统安全性的内涵就进行了外延, 由设计的安全性扩展到了物理实现的安全范畴. 因此, 密码算法的设计安全性不等于密码算法的实现安全性. 密码算法在密码芯片的运行过程中, 存在多种物理特征的泄露, 如执行时间、电流、电压、电磁辐射、声音等. 这些由芯片物理特征产生的额外信息泄露, 称为侧信道泄露. 侧信道泄露信息与密码算法在芯片中运行的中间状态数据和运算操作存在一定的相关性, 攻击者采集这些泄露信息, 并利用其进行密钥分析, 该方法称为侧信道分析. 在实际场景中, 侧信道对密码算法的实现安全是一种强而有力的威胁. 传统密码分析与侧信道分析的比较图见图 15.1.

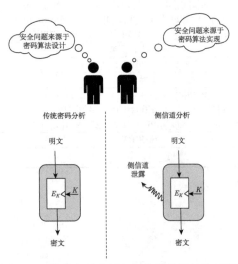

图 15.1　传统密码分析与侧信道分析的比较图

15.1 侧信道分析原理

密码算法的实现依赖于数字计算的物理设备, 主信道将密码算法的输入信息发送给密码设备后, 密码设备开始执行密码算法, 此时密码设备会产生执行时间、能量消耗、电磁辐射、声音等信息泄露. 该泄露信息相对于主信道信息来说是侧信道信息. 侧信道信息与密码算法的中间敏感信息 (如中间状态和子密钥) 具有一定的相关性. 攻击者能够采集密码算法执行过程中泄露的侧信道信息, 根据其与敏感信息的相关性, 利用一定的分析方法恢复出子密钥, 然后结合密钥扩展算法恢复出主密钥. 一般侧信道分析过程主要分为两个步骤, 如图 15.2 所示.

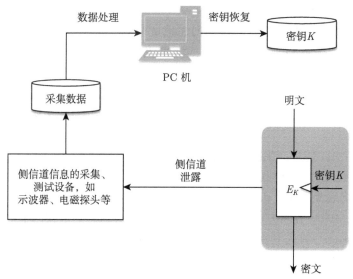

图 15.2　侧信道分析的基本原理

(1) 侧信道信息的采集阶段. 首先攻击者能够保证访问、操作密码设备, 并能够选择控制明文或者密文. 然后, 攻击者控制密码设备运行密码算法, 同时利用测试设备采集密码设备泄露的侧信道信息.

(2) 侧信道信息的分析阶段. 首先对采集的侧信道信息进行预处理 (如数据对齐和降噪处理). 然后使用一定的分析方法, 根据明文、密文和密码算法的具体设计细节恢复子密钥. 最后结合密钥扩展算法恢复出主密钥.

利用侧信道分析方法成功恢复密钥的关键是, 攻击者需要掌握目标设备的架构、泄露的侧信道信息的特点, 以及密码算法执行过程中的中间值和侧信道泄露信息之间的关系等方面的知识.

在实际侧信道分析中, 这两个阶段复杂度的度量指标不同, 采集阶段用泄露波

形的采集次数 (即数据复杂度) 来衡量, 分析阶段用密钥搜索空间的降低情况 (即时间复杂度和空间复杂度) 来衡量. 采集阶段获取的波形数据量越大, 精度越高, 分析阶段的复杂越低, 效率和成功率越高; 否则, 分析阶段的分析效率和成功率降低.

根据侧信道泄露信息类型的不同, 可将侧信道分析划分为时间攻击、功耗分析、电磁分析、声音分析和 Cache 攻击等. 在本章, 我们主要介绍时间攻击和功耗分析两类, 它们的应用目前最为广泛, 主要原因是分析攻击成功率高且实施起来相对容易.

15.2 时间攻击

Kocher 等在 1996 年的一篇开创性论文中第一次使用时间信道来攻击密码方案, 在一般情况下, 我们把此类侧信道攻击称为时间攻击. 本节中我们将以针对 RSA 签名方案为例来介绍时间攻击.

数字签名的目的是保证消息的真实性和完整性. 签名属于非对称密码算法, 整个方案至少包含两个密钥: 私有的签名密钥 d 和公共的验证密钥 e. 签名方案包括如下三个过程.

● 密钥生成: 随机产生两个大素数 p 和 q, 计算 $N \leftarrow pq, \omega(N) \leftarrow (p-1)(q-1)$, 选取一个整数 e 作为公共的验证密钥, 满足 $\gcd(e, \omega(N)) = 1$, 然后选择一个整数 d 私有的签名密钥, 满足 $de \bmod \omega(N) = 1$.

● 签名: RSA 签名方案使用先进行杂凑运算再签名的形式, 对于一个待签名的消息 message, 首先利用安全杂凑函数 hash(·) 计算 m 的杂凑值 $m \leftarrow$ hash(message), 然后计算 $t \leftarrow m^d \bmod N$.

● 验签: 若 $t^e \bmod N = m$, 则验证通过.

以上运算中, 签名过程使用了保密的签名密钥 d, 而签名的过程中最重要的组成部分则是模幂运算, 即计算 $m^d \bmod N$. 为了保证安全性, 密钥 d 往往是一个比较大的数, 常用的 (表示为二进制) 长度从 1024 位到 4096 位不等, 无论如何也不能直接采用底数连乘的方式进行实现 (即连续计算 d 个 m 的模乘). 一个比较经典的模幂计算方法如算法 17 所示.

可以观察到, 算法一共循环 n 次 (指数 d 的比特长度), 每次循环开始执行一次模平方操作 ($t \leftarrow t^2 \bmod N$), 并检测指数 d 的某一位, 若这一位为 1 的话, 则执行一次模乘操作 ($t \leftarrow mt \bmod N$); 若为 0, 则本次循环直接结束 (不执行模乘操作). 那么在 RSA 模幂操作中, 每一次循环对应指数 d 的一个比特, 对于每一比特来说, 如果这个比特是 1 的话, 则对应循环中执行一次模平方和一次模乘操作; 如果是 0 的话, 则对应循环中只执行一次模平方操作.

算法 17　RSA 中模幂的典型实现

Data: 底数 t, n 位的指数 d, 模数 N

Result: 模幂结果 $t \leftarrow m^d \mod N$

1　$t \leftarrow 1$ **for** $i = n; i \geqslant 1; i--$ **do**

2　　　$t \leftarrow t^2 \mod N$;

3　　　**if** $d(i) = 1$ **then**

4　　　　　$t \leftarrow mt \mod N$

5　　　**end**

6　**end**

如果攻击者能够分辨出 RSA 解密操作对应功耗曲线中的模平方和模乘操作 (这对于后面一节将要介绍的简单功耗分析是有可能的), 就可以恢复指数 d. 但是, 时间攻击只能根据算法运行的总时间来获取秘密信息. 显然, 此时是不能直接识别每个模乘或模平方, 我们需要采用其他思路. 一个方法是借助不同输入的差异来区分密钥. 以下给出一个攻击 d 的最高比特 $d(n)$ 的具体思路:

(1) 攻击者随机选取 ℓ 个消息 $t_1, \cdots, t_\ell$, 并分别统计运行时间为 $T_1, \cdots, T_\ell$.

(2) 对于 $i \in \{1, \cdots, \ell\}$, 若 $t_i^2 \geqslant N$, 则把 i 放入集合 $\mathcal{I}$, 否则把 i 放入另外一个集合 $\mathcal{I}'$.

(3) 如果 $d(n) = 1$, 我们有

● 根据算法 17, 第一次循环使得 $t = m$, 而在第二次循环开始处, 出现 $t^2 \mod N$ 的运算.

● 可以发现, 对于在 $\mathcal{I}$ 中下标对应的计算, 会执行上述的模 N 操作, 而对于在 $\mathcal{I}'$ 中下标对应的计算, 则不会执行上述的模 N 操作.

● 由于模 N 操作需要一定的时间, 因此 $\mathcal{I}$ 中下标对应的运算所需平均时间大于 $\mathcal{I}'$ 中下标对应的运算.

(4) 如果 $d(n) \neq 1$, 则以上现象则不会被观察到.

根据以上思路, 我们只要通过观察 $\mathcal{I}$ 和 $\mathcal{I}'$ 中下标对应的模幂计算所需平均时间之间的差异来判断 $d(n)$ 是否为 1: 如果察 $\mathcal{I}$ 和 $\mathcal{I}'$ 的平均时间存在明显差异, 说明 $d(n)$ 为 1; 若没有明显差异, $d(n)$ 就为 0. 显然, 我们采集到的运行时间越多, 做出的判断则越准确. 对于其他比特的攻击也是类似的, 这里就留给读者作为课后练习.

练习 15.1　假设某 MAC 算法为一种确定性[①]MAC 方案, 例如, HMAC.

设密钥 k 和标签 t 均为 128 比特, 对消息 m, 计算 $t = \mathrm{MAC}_k(m)$. 考虑以下验证算法:

(1) 计算 $t' = \mathrm{MAC}_k(m)$.

---

① "确定性" 是指在计算消息的标签时不使用随机比特.

(2) 对 $i = 1, \cdots, 128$: 比较 t 的第 i 比特与 t' 的第 i 比特, 若不同, 则输出 "拒绝" 并停止.

(3) 输出 "接受".

假设敌手能访问该 MAC 验证算法, 即能选择 (m, t) 发送给验证算法, 得到 "接受" 或 "拒绝" 的判断; 而且, 敌手可测量验证算法所花费的精确时间. 请给出对该算法的通用性伪造, 并给出改进建议.

15.3　功耗分析

我们本节将要介绍功耗分析. 功耗分析主要利用密码算法在运算过程中产生的功耗信息来实施侧信道攻击. 它可以利用密码算法在运行中的每个时刻产生的瞬时功耗值来进行分析, 我们把一次密码算法运行所获得的一连串瞬时信息记录为一条功耗曲线, 曲线的横坐标是时间, 纵坐标是多个瞬时功耗值. 显然, 同时间攻击只能获得运行的总时间不同, 功耗攻击可用的信息更加丰富, 攻击能力也更强.

功耗分析主要通过分析密码设备运行时的功耗信息, 来推导出密码设备使用的密钥和其他秘密信息. 研究者对功耗泄露采用了不同的分析方法, 主要包含简单功耗分析 (Simple Power Analysis, SPA)[220]、差分功耗分析 (Differential Power Analysis, DPA)[220]、相关功耗分析 (Correlation Power Analysis, CPA) [221] 和模板攻击 (Template Attacks, TA) [222] 等.

15.3.1　功耗泄露采集方法

典型的功耗泄露采集平台主要由待测密码设备、稳压电源、采集探头、示波器和 PC 机组成. 该平台的主要作用是自动控制密码设备的运行, 并采集运行过程中功耗曲线. 泄露采集设备原理图见图 15.3.

(1) 待测密码设备: 即为被攻击的设备, 通常, 密码设备通过 USB 或 RS232 接口与 PC 机相连接, PC 机通过 USB 或 RS232 接口给密码设备发送命令触发密码算法的执行, 同时给密码设备发送明文或密文数据. 密码设备将密码运行结果通过该接口发送给 PC 机.

(2) 稳压电源: 密码设备工作时, 需要外接电源, 为了减少电源噪声, 一般建议使用稳压电源.

(3) 探头: 探头主要是用来采集电压/电流信号, 传输到示波器中; 很多情况下, 探头往往要连接一个低通或带通滤波器, 以消除大部分的高频噪声.

(4) 示波器: 用来记录探头采集的能量侧信道信号. 示波器可以由 PC 机通过 USB 接口进行参数设置和远程控制, 并将采集到功耗曲线通过 USB 接口发给

PC 机.

(5) PC 机: PC 机用于完成与密码设备和示波器通信, 并利用能量分析方法对能量迹信号进行分析, 通过计算推导出密钥和其他秘密信息.

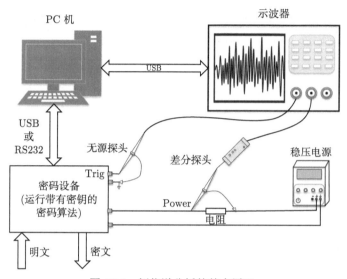

图 15.3 侧信道分析的基本原理

以上介绍的采集方法需要攻击可以接触到设备的供电或地线端口, 本质上是监测端口的信息 (如电流等) 来得到功耗瞬时值, 除了测量外接电阻的电压之外, 我们当然也可以直接利用电流探头来采集. 我们把这种方法称为接触式功耗采集, 其优势在于采集稳定, 但是只能采集整个电路的所有信息, 很难只针对密码模块进行功耗采集, 并且, 对于一些供电或地线端口隐藏较深的密码设备, 如 RFID, 则无法采用这种采集方式. 另外一个方法是直接使用电磁探头采集密码芯片在运行中的电磁泄露, 这些电磁泄露本质上也是由信息内部电流的变化引起的, 也反映了功耗信息变化, 采集后通过积分等其他预处理, 也可以当成功耗信息来使用. 在本章中, 我们不再区分功耗信息的获取方式, 统称为功耗曲线.

15.3.2 简单功耗攻击

我们把密码算法一次运行所产生的功耗信息表示为一条功耗曲线, 曲线的横坐标为时间, 纵坐标为功耗值, 那么曲线上的某一点即为某个时刻的瞬时功耗值. 功耗曲线中的低电平的部分可以识别为平方, 而高电平则对应了乘法操作. 一个低电平和一个高电平在一起表示 d 的某一位比特为 1; 而两个连续的低电平则说明前一个低电平对应了一个值为 0 的比特. 以上攻击方法对椭圆曲线上的签名算法也同样适用.

图 15.4 通过功耗曲线区分乘法和平方操作, 图片来自相关文献 [223].

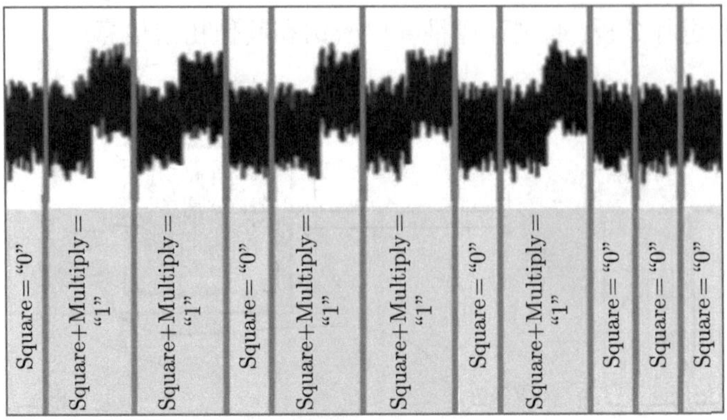

图 15.4　通过功耗曲线区分乘法和平方操作

　　简单功耗分析也能对对称密码体制产生威胁, 典型的简单功耗分析可以针对密钥扩展阶段来进行. 但是, 对称密码算法的运行速度通常比较快, 与密钥相关的运算中间值往往在功耗上的表现不太明显. 所以, 对于对称密码算法的简单功耗分析, 一般只有对低端处理器 (如 8 位 AVR 处理器等) 才有比较大的成功概率. 因为低端处理器运行的速度较慢, 旁路噪声也相对较小. 由以上分析可以看出, 简单功耗分析要求功耗泄露与密码算法中的操作过程或中间值有直接 (甚至一一对应) 的联系, 并且旁路噪声不能太大. 而在更多的情况下, 功耗泄露信息往往都混杂着大量噪声, 导致功耗泄露和操作过程 (或中间值) 几乎没有直接的联系. 在这些情况下, 简单功耗分析就不能满足分析的要求了, 下一小节将介绍攻击能力更为强大的差分功耗分析.

15.3.3　差分功耗分析

　　差分功耗分析 (Differential Power Analysis, DPA) 是最常用、最有效的旁路攻击之一. 即使功耗曲线中存在大量的噪声, 差分功耗分析也可以利用统计学的方法进行密钥恢复攻击. 差分功耗分析首先利用分而治之的思想把被攻击的 (轮) 密钥分为若干个子密钥 (Partial Key), 然后穷举各个子密钥的值, 通过功耗信息来验证并找到正确的子密钥. 由于子密钥的穷举空间远远小于整个密钥空间, 所以穷举子密钥一般在计算上是可行的. 例如, 当一个子密钥为 8 个比特的时候, 它只有 256 种可能性. 那么, 如何通过功耗信息来找到正确的子密钥呢?

　　具体来说, 我们可以多次运行密码算法, 记录明/密文和功耗曲线, 然后根据猜测的子密钥和明/密文把功耗曲线分为两类, 只需比较两类功耗曲线的均值, 即可判断猜测是否正确. 那么, 如何根据猜测的密钥和明/密文来分类功耗曲线呢?

在一般情况下, 我们需要选择一个密码运算过程的中间比特, 根据这个比特是 0 还是 1 来对功耗曲线进行分类. 为了保障攻击的有效性, 选择的中间比特的值至少满足以下两个特点:

(1) 由子密钥和密码算法的输入或输出决定;

(2) 影响功耗泄露.

显然, 如果子密钥猜测正确, 则功耗曲线的分类正确地对应了中间比特的 0、1 可能性. 我们下面介绍软件 (在微处理器上) 实现的 AES-128 加密的典型中间比特选取策略. AES-128 第一轮的轮密钥就是它的主密钥, 所以我们只要恢复第一轮轮密钥即可. 根据 AES-128 的计算过程, 很容易按照 S 盒的对应关系把第一轮的轮密钥分为 16 个子密钥, 其中每一个子密钥与相应的明文异或后进入 S 盒. 此时, 对于某个子密钥来说, 我们可以选择对应 S 盒输出的最高 (或最低) 比特, 这个比特中间值具备以下特点:

(1) 只由子密钥和明文决定;

(2) 由于处理器的特性, 对于总线或寄存器中的值, 其最高 (或最低) 比特对功耗影响往往是最大的.

那么, 我们就可以选择该中间比特值作为差分功耗分析的中间值, 并根据它来对功耗曲线进行分类.

最后, 我们还要注意的是, 在实际的攻击中, 直接采集到的功耗曲线往往不能直接用于差分功耗分析. 主要有两个原因: 曲线对齐问题和曲线中泄露信息的质量问题. 下面我们分别进行说明.

• 曲线对齐问题. 根据以上分析, 我们知道差分功耗分析需要计算每个曲线分类的均值曲线, 其前提条件是中间比特在曲线的固定位置泄露. 而在实际的旁路攻击中, 由于密码实现时序的随机性及旁路采集触发误差, 中间比特在曲线上泄露位置的分布也有一定的随机性. 这就要求我们在采集到功耗曲线后, 要想办法对曲线进行对齐操作——左右平移每一条曲线, 使得中间比特的泄露位置对应到一起. 典型的对齐方法往往利用曲线上一些比较明显有规则的功耗模式, 如明/密文进入/离开加密模块所产生的高电压信号等. 当然, 我们需要假设当对齐这些功耗模式后, 相应的泄露位置也能够 (在一定程度上) 对齐.

• 曲线中泄露信息的质量问题. 直接采集到的功耗曲线中一般存在大量 "不必要" 的噪声, 之所以称为 "不必要", 是我们往往可以利用一些信号处理技术来消除它们. 比如, 我们可以直接利用数字低通的方式过滤掉高频噪声. 这就要求了我们在采集到功耗曲线后, 对曲线进行降噪处理, 从而保证较好的攻击效果. 当然, 此阶段很难消除所有的旁路噪声, 我们只能期望噪声尽可能少, 从而有助于后续使用更少的曲线进行分析, 以提高攻击效率.

差分功耗分析使用多条功耗曲线进行密钥恢复攻击, 我们可以把 1 条功耗曲

线表示为一个 $\ell \times n$ 矩阵 T, 其中矩阵的第 i 行 $T(i,)$ 代表第 i 条功耗曲线, 而第 j 列 $T(,j)$ 代表多条曲线上第 j 个时刻的功耗值. 我们把功耗曲线对应的输入 (明/密文) 记为向量 x. 根据以上思路, 差分功耗分析包括如下步骤.

(1) 采集多条功耗曲线 T, 其中每条曲线对应一次加/解密算法的运行, 并使用不同的明/密文 x.

(2) 进行各种预处理操作, 如曲线对齐、低通、主成分提取等, 为了简化符号, 预处理后的功耗曲线仍记为 T.

(3) 根据密码算法的结构, 把密钥分为若干个子密钥, 对于第 j 个子密钥, 执行以下流程.

(a) 根据密码算法的结构, 选择某个计算过程中的中间比特值作为攻击目标. 在一般情况下, 这个目标中间比特值应由子密钥和明文决定. 例如, 对于 AES-128 来说, 中间值可以选择第一轮某个 S 盒输出的最高或最低比特, 它是由 8 比特的轮密钥和 8 比特的明文共同决定的. 我们把计算中间比特的函数表示为 $f(x(i), k_j)$, 其中 $x(i)$ 为第 i 条功耗曲线对应的输入, k_j 为子密钥.

(b) 穷举子密钥 k_j 的所有情况, 对于一个密钥猜测, 执行以下流程:

计算不同曲线对应的中间比特 $f(x(i), k_j)$, 并依据该比特值对功耗曲线分类为两个集合. 然后, 对分类后曲线在集合内分别作均值, 得到两条均值曲线 (对应中间比特 0、1 可能) $t_0^{(k_j)}$ 和 $\hat{t}_1^{(k_j)}$, 并对它们作差值 $\hat{t}^{(k_j)} = |t_0^{(k_j)} - \hat{t}_1^{(k_j)}|$, 找到差值曲线上最大的点 $m(k_j) = \arg\max_m \hat{t}^{(k_j)}(m)$.

(c) 当差值最大时, 相应的子密钥取值即为攻击所得到的密钥:

$$k_{\text{guess}_j} = \arg\max_{k_j} \hat{t}^{k_j}(m^{k_j}).$$

15.3.4 相关功耗分析

差分功耗分析很好地弥补了简单功耗分析易受噪声影响的问题. 但是, 我们可以注意到, 差分功耗分析在攻击过程中实际上只使用了 1 比特的泄露, 不能有效地利用多比特中间值的泄露, 比如 AES-128 第一轮 S 盒输出的 8 比特. 显然, 同单个比特相比, 多个比特中间值的攻击效果往往更加显著, 所用的功耗曲线也相对较少. 为了能够使用多个中间比特, 我们需要解决以下两个问题:

(1) 如何把中间值的信息对应到功耗泄露上. 对于单比特的信息, DPA 本质上依赖于功耗泄露与这个比特之间的相关性, 那么只要把功耗曲线按照这个比特的值分为两类即可. 而对于多个比特来说, 分类的方法就看上去不是一个好的选择了——分类的数量随着比特数的增加而指数上升.

(2) 如何度量中间值的泄露与现实泄露的匹配程度. 对于单比特的信息, DPA 只要比较两类功耗曲线即可, 对于正确密钥, 两类功耗曲线应不同分布. 而对于多个比特来说, 我们就需要找到一个更好的方法了.

针对第一个问题, 其本质是找一个从密码算法中间值到泄露量的一个映射, 我们把这个映射称为功耗模型. 在一般情况下, 这里可以采用基于电路特性的一些假设, 如汉明重量 n 比特中间值的泄露往往与该中间值所有比特之和成正比. 该假设一般适用于微处理器, 此时功耗的泄露往往发生在数据在总线传输过程中. 在一些情况下, 功耗的泄露与电路中数据的比特反转有关系, 例如, 某个寄存器在时钟激励下从 0 变到 1 产生的功耗与保持为 1 的功耗是不同的, 即便寄存器在时钟激励后的值都是 1. 以上就引入了所谓汉明距离模型, 即两个中间值之间异或的汉明重量. 如一些硬件实现的 AES 的轮输入和 S 盒的输出会放入同一个寄存器, 这时候, 我们就需要计算这两个值的汉明距离, 而不是 S 盒的汉明重量.

针对第二个问题, 其本质是找一个比较泄露估计 (即功耗模型的输出) 与真实泄露 (即功耗曲线) 的方法, 我们把这个方法称为区分器. 泄露估计通过密钥的假设值、明/密文、功耗模型计算得到, 是一个随机变量, 而使用不用明/密文运行密码算法可以看成是这个随机变量的多个采样, 我们令 $Y(i)$ 为第 i 次运行密码算法的泄露估计. 另一方面, 每一次运行密码算法都会产生一个功耗曲线, 这个功耗曲线也可以看成一个随机变量的采样. 我们令 $T_j(i)$ 为第 i 条功耗曲线上第 j 个点的值. 相关功耗分析通过对于每个 j 计算 Y 和 T_j 之间的相关性来判断 Y 和 T 的相近程度, 从而判断猜测的子密钥是否正确.

根据以上思路, 相关功耗分析包括如下步骤.

(1) 采集多条 (记为 q 条) 功耗/电磁曲线 T, 每条曲线对应一次加密/解密算法的运行, 并使用不同的明文或密文, 功耗曲线对应的明文或密文记为 x.

(2) 进行各种预处理操作, 如曲线对齐、低通、主成分提取等, 为了简化符号, 预处理后的功耗曲线仍记为 T.

(3) 根据密码算法的结构, 把密钥分为若干个子密钥, 对于某个子密钥 k, 执行以下流程.

(a) 根据密码算法的结构, 选择某个计算过程中的中间值作为攻击目标. 一般情况下, 这个目标中间比特需要受子密钥和明文影响. 比如说, 对于 AES-128 来说, 中间值可以选择第一轮某个 S 盒的输出, 它是由 8 比特的轮密钥和 8 比特的明文共同决定的. 我们把计算中间比特的函数表示为 $f(x(i), k)$, 其中 $x(i)$ 为第 i 条曲线密码算法的输入, k 为子密钥.

(b) 根据实现密码算法设备的硬件结构, 选择合适的功耗模型, 记为 $M(\cdot)$.

(c) 攻击者穷举子密钥的所有情况, 对于一个密钥猜测, 执行以下流程:

I. 计算不同曲线对应的泄露估计 $M\big(f(x(i), k_j)\big)$.

II. 计算对于功耗曲线上的第 m 个点, 计算泄露估计和该点的皮尔逊相关系数 $\rho_j^{(k)} = \rho\Big(H\big(f(x, k)\big), T(\cdot, j)\Big)$.

III. 选择最大的绝对值 $\rho^{(k_j)} = \max_{\rho^{(k_j)}} |\rho_j^{(k)}|$.

(d) 给出对应皮尔逊相关系数对应的最大子密钥值 $k_{\text{guess}} = \arg\max_k \rho^{(k)}$.

相关功耗分析一个非常重要的特点是具备非常强大的扩展能力. 根据我们刚才介绍的, 相关功耗分析过程中有三个模块是可以进一步扩展或修改的: 预处理、功耗模型、区分器. 我们分别进行分析.

在预处理方面, 曲线预处理首要的目的是对齐和尽可能减少噪声. 除此之外, 曲线预处理往往可以进一步把相关功耗分析扩展到多点相关功耗分析. 我们注意到前面讲的 DPA 与 CPA 都是只考虑到中间比特或中间值泄露到功耗曲线上的某一点, 而在现实中, 中间值的泄露可能同时与多个功耗点有关系. 在预处理过程中, 攻击者可以通过把多个功耗点 "合并" 成一个点, 从而达到同时利用多个功耗点的目的. 相应地, 不同的合并方法, 也适用于不同的攻击环境.

在功耗模型方面, 攻击者可以根据具体密码实现场景采用不同的功耗模型. 就像上文介绍的, 汉明重量和汉明距离是常用的模型. 但是, 如果功耗的泄露不是汉明重量或者距离的时候 (如对于很多纳米级芯片), 使用它们会大大降低攻击的效率, 甚至效果低于 DPA 方法. 同时, 另一类方式是直接使用一个已知密钥的 "模板" 设备, 通过机器学习或者统计学习的方法, 得到更为准确的功耗模型, 此类方法我们称为模板相关功耗分析. 一般情况下, 模板相关功耗分析攻击的效果好于普通的相关功耗分析.

区分器的选择往往和功耗模型有直接关系. 举例来说, 在考虑单点泄露的情况下, 如果攻击者采用的功耗模型能完美刻画现实的泄露, 那么我们直接使用相关系数即可得到最优的攻击结果. 但是, 在现实情况下, 功耗模型很难能够完美刻画现实泄露 (即便是使用了模板设备), 虽然直接采用相关系数也有可能成功攻击, 但是攻击者也可以选择更加通用、能够容忍不精确功耗模型的区分器, 这也催生了一系列新型的 (相关) 差分功耗分析, 如互信息分析就是把互信息量用作差分器的攻击方法. 另外, 同相关系数不同, 很多新型的区分器是支持多点泄露的, 此时就无需在曲线预处理阶段合并多个泄露点了.

15.3.5 模板攻击

模板攻击分为两个过程: 建模过程和在线攻击过程, 其中建模过程利用一个已知密钥的设备得到功耗模型 $M(\cdot)$, 然后在线攻击阶段直接使用这个功耗模型进行攻击. 由于存在建立模板的过程, 同其他方法相比, 模板攻击往往有更好的攻击效果.

在正式介绍模板攻击之前, 我们首先探讨 CMOS 电路的功耗泄露的数学模型. CMOS 电路的功耗与各个逻辑元器件相关, 在数学模型上, 电路的功耗可以表示为 $P = L(Z) + \delta$, 其中 Z 是攻击者关注的中间值, $L(Z)$ 代表由中间值的一个确定函数, δ 代表与 z 无关的噪声. 进一步地, 噪声也包括两部分: 一部分是由电路中的中间值 (但不在 Z 中) 决定, 称为数字噪声, 如当采集 AES 第一轮第一个 S 盒输出, 而同时叠加在采集信号上的其他 S 盒的泄露就可以看成数字噪声; 另一部分则是电路中天然存在的噪声了. 本质上, 模板攻击中的建模过程就是找到函数 $L(\cdot)$ 和噪声 δ 的分布.

对于相同的中间值 Z, 典型的模板攻击通常假设 P 服从多元正态分布, 可由 (m, Δ) 定义, 其中 m 为均值向量, Δ 为协方差矩阵. 利用建模设备, 攻击者可以准确地知道中间值, 然后利用相同中间值的多条曲线计算 (m, Δ) 的估计即可.

在模板匹配中, 我们需要判断采集到的一条功耗曲线与中间值的哪个取值最为相关. 判断的方法可以直接利用模板来计算曲线对应某个取值的概率. 把同一个中间值对应的功耗曲线 P 是一个随机变量, 那么这个随机变量的分布即上述多元正态分布, 当中间值 Z 为 z 时, P 取值为 p 的概率为

$$\Pr(P = p | Z = z) = \frac{\exp\left(-\frac{1}{2}(p - m)^{\mathrm{T}} C^{-1}(t - m)\right)}{\sqrt{(2\pi)^{\mathrm{T}} \det(C)}}.$$

以上概率值的大小反映了模板的匹配程度. 如果 (当未获得任何功耗泄露时) 中间值 z 的取值为均匀分布时, 我们可以直接把功耗曲线代入每个 z 对应的 $\Pr(P = p | Z = z)$, 概率最大时对应的中间值记为猜测中间值:

$$z_{\text{guess}} = \arg\max_z \Pr(P = p | Z = z).$$

如果 (当未获得任何功耗泄露时) 中间值 z 的取值不是均匀分布时, 我们就要用到贝叶斯公式了. 我们有当功耗曲线为 p, 中间值为 z 的条件概率:

$$\Pr(Z = z | P = p) = \frac{\Pr(P = p | Z = z) \Pr(Z = z)}{\Pr(P = p)}.$$

我们只要根据该公式计算 $z_{\text{guess}} = \arg\max_z \Pr(Z = z | P = p)$ 即可. 其中, 对于不同的 z, $\Pr(P = p)$ 是不变的, 那么我们有

$$z_{\text{guess}} = \Pr(P = p | Z = z) \Pr(Z = z).$$

15.4 侧信道安全研究热点

从 1996 年开始, 密码学研究者对侧信道分析技术进行了大量的研究, 研究热点主要围绕侧信道分析方法、侧信道分析防护方法及侧信道分析评估方法和标准这三个方面展开.

(1) 侧信道分析方法. 近年来在侧信道分析方法的深入研究热点, 主要包括两个方向: 寻找新的侧信道泄露信息和优化现有的侧信道分析方法. 他们对于提高侧信道分析方法的效率、增强实用性和通用性具有重要意义. 在寻找新的侧信道泄露信息方面, 主要热点是光子侧信道分析技术, 并已经取得了较大进展 [224, 225]. 在侧信道分析方法优化方面, 目前的主要热点是和深度学习 (Deep Learning) 方法的结合 [226] 等, 其主要优势在于可以把一部分的预处理工作融合到建模过程中, 减少侧信道分析的工作量.

(2) 侧信道防护方法. 从 20 世纪 90 年代起, 学术界已经展开了针对侧信道攻击的防护方法的研究. 目前侧信道防护方法主要分为两类: 一类称为盲化技术; 另一类称为随机化. 前者主要使用各种工程上的手段来尽可能地增加侧信道泄露噪声, 包括随机排序 (Shuffling)、随机延迟 (Random Delay)、双轨逻辑电路等, 此类方法特点在于防护代价比较小, 但是无法阻止泄露的发生. 随机化方法又称掩码技术, 其主要思想是把秘密信息进行多个分块, 保证攻击者在得到部分分块时不可能获知任何秘密信息, 其主要特点是具备可证明安全性. 现实中, 我们往往需要综合使用盲化技术和随机化技术. 近年来该方向的研究热点是各类新型的掩码防护方法和它们的应用 [227-232].

(3) 侧信道分析评估方法和标准. 目前国际主流的密码产品评测机构均把密码模块物理实现的安全性作为衡量密码设备的主要指标. 侧信道分析评估方法和标准的发展对于密码产品抗侧信道攻击能力的评估具有重要意义. MasterCard 制定的智能卡集成电路的 31 项检测规范中, 大多数是针对能量、电磁攻击等侧信道分析方法的. 美国 NIST 制定的 FIPS 140-3 的认证标准将侧信道分析单独拟制了一节, 放入标准文档的 4.7 节 "非入侵式攻击" 中. 由于商用密码设备集成了侧信道防护方法, 评测机构评估抗侧信道分析的能力越来越困难, 急需寻求一种快速、可靠、稳定的侧信道评估方法 [233-235].

总之, 侧信道分析技术主要包含两个方面. 一方面, 对于密码设备的设计者来说, 在设计密码产品时, 尽量减少或消除侧信道信息的泄露以防止攻击恢复密钥, 提高密码产品的安全性. 另一方面, 对于密码算法分析者来说, 他们试图发现有用的侧信道信息和新的侧信道分析方法, 有效地利用侧信道泄露信息破解密码产品的密钥及其他的密码信息. 这两个方面既对立又统一, 正是对立性的存在才促进了侧信道技术的发展.

附录 A

算法说明

A.1　恩尼格玛密码机

恩尼格玛 (Enigma) 密码机是德国发明家亚瑟·谢尔比乌斯 (Arthur Scherbius) 发明的, 最初作为一种商用设备使用, 因其高昂的价格, 并没有得到大范围的应用. 后来, 在第二次世界大战期间被纳粹德国采用并改进, 逐步发展出不同的型号.

Enigma 密码机是一种多表代换密码, 为逐字母加密, 即依次将明文字母替换成密文字母, 相同的明文字母可能被加密成不同的密文字母, 而不同的明文字母也会被替换成相同的密文字母. 各种型号的 Enigma 密码机主要由以下五个部件组成:

- 包含 26 个英文字母的键盘 (Keyboard);
- 连接 26 个英文字母的线路接线板 (Stecker);
- 若干转子组成的扰频器组合 (Rotors);
- 连接 26 个英文字母的反射器 (Reflector);
- 包含 26 个英文字母显示灯的显示灯板 (Lampboard).

加密时, 使用者在键盘处输入要加密的明文字母, 然后电流信号通过线路接线板、扰频器组合以及反射器, 最终来到显示灯板上, 将加密后的密文字母对应的灯点亮, 使用者可以在此时记录相应的密文字母 (图 A.1(a)). 记线路接线板为置换 S, 扰频器组合为 R, 反射器为 T, 输入明文字母为 α, 输出密文字母为 β, 则 Enigma 密码机的加密过程可以表示为

$$\beta = S^{-1} \circ R^{-1} \circ T \circ R \circ S(\alpha).$$

图 A.1(b) 形象化地展示了 Enigma 密码机将字母 C 加密成字母 L 的流程.

Enigma 密码机具有加解密一致性, 即解密时, 只需在键盘上输入密文, 在相同的设置下, 显示灯板显示的为对应的明文字母.

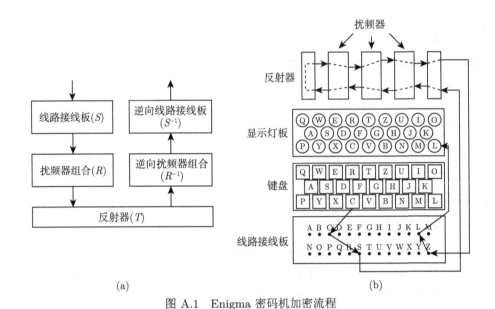

(a)   (b)

图 A.1   Enigma 密码机加密流程

下面依次介绍线路接线板、扰频器组合、反射器及 Enigma 密码机的具体使用方法.

A.1.1 线路接线板 (S)

线路接线板由对应 26 个英文字母的插口和多条连接线组成. 如图 A.2 (a) 所示, 一部分字母由连接线两两连接, 例如, A 和 J 由连接线相连, 则使用者在键盘上敲下字母 A 时, 字母 A 经过线路接线板被替换成字母 J. 类似地, 使用者在键盘上敲下字母 J 时, 输出为字母 A, 再进入扰频器组合; 而另一部分没有连接线接入, 那这些字母则被映射成自身, 例如, Q 经过线路接线板仍为 Q. 可以看出, 线路接线板实际起到了单表代换的作用. 连接线插线方式一旦确定, 置换表便被确定. 图 A.2 (a) 的连接情况即对应图 A.2 (b) 所示的置换表. 而置换表即为线路接线板的密钥, 记为 K_1.

输入	A	B	C	D	E	F	G	H	I	J	K	L	M
输出	J	B	C	D	E	F	G	H	I	A	K	L	M
输入	N	O	P	Q	R	S	T	U	V	W	X	Y	Z
输出	N	S	P	Q	R	O	T	U	V	W	X	Y	Z

(a)   (b)

图 A.2   线路接线板

可以看出, 连接线的条数及连接方式决定了线路接线板的置换表. 若已知使用 l 条连接线, 但连接方式未知时, 置换表的可能性, 即 K_1 的密钥空间为

$$|K_1| = \frac{26!}{(26 - 2l)! \times l! \times 2^l}.$$

A.1.2 扰频器组合 (R)

扰频器组合由若干转子组成, 实现多表代换的功能. 最初的版本由三个转子组成, 如图 A.3(a) 所示, 从外观来看, 只有 3 个数字, 每个数字的可能取值为 $1, \cdots, 26$, 对应 26 个英文字母. 每个数字旁有一个转轮, 可通过转轮调整数字取值. 打开后, 内部构造如图 A.3(b) 所示, 由 3 个转子组成, 从右到左依次经过快速转子、中速转子和慢速转子, 进入反射器.

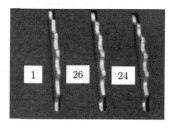 

慢速转子　中速转子　快速转子

(a) (b)

图 A.3　扰频器组合示意图

实际上, 每个转子两侧都是 26 个数字, 一侧是顺序排列的, 另一侧是乱序的; 每个转子内部则是事先固定好的连接两侧数字的连线. 因此, 每个转子都可以看作一个单表置换 (如图 A.4所示[①]). 例如, 输入为字母 A, 则根据此时转子位置, 对应数字 24, 沿转子内部拉线, 经过三个转子后, 输出字母为 B(图 A.4(a)). 当一个字母经过扰频器处理后, 快速扰频器将逆时针旋转一个字母的位置 (图 A.4(b)), 延续前面例子, 若第二次输入仍为字母 A, 则根据此时转子位置, 对应数字 23, 沿转子内部拉线, 经过三个转子后, 输出字母为 Y. 当快速扰频器旋转 26 次后, 中速扰频器将逆时针旋转一个字母. 类似地, 在中速扰频器旋转 26 次后[②], 慢速扰频器将逆时针旋转一个字母. 通过旋转, 实现多表代换的效果, 即当同一个字母两次输入扰频器组合时, 得到的输出字母很可能是不同的. 同样地, 不同的输入也有可能得到相同的输出. 因此, 扰频器组合 R 对应的置换表随加密次数变化.

后来, 为进一步增大破解难度, 德军军方增加了扰频器的数量. 例如, 共有 t 个不同转子, 需要先从中选择 s 个并排好顺序放入 Enigma 密码机, 再设置每个

---

① 注意: 图 A.3 与图 A.4 中快速、中速、慢速转子的顺序相反.

② 实际物理构造上, 往往通过在转子上预设缺口 (刻痕) 来触发转动, 为简化表述, 此处假设均进行 26 次旋转后才触发下一级扰频器转动.

扰频器的起始点. 可以看出, 选择哪 s 个扰频器, 排列顺序及起点位置决定了扰频器的置换表, 记该置换表为 K_2, 则 K_2 的密钥空间为

$$|K_2| = \mathrm{P}_t^s \times 26^s.$$

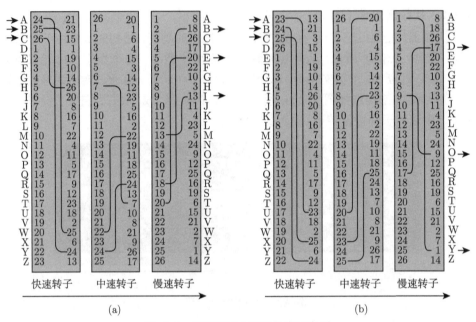

图 A.4 扰频器组合的置换表示意图

A.1.3 反射器 (T)

反射器是一个固定的单表置换, 将 26 个字母两两连接, 实现两个不同字母的对换. 它和线路接线板的区别在于, 它的连接线有 13 条且是事先封装在 Enigma 密码机内部的, 后期使用时不可调整, 因此, 该部件不含有密钥.

性质: 反射器的不随机特性

记 Enigma 密码机的反射器为 T, 对任意输入 α, 计算 $\beta = T(\alpha)$, 则 $\beta \neq \alpha$.

反射器的存在保证了 Enigma 密码机的加解密一致性, 但同时, 也使得 Enigma 密码机加密后得到的字母与输入字母一定不相同, 这种不随机特性是破解的关键.

A.1.4 恩尼格玛密码机的使用

由以上讨论可见, Enigma 密码机的密钥由两部分构成: 线路接线板的设置 K_1 和扰频器的设置 K_2. 因此, 整个密钥空间为 $K_1 \times K_2$. 当用 10 条连接线, 从 5 个扰频器中选择 3 个使用时, 可能的密钥量已经达到了

$$|K_1| \times |K_2| = \frac{26!}{(26-20)! \times 10! \times 2^{10}} \times \mathrm{P}_t^3 \times 26^3 \approx 1.59 \times 10^{20} \approx 2^{67.1},$$

在当时的计算能力下, 无法通过穷举攻击恢复密钥. 而且, 还可以通过增加扰频器个数等方式, 继续增大密钥空间. 此外, 因为在实际使用过程中, 密钥每天更新, 所以对破解时效性也有较高的要求. Enigma 密码机操作员每个月都会用一本新的密码簿来指定这一月中每一天的密钥.

✍ **练习 A.1** 请证明 Enigma 密码机具有加解密一致性, 即若输入明文字母为 α, 输出密文字母为 β, 则

$$\alpha = S^{-1} \circ R^{-1} \circ T \circ R \circ S(\beta).$$

A.2 CipherFour 算法

CipherFour 算法是 L. R. Knudsen 和 M. J. B. Robshaw 在 *The Block Cipher Companion* 一书中为更好地阐述差分分析和线性分析原理而提出的实验算法 [11].

CipherFour 算法采用 SPN 结构, 分组长度和轮密钥长度均为 16 比特. 如图 A.5 所示, 对 16 比特的明文 m, 随机选取 $r+1$ 个相互独立的轮密钥 $k_i (i = 0, 1, \cdots, r)$, r 轮 CipherFour 算法的加密过程如下.

(1) 令 $C_0 = m$.

(2) 对 $i = 1$ 到 $r - 1$, 进行如下操作.

(a) 异或轮密钥: $a_i = C_{i-1} \oplus k_{i-1}$.

(b) 分块: 将 a_i 分为 4 个 4 比特的 nibble, 记为 $a_i = a_{i,0} || a_{i,1} || a_{i,2} || a_{i,3}$.

(c) 过 S 盒: 查表 A.1, 得 $S(a_{i,0}) || S(a_{i,1}) || S(a_{i,2}) || S(a_{i,3})$.

(d) 过 P 置换: 按照表 A.2 的定义进行比特拉线, 即将在第 i 位 (最左侧为第 0 位) 的比特移到第 $P[i]$ 位.

(e) P 置换之后的结果记为 C_i.

(3) 对 $i = r$(最后一轮), 进行如下操作.

(a) 异或轮密钥: $a_r = C_{r-1} \oplus k_{r-1}$.

(b) 分块: 将 a_r 分为 4 个 4 比特的 nibble, 记为 $a_r = a_{r,0} || a_{r,1} || a_{r,2} || a_{r,3}$.

(c) 过 S 盒: 查表 A.1, 得 $S(a_{r,0}) || S(a_{r,1}) || S(a_{r,2}) || S(a_{r,3})$.

(d) 输出 $C_r = S(a_{r,0}) || S(a_{r,1}) || S(a_{r,2}) || S(a_{r,3}) \oplus k_r$ 作为明文 m 对应的密文.

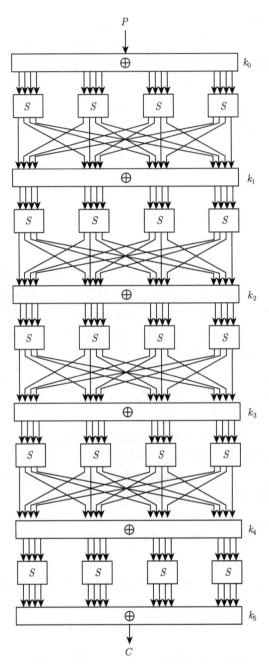

图 A.5   5 轮 CipherFour 算法加密示意图

表 A.1 CipherFour 的 S 盒

x	0x0	0x1	0x2	0x3	0x4	0x5	0x6	0x7	0x8	0x9	0xA	0xB	0xC	0xD	0xE	0xF
$S(x)$	0x6	0x4	0xC	0x5	0x0	0x7	0x2	0xE	0x1	0xF	0x3	0xD	0x8	0xA	0x9	0xB

表 A.2 CipherFour 的 P 置换

$[i]$	0	1	2	3	4	5	6	7	8	9	10	11	12	13	14	15
$P[i]$	0	4	8	12	1	5	9	13	2	6	10	14	3	7	11	15

A.3 高级加密标准 AES 算法

AES 算法由比利时密码学家 Daemen 和 Rijmen 共同设计 [5], 是美国国家标准与技术研究院公布的高级加密标准. AES 算法的分组长度为 128 比特, 密钥长度有三个版本, 分别为 128/192/256 比特. 针对不同的密钥长度, 加密轮数分别为 10, 12 和 14 轮. 对 128 比特的输入, 按照 8 比特为单位进行划分, 从 0 到 15 标号, 并按照图 A.6 所示进行排列. 轮函数由如下四个基本运算构成, 最后一轮没有列混合运算.

0	4	8	12
1	5	9	13
2	6	10	14
3	7	11	15

图 A.6 AES 算法的字节编号

(1) 过 S 盒 (SB): 将输入的每个字节 X_i $(i = 0, 1, \cdots, 15)$ 替换为 $S(X_i)$.

(2) 行移位 (SR): 对每一行进行以字节为单位的循环左移. 第一行保持不变, 第二行循环左移 1 个字节, 第三行 $\lll$ 2 字节, 第四行 $\lll$ 3 字节.

(3) 列混合 (MC): 以列为单位, 每一列与同一个矩阵相乘得到新的列. 设 $X_{i,c}$ 代表第 i 行第 c 列的字节, 则输出 $X'_{i,c}$ 计算如下:

$$\begin{bmatrix} X'_{0,c} \\ X'_{1,c} \\ X'_{2,c} \\ X'_{3,c} \end{bmatrix} = \begin{bmatrix} 02 & 03 & 01 & 01 \\ 01 & 02 & 03 & 01 \\ 01 & 01 & 02 & 03 \\ 03 & 01 & 01 & 02 \end{bmatrix} \cdot \begin{bmatrix} X_{0,c} \\ X_{1,c} \\ X_{2,c} \\ X_{3,c} \end{bmatrix},$$

其中, $\cdot$ 是 GF(2^8) 上的乘法, 模不可约多项式为 $x^8 + x^4 + x^3 + x + 1$. 记 MC 变

换中的矩阵为 M, 则 M 为最大距离可分 (Maximum Distance Separable, MDS) 矩阵, 即具有如下性质.

命题 A.1　AES 算法的矩阵 M 的分支数为 5

对任意 32 比特的非零输入 a, 令 $W(a)$ 表示 a 中非零字节的个数, 则有

$$\min_{a \neq 0}(W(a) + W(M \cdot a)) \geqslant 5.$$

(4) 异或轮密钥 (AK): 直接和轮密钥进行异或 ($\oplus$) 运算.

A.4　Mini-AES 算法

Mini-AES 算法是由 Raphael Chung-Wei Phan [236] 提出的迷你版 Rijndael 算法 [237]. 与原版算法相比, Mini-AES 的所有参数都大幅缩减, 同时保留了原始结构 (最后一轮无列混合变换). Mini-AES 算法的提出便于理解掌握和测试 AES 相关安全性分析技术的基本原理.

A.4.1　Mini-AES 算法的轮函数

Mini-AES 算法的分组长度为 16 比特, 明文 P 以半字节为单位划分为 p_0 $\|p_1\|p_2\|p_3$. 如图 A.7 所示, 在加解密过程中, 中间状态被表示为 2×2 的矩阵. 在 Mini-AES 加密过程中, 有 4 个主要组件, 即 NibbleSub、ShiftRow、MixColumn 和 KeyAddition, 这 4 个组件的顺序应用构成了 Mini-AES 的一轮加密.

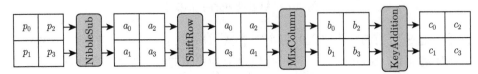

图 A.7　Mini-AES 算法轮函数

NibbleSub　根据一个 4×4 的 S 盒 (表 A.3) 将每个输入半字节替换成输出半字节. 与文献 [236] 不同, 表 A.3 中的数值取自 LED 算法 [238] 的 S 盒.

ShiftRow　将输入块的每一行按不同的位数向左旋转. 第一行保持不变, 而第二行则向左旋转一个半字节.

MixColumn　将输入块的每一列与常数矩阵

$$\begin{bmatrix} 0x3 & 0x2 \\ 0x2 & 0x3 \end{bmatrix}$$

相乘, 得到一个新的输出列, 即

$$
\begin{bmatrix} b_0 \\ b_1 \end{bmatrix} = \begin{bmatrix} 0x3 & 0x2 \\ 0x2 & 0x3 \end{bmatrix} \cdot \begin{bmatrix} a_0 \\ a_3 \end{bmatrix}, \quad \begin{bmatrix} b_2 \\ b_3 \end{bmatrix} = \begin{bmatrix} 0x3 & 0x2 \\ 0x2 & 0x3 \end{bmatrix} \cdot \begin{bmatrix} a_2 \\ a_1 \end{bmatrix}.
$$

乘法操作为 $\mathbb{F}_2^4$ 上的域乘操作, 为确保乘法的结果仍在 $\mathbb{F}_2^4$ 域内, 必须用一个 4 次不可约多项式对结果进行约减, 剩余部分将作为最终结果. 不可约多项式类似于算术中的素数, 即如果一个多项式除了 1 和它本身之外没有除数, 那么它就是不可约的. Mini-AES 采用的不可约多项式为 $m(x) = x^4 + x + 1$. 常数矩阵在二元域上的表示为

$$
\begin{bmatrix}
1 & 1 & 0 & 0 & 0 & 1 & 0 & 0 \\
0 & 1 & 1 & 0 & 0 & 0 & 1 & 0 \\
1 & 0 & 1 & 1 & 1 & 0 & 0 & 1 \\
1 & 0 & 0 & 1 & 1 & 0 & 0 & 0 \\
0 & 1 & 0 & 0 & 1 & 1 & 0 & 0 \\
0 & 0 & 1 & 0 & 0 & 1 & 1 & 0 \\
1 & 0 & 0 & 1 & 1 & 0 & 1 & 1 \\
1 & 0 & 0 & 0 & 1 & 0 & 0 & 1
\end{bmatrix}.
$$

KeyAddition 如图 A.7 所示, 输入块 $b_0\|b_1\|b_2\|b_3$ 的每一比特与密钥的相应比特进行异或操作, 得到 16 比特输出块 $c_0\|c_1\|c_2\|c_3$.

表 A.3 Mini-AES 算法 S 盒

x	0x0	0x1	0x2	0x3	0x4	0x5	0x6	0x7	0x8	0x9	0xA	0xB	0xC	0xD	0xE	0xF
$S(x)$	0xC	0x5	0x6	0xB	0x9	0x0	0xA	0xD	0x3	0xE	0xF	0x8	0x4	0x7	0x1	0x2

注 在使用 Mini-AES 进行测试时, 加密轮数可按需求灵活确定.

A.4.2 Mini-AES 算法的密钥生成算法

Mini-AES 的 16 比特主密钥 $K = k_0\|k_1\|k_2\|k_3$ 通过密钥生成算法产生一个在第一轮之前使用的 16 比特轮密钥 K_0, 以及用于轮函数的 16 比特轮密钥 K_i. 主密钥 k_i 首先用于初始化序列 w_i, 即 $w_i = k_i$, $0 \leqslant i \leqslant 3$. 随后, 用以下方式生成序列 w_i, $4 \leqslant i \leqslant 4R + 3$:

$$
w_{4r} = w_{4r-4} \oplus S(w_{4r-1}) \oplus r,
$$
$$
w_{4r+1} = w_{4r-3} \oplus w_{4r},
$$
$$
w_{4r+2} = w_{4r-2} \oplus w_{4r+1},
$$

$$w_{4r+3} = w_{4r-1} \oplus w_{4r+2}.$$

$w_0 - w_3$ 用作白化密钥, 第 r 轮以 $w_{4r} - w_{4r+3}$ 为轮密钥. 密钥载入方式与明文相同, 即先填充列后填充行.

注 在与密钥生成方案相关的研究中, 可将 Mini-AES 的密钥生成算法替换为随机生成的密钥或其他自定义密钥生成算法.

A.5 Grain-128 算法

Grain-128 密码 [239] 是 Grain 算法的 128 比特版本, 密钥长度为 128 比特, IV 变量为 96 比特. 如图 A.8 所示的是 Grain 密码密钥流产生阶段的算法. Grain-128 密码的状态比特可以用一个线性反馈移位寄存器和一个非线性反馈移位寄存器来表示. 线性移存器 (状态用 s_i 表示) 和非线性移存器 (状态用 b_j 表示) 的反馈函数分别为

$$s_{i+128} = s_i + s_{i+7} + s_{i+38} + s_{i+70} + s_{i+81} + s_{i+96},$$
$$b_{i+128} = s_i + b_i + b_{i+26} + b_{i+56} + b_{i+91} + b_{i+96} + b_{i+3}b_{i+67} + b_{i+11}b_{i+13}$$
$$+ b_{i+17}b_{i+18} + b_{i+27}b_{i+59} + b_{i+40}b_{i+48} + b_{i+61}b_{i+65} + b_{i+68}b_{i+84}.$$

第 i 轮的输出函数为

$$z_i = b_{i+2} + b_{i+15} + b_{i+36} + b_{i+45} + b_{i+64} + b_{i+73} + b_{i+89} + s_{i+93} + b_{i+12}s_{i+8}$$
$$+ s_{i+13}s_{i+20} + b_{i+95}s_{i+42} + s_{i+60}s_{i+79} + b_{i+12}b_{i+95}s_{i+95}.$$

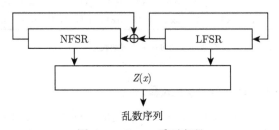

图 A.8 Grain 系列密码

在初始化阶段, 128 比特密钥 k 置入非线性移存器, 96 比特初始向量 IV 置入线性移存器的前 96 个比特, 线性移存器其余的 32 比特置 0. 状态更新 256 轮, 更新过程中 z_i 参与反馈, 即 $b_{128+i} = b_{128+i} + z_i$, $s_{128+i} = s_{128+i} + z_i$. 所以初始化过程中的迭代函数可以写作

$$s_{i+128} = s_i + s_{i+7} + s_{i+38} + s_{i+70} + s_{i+81} + s_{i+96} + b_{i+2} + b_{i+15} + b_{i+36}$$

$$+ b_{i+45} + b_{i+64} + b_{i+73} + b_{i+89} + s_{i+93} + b_{i+12}s_{i+8} + s_{i+13}s_{i+20}$$

$$+ b_{i+95}s_{i+42} + s_{i+60}s_{i+79} + b_{i+12}b_{i+95}s_{i+95},$$

$$b_{i+128} = s_i + b_i + b_{i+26} + b_{i+56} + b_{i+91} + b_{i+96} + b_{i+3}b_{i+67}$$

$$+ b_{i+11}b_{i+13} + b_{i+17}b_{i+18} + b_{i+27} + b_{i+59} + b_{i+40}b_{i+48}$$

$$+ b_{i+61}b_{i+65} + b_{i+68}b_{i+84} + b_{i+2} + b_{i+15} + b_{i+36} + b_{i+45} + b_{i+64}$$

$$+ b_{i+73} + b_{i+89} + s_{i+93} + b_{i+12}s_{i+8} + s_{i+13}s_{i+20} + b_{i+95}s_{i+42}$$

$$+ s_{i+60}s_{i+79} + b_{i+12}b_{i+95}s_{i+95}.$$

A.6 Keccak 算法

由 Bertoni 等设计的 Keccak 杂凑函数在 2015 年被 NIST 标准化为 SHA-3[240]. Keccak 杂凑函数采用了如图 13.6 所示的海绵体结构, 主要包括吸收和挤出两个阶段: 通过吸收阶段吸收一个任意长度的消息; 在挤压阶段产生一个任意期望长度的输出. 具体过程可以描述如下:

● 海绵体结构的 $b = r + c$ 比特起始状态初始化为全 0 的状态, 定义为初始值 (Initial Value), 其中仅有 r 比特用于异或消息.

● 在吸收阶段, 起始状态的 r 个比特先与第一个 r 比特的消息块异或, 并输入至第一个 f 置换函数; 第二块消息同样的与第一次 f 置换函数输出的前 r 比特异或, 并输入至下一个置换函数中. 不断重复这个过程直到所有的消息块都被吸收. 需要注意, 如果最后一块消息不足 r 比特长度, 则需要在消息最后填充 "10*1" 比特串, "0*" 表示能够使填充后的消息为 r 的倍数的最短的 0 字符串.

● 接下来就是挤压阶段. 同样通过每次的 f 置换函数来输出一个 ℓ 比特的值, 重复执行这个过程直到获得一个足够长的摘要.

Keccak 杂凑函数的核心是 f 置换, 记作 Keccak-f [b], 目前主要包括 7 个版本, 包括 Keccak-f[25, 50, 100, 200, 400, 800, 1600]. 目前 Keccak-f[1600] 是在实际分析中最常用的版本之一, 其 f 置换函数包含了 24 轮的置换, 记作 R. 如图 13.6 所示, Keccak 由一个 $5 \times 5 \times 64$ 的三维状态来表示, 其中将每个 5×5 的二维状态定义为一个切片. $A_{x,y,z}$ 定义为状态内部第 x 列第 y 行第 z 个切片的 bit, 满足 $0 \leqslant x, y \leqslant 4, 0 \leqslant z \leqslant 63$. 轮函数 R 由五个操作组成, 定义为

$$R = \iota \circ \chi \circ \pi \circ \rho \circ \theta.$$

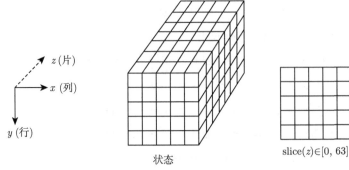

图 A.9　Keccak 的状态图

具体的步骤定义如下:

$$\theta : A_{x,y,z} = A_{x,y,z} \oplus \bigoplus_{y=0}^{4} (A_{x-1,y,z} \oplus A_{x+1,y,z-1}),$$

$$\rho : A_{x,y,z} = A_{x,y,z+r_{x,y}},$$

$$\pi : A_{y,2x+3y,z} = A_{x,y,z},$$

$$\chi : A_{x,y,z} = A_{x,y,z} \oplus A_{x+1,y,z} \oplus 1 \cdot A_{x+2,y,z},$$

$$\iota : A_{0,0,z} = A_{0,0,z} \oplus RC_z,$$

符号 $\oplus$ 表示异或操作, $\cdot$ 表示与操作. $r_{x,y}$ 定义为与 z 相关的旋转变量, 由表 A.4 中 x 和 y 对应的值模 64 得到. RC 定义为轮常量, 不影响具体的分析过程.

表 A.4　ρ 操作中旋转变量

	$x=3$	$x=4$	$x=0$	$x=1$	$x=2$
$y=2$	153	231	3	10	171
$y=1$	55	276	36	300	6
$y=0$	28	91	0	1	19
$y=4$	120	78	210	66	253
$y=3$	21	136	105	45	15

Keccak 的实例用 Keccak$[r,c,\ell]$ 来进行实例化, 其中 r 表示需要不断与消息块异或的部分, c 表示初始状态置为 0 且不用于吸收的部分, ℓ 为输出长度. 它们满足以下关系:

$$r = 1600 - c, \quad c = 2 \cdot \ell.$$

根据输出长度 ℓ 的不同, 定义了 Keccak-/ 224/ 256/ 384/ 512 等多个版本, 它们使用相同的消息填充规则.

A.7 Whirlpool 算法

Whirlpool 是一个由 Barreto 和 Rijmen 设计的迭代杂凑函数. 算法的内部状态大小为 512 比特, 杂凑值的长度为 512 比特. Whirlpool 算法的压缩函数包含两个部分: 密钥扩展过程和状态更新过程, 如图 A.10 和图 A.11 所示. State Update 和 Key Update 的状态为 512 比特, 表示成 8×8 字节矩阵的形式, 更新过程类似 AES, 描述如下.

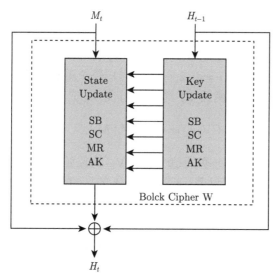

图 A.10 Whirlpool 的压缩函数

• 字节替换 SB: 字节替换是运算过程中唯一的非线性运算, 状态 S 的每个字节经 S 盒替换后, 得到新的状态.

• 列移位 SC: 与 AES 行移位类似, 第 j 列按字节循环下移 j 个位置.

• 行混淆 MR: 与 AES 列混淆类似, 常数矩阵作用于状态 S 的每一行并对状态进行更新.

• 轮密钥加 AK: 将密钥与状态进行异或得到更新后的状态. 轮函数 r_i 的状态更新表示如下:

$$r_i \equiv \mathrm{AK} \circ \mathrm{MR} \circ \mathrm{SC} \circ \mathrm{SB}.$$

S_i 表示 i 轮之后的输出状态, 经过字节替换的中间状态表示为 S_i', S_i'' 表示经过列位移后的中间状态, S_i''' 表示经过行混淆后的中间状态, S_0 表示第一轮之前的初始状态.

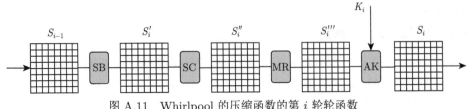

图 A.11 Whirlpool 的压缩函数的第 i 轮轮函数

A.8 MD4 算法

杂凑函数 MD4 采用 Merkle-Damgard 结构, 其杂凑值的长度为 128 比特. 给定被压缩的消息, 首先对其进行填充, 使得填充后消息的长度为 512 的整数倍. 如果填充之前的消息长度已经是 512 的整数倍, 仍然要进行填充. 然后把填充后的消息分成 t 个消息块 M_i $(i = 0, 2, \cdots, t-1)$, 每个消息块的长度为 512-比特. 对每个消息块 M_i, 使用压缩函数 CF 对其进行变换, 记为

$$\mathrm{CV}_{i+1} = \mathrm{CF}(\mathrm{CV}_i, M_i),$$

其中 CV_0 为 MD4 的标准初始值 IV, CV_t 为原始消息的杂凑值. 记 $\mathrm{CV}_0 = (a_0, b_0, c_0, d_0)$, 在 MD4 算法里, 标准初始值 CV_0 的取值为 $a_0 = \text{0x67452301}$, $b_0 = \text{0xefcdab89}$, $c_0 = \text{0x98badcfe}$, $d_0 = \text{0x10325476}$. 下面描述压缩函数 CF.

每个长为 512 比特的消息分组 M 分成 16 个消息字 $(m_0, m_1, \cdots, m_{15})$, 每个字的长度为 32 比特. 压缩函数 CF 包含 3 轮, 每轮包含 16 步操作, 每步操作使用一个消息字. 压缩 512 比特的消息分组 M 的过程如下.

(1) 消息分组 M 的输入值为 (a_0, b_0, c_0, d_0), 如果 M 是第一个被压缩的消息分组, 则输入值为标准的初始值, 否则其为前一个消息分组压缩后的输出值.

(2) 完成以下 48 步运算 (3 轮): 对于 $i = 0, 1, 2, \cdots, 12$, 执行如下操作, 其中 j 代表压缩函数的第 j 轮, $j = \left\lceil \dfrac{i}{4} \right\rceil$.

$$a_i = (a_{i-1} + \Phi_j(b_{i-1}, c_{i-1}, d_{i-1}) + m_{\pi(4(i-1)+1)} + t_{4(i-1)+1}) \lll s_{4(i-1)+1},$$
$$d_i = (d_{i-1} + \Phi_j(a_i, b_{i-1}, c_{i-1}) + m_{\pi(4(i-1)+2)} + t_{4(i-1)+2}) \lll s_{4(i-1)+2},$$
$$c_i = (c_{i-1} + \Phi_j(d_i, a_i, b_{i-1}) + m_{\pi(4(i-1)+3)} + t_{4(i-1)+3}) \lll s_{4(i-1)+3},$$
$$b_i = (b_{i-1} + \Phi_j(c_i, d_i, a_i) + m_{\pi(4(i-1)+4)} + t_{4(i-1)+4}) \lll s_{4(i-1)+4}.$$

(3) 将链接变量 $a_{12}, b_{12}, c_{12}, d_{12}$ 分别加上输入链接变量, 得到当前消息分组的压缩值.

$$a = a_0 + a_{12},$$

$$b = b_0 + b_{12},$$
$$c = c_0 + c_{12},$$
$$d = d_0 + d_{12},$$

其中 + 代表模 2^{32} 加, t_i 代表每步操作用到的常数, s_i 代表每步操作的循环移位数, ≪ 代表循环左移. 消息字的顺序和循环移位数见表 13.4. 在描述差分碰撞路线时, 不需要用到常数 t_i, t_i 的具体值见参考文献 [136]. 如果 M 是最后一个消息分组, 则 $a||b||c||d$ 是原始消息的杂凑值. 否则以 (a, b, c, d) 为输入值, 对下一个消息分组进行压缩.

第 j $(j = 1, 2, 3)$ 轮用到的布尔函数 Φ_j 的表达式如下:

$$\Phi_1(X, Y, Z) = F(X, Y, Z) = (X \wedge Y) \vee (\neg X \wedge Z),$$
$$\Phi_2(X, Y, Z) = G(X, Y, Z) = (X \wedge Y) \vee (X \wedge Z) \vee (Y \wedge Z),$$
$$\Phi_3(X, Y, Z) = H(X, Y, Z) = X \oplus Y \oplus Z,$$

这里的 X, Y, Z 都是 32 比特的字. 三个布尔函数都是按位进行的; 运算符 $\oplus, \wedge, \vee, \neg$ 分别表示异或、与、或、补运算.

A.9 MD5 算法

杂凑函数 MD5 采用 Merkle-Damgård 结构, 其杂凑值的长度为 128 比特. 给定消息, 首先对其进行消息填充, 使得填充后消息的长度为 512 的整数倍. 如果填充之前的消息长度已经是 512 的整数倍, 仍然要进行填充. 然后把填充后的消息分成 t 个消息块 M_i $(i = 0, 1, \cdots, t - 1)$, 每个消息块的长度为 512 比特. 对每个消息块 M_i, 使用压缩函数 CF 对其进行变换, 记为

$$CV_{i+1} = CF(CV_i, M_i),$$

其中 CV_0 为 MD5 的标准初始值 IV, CV_t 为原始消息的杂凑值. 记 $CV_0 = (a_0, b_0, c_0, d_0)$, 在 MD5 算法里, $a_0 = $ 0x67452301, $b_0 = $ 0xefcdab89, $c_0 = $ 0x98badcfe, $d_0 = $ 0x10325476. 下面描述压缩函数 CF.

每个长为 512 比特的消息块 M 分成 16 个消息字 $(m_0, m_1, \cdots, m_{15})$, 每个字的长度为 32 比特. 压缩函数 CF 包含 4 轮, 每轮包含 16 步操作, 每步操作使用一个消息字. 压缩 512 比特的消息分组 M 的过程如下:

(1) 消息分组 M 的输入值为 (a_0, b_0, c_0, d_0), 如果 M 是第一个被压缩的消息分组, 则输入值为标准的初始值, 否则其为前一个消息分组压缩后的输出值.

(2) 完成以下 64 步运算 (4 轮): 对于 $i = 1, 2, \cdots, 16$, 执行如下操作, 其中 j 代表压缩函数的第 j 轮, $j = \left\lceil \dfrac{i}{4} \right\rceil$.

$$a_i = b_{i-1} + (a_{i-1} + \Phi_j(b_{i-1}, c_{i-1}, d_{i-1}) + m_{\pi(4(i-1)+1)} + t_{4(i-1)+1})$$
$$\lll s_{4(i-1)+1},$$
$$d_i = a_i + (d_{i-1} + \Phi_j(a_i, b_{i-1}, c_{i-1}) + m_{\pi(4(i-1)+2)} + t_{4(i-1)+2}) \lll s_{4(i-1)+2},$$
$$c_i = d_i + (c_{i-1} + \Phi_j(d_i, a_i, b_{i-1}) + m_{\pi(4(i-1)+3)} + t_{4(i-1)+3}) \lll s_{4(i-1)+3},$$
$$b_i = c_i + (b_{i-1} + \Phi_j(c_i, d_i, a_i) + m_{\pi(4(i-1)+4)} + t_{4(i-1)+4}) \lll s_{4(i-1)+4},$$

其中 + 代表模 2^{32} 加, t_i 代表每步操作用到的常数, s_i 代表每步操作的循环移位数, $\lll$ 代表循环左移. 消息字的顺序见表 A.5, s_i 的取值见表 13.6. 在描述差分碰撞路线时, 不需要用到常数 t_i, t_i 的具体值见参考文献 [137].

表 A.5   MD5 算法消息字的顺序

i	1	2	3	4	5	6	7	8	9	10	11	12	13	14	15	16
$\pi(i)$	0	1	2	3	4	5	6	7	8	9	10	11	12	13	14	15
i	17	18	19	20	21	22	23	24	25	26	27	28	29	30	31	32
$\pi(i)$	1	6	11	0	5	10	15	4	9	14	3	8	13	2	7	12
i	33	34	35	36	37	38	39	40	41	42	43	44	45	46	47	48
$\pi(i)$	5	8	11	14	1	4	7	10	13	0	3	6	9	12	15	2
i	49	50	51	52	53	54	55	56	57	58	59	60	61	62	63	64
$\pi(i)$	0	7	14	5	12	3	10	1	8	15	6	13	4	11	2	9

(3) 将链接变量 $a_{16}, b_{16}, c_{16}, d_{16}$ 分别加上输入链接变量, 得到当前消息分组的压缩值.

$$a = a_0 + a_{16},$$
$$b = b_0 + b_{16},$$
$$c = c_0 + c_{16},$$
$$d = d_0 + d_{16}.$$

如果 M 是最后一个消息分组, 则 $a\|b\|c\|d$ 是原始消息的杂凑值. 否则以 (a, b, c, d) 作为输入值, 对下一个消息分组进行压缩.

第 j ($j = 1, 2, 3, 4$) 轮用到的布尔函数 Φ_j 的表达式如下.

$$\Phi_1(X, Y, Z) = (X \wedge Y) \vee (\neg X \wedge Z),$$
$$\Phi_2(X, Y, Z) = (X \wedge Z) \vee (Y \wedge \neg Z),$$
$$\Phi_3(X, Y, Z) = X \oplus Y \oplus Z,$$
$$\Phi_4(X, Y, Z) = Y \oplus (X \vee \neg Z).$$

参考文献

[1] Petitcolas F A P. Kerckhoffs' Principle. Springer, 2011. URL. https://doi.org/ 10.1007/978-1-4419-5906-5_487

[2] Nandi M. NIST's Views on SHA-3's Security Requirements and Evaluation of Attacks. First SHA-3 Candidate Conference, 2009

[3] Leurent G, Peyrin T, Wang L. New Generic Attacks Against Hash-based MACs. Cryptology ePrint Archive, Paper 2014/406

[4] Guo J, Peyrin T, Sasaki Y, et al. Updates on Generic Attacks against HMAC and NMAC. Advances in Cryptology - CRYPTO 2014, Berlin, Heidelberg, Springer, 2014: 131–148

[5] Daemen J, Rijmen V. The Design of Rijndael: The Advanced Encryption Standard (AES). Information Security and Cryptography. Springer, 2002

[6] 王美琴, 王薇, 李木舟, 等. 从图灵破解 Enigma 到现代密码分析. 中国计算机学会通讯, 2019, 15(7): 15-22

[7] Biham E, Shamir A. Differential Cryptanalysis of DES-like Cryptosystems. Advances in Cryptology-CRYPTO '90, 10th Annual International Cryptology Conference, Santa Barbara, California, USA, 1991: 2–21. URL. https://doi.org/10.1007/3-540-38424-3_1

[8] Coppersmith D. The Data Encryption Standard (DES) and its strength against attacks. IBM Journal of Research and Development, 1994, 38(3): 243–243

[9] 李超, 孙兵, 李瑞林. 分组密码的攻击方法与实例分析. 北京: 科学出版社, 2010

[10] Lai X, Massey J L, Murphy S. Markov Ciphers and Differential Cryptanalysis. Advances in Cryptology-EUROCRYPT 1991, Springer, 1991: 17–38

[11] Knudsen L R, Robshaw M J B. The Block Cipher Companion. Springer Publishing Company, Incorporated, 2011

[12] Beyne T, Rijmen V. Differential Cryptanalysis in the Fixed-Key Model//Dodis Y, Shrimpton T, eds. Advances in Cryptology-CRYPTO 2022, Part III, Lecture Notes in Computer Science, vol. 13509. Springer, 2022: 687–716. URL. https://doi.org/10.1007/978-3-031-15982-4_23

[13] Selçuk A A, Biçak A. On Probability of Success in Linear and Differential Cryptanalysis//Cimato S, Persiano G, Galdi C, eds. Security in Communication Networks. Berlin, Heidelberg: Springer, 2003: 174–185

[14] Selçuk A A. On Probability of success in linear and differential cryptanalysis. Journal of Cryptology, 2008, 21: 131-147. URL. https://doi.org/10.1007/s00145-007-9013-7

[15] Knudsen L R. Truncated and Higher Order Differentials//Preneel B, ed. FSE'94, LNCS, vol. 1008. Springer, 1994: 196–211. URL. https://doi.org/10.1007/3-540-60590-8_16

[16] Wagner D. The Boomerang Attack//Knudsen L, ed. Fast Software Encryption. Berlin, Heidelberg: Springer, 1999: 156–170

[17] Kelsey J, Kohno T, Schneier B. Amplified Boomerang Attacks Against Reduced-Round MARS and Serpent. Fast Software Encryption, 7th International Workshop, FSE 2000, New York, NY, USA, April 10-12, 2000, Proceedings, Lecture Notes in Computer Science, vol. 1978. Springer, 2000: 75–93

[18] Biham E, Dunkelman O, Keller N. The Rectangle Attack—Rectangling the Serpent//Pfitzmann B, ed. Advances in Cryptology-EUROCRYPT 2001. Berlin, Heidelberg: Springer, 2001: 340–357

[19] Biham E, Dunkelman O, Keller N. New Results on Boomerang and Rectangle Attacks. Fast Software Encryption, 9th International Workshop, FSE 2002, Leuven, Belgium, February 4-6, 2002, Revised Papers, Lecture Notes in Computer Science, vol. 2365. Springer, 2002: 1–16. URL. https://iacr.org/archive/fse2002/23650001/23650001.pdf

[20] Murphy S. The return of the cryptographic boomerang. IEEE Transactions on Information Theory, 2011, 57: 2517–2521

[21] Cid C, Huang T, Peyrin T, et al. Boomerang Connectivity Table: A New Cryptanalysis Tool. EUROCRYPT (2), Springer, 2018: 683–714

[22] Wang H, Peyrin T. Boomerang Switch in Multiple Rounds. Application to AES Variants and Deoxys. vol. 2019, Issue 1. Ruhr-Universität Bochum, 2019: 142–169. URL. https://tosc.iacr.org/index.php/ToSC/article/view/7400

[23] Dunkelman O, Keller N, Shamir A. A Practical-Time Related-Key Attack on the KASUMI Cryptosystem Used in GSM and 3G Telephony//Rabin T, ed. Advances in Cryptology-CRYPTO 2010. Berlin, Heidelberg: Springer: 393–410

[24] Knudsen L. DEAL-a 128-bit block cipher. Complexity, 1998, 258: 216

[25] Biham E, Biryukov A, Shamir A. Cryptanalysis of Skipjack Reduced to 31 Rounds Using Impossible Differentials//Stern J, ed. Advances in Cryptology-EUROCRYPT '99. Berlin, Heidelberg: Springer, 1999: 12–23

[26] Yuan Z, Wang W, Jia K, et al. New Birthday Attacks on Some MACs Based on Block Ciphers//Halevi S, ed. Advances in Cryptology-CRYPTO 2009. Berlin, Heidelberg: Springer, 2009: 209–230

[27] Biham E, Keller N. Cryptanalysis of reduced variants of Rijndael. 3rd AES Conference. URL. http://madchat.fr/crypto/codebreakers/35-ebiham.pdf

[28] Li S, Song C. Improved Impossible Differential Cryptanalysis of ARIA. International Conference on Information Security and Assurance, 2008: 129-132

[29] Biham E. New Types of Cryptanalytic Attacks Using related Keys (Extended Abstract). Helleseth T, ed. Advances in Cryptology-EUROCRYPT '93, Workshop on

the Theory and Application of of Cryptographic Techniques, Lofthus, Norway, May 23-27, 1993, Proceedings, Lecture Notes in Computer Science, vol. 765. Springer, 1993: 398–409. URL. https://doi.org/10.1007/3-540-48285-7_34

[30] Knudsen L R. Cryptanalysis of LOKI91. Advances in Cryptology–ASIACRYPT 1992. Berlin, Heidelberg: Springer-Verlag, 196–208

[31] Matsui M. Linear Cryptanalysis Method for DES Cipher//Helleseth T, ed. Advances in Cryptology-EUROCRYPT'93, Workshop on the Theory and Application of of Cryptographic Techniques, Lofthus, Norway, May 23-27, 1993, Proceedings, Lecture Notes in Computer Science, vol. 765. Springer, 1993: 386–397. URL. https://doi.org/10.1007/3-540-48285-7_33

[32] Matsui M, Yamagishi A. A New Method for Known Plaintext Attack of FEAL Cipher//Rueppel R A, ed. Advances in Cryptology - EUROCRYPT '92, Workshop on the Theory and Application of of Cryptographic Techniques, Balatonfüred, Hungary, May 24-28, 1992, Proceedings, Lecture Notes in Computer Science, vol. 658. Springer, 1992: 81–91. URL. https://doi.org/10.1007/3-540-47555-9_7

[33] Shimizu A, Miyaguchi S. Fast Data Encipherment Algorithm FEAL//Chaum D, Price W L, eds. Advances in Cryptology - EUROCRYPT '87, Workshop on the Theory and Application of of Cryptographic Techniques, Amsterdam, The Netherlands, April 13-15, 1987, Proceedings, Lecture Notes in Computer Science, vol. 304. Springer, 1987: 267–278. URL. https://doi.org/10.1007/3-540-39118-5_24

[34] Blondeau C, Nyberg K. Joint data and key distribution of simple, multiple, and multidimensional linear cryptanalysis test statistic and its impact to data complexity. Des Codes Cryptogr, 2017, 82: 319–349. URL. https://doi.org/10.1007/s10623-016-0268-6

[35] Bogdanov A, Tischhauser E. On the Wrong Key Randomisation and Key Equivalence Hypotheses in Matsui's Algorithm 2//Moriai S, ed. Fast Software Encryption - 20th International Workshop, FSE 2013, Singapore, March 11-13, 2013. Revised Selected Papers, Lecture Notes in Computer Science, vol. 8424. Springer, 2013: 19–38. URL. https://doi.org/10.1007/978-3-662-43933-3_2

[36] Nyberg K. Linear Approximation of Block Ciphers//Santis A D, ed. Advances in Cryptology-EUROCRYPT'94, Workshop on the Theory and Application of Cryptographic Techniques, Perugia, Italy, May 9-12, 1994, Proceedings, Lecture Notes in Computer Science, vol. 950. Springer, 1994:439–444. URL. https://doi.org/10.1007/BFb0053460

[37] Daemen J, Govaerts R, Vandewalle J. Correlation Matrices//Preneel B, ed. Fast Software Encryption: Second International Workshop. Leuven, Belgium, 14-16 December 1994, Proceedings, Lecture Notes in Computer Science, vol. 1008. Springer, 1994: 275–285. URL. https://doi.org/10.1007/3-540-60590-8_21

[38] Matsui M. On Correlation Between the Order of S-boxes and the Strength of DES//Santis A D, ed. Advances in Cryptology-EUROCRYPT'94, Workshop on the

Theory and Application of Cryptographic Techniques, Perugia, Italy, May 9-12, 1994, Proceedings, Lecture Notes in Computer Science, vol. 950. Springer, 1994: 366–375. URL. https://doi.org/10.1007/BFb0053451

[39] Biham E. On Matsui's Linear Cryptanalysis// Santis A D, ed. Advances in Cryptology-EUROCRYPT '94, Workshop on the Theory and Application of Cryptographic Techniques, Perugia, Italy, May 9-12, 1994, Proceedings, Lecture Notes in Computer Science, vol. 950. Springer, 1994: 341–355. URL. https://doi.org/10.1007/BFb0053449

[40] Chabaud F, Vaudenay S. Links Between Differential and Linear Cryptanalysis//Santis A D, ed. Advances in Cryptology-EUROCRYPT'94, Workshop on the Theory and Application of Cryptographic Techniques, Perugia, Italy, May 9-12, 1994, Proceedings, Lecture Notes in Computer Science, vol. 950. Springer, 1994: 356–365. URL. https://doi.org/10.1007/BFb0053450

[41] Kalishi B S, Robshaw M J B. Linear Cryptanalysis Using Multiple Approximations//Desmedt Y, ed. Advances in Cryptology-CRYPTO'94, 14th Annual International Cryptology Conference, Santa Barbara, California, USA, August 21-25, 1994, Proceedings, Lecture Notes in Computer Science, vol. 839. Springer, 1994: 26–39. URL. https://doi.org/10.1007/3-540-48658-5_4

[42] Biryukov A, Cannière C D, Quisquater M. On Multiple Linear Approximations//Franklin M K, ed. Advances in Cryptology-CRYPTO 2004, 24th Annual International CryptologyConference, Santa Barbara, California, USA, August 15-19, 2004, Proceedings, Lecture Notes in Computer Science, vol. 3152. Springer, 2004: 1-22. URL. https://doi.org/10.1007/978-3-540-28628-8_1

[43] Hermelin M, Cho J Y, Nyberg K. Multidimensional Extension of Matsui's Algorithm 2//Dunkelman O, ed. Fast Software Encryption, 16th International Workshop, FSE 2009, Leuven, Belgium, February 22-25, 2009, Revised Selected Papers, Lecture Notes in Computer Science, vol. 5665. Springer, 2009:209–227. URL. https://doi.org/10.1007/978-3-642-03317-9_13

[44] Bogdanov A, Rijmen V. Zero-Correlation Linear Cryptanalysis of Block Ciphers. IACR Cryptol ePrint Arch, 2011: 123. URL. http://eprint.iacr.org/2011/123

[45] Bogdanov A, Wang M. Zero Correlation Linear Cryptanalysis with Reduced Data Complexity//Canteaut A, ed. Fast Software Encryption-19th International Workshop, FSE 2012, Washington, DC, USA, March 19-21, 2012. Revised Selected Papers, Lecture Notes in Computer Science, vol. 7549. Springer, 2012: 29-48. URL. https://doi.org/10.1007/978-3-642-34047-5_3

[46] Bogdanov A, Leander G, Nyberg K, et al. Integral and Multidimensional Linear Distinguishers with Correlation Zero//Wang X, Sako K, eds. Advances in Cryptology - ASIACRYPT 2012 - 18th International Conference on the Theory and Application of Cryptology and Information Security, Beijing, China, December 2-6, 2012. Proceed-

ings, Lecture Notes in Computer Science, vol. 7658. Springer, 2012: 244–261. URL. https://doi.org/10.1007/978-3-642-34961-4_16

[47] Langford S K, Hellman M E. Differential-Linear Cryptanalysis. Advances in Cryptology - CRYPTO '94, 14th Annual International Cryptology Conference, Santa Barbara, California, USA, August 21-25, 1994, Proceedings, Lecture Notes in Computer Science, vol. 839. Springer, 1994: 17–25

[48] Biham E, Dunkelman O, Keller N. Enhancing Differential-Linear Cryptanalysis. Advances in Cryptology-ASIACRYPT 2002, 8th International Conference on the Theory and Application of Cryptology and Information Security, Queenstown, New Zealand, December 1-5, 2002, Proceedings, Lecture Notes in Computer Science, vol. 2501. Springer, 2002: 254–266. URL. https://iacr.org/archive/asiacrypt2002/25010254/25010254.pdf

[49] Bogdanov A, Boura C, Rijmen V, et al. Key Difference Invariant Bias in Block Ciphers//Sako K, Sarkar P, eds. Advances in Cryptology-ASIACRYPT 2013-19th International Conference on the Theory and Application of Cryptology and Information Security, Bengaluru, India, December 1-5, 2013, Proceedings, Part I, Lecture Notes in Computer Science, vol. 8269. Springer, 2013: 357–376. URL. https://doi.org/10.1007/978-3-642-42033-7_19

[50] Li M, Hu K, Wang M. Related-Tweak statistical saturation cryptanalysis and its application on QARMA. IACR Trans Symmetric Cryptol, 2019, 2019: 236–263. URL. https://doi.org/10.13154/tosc.v2019.i1.236-263

[51] Junod P. On the Complexity of Matsui's Attack. Selected Areas in Cryptography, 8th Annual International Workshop, SAC 2001 Toronto, Ontario, Canada, August 16-17, 2001: 199–211. URL. https://doi.org/10.1007/3-540-45537-X_16

[52] Daemen J, Rijmen V. Probability distributions of correlation and differentials in block ciphers. J. Mathematical Cryptology, 2007, 1: 221–242. URL. https://doi.org/10.1515/JMC.2007.011

[53] O' Connor L. Properties of Linear Approximation Tables. Fast Software Encryption: Second International Workshop. Leuven, Belgium, 14-16 December 1994, Proceedings, 1994: 131–136. URL. https://doi.org/10.1007/3-540-60590-8_10

[54] Daemen J, Knudsen L R, Rijmen V. The Block Cipher Square// Biham E, ed. FSE'97, LNCS, vol. 1267. Springer, 1997: 149–165

[55] Knudsen L R, Wagner D A. Integral Cryptanalysis//Daemen J, Rijmen V, eds. FSE 2002, LNCS, vol. 2365. Springer, 2002: 112–127

[56] Todo Y. Structural Evaluation by Generalized Integral Property//Oswald E, Fischlin M, eds. Advances in Cryptology-EUROCRYPT 2015-34th Annual International Conference on the Theory and Applications of Cryptographic Techniques, Sofia, Bulgaria, April 26-30, 2015, Proceedings, Part I, Lecturef Notes in Computer Science, vol. 9056. Springer, 2015: 287–314. URL. https://doi.org/10.1007/978-3-662-46800-5_12

[57] Herstein I N. Topics in Algebra. New York: John Wiley & Sons, 2006

[58] Lucks S. The Saturation Attack - A Bait for Twofish//Matsui M, ed. Fast Software Encryption, 8th International Workshop, FSE 2001 Yokohama, Japan, April 2-4, 2001, Revised Papers, Lecture Notes in Computer Science, vol. 2355. Springer, 2001: 1–15. URL. https://doi.org/10.1007/3-540-45473-X_1

[59] Wang M, Cui T, Chen H, et al. Integrals Go Statistical: Cryptanalysis of Full Skipjack Variants//Peyrin T, ed. Fast Software Encryption-23rd International Conference, FSE 2016, Bochum, Germany, March 20-23, 2016, Revised Selected Papers, Lecture Notes in Computer Science, vol. 9783. Springer, 2016: 399–415. URL. https://doi.org/10.1007/978-3-662-52993-5_20

[60] Sun L, Wang W, Wang M. Automatic Search of Bit-Based Division Property for ARX Ciphers and Word-Based Division Property//Takagi T, Peyrin T, eds. ASIACRYPT 2017, Part I, LNCS, vol. 10624. Springer, 2017: 128–157

[61] Diffie W, Hellman M E. Special Feature Exhaustive Cryptanalysis of the NBS Data Encryption Standard. IEEE Computer, 1977, 10: 74–84. URL. https://doi.org/10. 1109/ C-M.1977.217750

[62] Aoki K, Sasaki Y. Preimage Attacks on One-Block MD4, 63-Step MD5 and More//Avanzi R M, Keliher L, Sica F, eds. Selected Areas in Cryptography, 15th International Workshop, SAC 2008, Sackville, New Brunswick, Canada, August 14-15, Revised Selected Papers, Lecture Notes in Computer Science, vol. 5381. Springer, 2008: 103–119. URL. https://doi.org/10.1007/978-3-642-04159-4_7

[63] Demirci H, Selçuk A A. A Meet-in-the-Middle Attack on 8-Round AES//Nyberg K, ed. Fast Software Encryption, 15th International Workshop, FSE 2008, Lausanne, Switzerland, February 10-13, 2008, Revised Selected Papers, Lecture Notes in Computer Science, vol. 5086. Springer, 2008: 116–126. URL. https://doi.org/10.1007/978-3-540-71039-4_7

[64] Dunkelman O, Keller N, Shamir A. Improved Single-Key Attacks on 8-Round AES-192 and AES-256//Abe M, ed. Advances in Cryptology - ASIACRYPT 2010 - 16th International Conference on the Theory and Application of Cryptology and Information Security, Singapore, December 5-9, 2010. Proceedings, Lecture Notes in Computer Science, vol. 2010: 6477. Springer, 2010: 158–176. URL. https://doi.org/10.1007/978-3-642-17373-8_10

[65] Derbez P, Fouque P. Automatic Search of Meet-in-the-Middle and Impossible Differential Attacks//Robshaw M, Katz J, eds. Advances in Cryptology - CRYPTO 2016 - 36th Annual International Cryptology Conference, Santa Barbara, CA, USA, August 14-18, 2016, Proceedings, Part II, Lecture Notes in Computer Science, vol. 9815. Springer, 2016: 157–184. URL. https://doi.org/10.1007/978-3-662-53008-5_6

[66] Li L, Jia K, Wang X. Improved Single-Key Attacks on 9-Round AES-192/256. FSE. Springer, 2014: 127–146. URL. https://www.iacr.org/archive/fse2014/85400131/85400131.pdf

[67] Bogdanov A, Rechberger C. A 3-Subset Meet-in-the-Middle Attack: Cryptanalysis of the Lightweight Block Cipher KTANTAN. Selected Areas in Cryptography - 17th International Workshop, SAC 2010, Waterloo, Ontario, Canada, August 12-13, 2010, Revised Selected Papers, 2010: 229–240. URL. https://doi.org/10.1007/978-3-642-19574-7_16

[68] Wei L, Rechberger C, Guo J, et al. Improved Meet-in-the-Middle Cryptanalysis of KTANTAN (Poster). Information Security and Privacy-16th Australasian Conference, ACISP 2011, Melbourne, Australia, 2011: 433–438. URL. https://doi.org/10.1007/978-3-642-22497-3_31

[69] Isobe T, Shibutani K. All Subkeys Recovery Attack on Block Ciphers: Extending Meet-in-the-Middle Approach. Selected Areas in Cryptography, 19th International Conference, SAC 2012, Windsor, ON, Canada, August 15-16, 2012, Revised Selected Papers. 202–221. URL. https://doi.org/10.1007/978-3-642-35999-6_14

[70] Canteaut A, Naya-Plasencia M, Vayssière B. Sieve-in-the-Middle: Improved MITM Attacks. Advances in Cryptology - CRYPTO 2013-33rd Annual Cryptology Conference, Santa Barbara, CA, USA, August 18-22, 2013. Proceedings, Part I. 222–240. URL. https://doi.org/10.1007/978-3-642-40041-4_13

[71] Fuhr T, Minaud B. Match Box Meet-in-the-Middle Attack Against KATAN. Fast Software Encryption - 21st International Workshop, FSE 2014, London, UK, March 3-5, 2014. Revised Selected Papers, 2014: 61–81. URL. https://doi.org/10.1007/978-3-662-46706-0_4

[72] Merkle R C, Hellman M E. On the security of multiple encryption. Commun ACM, 1981, 24: 465–467. URL. https://doi.org/10.1145/358699.358718

[73] van Oorschot P C, Wiener M J. A Known-Plaintext Attack on Two-Key Triple Encryption//Damgård I B, ed. Advances in Cryptology-EUROCRYPT '90. Berlin, Heidelberg: Springer, 1990: 318–325

[74] Gilbert H, Minier M. A Collision Attack on 7 Rounds of Rijndael. AES Candidate Conference, 2000

[75] Shi D, Sun S, Derbez P, et al. Programming the Demirci-Selçuk Meet-in-the-Middle Attack with Constraints. Advances in Cryptology -ASIACRYPT 2018, Lecture Notes in Computer Science, vol. 11273. Springer, 2018: 3–34

[76] Jakobsen T, Knudsen L R. The Interpolation Attack on Block Ciphers//Biham E, ed. Fast Software Encryption, 4th International Workshop, FSE '97, Haifa, Israel, January 20-22, 1997, Proceedings, Lecture Notes in Computer Science, vol. 1267. Springer: 28–40. URL. https://doi.org/10.1007/BFb0052332

[77] Stoß H. The complexity of evaluating interpolation polynomials. Theor Comput Sci, 1985, 41: 319–323. URL. https://doi.org/10.1016/0304-3975(85)90078-7

[78] Bose N. Gröbner bases: An algorithmic method in polynomial ideal theory. Multidimensional Systems Theory and Applications. Springer, 1995: 89–127

[79] Cox D, Little J, OShea D. Ideals, Varieties, and Algorithms: An Introduction To Computational Algebraic Geometry and Commutative Algebra. Springer Science & Business Media, 2013

[80] Faugere J C. A new efficient algorithm for computing Gröbner bases F4. Journal of Pure and Applied Algebra, 1999, 139: 61–88

[81] Faugere J C. A new efficient algorithm for computing Gröbner bases without reduction to zero (F5). Proceedings of the 2002 International Symposium on Symbolic and Algebraic Computation, 2002: 75–83

[82] Faugere J C, Gianni P, Lazard D, et al. Efficient computation of zero-dimensional Gröbner bases by change of ordering. Journal of Symbolic Computation, 1993, 16: 329–344

[83] Dubois V, Gama N. The degree of regularity of HFE systems. International Conference on the Theory and Application of Cryptology and Information Security. Springer, 2010: 557–576

[84] Bardet M, Faugere J C, Salvy B. On the complexity of the F5 Gröbner basis algorithm. Journal of Symbolic Computation, 2015, 70: 49–70

[85] Biryukov A, Wagner D. Slide Attacks//Knudsen L, ed. Fast Software Encryption. Berlin, Heidelberg: Springer, 1999: 245–259

[86] Biryukov A, Wagner D. Advanced Slide Attacks. Preneel B, ed. Advances in Cryptology-EUROCRYPT 2000. Berlin, Heidelberg: Springer, 2000: 589–606

[87] Blondeau C, Nyberg K. New Links between Differential and Linear Cryptanalysis. Advances in Cryptology-EUROCRYPT 2013, 32nd Annual International Conference on the Theory and Applications of Cryptographic Techniques, Athens, Greece, Proceedings, 2013: 388–404. URL. https://doi.org/10.1007/978-3-642-38348-9_24

[88] Blondeau C, Bogdanov A, Wang M. On the (In)Equivalence of Impossible Differential and Zero-Correlation Distinguishers for Feistel- and Skipjack-Type Ciphers//Boureanu I, Owesarski P, Vaudenay S, eds. Applied Cryptography and Network Security - 12th International Conference, ACNS 2014, Lausanne, Switzerland, June 10-13, 2014. Proceedings, Lecture Notes in Computer Science, vol. 8479. Springer: 271–288. URL. https://doi.org/10.1007/978-3-319-07536-5_17

[89] Sun B, Liu Z, Rijmen V, et al. Links Among Impossible Differential, Integral and Zero Correlation Linear Cryptanalysis//Gennaro R, Robshaw M, eds. CRYPTO 2015, Part I, LNCS, vol. 9215. Springer, 2015: 95–115

[90] Sun B, Li R, Qu L, et al. SQUARE attack on block ciphers with low algebraic degree. Science China Information Sciences, 2010, 53: 1988–1995

[91] Leander G. On Linear Hulls, Statistical Saturation Attacks, PRESENT and a Cryptanalysis of PUFFIN. Advances in Cryptology-EUROCRYPT 2011 - 30th Annual International Conference on the Theory and Applications of Cryptographic Techniques, Tallinn, Estonia. Proceedings, 2011: 303–322. URL. https://doi.org/10.1007/978-3-642-20465-4_18

[92] Collard B, Standaert F. A Statistical Saturation Attack against the Block Cipher PRESENT. Topics in Cryptology-CT-RSA 2009, The Cryptographers' Track at the RSA Conference 2009, San Francisco, CA, USA, April 20-24, 2009. Proceedings, 2009: 195–210. URL. https://doi.org/10.1007/978-3-642-00862-7_13

[93] Blondeau C, Nyberg K. Links between Truncated Differential and Multidimensional Linear Properties of Block Ciphers and Underlying Attack Complexities. Advances in Cryptology - EUROCRYPT 2014 - 33rd Annual International Conference on the Theory and Applications of Cryptographic Techniques, Copenhagen, Denmark, May 11-15, 2014. 165–182. URL. https://doi.org/10.1007/978-3-642-55220-5_10

[94] Mouha N, Wang Q, Gu D, et al. Differential and Linear Cryptanalysis Using Mixed-Integer Linear Programming//Wu C, Yung M, Lin D, eds. Inscrypt 2011, LNCS, vol. 7537. Springer, 2011: 57–76

[95] Wu S, Wang M. Security evaluation against differential cryptanalysis for block cipher structures. IACR Cryptology ePrint Archive, 2011, 2011: 551. URL. http://eprint.iacr.org/2011/551

[96] Liu M, Chen J. Improved linear attacks on the chinese block cipher standard. J Comput Sci Technol, 2014, 29: 1123–1133. URL. https://doi.org/10.1007/s11390-014-1495-9

[97] Wu S, Wu H, Huang T, et al. Leaked-State-Forgery Attack against the Authenticated Encryption Algorithm ALE. Advances in Cryptology-ASIACRYPT 2013-19th International Conference on the Theory and Application of Cryptology and Information Security, Bengaluru, India, December 1-5, 2013, Proceedings, Part I., 2013: 377–404. URL. https://doi.org/10.1007/978-3-642-42033-7_20

[98] Sun S, Hu L, Song L, et al. Automatic Security Evaluation of Block Ciphers with S-bP Structures Against Related-Key Differential Attacks. Information Security and Cryptology - 9th International Conference, Inscrypt 2013, Revised Selected Papers, 2013: 39–51. URL. https://doi.org/10.1007/978-3-319-12087-4_3

[99] Sun S, Hu L, Wang P, et al. Automatic Security Evaluation and (Related-key) Differential Characteristic Search: Application to SIMON, PRESENT, LBlock, DES(L) and Other Bit-Oriented Block Ciphers//Sarkar P, Iwata T, eds. Advances in Cryptology - ASIACRYPT 2014 - 20th International Conference on the Theory and Application of Cryptology and Information Security, Kaoshiung, Taiwan, R.O.C., December 7-11, 2014. Proceedings, Part I, LNCS, vol. 8873. Springer, 2014: 158–178. URL. https://doi.org/10.1007/978-3-662-45611-8_9

[100] Wu W, Zhang L//LBlock: A Lightweight Block Cipher. López J, Tsudik G, eds. ACNS 2011, LNCS, vol. 6715: 327–344. URL. https://doi.org/10.1007/978-3-642-21554-4_19

[101] The Sage Developers. SageMath, the Sage Mathematics Software System (Version 7.0), 2016. https://www.sagemath.org

[102] Cui T, Jia K, Fu K, et al. New Automatic Search Tool for Impossible Differentials and Zero-Correlation Linear Approximations. IACR Cryptol ePrint Arch, 2016, 2016: 689. URL. http://eprint.iacr.org/2016/689

[103] Sasaki Y, Todo Y. New Impossible Differential Search Tool from Design and Cryptanalysis Aspects - Revealing Structural Properties of Several Ciphers. Advances in Cryptology - EUROCRYPT 2017 - 36th Annual International Conference on the Theory and Applications of Cryptographic Techniques, Paris, France, April 30 - May 4, 2017, Proceedings, Part III. 185–215. URL. https://doi.org/10.1007/978-3-319-56617-7_7

[104] Xiang Z, Zhang W, Bao Z, et al. Applying MILP Method to Searching Integral Distinguishers Based on Division Property for 6 Lightweight Block Ciphers//Cheon J H, Takagi T, eds. Advances in Cryptology - ASIACRYPT 2016, Part I, Lecture Notes in Computer Science, vol. 10031: 648–678. URL. https://doi.org/10.1007/978-3-662-53887-6_24

[105] 张际福. 对称密码自动化分析系统的研究及 SIMON 候选参数聚集效应分析. 济南: 山东大学, 2022

[106] Dworkin M. Recommendation for block cipher modes of operation: Methods and techniques. NIST SP 800-38A, 2001. https://nvlpubs.nist.gov/nistpubs/Legacy/SP/nistspecialpublication800-38a.pdf

[107] Dworkin M. Recommendation for block cipher modes of operation: The CMAC Mode for Authentication. NIST SP 800-38B, 2005 (updated 2016)

[108] Rogaway P. Nonce-Based Symmetric Encryption//Roy B, Meier W, eds. Fast Software Encryption. Berlin, Heidelberg: Springer, 2004: 348–358

[109] Bellare M, Kilian J, Rogaway P. The Security of the Cipher Block Chaining Message Authentication Code. J. Comput. Syst. Sci., 2000, 61: 362–399. URL. https://doi.org/10.1006/jcss.1999.1694

[110] Bellare M, Desai A, Jokipii E, et al. A Concrete Security Treatment of Symmetric Encryption. 38th Annual Symposium on Foundations of Computer Science, FOCS '97, Miami Beach, Florida, USA, October 19-22, 1997: 394–403. URL. https://doi.org/10.1109/SFCS.1997.646128

[111] Bellare M, Rogaway P. Random Oracles are Practical: A Paradigm for Designing Efficient Protocols. CCS '93, Proceedings of the 1st ACM Conference on Computer and Communications Security, Fairfax, Virginia, USA, November 3-5, 1993: 62–73. URL. https://doi.org/10.1145/168588.168596

[112] Vaudenay S. Security Flaws Induced by CBC Padding-Applications to SSL, IPSEC, WTLS ⋯ Advances in Cryptology-EUROCRYPT 2002, International Conference on the Theory and Applications of Cryptographic Techniques, Amsterdam, The Netherlands, April 28 - May 2, 2002, Proceedings. 2002: 534–546. URL. https://doi.org/10.1007/3-540-46035-7_35

[113] Schneier B. Applied cryptography - protocols, algorithms, and source code in C. 2nd ed. Wiley, 1996. URL. https://www.worldcat.org/oclc/32311687

[114] Bhargavan K, Leurent G. On the Practical (In-)Security of 64-bit Block Ciphers: Collision Attacks on HTTP over TLS and OpenVPN. Proceedings of the 2016 ACM SIGSAC Conference on Computer and Communications Security, Vienna, Austria, October 24-28, 2016: 456–467. URL. https://doi.org/10.1145/2976749.2978423

[115] Barth A. HTTP State Management Mechanism. Internet Engineering Task Force (IETF), Request for Comments: 6265, 2011

[116] Shannon C E. Communication theory of secrecy systems. The Bell System Technical Journal, 1949, 28: 656–715

[117] Dawson E, Clark A, Golic J, et al. The LILI-128 keystream generator. Proceedings of the First NESSIE workshop, 2000

[118] Rose G, Hawkes P. The t-class of SOBER stream ciphers. Unpublished manuscript http://www home aone net au/qualcomm, 1999

[119] Hell M, Johansson T, Meier W. Grain: A stream cipher for constrained environments. Int J Wirel Mob Comput, 2007, 2: 86–93

[120] Babbage S, Dodd M. The stream Cipher MICKEY 2.0. ECRYPT Stream Cipher, 2006: 191–209

[121] Cannière C D, Preneel B. Trivium. New Stream Cipher Designs. Springer, 2008: 244–266

[122] Wu H. The stream cipher HC-128. New Stream Cipher Designs. Springer, 2008: 39–47

[123] Boesgaard M, Vesterager M, Zenner E. The Rabbit Stream Cipher. New Stream Cipher Designs. Springer, 2008: 69–83

[124] Bernstein D J. The Salsa 20 family of stream ciphers. New Stream Cipher Designs. Springer, 2008: 84–97

[125] Berbain C, Billet O, Canteaut A, et al. Sosemanuk, A fast Software-oriented Stream Cipher. New Stream Cipher Designs. Springer, 2008: 98–118

[126] Meier W, Staffelbach O. Fast correlation attacks on certain stream ciphers. Journal of Cryptology, 1989, 1: 159–176

[127] Maximov A, Johansson T, Babbage S. An improved correlation attack on A5/1. International Workshop on Selected Areas in Cryptography. Springer, 2004: 1–18

[128] Zhang B, Xu C, Meier W. Fast correlation attacks over extension fields, large-unit linear approximation and cryptanalysis of SNOW 2.0. Annual Cryptology Conference. Springer, 2015: 643–662

[129] Dinur I, Shamir A. Breaking Grain-128 with dynamic cube attacks. International Workshop on Fast Software Encryption. Springer, 2011: 167–187

[130] Dinur I, Güneysu T, Paar C, et al. An experimentally verified attack on full Grain-128 using dedicated reconfigurable hardware. International Conference on the Theory and Application of Cryptology and Information Security. Springer, 2011: 327–343

[131] Yuval G. How to Swindle Rabin. Cryptologia, 1979, 3: 187–191. URL. https://doi.org/10.1080/0161-117991854025

[132] Katz J, Lindell Y. Introduction to Modern Cryptography. 2nd ed. CRC Press, 2014. URL. https://www.crcpress.com/Introduction-to-Modern-Cryptography-Second-Edition/Katz-Lindell/p/book/9781466570269

[133] Wagner D. A Generalized Birthday Problem//Yung M, ed. Advances in Cryptology — CRYPTO 2002. Berlin, Heidelberg: Springer, 2002: 288–304

[134] Merkle R C. One Way Hash Functions and DES. Advances in Cryptology - CRYPTO 1989, Lecture Notes in Computer Science, vol. 435. Springer, 1989: 428–446

[135] Damgård I. A Design Principle for Hash Functions. Advances in Cryptology - CRYPTO '89, 9th Annual International Cryptology Conference, Santa Barbara, California, USA Proceedings, Lecture Notes in Computer Science, vol. 435. Springer, 1989: 416–427

[136] Rivest R L. The MD4 Message Digest Algorithm//Menezes A J, Vanstone S A, eds. Advances in Cryptology-CRYPTO'90. Berlin, Heidelberg: Springer, 1990: 303–311

[137] Rivest R L. The MD5 Message-Digest Algorithm. Request for Comments, 1990

[138] Zheng Y, Pieprzyk J, Seberry J. HAVAL—A One-Way Hashing Algorithm with Variable Length of Output. AUSCRYPT 1992, Berlin, Heidelberg: Springer, 1993: 83–104

[139] National Institute of Standards and Technology (NIST). FIPS 180-2: Secure Hash Standard, 2002. http://csrc.nist.gov/publications/fips/fips180-2/fips180-2.pdf

[140] National Institute of Standards and Technology (NIST). FIPS 180-3: Secure Hash Standard, 2008. http://csrc.nist.gov/publications/fips/fips180-3/fips180-3_final.pdf

[141] Dobbertin H, Bosselaers A, Preneel B. RIPEMD-160: A Strengthened Version of RIPEMD//Gollmann D, ed. Fast Software Encryption. Berlin, Heidelberg: Springer, 1996: 71–82

[142] 中华人民共和国国家标准化管理委员会. 信息安全技术 SM3 密码杂凑算法. GB/T 32905-2016, 2016.

[143] Joux A. Multicollisions in Iterated Hash Functions. Application to Cascaded Constructions//Franklin M, ed. Advances in Cryptology – CRYPTO 2004. Berlin, Heidelberg: Springer, 2004: 306–316

[144] Liskov M. Constructing an Ideal Hash Function from Weak Ideal Compression Functions//Biham E, Youssef A M, eds. Selected Areas in Cryptography. Berlin, Heidelberg: Springer, 2007: 358–375

[145] Lucks S. A Failure-Friendly Design Principle for Hash Functions//Roy B, ed. Advances in Cryptology - ASIACRYPT 2005. Berlin, Heidelberg: Springer, 2005: 474–494

[146] Leurent G, Wang L. The Sum Can Be Weaker Than Each Part//Oswald E, Fischlin M, eds. Advances in Cryptology – EUROCRYPT 2015. Berlin, Heidelberg: Springer, 2015: 345–367

[147] Biham E, Dunkelman O. A Framework for Iterative Hash Functions - HAIFA. IACR Cryptol ePrint Arch, 2007, 2007: 278

[148] Aumasson J P, Henzen L, Meier W, et al. SHA-3 proposal BLAKE. Submission to NIST (Round 3), 2008. URL. http://131002.net/blake/blake.pdf

[149] Bertoni G, Daemen J, Peeters M, et al. Sponge Functions//ECRYPT hash workshop, 2007

[150] Bertoni G, Daemen J, Peeters M, et al. On the Indifferentiability of the Sponge Construction//Smart N, eds. Advances in Cryptology – EUROCRYPT 2008. Berlin, Heidelberg: Springer, 2008: 181–197

[151] Knellwolf S, Khovratovich D. New preimage attacks against reduced SHA-1//Safavi-Naini R, Canetti R, eds. Proceedings of the 32nd Annual Cryptology Conference. Santa Barbara, CA, USA, 2012: 367–383

[152] Espitau T, Fouque P A, Karpman P. Higher-order differential meet-in-the-middle preimage attacks on SHA-1 and BLAKE//Gennaro R, Robshaw M, eds. Proceedings of the 35th Annual Cryptology Conference. Santa Barbara, CA, USA, 2015: 683–701

[153] Khovratovich D, Rechberger C, Savelieva A. Bicliques for preimages: Attacks on Skein-512 and the SHA-2 family//Canteaut A, ed. Proceedings of the 19th International Workshop on Fast Software Encryption. Washington, DC, USA, 2012: 244–263

[154] Guo J, Liu M, Song L. Linear Structures: Applications to Cryptanalysis of Round-Reduced Keccak//Cheon J H, Takagi T, eds. Advances in Cryptology-ASIACRYPT 2016 - 22nd International Conference on the Theory and Application of Cryptology and Information Security, Hanoi, Vietnam, December 4-8, 2016, Proceedings, Part I, Lecture Notes in Computer Science, 2016, 10031: 249-274. URL. https://doi.org/10.1007/978-3-662-53887-6_9

[155] Li T, Sun Y. Preimage Attacks on Round-Reduced Keccak-224/256 via an Allocating Approach//Ishai Y, Rijmen V, eds. Advances in Cryptology - EUROCRYPT 2019, Part III, Lecture Notes in Computer Science, vol. 11478. Springer, 2019: 556–584. URL. https://doi.org/10.1007/978-3-030-17659-4_19

[156] Kelsey J, Kohno T. Herding hash functions and the nostradamus attack//Vaudenay S, ed. Proceedings of the 25th Annual International Conference on the Theory and Applications of Cryptographic Techniques. St. Petersburg, Russia, 2006: 183–200

[157] Kelsey J, Schneier B. Second Preimages on n-Bit Hash Functions for Much Less than 2^n Work//Cramer R, ed. Advances in Cryptology – EUROCRYPT 2005. Berlin, Heidelberg: Springer, 2005: 474–490

[158] den Boer B, Bosselaers A. An Attack on the Last Two Rounds of MD4. Feigenbaum J, ed. Advances in Cryptology — CRYPTO'91. Berlin, Heidelberg: Springer, 1991: 194–203

[159] den Boer B, Bosselaers A. Collisions for the compression function of MD5//Helleseth T, ed. Advances in Cryptology — EUROCRYPT'93. Berlin, Heidelberg: Springer, 1993: 293–304

[160] Vaudenay S. On the need for multipermutations: Cryptanalysis of MD4 and SAFER//Preneel B, ed. Fast Software Encryption. Berlin, Heidelberg: Springer, 1995: 286–297

[161] Dobbertin H. Cryptanalysis of MD4//Gollmann D, ed. Fast Software Encryption. Berlin, Heidelberg: Springer, 1996: 53–69

[162] Dobbertin H. The First Two Rounds of MD4 are Not One-Way//Vaudenay S, ed. Fast Software Encryption. Berlin, Heidelberg: Springer: 284–292

[163] Dobbertin H. Cryptanalysis of MD5 Compress, 1996

[164] Chabaud F, Joux A. Differential collisions in SHA-0//Krawczyk H, ed. Advances in Cryptology — CRYPTO '98. Berlin, Heidelberg: Springer, 1998: 56–71

[165] Wang X, Yu H. How to Break MD5 and Other Hash Functions//Cramer R, ed. Advances in Cryptology – EUROCRYPT 2005. Berlin, Heidelberg: Springer, 2005: 19–35

[166] Biham E, Chen R, Joux A, et al. Collisions of SHA-0 and Reduced SHA-1//Cramer R, ed. Advances in Cryptology – EUROCRYPT 2005. Berlin, Heidelberg: Springer, 2005: 36–57

[167] Wang X, Yin Y L, Yu H. Finding Collisions in the Full SHA-1//Shoup V, ed. Advances in Cryptology – CRYPTO 2005. Berlin, Heidelberg: Springer, 2005: 17–36

[168] Wang X, Yao A C, Yao F. Cryptanalysis on SHA-1. First Cryptographic Hash Workshop, Keynote Speech. NIST, 2005

[169] Stevens M. New Collision Attacks on SHA-1 Based on Optimal Joint Local-Collision Analysis//Johansson T, Nguyen P Q, eds. Advances in Cryptology–EUROCRYPT 2013. Berlin, Heidelberg: Springer, 2013: 245–261

[170] Karpman P, Peyrin T, Stevens M. Practical Free-Start Collision Attacks on 76-step SHA-1//Gennaro R, Robshaw M, eds. Advances in Cryptology–CRYPTO 2015. Berlin, Heidelberg: Springer, 2015: 623–642

[171] Stevens M, Karpman P, Peyrin T. Freestart Collision for Full SHA-1//Fischlin M, Coron J S, eds. Advances in Cryptology – EUROCRYPT 2016. Berlin, Heidelberg: Springer, 2016: 459–483

[172] Stevens M, Bursztein E, Karpman P, et al. The First Collision for Full SHA-1//Katz J, Shacham H, eds. Advances in Cryptology-CRYPTO 2017. Cham: Springer International Publishing, 2017: 570–596

[173] Leurent G, Peyrin T. From Collisions to Chosen-Prefix Collisions Application to Full SHA-1//Ishai Y, Rijmen V, eds. Advances in Cryptology-EUROCRYPT 2019. Cham: Springer International Publishing, 2019: 527–555

[174] Mendel F, Nad T, Scherz S, et al. Differential Attacks on Reduced RIPEMD-160//Gollmann D, Freiling F C, eds. Information Security. Berlin, Heidelberg: Springer, 2012: 23–38

[175] Wang G, Wang M. Cryptanalysis of Reduced RIPEMD-128. Journal of Software, 2008, 19(9): 2442–2448

[176] Mendel F, Peyrin T, Schläffer M, et al. Improved Cryptanalysis of Reduced RIPEMD-160//Sako K, Sarkar P, eds. Advances in Cryptology-ASIACRYPT 2013. Berlin, Heidelberg: Springer, 2013: 484–503

[177] Wang G. Practical Collision Attack on 40-Step RIPEMD-128//Benaloh J, ed. Topics in Cryptology – CT-RSA 2014. Cham: Springer International Publishing, 2014: 444–460

[178] Landelle F, Peyrin T. Cryptanalysis of Full RIPEMD-128. Johansson T, Nguyen P Q, eds. Advances in Cryptology – EUROCRYPT 2013. Berlin, Heidelberg: Springer, 2013: 228–244

[179] Liu F, Mendel F, Wang G. Collisions and Semi-Free-Start Collisions for Round-Reduced RIPEMD-160//Takagi T, Peyrin T, eds. Advances in Cryptology-ASIACRYPT 2017. Cham: Springer International Publishing, 2017: 158–186

[180] Wang G, Shen Y, Liu F. Cryptanalysis of 48-step RIPEMD-160. IACR Trans Symmetric Cryptol, 2017, 2017(2): 177–202. URL. https://tosc.iacr.org/index.php/ ToSC/ article/view/643

[181] Ohtahara C, Sasaki Y, Shimoyama T. Preimage Attacks on Step-Reduced RIPEMD-128 and RIPEMD-160//Lai X, Yung M, Lin D, eds. Information Security and Cryptology. Berlin, Heidelberg: Springer, 2010: 169–186

[182] Shen Y, Wang G. Improved preimage attacks on RIPEMD-160 and HAS-160. KSII Transactions on Internet and Information Systems, 2018, 12: 727–746

[183] Liu F, Dobraunig C, Mendel F, et al. Efficient Collision Attack Frameworks for RIPEMD-160//Boldyreva A, Micciancio D, eds. Advances in Cryptology – CRYPTO 2019. Cham: Springer International Publishing, 2019: 117–149

[184] Stevens M. Attacks on Hash Functions and Applications. Mathematical Institute, Faculty of Science, Leiden University, 2012

[185] Wang X, Lai X, Feng D, et al. Cryptanalysis of the Hash Functions MD4 and RIPEMD//Cramer R, ed. Advances in Cryptology – EUROCRYPT 2005. Berlin, Heidelberg: Springer, 2005: 1–18

[186] Biham E, Chen R. Near-Collisions of SHA-0//Franklin M, ed. Advances in Cryptology – CRYPTO 2004. Berlin, Heidelberg: Springer, 2004: 290–305

[187] Yu H, Wang G, Zhang G, et al. The Second-Preimage Attack on MD4//Desmedt Y G, Wang H, Mu Y, et al., eds. Cryptology and Network Security. Berlin, Heidelberg: Springer, 2005: 1–12

[188] Wang X, Yu H, Yin Y L. Efficient Collision Search Attacks on SHA-0. Shoup V, eds. Advances in Cryptology – CRYPTO 2005. Berlin, Heidelberg: Springer, 2005: 1–16

[189] Mendel F, Nad T, Schläffer M. Finding SHA-2 Characteristics: Searching through a Minefield of Contradictions//Lee D H, Wang X, eds. Advances in Cryptology-ASIACRYPT 2011. Berlin, Heidelberg: Springer, 2011: 288–307

[190] Mendel F, Nad T, Schläffer M. Improving Local Collisions: New Attacks on Reduced SHA-256//Johansson T, Nguyen P Q, eds. Advances in Cryptology-EUROCRYPT 2013. Berlin, Heidelberg: Springer, 2013: 262–278

[191] Eichlseder M, Mendel F, Schläffer M. Branching Heuristics in Differential Collision Search with Applications to SHA-512//Cid C, Rechberger C, eds. Fast Software Encryption. Berlin, Heidelberg: Springer, 2014: 473–488

[192] De Cannière C, Rechberger C. Finding SHA-1 Characteristics: General Results and Applications//Lai X, Chen K, eds. Advances in Cryptology – ASIACRYPT 2006. Berlin, Heidelberg: Springer, 2006: 1–20

[193] Mendel F, Nad T, Schläffer M. Finding Collisions for Round-Reduced SM3//Dawson E, ed. Topics in Cryptology-CT-RSA 2013. Berlin, Heidelberg: Springer, 2013: 174–188

[194] National Institute of Standards and Technology. SHA-3 Competition, 2005. https://csrc.nist.gov/projects/hash-functions/sha-3-project

[195] Aumasson J P, Meier W. Zero-sum distinguishers for reduced Keccak-f and for the core functions of Luffa and Hamsi. Rump session of Cryptographic Hardware and Embedded Systems-CHES, 2009, 2009: 67

[196] Dinur I, Dunkelman O, Shamir A. New Attacks on Keccak-224 and Keccak-256//Canteaut A, ed. Fast Software Encryption. Berlin, Heidelberg: Springer, 2012: 442–461

[197] Dinur I, Dunkelman O, Shamir A. Collision Attacks on Up to 5 Rounds of SHA-3 Using Generalized Internal Differentials. Moriai S, ed. Fast Software Encryption. Berlin, Heidelberg: Springer, 2013: 219–240

[198] Dinur I, Dunkelman O, Shamir A. Improved Practical Attacks on Round-Reduced Keccak. Journal of Cryptology, 2014: 27: 183–209

[199] Dinur I, Morawiecki P, Pieprzyk J, et al. Cube Attacks and Cube-Attack-Like Cryptanalysis on the Round-Reduced Keccak Sponge Function//Oswald E, Fischlin M, eds. Advances in Cryptology-EUROCRYPT 2015. Berlin, Heidelberg: Springer, 2015: 733–761

[200] Duc A, Guo J, Peyrin T, et al. Unaligned Rebound Attack: Application to Keccak//Canteaut A, ed. Fast Software Encryption. Berlin, Heidelberg: Springer, 2012: 402–421

[201] Jean J, Nikolić I. Internal Differential Boomerangs: Practical Analysis of the Round-Reduced Keccak-f Permutation//Leander G, ed. Fast Software Encryption. Berlin, Heidelberg: Springer, 2015: 537–556

[202] Kölbl S, Mendel F, Nad T, et al. Differential Cryptanalysis of Keccak Variants//Stam M, ed. Cryptography and Coding. Berlin, Heidelberg: Springer, 2013: 141–157

[203] Naya-Plasencia M, Röck A, Meier W. Practical Analysis of Reduced-Round Keccak. Bernstein D J, Chatterjee S, eds. Progress in Cryptology-INDOCRYPT 2011. Berlin, Heidelberg: Springer, 2011: 236–254

[204] Wang G, Yu H, Wang X, et al. Improved boomerang attacks on round-reduced SM3 and keyed permutation of BLAKE-256. IET Information Security, 2015, 9: 167–178

[205] Wang G, Shen Y. Preimage and pseudo-collision attacks on 29-step SM3 hash function with padding. Tongxin Xuebao/Journal on Communications, 2014, 35: 40–45

[206] Wang G, Shen Y. Preimage and pseudo-collision attacks on step-reduced SM3 hash function. Information Processing Letters, 2013, 113: 301–306

[207] Bai D, Yu H, Wang G, et al. Improved Boomerang Attacks on SM3//Boyd C, Simpson L, eds. Information Security and Privacy. Berlin, Heidelberg: Springer, 2013: 251–266

[208] Kircanski A, Shen Y, Wang G, et al. Boomerang and Slide-Rotational Analysis of the SM3 Hash Function//Knudsen L R, Wu H, eds. Selected Areas in Cryptography. Berlin, Heidelberg: Springer, 2013: 304–320

[209] Zou J, Wu W, Wu S, et al. Preimage Attacks on Step-Reduced SM3 Hash Function. Kim H, ed. Information Security and Cryptology - ICISC 2011. Berlin, Heidelberg: Springer, 2009: 375–390

[210] Mendel F, Rechberger C, Schläffer M, et al. The Rebound Attack: Cryptanalysis of Reduced Whirlpool and Grøstl//Dunkelman O, ed. Fast Software Encryption. Berlin, Heidelberg: Springer, 2009: 260–276

[211] Wang X, Feng D, Lai X, et al. Collisions for Hash Functions MD4, MD5, HAVAL-128 and RIPEMD. IACR Cryptol ePrint Arch, 2004, 2004: 199

[212] Stevens M, Lenstra A, de Weger B. Chosen-Prefix Collisions for MD5 and Colliding X.509 Certificates for Different Identities//Naor M, ed. Advances in Cryptology-EUROCRYPT 2007. Berlin, Heidelberg: Springer, 2007: 1–22

[213] Stevens M, Sotirov A, Appelbaum J, et al. Short Chosen-Prefix Collisions for MD5 and the Creation of a Rogue CA Certificate//Halevi S, ed. Advances in Cryptology-CRYPTO 2009. Berlin, Heidelberg: Springer, 2009: 55–69

[214] National Institute of Standards and Technology (NIST). FIPS 198: The Keyed-Hash Message Authentication Code (HMAC), 2002

[215] Krovetz T, Black J, Halevi S, et al. UMAC: Message authentication code using universal hashing. IETF, RFC 4418, 2006

[216] Huang S, Wang X, Xu G, et al. Conditional Cube Attack on Reduced-Round Keccak Sponge Function//Coron J, Nielsen J B, eds. Advances in Cryptology - EUROCRYPT 2017 - 36th Annual International Conference on the Theory and Applications of Cryptographic Techniques, Paris, France, April 30-May 4, 2017, Proceedings, Part II, Lecture Notes in Computer Science, vol. 10211, 2017: 259–288. URL. https://doi.org/10.1007/978-3-319-56614-6_9

[217] Li Z, Dong X, Bi W, et al. New Conditional Cube Attack on Keccak Keyed Modes. IACR Transactions on Symmetric Cryptology, 2019: 94–124

[218] Song L, Guo J, Shi D, et al. New MILP Modeling: Improved Conditional Cube Attacks on Keccak-Based Constructions//Peyrin T, Galbraith S D, eds. Advances in Cryptology - ASIACRYPT 2018 - 24th International Conference on the Theory and Application of Cryptology and Information Security, Lecture Notes in Computer Science, vol. 11273. Springer, 2018: 65–95. URL. https://doi.org/10.1007/978-3-030-03329-3_3

[219] Li Z, Bi W, Dong X, et al. Improved Conditional Cube Attacks on Keccak Keyed Modes with MILP Method//Takagi T, Peyrin T, eds. Advances in Cryptology - ASIACRYPT 2017 - 23rd International Conference on the Theory and Applications of Cryptology and Information Security, Lecture Notes in Computer Science, vol. 10624. Springer, 2017: 99–127. URL. https://doi.org/10.1007/978-3-319-70694-8_4

[220] Kocher P C, Jaffe J, Jun B. Differential Power Analysis. Advances in Cryptology-CRYPTO'99, 19th Annual International Cryptology Conference, Proceedings, 1999: 388–397. URL. https://doi.org/10. 1007/3-540-48405-1_25

[221] Brier E, Clavier C, Olivier F. Correlation Power Analysis with a Leakage Model. Cryptographic Hardware and Embedded Systems-CHES 2004: 6th International Workshop, Proceedings, 2004: 16–29. URL. https://doi. org/10.1007/978-3-540-28632-5_2

[222] Chari S, Rao J R, Rohatgi P. Template Attacks. Cryptographic Hardware and Embedded Systems - CHES 2002, 4th International Workshop, Redwood Shores, CA, USA, August 13-15, 2002, Revised Papers. 13–28. URL. https://doi.org/10.1007/3-540-36400-5_3

[223] Randolph M, Diehl W. Power Side-Channel Attack Analysis: A Review of 20 Years of Study for the Layman. Cryptogr, 2020, 4: 15. URL. https://doi.org/10.3390/cryptography4020015

[224] Schlösser A, Nedospasov D, Krämer J, et al. Simple Photonic Emission Analysis of AES - Photonic Side Channel Analysis for the Rest of//Prouff E, Schaumont P, eds. Cryptographic Hardware and Embedded Systems - CHES 2012 - 14th International Workshop, Leuven, Belgium, September 9-12, 2012. Proceedings, Lecture Notes in Computer Science, vol. 7428. Springer: 41–57. URL. https://doi.org/10.1007/978-3-642-33027-8_3

[225] Tajik S, Dietz E, Frohmann S, et al. Physical Characterization of Arbiter PUFs. Cryptographic Hardware and Embedded Systems - CHES 2014 - 16th International Workshop, September 23-26, 2014. Proceedings. 493–509. URL. https://doi.org/10.1007/978-3-662-44709-3_27

[226] Kim J, Picek S, Heuser A, et al. Make Some Noise. Unleashing the Power of Convolutional Neural Networks for Profiled Side-channel Analysis. IACR Trans Cryptogr Hardw Embed Syst, 2019: 148–179. URL. https://doi.org/10.13154/tches.v 2019.i3.148-179

[227] Ishai Y, Sahai A, Wagner D A. Private Circuits: Securing Hardware against Probing Attacks//Boneh D, ed. Advances in Cryptology-CRYPTO 2003, 23rd Annual International Cryptology Conference, Santa Barbara, California, USA, August 17-21, 2003, Proceedings, Lecture Notes in Computer Science, vol. 2729. Springer, 2003: 463–481. URL. https://doi.org/10.1007/978-3-540-45146-4_27

[228] Barthe G, Belaïd S, Dupressoir F, et al. Strong Non-Interference and Type-Directed Higher-Order Masking//Weippl E R, Katzenbeisser S, Kruegel C, et al., eds. Proceedings of the 2016 ACM SIGSAC Conference on Computer and Communications Security. ACM, 2016: 116–129. URL. https://doi.org/10.1145/2976749.2978427

[229] Belaïd S, Benhamouda F, Passelègue A, et al. Randomness Complexity of Private Circuits for Multiplication//Fischlin M, Coron J, eds. Advances in Cryptology - EUROCRYPT 2016 - 35th Annual International Conference on the Theory and Applications of Cryptographic Techniques, Proceedings, Part II, Lecture Notes in Computer Science, vol. 9666. Springer, 2016: 616–648. URL. https://doi.org/10.1007/978-3-662-49896-5_22

[230] Coron J, Greuet A, Zeitoun R. Side-Channel Masking with Pseudo-Random Generator//Canteaut A, Ishai Y, eds. Advances in Cryptology - EUROCRYPT 2020 - 39th Annual International Conference on the Theory and Applications of Cryptographic Techniques, Proceedings, Part III, Lecture Notes in Computer Science, vol. 12107. Springer, 2020: 342–375. URL. https://doi.org/10.1007/978-3-030-45727-3_12

[231] Wang W, Méaux P, Cassiers G, et al. Efficient and Private Computations with Code-Based Masking. IACR Trans Cryptogr Hardw Embed Syst, 2020: 128–171. URL. https://doi.org/10.13154/tches.v2020.i2.128-171

[232] Wang W, Guo C, Standaert F, et al. Packed Multiplication: How to Amortize the Cost of Side-Channel Masking?//Moriai S, Wang H, eds. Advances in Cryptology - ASIACRYPT 2020 - 26th International Conference on the Theory and Application of Cryptology and Information Security, December 7-11, 2020, Proceedings, Part I, Lecture Notes in Computer Science, vol. 12491. Springer: 851–880. URL. https://doi.org/10.1007/978-3-030-64837-4_28

[233] Schneider T, Moradi A. Leakage Assessment Methodology-A Clear Roadmap for Side-Channel Evaluations. Cryptographic Hardware and Embedded Systems - CHES 2015-17th International Workshop, Saint-Malo, France, September 13-16, 2015, Proceedings. 495–513. URL. https://doi.org/10.1007/978-3-662-48324-4_25

[234] Reparaz O, Gierlichs B, Verbauwhede I. Fast Leakage Assessment. Cryptographic Hardware and Embedded Systems-CHES 2017-19th International Conference, Proceedings, 2017: 387–399. URL. https://doi.org/10.1007/978-3-319-66787-4_19

[235] Whitnall C, Oswald E. A Critical Analysis of ISO 17825 ("Testing Methods for the Mitigation of Non-invasive Attack Classes Against Cryptographic Modules")//Galbraith S D, Moriai S, eds. Advances in Cryptology-ASIACRYPT 2019 - 25th International Conference on the Theory and Application of Cryptology and

Information Security, Kobe, Japan, December 8-12, 2019, Proceedings, Part III, Lecture Notes in Computer Science, vol. 11923. Springer, 2019: 256–284. URL. https://doi.org/10.1007/978-3-030-34618-8_9

[236] Phan R C. Mini Advanced Encryption Standard (Mini-AES): a Testbed for Cryptanalysis Students. Cryptologia, 2002, 26: 283–306. URL. https://doi.org/10.1080/0161-110291890948

[237] Daemen J, Rijmen V. AES proposal: Rijndael. 1999

[238] Guo J, Peyrin T, Poschmann A, et al. The LED Block Cipher. Preneel B, Takagi T, eds. Cryptographic Hardware and Embedded Systems-CHES 2011-13th International Workshop. Proceedings, Lecture Notes in Computer Science, vol. 6917. Springer, 2011: 326–341. URL. https://doi.org/10.1007/978-3-642-23951-9_22

[239] Hell M, Johansson T, Maximov A, et al. A stream cipher proposal: Grain-128. 2006 IEEE International Symposium on Information Theory. IEEE, 2006: 1614–1618

[240] National Institute of Standards and Technology (NIST). FIPS 202: SHA-3 Standard: Permutation-Based Hash and Extendable-Output Functions, 2015